KB044391

Quantum Theory of
Solids

양자
고체론

민병일 · 이재일 지음

북스힐

머리말

고체계는 아보가드로수 이상의 원자가 모여 이루어진 물질이다. 따라서 고체 물질의 성질은 자연히 고체를 이루는 원자나 분자들의 특성을 갖게 된다. 그러나 고체는 아보가드로수의 원자가 모여 있는 다체계이기 때문에 이러한 개개 구성 원자의 특성뿐만 아니라 원자, 전자 간의 협동 동역학을 통하여 단일 원자에서는 나타나지 않았던 전혀 새로운 특성이 나타나게 된다. 자성이나 초전도 현상 등의 상전이 현상들이 바로 이러한 예라 할 수 있다. 다시 말해 고체는 서로 상호작용 하고 있는 아보가드로수의 전자와 이온으로 구성된 매우 복잡한 다체계이다.

본 양자고체론은 위와 같은 고체계에서 보이는 다양한 물성을 이해하기 위한 기본적 물성이론 및 정보를 제공하고자 필자들이 대학에서 강의한 고체물리 주제들을 바탕으로 집필하게 되었다. 책의 수준은 학부 고체물리 교재로 보통 사용하는 Kittel (Introduction to Solid State Physics)과 대학원 고체물리 기본 교재인 Ashcroft-Mermin (Solid State Physics) 등의 강의를 듣고 학위논문 연구를 시작하는 대학원생들이 필요한 주제들을 찾아 독학으로 수월하게 공부할 수 있는 연구총서가 되도록 집필하였다. 이를 위하여 유도 과정을 되도록 상세하게 제공하였고, 그에 따른 참고문헌과 관련 물리학자들의 경력을 각 장의 말미와 본문에서의 각주 (footnote)로 소개하였다.

고체물리 이론은 크게 독립 전자의 물성을 기술하는 에너지띠 이론과 다체계의 물성을 기술하는 다체 이론으로 나눌 수 있는데, 그에 따라 이 책의 본문의 순서도 전자기체 모형, 밀도범함수 이론, 에너지띠 이론, 표면의 전자구조 등의 독립 전자 물성을 다룬 전반부와 상호작용하는 페르미계, 전자-포논 상호작용, 격자 진동, 자성, 초전도 현상, 강상관 전자계 등의 다체 물성을 다룬 후반부로 나누어 구성하였다.

사실 영어로 쓰여진 고체물리 교재들과 이 책과 같은 수준의 연구총서들은 많은 편이지만 위 주제들을 다룬 한글 저서들은 그리 많지 않은 상황이다. 특히 물성이론을 다룬 한글 저서는 몇 편 안되는데 그 중 대표적인 것으로는 아래 서론에서 언급하였듯이 김덕주 교수의 "금속전자계의 다체 이론 (1986)"과 모혜정 교수의 "에너지띠 이론 (1989)" 등을 들 수 있다. 다체 이론과 에너지띠 이론을 각각 다룬 위 두 한글 총서들에 대비하여 본 양자고체론에서는 두 종류의 물성이론, 즉 에너지띠 이론과 다체 이론들을 좀 더 종합적이고 체계적으로 함께 다루고자 하였으며 기존의 두 총서들과 상호 보완이 되도록 작성하였다. 또한 Berry 위상, 무거운 퍼미온 물질계, 고온 초전도체, 초거대 자기저항 현상, 콘도 절연체, 위상 절연체 등 고체물리 분야의 최근 연구 주제들도 함께 소개하였다.

끝으로 이 책을 내기까지 같이 공부하며 도와준 포항공과대학교 물성이론연구실과 인하대학교 전자구조이론연구실의 연구원 및 대학원 제자들에게 감사를 표하며, 특히 이 책의 초기 편집 과정에 큰 역할을 한 김인기 박사에게 감사를 표한다. 그리고 국내 고체물리이론 분야의 선구자들이시며 필자들을 물성이론 분야로 이끌어 주시고 가르침을 주신 장회익 교수님과 고 김덕주 교수님께 심심한 감사의 말씀을 올린다.

2022년 5월　민병일, 이재일

Contents

Chapter 0

서론

우리가 흔히 다루는 고체계는 아보가드로수 ($\sim 10^{23}$) 이상의 원자가 모여 이루어진 물질이다. 따라서 고체물질의 성질은 자연히 고체를 이루는 원자나 분자들의 특성을 갖게 된다. 예를 들어 최외각 s 전자를 갖는 알칼리 원소로 이루어진 알칼리 금속들은 이들 전자에 의한 금속 결합을 한다. 그런데 s 전자는 거의 자유전자와 비슷한 특성을 가지므로 알칼리 금속은 도체가 된다. 반면 핵 근처에 가깝게 위치하는 $4f$ 전자를 갖는 희토류 원소로 이루어진 희토류 금속의 경우, $4f$ 전자들은 결합에 관여하지 않기 때문에 희토류 물질들은 물리적이나 화학적으로 대체로 비슷한 고체물성을 갖고 있다. 하지만 고체는 아보가드로수의 원자가 모여 있는 다체계이기 때문에 이러한 개개 구성 원자의 특성뿐만 아니라 원자, 전자 간의 협동 동역학을 통하여 원자에서는 나타나지 않는 전혀 새로운 특성도 가진다. 자성이나 초전도 현상 등의 상전이 현상들이 바로 이러한 예라 할 수 있다.

다시 말해 고체는 서로 상호작용 하고 있는 아보가드로수의 전자와 이온으로 구성된 매우 복잡한 다체계이다. 여기서 전자는 구성 원자의 원자가전자들로서 고체가 형성될 때 결합에 관여하는 전자들이라고 할 수 있다. 이온들은 원자핵에 원자가전자들을 제외한 핵심 (core) 전자들을 포함한 것으로, 결정체에서는 이들이 병진 대칭성 (translational symmetry)을 갖는 규칙적인 배열을 하고 있다. 이들 이온 그리고 전자들 사이의 상호작용으로 인해 고체 내에는 여러 자유도의 정상모드 (normal mode)들인 기본 입자들이 존재하는데 여기에는 전자, 폴라론 등의 준입자 (quasi-particle)들과 포논, 플라즈몬, 마그논 등의 집단들뜸 (collective excitation) 입자들이 있다.

고체 내의 전자와 이온들의 상호작용은 바로 쿨롱 상호작용이기 때문에 이들의 운동은 기본적으로 다음과 같은 해밀터니안 (Hamiltonian)으로 기술할 수 있다.

$$H = H_e + H_I + H_{eI} \tag{0.1}$$

$$H_e = T_e + V_{ee} = \sum_k \frac{\mathbf{p}_k^2}{2m} + \frac{1}{2}\sum_{kk'}{}' \frac{e^2}{|\mathbf{r}_k - \mathbf{r}'_{k'}|} \tag{0.2}$$

$$H_I = T_I + V_{II} = \sum_\mu \frac{\mathbf{P}_\mu^2}{2M_\mu} + \frac{1}{2}\sum_{\mu\nu}{}' V_{II}(\mathbf{R}_\mu - \mathbf{R}'_\nu) \tag{0.3}$$

$$H_{eI} = \sum_{k\mu} V_{eI}(\mathbf{r}_k - \mathbf{R}_\mu) \tag{0.4}$$

위 식에서 H_e 는 전자들의 운동에너지와 전자들 사이의 쿨롱 상호작용의 합이며, H_I 는 평형 위치를 중심으로 진동하는 이온들의 운동에너지와 이온 사이의 쿨롱 상호작용을 나타낸다. 위의 H_e 는 비상대론적 해밀터니안인데, 원자번호가 큰 원소의 경우에는 상대론적인 전자의 운동을 생각하여야 하며 이 경우에는 위의 H_e 에 상대론적 질량수정 항, 스핀-궤도 (spin-orbit) 항, 그리고 Darwin 항 등을 더 고려하여야 한다. H_{eI} 는 전자와 이온 간의 쿨롱 상호작용이다. 위 식 중 합의 기호에서 $'$ 은 지수가 같은 경우는 제외함을 표시한다.

위의 해밀터니안을 사용하면 고체 내의 슈뢰딩거 (Schrödinger) 방정식은

$$\begin{aligned} & H\Psi(\mathbf{r}_1, \mathbf{r}_2, \cdots, \mathbf{r}_N; \mathbf{R}_1, \mathbf{R}_2, \cdots, \mathbf{R}_{N'}) \\ & = E\Psi(\mathbf{r}_1, \mathbf{r}_2, \cdots, \mathbf{r}_N; \mathbf{R}_1, \mathbf{R}_2, \cdots, \mathbf{R}_{N'}) \\ & \equiv E\Psi(\mathbf{r}, \mathbf{R}) \end{aligned} \tag{0.5}$$

이 된다. 이 방정식은 전자와 이온들이 서로 연결되어 있는 다체 해밀터니안 방정식이라 이를 정확히 푼다는 것은 불가능한 일이다.

이렇게 전자와 이온들이 서로 연결되어 있는 복잡한 방정식을 풀기 위하여 Born[1]-Oppenheimer[2] 근사를 사용하여 방정식을 간단하게 만들기로 한다 [Born 1927]. 우선 전자의 운동을 기술하기 위하여 이온들의 운동을 무시하여 이들이 일정한 위치 $\mathbf{R}$ 에 고정되어 있다고 보자. 이렇게 근사할 수 있는 것은 이온들의 질량은 전자들에 비하여 적어도 1800배 이상 크므로 전자의 운동에 비해 이온들의 운동이 매우 느리다고 생각할 수 있기 때문이다. 이러한 이유로 Born-Oppenheimer 근사는 준정적 (quasi-static; adiabatic) 근사라고도 불린다. 그러면 전체 해밀터니안 중 이온들의 운동에너지 항 T_I 을 무시하고 전자만의 운동을 기술하는 슈뢰딩거

---

[1] M. Born (1882 – 1970) German-English theoretical physicist, 1954 Nobel Prize in Physics.
[2] J. R. Oppenheimer (1904 – 1967) American theoretical physicist.

방정식

$$(T_e + V_{ee}(\mathbf{r}) + V_{eI}(\mathbf{r}, \mathbf{R}) + V_{II}(\mathbf{R})) \, \psi_n(\mathbf{r}, \mathbf{R}) = \varepsilon_n(\mathbf{R}) \psi_n(\mathbf{r}, \mathbf{R}) \qquad (0.6)$$

을 얻을 수 있다. 이 식으로부터 전자의 고유에너지와 파동함수인 $\varepsilon_n(\mathbf{R})$ 과 $\psi_n(\mathbf{r}, \mathbf{R})$ 을 구하게 된다. $\varepsilon_n(\mathbf{R})$ 과 $\psi_n(\mathbf{r}, \mathbf{R})$ 이 $\mathbf{R}$ 에 의존한다는 것에 유의하여 $\vec{R}$ 을 매개변수로 생각한다.

이제 이러한 상황에서 이온들의 운동을 생각하여 보자. 파동함수 $\psi_n(\mathbf{r}, \mathbf{R})$ 은 완전집합 (complete set)을 이루므로 고체 내 전체 파동함수 $\Psi(\mathbf{r}, \mathbf{R})$ 는

$$\Psi(\mathbf{r}, \mathbf{R}) = \sum_n \phi_n(\mathbf{R}) \psi_n(\mathbf{r}, \mathbf{R}) \qquad (0.7)$$

와 같이 전개할 수 있다. 이를 식 (0.5)에 대입하면

$$\begin{aligned} H\Psi(\mathbf{r}, \mathbf{R}) &= (H_e + V_{eI} + V_{II} + T_I) \sum_n \psi_n(\mathbf{r}, \mathbf{R}) \phi_n(\mathbf{R}) \\ &= E \sum_n \psi_n(\mathbf{r}, \mathbf{R}) \phi_n(\mathbf{R}) \end{aligned} \qquad (0.8)$$

이 되며, 식 (0.6)을 이용하면

$$(T_I + \varepsilon_n(\mathbf{R})) \, \psi_n(\mathbf{r}, \mathbf{R}) \phi_n(\mathbf{R}) = E \psi_n(\mathbf{r}, \mathbf{R}) \phi_n(\mathbf{R}) \qquad (0.9)$$

이 된다. 이때 아래에 설명하는 Born-Oppenheimer 근사를 사용하면 이온들의 운동을 기술하는 슈뢰딩거 방정식을 다음과 같이 얻는다.

$$(T_I + \varepsilon_n(\mathbf{R})) \, \phi_n(\mathbf{R}) = E \phi_n(\mathbf{R}) \qquad (0.10)$$

위 식에서 E 와 $\phi_n(\mathbf{R})$ 은 이온들의 고유에너지와 파동함수에 해당함을 알 수 있고 전자의 고유에너지 $\varepsilon_n(\mathbf{R})$ 은 이온들에 작용하는 부가적 퍼텐셜의 역할을 함을 알 수 있다. 이 식은 이온들이 느리게 움직이고 전자들은 매우 빠르게 움직여서 전자들의 상태가 주어진 이온들의 위치에서 항상 바닥상태 $\varepsilon_n(\mathbf{R})$ 에 있게 된다는 준정적 원리를 내포하고 있다.

식 (0.10)을 구할 때 다음과 같은 근사가 사용되었다. 식 (0.9)의 좌변은

$$\psi(\mathbf{r}, \mathbf{R}) \left(T_I + \varepsilon(\mathbf{R})\right) \phi(\mathbf{R}) + \left[-\sum_\mu \frac{\hbar^2}{2M_\mu} (\nabla_{\mathbf{R}}^2 \psi + 2\nabla_{\mathbf{R}} \psi \nabla_{\mathbf{R}}) \phi \right] \qquad (0.11)$$

와 같이 되는데 식 (0.10)의 좌변은 위 식에서 준정적 근사를 사용하여 마지막

항을 무시할 때 나온 결과이다. 마지막 항 중 첫째 항은 $\psi(\mathbf{r}, \mathbf{R}) = \psi(\mathbf{r} - \mathbf{R})$ 을 가정하고 $\psi^\star$ 를 곱하여 전자좌표계에 대해 적분하면 ψ 관련 항이

$$
\begin{aligned}
-\frac{\hbar^2}{2M_\mu} \int \psi^\star \nabla_\mathbf{R}^2 \psi \ d\mathbf{r} &= -\frac{\hbar^2}{2M_\mu} \int \psi^\star \nabla_\mathbf{r}^2 \psi \ d\mathbf{r} \\
&= \frac{m}{M_\mu} \left(-\frac{\hbar^2}{2m} \int \psi^\star \nabla_\mathbf{r}^2 \psi d\mathbf{r} \right) \\
&\sim \frac{m}{M_\mu} \varepsilon
\end{aligned}
\tag{0.12}
$$

와 같이 되어 이 항의 크기가 전자의 에너지 ε 에 비해 $\frac{m}{M} = 10^{-3} \sim 10^{-4}$ 정도이므로 무시할 수 있다. 한편 둘째 항 중 ψ 관련 항은

$$
\int \psi^\star \nabla_\mathbf{R} \psi \ d\mathbf{r} = \frac{1}{2} \nabla_\mathbf{R} \left(\int \psi^\star \psi \ d\mathbf{r} \right) = \frac{1}{2} \nabla_\mathbf{R} n_e
\tag{0.13}
$$

이 되고 n_e (n_e: 전자의 총 개수)는 상수이므로 무시할 수 있다. 사실 이 항은 베리 위상 (Berry phase)을 주는 베리 퍼텐셜 ($\mathbf{A}(\mathbf{R}) = \mathbf{i} \int \psi^\star \nabla_\mathbf{R} \psi \ d\mathbf{r}$) 에 해당하는 항으로서 [Berry 1984], 최근 이러한 베리 위상 항이 반전대칭 (inversion symmetry)이나 시간반전대칭 (time-reversal symmetry)이 깨진 고체계나 스핀-궤도 (spin-orbit) 상호작용이 큰 고체계의 물성에서 실제적으로 구현되는 여러 가지 현상이 보고되고 있다 (1 장, 7 장, 부록 A.5 참조).

이와 같이 준정적 Born-Oppenheimer 근사에 의해 전자와 이온의 운동방정식을 분리하여 생각할 수 있다. 이때 전자에 대한 방정식 (0.6)은 고체의 에너지띠 구조를 주며, 이온의 운동방정식 (0.10)은 포논을 기술하게 된다. 이렇게 각각 전자와 포논의 운동 상태를 구한 후 전자와 포논 간의 상호작용은 6 장에서 기술하듯이 근사적으로 다루게 된다. 앞으로 우리가 공부할 고체물리의 주제는 식 (0.6)과 식 (0.10)으로 각각 주어지는 전자의 운동과 이온의 운동 (포논), 그리고 이들 간의 상호작용에 기인한 물리적 성질에 대한 것이다. 1 장에서 5 장까지는 전자의 운동에 의한 물성을 다루며, 7 장에서는 포논 분산을, 그리고 6 장과 초전도 현상을 기술한 8 장에서 전자-포논 상호작용에 기인한 물성을 다룬다.

본문의 순서는 크게 Part I, Part II 로 나누어 구성하여 Part I 에서는 독립 전자의 물성 (Independent particle properties)을 다루고 Part II에서는 다체계의 물성 (Many particle properties)을 다룬다. Part I 은 전자기체 모형 (electron gas model), 밀도범함수 이론 (Density functional theory), 에너지띠 이론, 표면의 전자구조 등의 4 개의 장으로 구성되어 있다. 1 장의 전자기체 모형에서는 페르미-디락 (Fermi-Dirac) 통계를 따르는 상호작용이 없는 (non-interacting) 전자기체계의 평형, 비평형 통계적 물성을 다룬다. 2 장의 밀도범함수 이론에서는 상호작용하는 다체 전자계에서 다체 효과를 평균 퍼텐셜 (average potential)로

기술하는 일체 (one body) 문제로 바꾸는 과정을 논의한다. 또한 토마스-페르미 (Thomas-Fermi) 모델과 하트리-폭 (Hartree-Fock) 근사에 의한 유효 방정식을 함께 소개한다. 3 장의 에너지띠 이론에서는 실제 고체의 전자구조를 계산하는데 사용되는 몇 가지 에너지띠 계산 방법에 대하여 논하며, 4 장에서는 고체표면, 계면 등에서 에너지띠 방법을 써서 얻어진 전자구조 계산 결과를 소개한다. 스핀-궤도 상호작용에 의한 효과도 여기서 간단하게 다룬다.

Part II 는 상호작용하는 페르미계 (Interacting Fermion systems), 전자-포논 상호작용, 격자 진동, 자성, 초전도 현상 등을 차례로 다룬 다음 마지막 장에서 강상관 전자계를 중심으로 최근의 연구 동향을 소개한다. 5 장의 상호작용하는 페르미계에서는 장 양자화 (field quantization) 와 그린 함수 (Green's function) 방법을 소개하고 전자기체계에서의 자체에너지, 유전함수 (dielectric function) 등의 주제를 다룬다. 사영연산자 (projection operator) 방법도 이 장에서 다룬다. 6 장의 전자-포논 상호작용에서는 금속에서의 포논 분산식 (dispersion relation) 을 구하는 방법과 Frölich 전자-포논 상호작용 해밀터니안을 중심으로 금속에서의 전자와 포논의 특성을 논의한다. 7 장의 격자 진동에서는 포논 분산을 이론적으로 구하는 방법들을 소개하고, 실험으로 구한 포논 분산과 비교하여 본다. 8 장의 자성에서는 국소 자성 (localized magnetism)과 유동 자성 (itinerant magnetism) 을 각기 하이젠베르크 (Heisenberg) 모형과 허바드 (Hubbard) 모형을 이용하여 기술한다. 또한 유동 전자에 기반한 스토너 이론 (Stoner theory)을 소개하고 전 자계에서의 자기 불안정성 (magnetic instability)을 논의한다. 불순물 자기모멘트 형성 (impurity moment formation)과 관련하여 앤더슨 (Anderson) 모형, 콘도 (Kondo) 효과 등도 소개한다. 9 장의 초전도에서는 BCS (Bardeen-Cooper-Schrieffer) 모형, 강결합 이론 (strong coupling theory) 등을 이용하여 초전도 현상을 미시적으로 이해한다. 10 장의 강상관 전자계에서는 고체물리 분야의 최근 연구 주제 중의 하나인 무거운 퍼미온 (heavy Fermion) 물질계, 고온 초전도체 (High T_c superconductivity), 초거대 자기저항 (colossal magnetoresistance: CMR) 현상, 콘도 절연체 (Kondo insulator), 위상 콘도 절연체 (topological Kondo insulator), 디락-봐일 콘도 물질계 (Dirac/Weyl Kondo systems) 등의 최근 연구 동향을 소개한다.

참고 문헌

- Berry M. V., Proceedings of the Royal Society A. **392**, 45 (1984).

- Born M. and J. R. Oppenheimer, Annalen der Physik **389**, 457 (1927).

◇ 일반적인 고체물리 교과서와 양자고체론 연구총서

- 김덕주, 금속전자계의 다체이론, 민음사 (1986).

- 모혜정, *에너지띠 이론*, 민음사 (1989).

- Ashcroft N. W. and N. D. Mermin, *Solid State Physics*, Holt, Rinehart and Winston (1976).

- Callaway J., *Quantum Theory of the Solid State*, Academic Press (1974).

- Doniach S. and E. H. Sondheimer, *Green Functions for Solid State Physics*, Frontiers in physics series, Benjamin (1974).

- Fetter A. L. and J. D. Walecka, *Quantum Theory of Many particle Systems*, McGraw-Hill, San Francisco (1971).

- Fulde P., *Electron Correlations in Molecules and Solids*, Springer Ser. Solid-State Sci. Vol. **100**, Springer-Verlag (1991).

- Haken H., *Quantum Field Theory of Solids*, North-Holland (1976).

- Jones W. and N. H. March, *Theoretical Solid State Physics*, Dover (1973).

- Kittel C., *Introduction to Solid State Physics*, 8th Edition (Global Edition), Wiley (2018).

- Kittel C., *Quantum Theory of Solids*, Wiley (1987).

- Madelung O., *Introduction to Solid State Physics*, Springer-Verlag (1978).

- Mahan G. D., *Many Particle Physics*, Plenum, New York (1990).

- Mattuck R. D., *A Guide to Feynman Diagrams in the Many-Body Problem*, McGraw-Hill, New York (1976).

- Rickayzen G., *Green Functions and Condensed Matter*, Academic Press (1976).

- Slater J. C., *Quantum Theory of Molecules and Solids*, Vol. **1-4**, McGraw-Hill (1963-1974).

- White R. M., *Quantum Theory of Magnetism*, Springer Ser. Solid-State Sci. Vol. **32**, Springer-Verlag (1983).

- Ziman J. M., *Principles of the Theory of Solids*, Cambridge University Press, Cambridge (1972).

Chapter 1

전자기체

고체 결정 중에서 금속은 주기적으로 배열된 이온과 주위의 비교적 자유로운 전자들로 이루어져 있다. 금속의 많은 물리, 화학적 성질은 주로 외곽 전자들의 양자상태로부터 결정된다. 실제 금속 내의 전자들은 주기적으로 배열된 이온의 퍼텐셜을 받고 있어서 전자기체의 상태와 정확히 같다고 할 수는 없지만, 이온의 퍼텐셜이 크지 않을 때에는 떠돌아다니는 전자계를 전자기체로 근사할 수 있다. 여기서는 금속 내 전자를 전자기체로 생각하고 이들의 성질을 알아본다.

전자기체를 기술하는 가장 간단한 근사는 모든 상호작용 즉 전자들끼리의 쿨롱 상호작용, 규칙적으로 배열된 양이온 배경과의 상호작용 등을 무시하고 상호작용하지 않는 계로 생각하는 것이다. 그렇게 되면 전자들은 서로 독립적이므로 외부 힘이 있을 경우에 그 영향을 받을 뿐이다. 실제로 1가 알칼리 금속 원소나 반도체 등에서 전도전자의 경우에 그들 사이의 상호작용이 유효질량을 바꾸는 정도의 영향을 주기 때문에 고립된 전자와는 유효질량이 다른 전자기체로 취급하여도 좋다. 이렇게 고체 전자계를 상호작용이 없는 전자기체계로 생각하여 고체물성을 양자통계이론을 사용하여 기술하는 이론이 Sommerfeld[1] 모델이다. 이에 반하여 Drude[2] 모델은 전자기체계를 고전통계이론을 사용하여 기술한 이론이다.

1.1 전자기체계의 바닥상태

부피가 Ω 인 금속 내에 N 개의 자유전자가 있다고 하자. N 은 아보가드로 (Avogadro) 수 정도이다. 그러면 단위부피 당 전자수 즉 전자밀도는 $n = \frac{N}{\Omega}$ 로 주어진다. 보통의 금속에서 n 값은 $10^{28}/\mathrm{m}^3$ 정도이다. 여기에서 전자 한 개가 평균적으로 차지하는 부피를 구로 보았을 때 그 구의 반지름을 전자밀도를 나타내는 또 다른

---

[1]A. J. W. Sommerfeld (1868 – 1951), German theoretical physicist.
[2]P. K. L. Drude (1863 – 1906), German experimental physicist.

변수로 도입하면 $\frac{\Omega}{N} = \frac{1}{n} = 4\pi \frac{r_s^3}{3}$, $r_s = \left(\frac{3}{4\pi n}\right)^{1/3}$ 이 된다. 이 r_s 값은 금속전자계에서 $1 \sim 3$ Å 정도이며, 이를 보어 반지름 ($a_0 \sim 0.53$ Å) 단위로 나타내면 $r_s/a_0 = 2 \sim 6$ 이 된다 [Ashcroft-Mermin 1976, Madelung 1978, 김덕주 1986].

한편 온도 T 일 때 한 금속 전자의 열적 파장 (thermal de Broglie wave length) λ_T 를 생각하면 $\lambda_T = \frac{h}{\sqrt{2\pi m k_B T}}$ 로 주어지는데 [Kittel 1980], 이 값은 상온에서 $\lambda_T/a_0 \sim 100$ 정도가 된다. 즉 금속 내의 전자들의 파동함수의 폭을 λ_T 로 생각할 때 상온에서도 $\lambda_T >> r_s$ 를 만족하기 때문에 전자들 간 파동함수의 상당한 겹침이 일어나고, 따라서 금속의 전자기체계는 양자 효과를 고려한 양자통계이론으로 기술되어야 한다는 것을 의미한다.

이러한 자유전자의 슈뢰딩거 (Schrödinger) 방정식은

$$-\frac{\hbar^2}{2m} \sum_j \nabla_j^2 \Phi = E\Phi \tag{1.1.1}$$

이 된다. 이때 파동함수 Φ 는 한 전자 파동함수의 선형 결합 즉 Slater 행렬식으로 나타낼 수 있다. 전자의 스핀을 고려하려면 공간 파동함수에 스핀함수를 곱하여야 한다. 위 식에서 에너지 E 는 개개 전자의 단입자 에너지 E_j 를 합한 것이다. 지금 전자들이 상호작용하지 않으므로 식 (1.1.1)은 한 전자 방정식

$$-\frac{\hbar}{2m} \nabla_j^2 \varphi_j(\mathbf{r}) = E_j \varphi_j(\mathbf{r}) \tag{1.1.2}$$

으로 분리할 수 있다. 여기서는 한 전자상태에만 관심을 가지므로 지수 j 는 생략하기로 한다. 식 (1.1.2)의 해는

$$\varphi(\mathbf{r}) \propto e^{i\mathbf{k}\cdot\mathbf{r}} \tag{1.1.3}$$

처럼 평면파 꼴로 주어지는데, 파동함수는 경계조건에 따라 규격화가 필요하다. 편의상 전자기체가 한 변의 길이가 L 인 정육면체 속에 놓여있다고 하자. 이때 Born-von Karman 의 주기적 경계조건, $\varphi(x+L, y, z) = \varphi(x, y+L, z) = \varphi(x, y, z+L) = \varphi(x, y, z)$ 를 부과하면, 정육면체에서 한 변의 길이가 매우 클 경우 물리적 상황에 영향을 주지 않으면서 파동함수를 수학적으로 다루기 쉽게 해 준다.

위와 같은 조건하에서 규격화된 파동함수는

$$\varphi(\mathbf{r}) = \frac{1}{\sqrt{\Omega}} e^{i\mathbf{k}\cdot\mathbf{r}} \tag{1.1.4}$$

처럼 쓸 수 있다. 위에서 Ω 는 전자기체가 담겨있는 정육면체의 부피로서 $\Omega = L^3$

이다. 또한 $\mathbf{k}$의 성분은

$$k_i = \frac{2\pi}{L} m_i \qquad (i = x, y, z; m_i = \text{정수}) \tag{1.1.5}$$

이다. 따라서 k_i 는 전자의 상태를 나타내는 양자수의 역할을 하며, 벡터 $\mathbf{k}$ 는 역격자 공간에서 격자점을 이룬다. 이때 각각의 $\mathbf{k}$ 점에는 스핀을 고려할 때 두 개의 상태가 관계된다. 즉 두 개의 상태는 $\mathbf{k}$-공간에서 $\frac{(2\pi)^3}{\Omega}$ 의 부피를 차지하므로, $\mathbf{k}$-공간에서 dk^3 의 부피요소에는 $\frac{2\Omega}{(2\pi)^3}$ 의 상태가 있다. 이 값을 Ω 로 나눈 것을 상태밀도 $g(\mathbf{k})$ 라 하며 다음과 같이 표현된다.

$$g(\mathbf{k}) \, dk^3 = \frac{2}{(2\pi)^3} \, dk^3 = \frac{2}{(2\pi)^3} \, 4\pi k^2 \, dk. \tag{1.1.6}$$

$E(k) = \hbar^2 k^2 / 2m$ 식을 이용하여 이를 에너지의 함수로 나타낸 상태밀도 $g(E)$ 는

$$g(E) \, dE = \frac{1}{2\pi^2} \left(\frac{2m}{\hbar^2} \right)^{3/2} E^{1/2} \, dE \tag{1.1.7}$$

이 된다. 즉 상태밀도 $g(E)$ 는 에너지 범위 $(E, E + dE)$ 사이에 들어있는 전자의 수에 해당한다.

전자의 총수는 N 이므로 이때 바닥상태는 $\mathbf{k}$-공간에서 에너지가 낮은 순서 대로 각각 전자 두개가 채워진 $N/2$ 개의 점에 해당한다. 이 점들은 $\mathbf{k}$-공간에서 반지름이 k_F 인 구를 채우는데 여기서 k_F 는 페르미 (Fermi[3]) 파동벡터로서

$$\int g(\mathbf{k}) \, dk^3 = \int_0^{k_F} \frac{2}{(2\pi)^3} \, 4\pi k^2 dk = \frac{N}{\Omega} = n \tag{1.1.8}$$

의 식에 의해 결정된다. 따라서 페르미 면에서 페르미 파수와 전자밀도 사이에는

$$n = \frac{k_F{}^3}{3\pi^2}; \quad k_F = \left(3\pi^2 n \right)^{1/3}; \quad E_F = \frac{\hbar^2}{2m} \left(3\pi^2 n \right)^{2/3} \tag{1.1.9}$$

의 관계가 있다. 위에서 k_F 를 r_s 로 나타내면,

$$k_F = \frac{(9\pi/4)^{1/3}}{r_s} = \frac{1.92}{r_s} = \frac{3.63}{r_s/a_0} \, \text{Å}^{-1} \tag{1.1.10}$$

이다.

---

[3]E. Fermi (1901 – 1954), Italian theoretical physicist. 1938 Nobel Prize in physics.

이제 전체 전자계의 바닥상태의 에너지를 구하면 단위부피 당 총에너지는

$$\frac{E}{V} = \frac{1}{4\pi^3} \int_{k<k_F} d\mathbf{k} \, \frac{\hbar^2 k^2}{2m} = \frac{1}{\pi^2} \frac{\hbar^2 k_F^5}{10m}$$

가 되고, 따라서 전자 한 개당 평균에너지 E/N 은 위 식을 $N/\Omega = k_F^3/3\pi^2$ 으로 나누어

$$\frac{E}{N} = \frac{3}{10} \frac{\hbar^2 k_F^2}{m} = \frac{3}{5} E_F$$

가 된다. 총에너지가 주어졌으므로 이로부터 전자기체계의 압력과 부피 탄성률을 알 수 있다. $P = -(\partial E/\partial\Omega)_N$ 로 정의되고 $E = \frac{3}{5}NE_F$ 이므로 E 는 k_F^2 에 비례한다. 그런데 k_F 는 $n^{1/3} = (N/\Omega)^{1/3}$ 에 비례하므로,

$$P = \frac{2}{3} \frac{E}{\Omega}$$

로 표현된다. 따라서 $B = -\Omega\frac{\partial P}{\partial\Omega}$ 로 정의되는 부피탄성률은

$$B = \frac{5}{3}P = \frac{10}{9}\frac{E}{\Omega} = \frac{2}{3}nE_F$$

로 된다. 구체적으로 $B = \left(\frac{6.13}{r_s/a_0}\right)^5 \times 10^9 \text{ N/m}^2$ 의 값을 갖는다.

1.2   들뜬 상태

바닥상태에서는 페르미 구가 전자들로 완전히 채워지므로 페르미 구 안에 상태가 $(\mathbf{k}, \sigma)$ 인 전자가 차있으면 상태가 $(-\mathbf{k}, -\sigma)$ 인 전자도 차있다. 따라서 운동량이 $\hbar\mathbf{k}$, 스핀이 σ 인 전자와 운동량이 $-\hbar\mathbf{k}$, 스핀이 $-\sigma$ 인 전자들은 서로 그 값이 상쇄되어 바닥상태의 전자기체계 전체의 운동량과 스핀의 합이 0 이다.

이러한 전자기체계에 외부에서 에너지와 운동량이 공급되면 들뜬 상태로 된다. 즉 전자들은 높은 에너지 상태로 이동하게 되는데, 어떤 전자들은 페르미 구 바깥의 상태로 까지 이동한다. 이러한 과정을 살펴보기 위하여 페르미 구를 완전히 채운 바닥상태를 "진공상태"로 생각하기로 한다. 그러면 들뜸에 의해 페르미 구 밖에 전자가 생성되고 페르미 구 안에는 구멍(양공)이 만들어진다.

이러한 들뜸에너지는

$$\Delta E = E - E_0 = \sum E(\mathbf{k})n_{\mathbf{k}\sigma} - \sum_{k<k_F} E(\mathbf{k}) \tag{1.2.1}$$

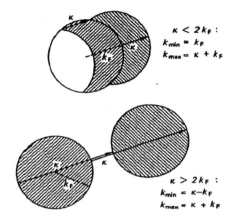

Figure 1.1: 주어진 운동량 전달 κ가 있을 때의 전자의 전이. 전이가 일어날 수 있는 Fermi 구의 안쪽과 전이가 되는 Fermi 구 바깥 영역을 사선으로 표시하였다 [Madelung 1978].

이 된다. 위에서 $n_{\mathbf{k}\sigma}$ 는 차지수로서 0 또는 1 이 되며, 합은 모든 $\mathbf{k}$, σ에 대한 것이다. 위 식을 다시 쓰면

$$
\begin{aligned}
\Delta E &= \sum_{k>k_F} E(\mathbf{k})n_{\mathbf{k}\sigma} - \sum_{k<k_F} E(\mathbf{k})\left(1 - n_{\mathbf{k}\sigma}\right) \\
&= \sum_{k>k_F} \varepsilon(\mathbf{k})n_{\mathbf{k}\sigma} + \sum_{k<k_F} |\varepsilon(\mathbf{k})|\left(1 - n_{\mathbf{k}\sigma}\right)
\end{aligned} \tag{1.2.2}
$$

이 된다. 위에서 $\varepsilon(\mathbf{k})$ 는 페르미 에너지와의 차로서 정의되는 전자 또는 구멍의 에너지로서 $\varepsilon(\mathbf{k}) = E(\mathbf{k}) - E_F$ 이다. 따라서 들뜸에너지는 모든 전자와 구멍의 에너지의 합이 된다. 이와 비슷하게 총운동량은

$$
P = \sum \hbar\mathbf{k}n_{\mathbf{k}\sigma} = \sum_{k>k_F} \hbar\mathbf{k}n_{\mathbf{k}\sigma} + \sum_{k<k_F} \left(-\hbar\mathbf{k}\right)\left(1 - n_{\mathbf{k}\sigma}\right) \tag{1.2.3}
$$

로 표현된다. 상태 $\mathbf{k},\sigma$ 인 구멍은 $-\hbar\mathbf{k}$ 만큼의 운동량을 가진다.

들뜸으로 인해 생성된 전자-구멍 짝에서 전자와 구멍이 가진 에너지와 운동량의 관계는 일의적이 아니어서, 운동량이 $\hbar\mathbf{k}$ 이라 할 때 가질 수 있는 에너지 범위가 있다. 그림 1.1에 이러한 상황을 설명하는 두 가지 경우를 나타냈다. 여기에서 보듯이 $\kappa < 2k_F$ 인 경우에는 모든 전자들이 페르미 구 바깥으로 들뜨지 못하기 때문에, 파수벡터가 $\mathbf{k}_0 + \boldsymbol{\kappa}$ 인 상태 전부가 채워지지 않는다. $\kappa > 2k_F$ 인 경우에는 모든 초기상태 $\mathbf{k}_0$ 가 Fermi 구 바깥으로 들뜬다. 이때 들뜬 에너지는

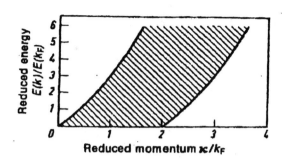

Figure 1.2: 전자기체계에서 전자-구멍 짝 들뜸. 사선으로 표시된 바와 같이 에너지와 운동량 사이에는 일의적 관계가 없다 [Madelung 1978].

바닥상태를 기준으로 하여 최소 $\frac{\hbar^2}{2m}\left[(\kappa - k_F)^2 - k_F^2\right]$ 의 에너지를 가진다. 또한 위 두 경우에 대해 최대 들뜬 에너지는 $\frac{\hbar^2}{2m}\left[(\kappa + k_F)^2 - k_F^2\right]$ 이다. 그림 1.2가 이러한 상황을 설명하고 있다.

이제 전자기체의 들뜸을 차지수 (occupation number) 표현방식을 따라 나타내기로 한다. 식 (1.1.1)과 (1.1.3)에 의해 자유전자기체의 해밀터니안을 차지수 표현방식으로 나타내면

$$H = \sum_j \left(-\frac{\hbar^2}{2m}\nabla_j^2\right) = \sum_{\mathbf{k},\sigma} E(k)\, a_{\mathbf{k}\sigma}^\dagger a_{\mathbf{k}\sigma}; \qquad E(k) = \frac{\hbar^2 k^2}{2m} \tag{1.2.4}$$

이 된다. 위에서 연산자 $a_{\mathbf{k}\sigma}^\dagger$ 는 상태 $\mathbf{k}, \sigma$ 인 전자를 생성시키고 $a_{\mathbf{k}\sigma}$는 전자를 소멸시킨다. 또한 $a_{\mathbf{k}\sigma}^\dagger a_{\mathbf{k}\sigma}$ 는 입자수 연산자로서 그 고유값이 $n_{\mathbf{k}\sigma}$ 이다. 따라서 총전자수 연산자 $N_{\mathrm{op}} = \sum_{\mathbf{k}\sigma} a_{\mathbf{k}\sigma}^\dagger a_{\mathbf{k}\sigma}$ 를 도입하면 (1.2.4) 식을

$$H - E_F N_{\mathrm{op}} = \sum_{\mathbf{k}\sigma} \varepsilon(\mathbf{k})\, a_{\mathbf{k}\sigma}^\dagger a_{\mathbf{k}\sigma} \tag{1.2.5}$$

처럼 쓸 수 있다.

전자-구멍 짝에 대해서도 식 (1.2.5)와 비슷한 표현으로 나타낼 수 있다. 이때는 연산자 $a_{\mathbf{k}\sigma}^\dagger$와 $a_{\mathbf{k}\sigma}$ 는 페르미 구 밖에 대해서만 쓰고 페르미 구 안에서는 구멍에 대한 생성, 소멸 연산자로서 $b_{\mathbf{k}\sigma}^\dagger$ 와 $b_{\mathbf{k}\sigma}$ 를 쓰게 된다. 이들 연산자 사이에는 정의에 의해

$$b_{\mathbf{k}\sigma}^\dagger = a_{\mathbf{k}\sigma}, \qquad b_{\mathbf{k}\sigma} = a_{\mathbf{k}\sigma}^\dagger \tag{1.2.6}$$

의 관계가 있고, 따라서 $1 - a_{\mathbf{k}\sigma}^{\dagger} a_{\mathbf{k}\sigma} = a_{\mathbf{k}\sigma} a_{\mathbf{k}\sigma}^{\dagger} = b_{\mathbf{k}\sigma}^{\dagger} b_{\mathbf{k}\sigma}$ 의 관계가 있다. 그러면 식 (1.2.5)를

$$H - E_F N_{\text{op}} = \sum_{k < k_F} \varepsilon(\mathbf{k}) + \sum_{k > k_F} \varepsilon(\mathbf{k}) \, a_{\mathbf{k}\sigma}^{\dagger} a_{\mathbf{k}\sigma} + \sum_{k < k_F} |\varepsilon(\mathbf{k})| \, b_{\mathbf{k}\sigma}^{\dagger} b_{\mathbf{k}\sigma} \quad (1.2.7)$$

와 같이 다시 쓸 수 있다. 위 식에서 우변의 첫 항은 채워진 페르미 구의 에너지 (E_F 를 영 에너지로 잡았을 때)이고 두 번째 항은 페르미 구 바깥의 전자의 에너지, 그리고 마지막 항은 페르미 구 안의 구멍의 에너지의 합이다.

1.3 Fermi-Dirac 분포와 응용

절대 영도 보다 높은 온도에서의 전자기체계는 바닥상태로부터 벗어나 k_F 보다 큰 상태가 차게 된다. 평형상태에서 어떤 주어진 상태가 찰 확률은 온도만의 함수가 되는데, 이렇게 상태들이 채워지는 확률을 페르미 분포라고 한다. 페르미 분포를 얻는 방법은 여러 가지가 있지만 여기에서는 그 중 한 가지를 소개한다.

우선 닫힌 계에서 어떤 한 상태 E_n 이 찰 확률은

$$\omega_n = Z^{-1} \exp\left(-E_n / k_B T\right) \quad (1.3.1)$$

이 된다. 또한, $\sum_n \omega_n = 1$ 이 되어야 하므로 상수 Z 는 $\sum_n e^{-E_n/k_B T}$ 이 되는데 이를 정규 분배함수 (canonical partition function)라고 한다. Z 는 자유에너지 F 와 $Z = e^{-F/k_B T}$ 의 관계가 있다. (1.3.1) 를 이용하여 계를 나타내는 모든 물리량의 통계적 평균을 다음 식에 의해 정할 수 있다:

$$\overline{f} = \sum_n f_n \, \omega_n = Z^{-1} \sum_n f_n \, \exp\left(-E_n / k_B T\right). \quad (1.3.2)$$

E_n 을 슈뢰딩거 방정식 $H \ket{n} = E_n \ket{n}$ 의 고유값이라 하면 그 통계적 평균은 다음과 같이 정의되는 밀도 연산자 ρ 를 이용하여 구할 수 있다 :

$$\rho \;\; = \;\; Z^{-1} \exp\left(-H / k_B T\right), \quad (1.3.3)$$

$$Z \;\; = \;\; Tr \exp\left(-H / k_B T\right) = \sum_n \exp\left(-E_n / k_B T\right), \quad (1.3.4)$$

$$\overline{f} \;\; = \;\; Tr\left(f\rho\right). \quad (1.3.5)$$

여기서 어떤 연산자 A 에 대해서 $Tr(A)$ 는 $\sum_n \bra{n} A \ket{n}$ 으로 주어지는 A 행렬의 대각합에 해당한다.

한편 계와 주위 사이에 입자들의 교환이 있으면 식 (1.3.3), (1.3.4), (1.3.5)는

$$\rho_G = Z_G^{-1} \exp\left(-\frac{H-\mu N}{k_B T}\right), \tag{1.3.6}$$

$$Z_G = Tr \exp\left(-\frac{H-\mu N}{k_B T}\right), \tag{1.3.7}$$

$$\overline{f} = Tr(f\rho_G) \tag{1.3.8}$$

처럼 바꾸어 써야 한다. 위에서 μ 는 화학 퍼텐셜 (chemical potential)이고 Z_G 는 대분배함수 (grand partition function)로서 열역학 퍼텐셜 $\Omega = F - \mu N$ 과는 $Z_G = \exp(-\Omega/k_B T)$ 의 관계가 있다. 즉 이 경우에는 식 (1.3.3) 에서 해밀터니안 H 가 $H - \mu N_{op}$ 로 바뀌었음을 알 수 있다.

위와 같은 수식을 자유전자기체에 적용하여 보기로 한다. 이를 위해 전자들의 양자상태는 $\mathbf{k}, \sigma$ 로 나타내기로 하되, 편의상 σ는 표기하지 않기로 한다. 전자들의 에너지 E_n 은 $E(\mathbf{k})$ 이며, 입자 수는 $n_\mathbf{k} = 0$ 또는 1 이 된다. 따라서 $H - \mu N_{op} = \sum_\mathbf{k}(E(\mathbf{k})-\mu)n_\mathbf{k}$ 로 주어진다.

식 (1.3.6)으로부터 어떤 특정한 $\mathbf{k}$ 상태에서의 밀도 연산자와 대분배함수는

$$\rho_G(\mathbf{k}) = Z_G(\mathbf{k})^{-1} \exp\left(-\frac{(E(\mathbf{k})-\mu)n_\mathbf{k}}{k_B T}\right), \tag{1.3.9}$$

$$Z_G(\mathbf{k}) = \sum_{n_\mathbf{k}} \exp\left(-\frac{(E(\mathbf{k})-\mu)n_\mathbf{k}}{k_B T}\right) = 1 + \exp\left(-\frac{E(\mathbf{k})-\mu}{k_B T}\right) \tag{1.3.10}$$

와 같이 주어진다. 이로부터 $\mathbf{k}$ 상태에 있는 입자의 평균수는

$$\overline{n_\mathbf{k}} = Tr(n_\mathbf{k}\rho_G(\mathbf{k})) = \sum_{n_\mathbf{k}} \langle n_\mathbf{k}| n_\mathbf{k}\rho_\mathbf{k} |n_\mathbf{k}\rangle$$

$$= Z_\mathbf{k}^{-1} \exp\left(-\frac{E(\mathbf{k})-\mu}{k_B T}\right) = \frac{1}{1+\exp\left(\frac{E(\mathbf{k})-\mu}{k_B T}\right)} \tag{1.3.11}$$

와 같아진다. $\overline{n_\mathbf{k}}$ 는 0 과 1 사이의 값을 가지기 때문에 이 평균값은 $\mathbf{k}$ 상태에 있는 차지수의 확률과 같다. 따라서 식 (1.3.11)이 바로 Fermi-Dirac[4] 분포이다. 또한 식 (1.3.11)로부터 $\overline{n_\mathbf{k}}$ 가 밀도 연산자의 고유값이 됨을 알 수 있다. 페르미-디락 분포는

$$f(E,T) = \frac{1}{1+\exp\left(\frac{E(\mathbf{k})-\mu}{k_B T}\right)} \tag{1.3.12}$$

[4]P. A. M. Dirac (1902 – 1984), English theoretical physicist. 1933 Nobel Prize in Physics.

와 같이 에너지 $E(\mathbf{k})$ 와 온도 T 의 함수이다.

페르미-디락 분포를 응용하는 예로서 금속전자계의 정적 비열을 계산하여 보기로 한다. 이를 위해 먼저 에너지 밀도 U/Ω 를 구하면

$$u = U/\Omega = 2 \sum_{\mathbf{k}} E(\mathbf{k}) \, f\left(E(\mathbf{k})\right) \tag{1.3.13}$$

이 된다. 위에서 $f\left(E(\mathbf{k})\right)$ 는 페르미 함수이다. 이때 전자밀도 $n = N/\Omega$ 는

$$n = \int \frac{d\mathbf{k}}{4\pi^3} \, f\left(E(\mathbf{k})\right) \tag{1.3.14}$$

로 표현되는데, 이 식은 (1.3.13) 식에서 화학 퍼텐셜을 소거시키기 위하여 이용한다. 식(1.3.13), (1.3.14)에서 $\mathbf{k}$-공간의 적분은 상태밀도 (1.1.7)을 이용하면

$$u = \int_{-\infty}^{\infty} dE g(E) E f(E), \tag{1.3.15}$$

$$n = \int_{-\infty}^{\infty} dE g(E) f(E) \tag{1.3.16}$$

과 같이 쓸 수 있다. (1.3.15),(1.3.16)을 계산하기 위해

$$\int_{-\infty}^{\infty} H(E) f(E) dE = \int_{-\infty}^{\mu} H(E) dE + \frac{\pi^2}{6} \left(k_B T\right)^2 H'(\mu)$$
$$+ \frac{7\pi^4}{360} \left(k_B T\right)^4 H'''(\mu) + \dots \tag{1.3.17}$$

로 주어지는 Sommerfeld 전개를 이용하면, u 와 n 은 각각

$$u = \int_0^{\mu} E g(E) dE + \frac{\pi^2}{6} \left(k_B T\right)^2 \left[u g'(\mu) + g(\mu)\right] + \dots, \tag{1.3.18}$$

$$n = \int_0^{\mu} g(E) dE + \frac{\pi^2}{6} \left(k_B T\right)^2 g'(\mu) + \dots \tag{1.3.19}$$

와 같이 쓸 수 있다. 또한 T^2 차수까지는

$$\int_0^{\mu} H(E) dE = \int_0^{E_F} H(E) dE + (\mu - E_F) H\left(E_F\right) \dots \tag{1.3.20}$$

으로 쓸 수 있으므로 이를 이용하여 (1.3.18),(1.3.19)에서 화학 퍼텐셜 μ 를 페르미

에너지 E_F 로 바꾸어 쓰면 T^2 의 차수까지

$$
\begin{aligned}
u &= \int_0^{E_F} Eg(E)dE + E_F\left[(\mu - E_F)\,g\,(E_F) + \frac{\pi^2}{6}\,(k_BT)^2\,g'\,(E_F)\right]\\
&\quad + \frac{\pi^2}{6}\,(k_BT)^2\,g\,(E_F)\ldots, \quad\quad\quad\quad\quad\quad (1.3.21)\\
n &= \int_0^{E_F} g(E)dE + \left[(\mu - E_F)\,g\,(E_F) + \frac{\pi^2}{6}\,(k_BT)^2\,g'\,(E_F)\right] + \ldots
\end{aligned}
$$
$$(1.3.22)$$

으로 된다. 지금 일정한 부피의 경우 즉 일정한 밀도 조건에서 비열을 구하므로 n 은 온도에 무관하여 (1.3.22) 식은

$$
0 = (\mu - E_F)\,g\,(E_F) + \frac{\pi^2}{6}\,(k_BT)^2\,g'\,(E_F) \quad\quad\quad (1.3.23)
$$

과 같이 간단해진다. 이 식을 이용하면 화학 퍼텐셜은 페르미 에너지와

$$
\mu = E_F - \frac{1}{3}\,(k_BT)^2\,\frac{g'\,(E_F)}{g\,(E_F)} \quad\quad\quad (1.3.24)
$$

과 같은 관계가 있다. 자유전자기체에서는 식 (1.1.7)과 같이 상태밀도가 $E^{1/2}$ 에 비례하므로 (1.3.24)는

$$
\mu = E_F\left[1 - \frac{1}{3}\left(\frac{\pi k_BT}{2E_F}\right)^2\right] \qu\quad\quad\quad (1.3.25)
$$

이 된다. 식 (1.3.23)을 이용하면 (1.3.21) 는

$$
u = u_0 + \frac{\pi^2}{6}\,(k_BT)^2\,g\,(E_F) \quad\quad\quad\quad (1.3.26)
$$

와 같이 간단히 표현되므로, 전자기체계의 정적 비열 (specific heat)은

$$
c_v = \left(\frac{\partial u}{\partial T}\right)_n = \frac{\pi^2}{3}k_B^2 T g\,(E_F) = \frac{\pi^2 k_B}{2} n\left(\frac{k_BT}{E_F}\right) \quad\quad (1.3.27)
$$

와 같이 T 에 비례하는 식으로 표현된다.

고전통계이론에 따르면 겹침이 없는 전자기체에서 개개의 전자가 비열에 기여하는 값은 $\frac{3k_B}{2}$ 이므로 단위부피 당 n 개의 전자가 있을 때 비열은 $\frac{3k_B}{2}n$ 으로 주어진다. 그러나 식 (1.3.27)을 보면 겹침이 큰 양자적 전자기체계의 경우는 비열에 기여하는 전자수가 총 n 개의 전자가 아니라 $n\left(\frac{k_BT}{E_F}\right)$ 개의 전자만이 기여를

한다는 것이다. 이것은 온도 T 일 때 온도에 반응하여 페르미 구 바깥의 빈 상태로 이동할 수 있는 전자의 개수는 그 에너지가 E_F 로부터 $k_B T$ 범위 내에 있는 전자들의 개수 $n\left(\frac{k_B T}{E_F}\right)$ 로 주어지기 때문이다.

금속에서는 페르미 에너지가 수 eV 정도라서 상온에서 $k_B T/E_F$ 값이 매우 작다. Sommerfeld의 자유전자 이론의 첫 번째 성공은 금속에서 전자의 비열이 고전통계에 의한 값보다 훨씬 작으리라는 것을 예측한 것이다. 식 (1.3.27)에서 보듯이 비열이 온도에 비례한다는 것은 실험에 의해서도 확인되었으며, 이 식에서 E_F 를 유효 전자질량 m^* 로 치환하게 되면 비열이 유효 전자질량에 비례한다는 것을 알 수 있다.

1.4   전기장 내에서의 자유전자의 운동

식 (1.1.3) 으로부터 에너지가 $E(k)$인 상태에 있는 자유전자의 운동량은

$$\mathbf{p} = \frac{\hbar}{i} \langle \phi | \nabla | \phi \rangle = \hbar \mathbf{k} \tag{1.4.1}$$

과 같다. 만약 외부에서 시간에 의존하지 않는 균일한 전기장 $\mathbf{E}$ 가 가해지면 전자의 운동량은 $\dot{\mathbf{p}} = -e\mathbf{E}$에 따라 변한다. 즉 $\mathbf{k}$ 벡터는 시간에 따라

$$\frac{d\mathbf{k}}{dt} = -\frac{e}{\hbar}\mathbf{E}; \qquad \mathbf{k}(t) = \mathbf{k}(0) - \frac{e}{\hbar}\mathbf{E}t \tag{1.4.2}$$

와 같이 변한다. 다시 말해 전기장이 가해지면 전자들은 다른 $\mathbf{k}$ 벡터의 상태로 옮긴다.

식 (1.4.2)는 전자에 대한 슈뢰딩거 방정식

$$\left(-\frac{\hbar^2}{2m}\nabla^2 + e\mathbf{E}\cdot\mathbf{r}\right)\phi(\mathbf{r},t) = i\hbar\frac{\partial\phi(\mathbf{r},t)}{\partial t} \tag{1.4.3}$$

으로부터 얻을 수 있다. 이때

$$\phi(\mathbf{r},t) = A \exp\left\{i\left[\mathbf{k}(t)\cdot\mathbf{r} - \frac{1}{\hbar}\int_0^t E(\mathbf{k}(\tau))d\tau\right]\right\} \tag{1.4.4}$$

로 놓고 이를 (1.4.3) 식에 대입하면

$$E[\mathbf{k}(t)] = \frac{\hbar^2 k^2(t)}{2m} \tag{1.4.5}$$

를 얻는데, 여기서 $\mathbf{k}(t)$ 는 식 (1.4.2) 에 따라 변한다. 위와 같은 결과를 페르미

구를 채우고 있는 전자기체계에 적용하면, 전기장의 영향을 받는 전자기체의 가속도는 페르미 구의 $\mathbf{k}$ 성분이 전기장 방향과 평행하게 변위되는 것으로 나타낼 수 있다.

또한 전기장 내에서 움직이는 전자 한 개의 운동을 기술하기 위해서는 다음과 같이 평면파의 중첩으로 이루어진 파속 (wave packet)으로 나타내는 것이 좋다.

$$\Psi(\mathbf{r},t) = \sum_{\mathbf{k}} C(\mathbf{k},t)\phi(\mathbf{k},\mathbf{r}). \tag{1.4.6}$$

파속이 실공간과 $\mathbf{k}$-공간에서 제한되어 있는 범위는 계수 $C(\mathbf{k},t)$ 에 의해 결정된다. 전기장 $\mathbf{E} = -\nabla\chi$ 의 작용에 의한 전자들의 운동은 식 (1.4.6)으로 기술되는 파속의 중심의 움직임으로 나타낼 수 있다. 파속의 움직임을 알기 위해 식 (1.4.6)을 슈뢰딩거 방정식에 대입하면

$$\left(-\frac{\hbar^2}{2m}\nabla^2 - e\chi\right)\Psi(\mathbf{r},t) = i\hbar\frac{\partial\Psi(\mathbf{r},t)}{\partial t} \tag{1.4.7}$$

처럼 된다. 그러면 파속 중심의 위치와 운동량의 변화는

$$\frac{d\mathbf{p}}{dt} = \frac{1}{i\hbar}\,[\mathbf{p},H]\,; \qquad \frac{d\mathbf{r}}{dt} = \frac{1}{i\hbar}\,[\mathbf{r},H] \tag{1.4.8}$$

와 같은 양자역학적 운동방정식에 의해 얻을 수 있다. 이때 전기장이 그리 크게 변하지 않으면 Ehrenfest 관계식을 이용할 수 있다. $\mathbf{r}$ 과 $\mathbf{p}$ 를 파속 중심에서의 위치와 운동량의 기댓값이라고 하고, H 를 고전적 해밀터니안 $H = E_0 - e\chi = (\hbar^2 k^2/2m) - e\chi$ 라 하면 그 운동방정식은

$$\frac{d\mathbf{r}}{dt} = \nabla_{\mathbf{p}}H = \nabla_{\mathbf{p}}E_0 = \frac{1}{\hbar}\,\nabla_{\mathbf{k}}E_0, \tag{1.4.9}$$

$$\frac{d\mathbf{p}}{dt} = -\nabla_{\mathbf{r}}H = e\nabla_{\mathbf{r}}\chi = -e\mathbf{E} \tag{1.4.10}$$

가 된다. 식 (1.4.9)는 잘 알고 있듯이 파속의 군속도 (group velocity)를 나타내는 식이다.

앞 장에서 우리는 준정적 근사를 논의하며 베리 위상 (Berry phase)을 언급한 바 있는데 [Berry 1984], 위 식 (1.4.9)의 파속 중심의 속도와 관련하여 군속도 항 외에 베리 퍼텐셜에 의하여 구현되는 이상속도 (anomalous velocity)에 대하여 논의하여 보자. 식 (1.4.6)에서 우리는 파속을 평면파의 중첩으로 표현하였다. 하지만 주기적으로 정렬된 고체계 퍼텐셜을 고려할 때는 보통 파속을 평면파 대신 3장에서 기술할 주기적 퍼텐셜을 갖는 고체계 해밀터니안 H 의 고유함수인 블로흐

파동함수 (Bloch[5] wave function)들의 중첩으로 표현한다.

블로흐 파동함수 $\psi_n(\mathbf{k}, \mathbf{r})$ 은 평면파와 주기적 성질을 갖는 단위격자 파동함수 $u_n(\mathbf{k}, \mathbf{r})$ 의 곱인 $\psi_n(\mathbf{k}, \mathbf{r}) = e^{i\mathbf{k} \cdot \mathbf{r}} u_n(\mathbf{k}, \mathbf{r})$ 의 형태로 주어지며

$$H \, \psi_n(\mathbf{k}, \mathbf{r}) = \epsilon_n(\mathbf{k}) \, \psi_n(\mathbf{k}, \mathbf{r}), \tag{1.4.11}$$

$$\tilde{H}(\mathbf{k}) \, u_n(\mathbf{k}, \mathbf{r}) = \epsilon_n(\mathbf{k}) \, u_n(\mathbf{k}, \mathbf{r}) \tag{1.4.12}$$

를 만족한다. 여기서 $\tilde{H}$ 는 $\tilde{H}(\mathbf{k}) = e^{-i\mathbf{k} \cdot \mathbf{r}} H e^{i\mathbf{k} \cdot \mathbf{r}}$ 로 주어지는 $\mathbf{k}$ 에 의존하는 유효 해밀터니안이며 $u_n(\mathbf{k}, \mathbf{r})$ 은 $\tilde{H}$ 의 고유함수가 된다. 따라서 전기장 $\mathbf{E}$ 가 걸려 있는 경우 실제 고체계에서 고려할 파속은 식 (1.4.6) 대신

$$\Psi(\mathbf{r}, t) = \sum_{\mathbf{k}} C_n(\mathbf{k}, t) \, \psi_n(\mathbf{k}, \mathbf{r}) \tag{1.4.13}$$

로 주어진다. 에너지띠 간 전이가 없는 준정적 근사를 가정하면 주어진 띠 지수 (band index) n 은 변하지 않기에 아래의 논의에서는 생략하기로 하자.

그러면 파속의 중심 위치 $\mathbf{r}_c$ 와 파속의 속도 $\mathbf{v}_c$ 는 각각

$$\mathbf{r}_c \equiv \langle \Psi(t) | \mathbf{r} | \Psi(t) \rangle, \tag{1.4.14}$$

$$\mathbf{v}_c \equiv \frac{d\mathbf{r}_c}{dt} = \frac{d}{dt} \langle \Psi(t) | \mathbf{r} | \Psi(t) \rangle \tag{1.4.15}$$

와 같이 정의할 수 있다 (여기에서 $\Psi(\mathbf{r}, t) = \langle \mathbf{r} | \Psi(t) \rangle$ 로 주어지는 표기법을 사용하였다). 그러면 부록 A.5에서 기술하였듯이 $\mathbf{r}_c$ 와 $\mathbf{v}_c$ 는 각각

$$\begin{aligned} \mathbf{r}_c &= i \int_{\mathbf{k}} d\mathbf{k} \left(|C(\mathbf{k})|^2 \langle u(\mathbf{k}) | \nabla_{\mathbf{k}} u(\mathbf{k}) \rangle + C^*(\mathbf{k}) \nabla_{\mathbf{k}} C(\mathbf{k}) \right) \\ &= (\mathbf{A}(\mathbf{k}) - \nabla_{\mathbf{k}} \varphi_{\mathbf{k}})|_{\mathbf{k} = \mathbf{k}_c}, \end{aligned} \tag{1.4.16}$$

$$\begin{aligned} \mathbf{v}_c &= \left[\frac{1}{\hbar} \nabla_{\mathbf{k}} \epsilon(\mathbf{k}) - \dot{\mathbf{k}} \times \Omega(\mathbf{k}) \right]|_{\mathbf{k} = \mathbf{k}_c} \\ &= \left[\frac{1}{\hbar} \nabla_{\mathbf{k}} \epsilon(\mathbf{k}) + \frac{e}{\hbar} \mathbf{E} \times \Omega(\mathbf{k}) \right]|_{\mathbf{k} = \mathbf{k}_c} \end{aligned} \tag{1.4.17}$$

로 주어진다. 여기서 $\mathbf{A}(\mathbf{k})$ 와 $\Omega(\mathbf{k})$ 는

$$\mathbf{A}(\mathbf{k}) = i \int_{cell} d\mathbf{r} \, u^*(\mathbf{k}, \mathbf{r}) \, \nabla_{\mathbf{k}} u(\mathbf{k}, \mathbf{r}), \tag{1.4.18}$$

$$\Omega(\mathbf{k}) = \nabla_{\mathbf{k}} \times \mathbf{A}(\mathbf{k}) \tag{1.4.19}$$

로 주어지는 $\mathbf{k}$-공간에서의 베리 퍼텐셜 (Berry potential)과 베리 곡률 (Berry cur-

---

[5]F. Bloch (1905 – 1983) Swiss-American theoretical physicist. 1952 Nobel Prize in physics.

vature)이다. 그리고 $\varphi_{\mathbf{k}}$ 는 $C(\mathbf{k})$ 의 위상이고 $(C(\mathbf{k}) = |C(\mathbf{k})|e^{i\varphi_{\mathbf{k}}})$, $\mathbf{k}_c$ 는 $|C(\mathbf{k})|^2$ 의 봉우리에 해당하는 $\mathbf{k}$ 중심값이다.

식 (1.4.17)을 보면 식 (1.4.9)의 군속도 외에 $\boldsymbol{\Omega}(\mathbf{k})$ 와 관련된 또 다른 항이 존재하는데 이 항을 이상속도 (anomalous velocity)라 하고 베리 곡률이 존재하면 나타나는 항이다. 식 (1.4.17)을 보면 베리 곡률은 마치 $\mathbf{k}$-공간에서 자기장과 같은 역할을 함을 알 수 있다. 실제로 반전대칭성이나 시간반전대칭성이 깨진 고체계에 서는 베리 곡률이 존재하고, 반전대칭성이나 시간반전대칭성이 있어도 스핀-궤도 (spin-orbit) 상호작용이 큰 고체계에서는 베리 곡률을 무시할 수 없게 되어 위의 이상속도는 홀 효과 (Hall effect) 등에서 실험적으로 관측되는 물리량이다 [Xiao 2010].

1.5   자기장 내에서의 자유전자의 운동

이제 자기장이 가해졌을 때 전자기체의 운동을 살펴보자. 편의상 이 자기장을 $\mathbf{B} = B\hat{\mathbf{z}}$ 라고 하면 이에 대한 벡터퍼텐셜은 $\mathbf{A} = Bx\hat{\mathbf{y}}$ 로 택할 수 있다. 즉 이러한 게이지를 택하면 자기장이 z-성분만 가질 때 벡터퍼텐셜은 y-성분만 가진다.

자기장 내의 전자의 운동을 기술하기 위해 먼저 앞 절에서의 결과를 확장하여 보자. 앞 절에서 전기장 내의 전자의 운동은 시간에 따라 변하는 $\mathbf{k}$-벡터 즉 식 (1.4.2) 에 의해 기술됨을 알았다. 이제 전기장과 자기장이 함께 걸린 경우에 앞 의 상황이 어떻게 바뀌는가를 보기로 한다. 우선 자기장이 걸린 경우에도 전자는 세 개의 양자수 k_i 즉 $\mathbf{k}$-공간에서의 양자상태로 기술된다고 가정하자. 위와 같은 가정은 자기장 내에서 움직이는 전자에 대한 슈뢰딩거 방정식의 해를 구함으로써 알 수 있다.

자기장 내에서 움직이는 전자에 대한 고전적 해밀터니안은

$$H = \frac{1}{2m}\left(\mathbf{p} + e\mathbf{A}\right)^2 \equiv \frac{1}{2m}\mathbf{P}^2 \tag{1.5.1}$$

처럼 주어지고, 전기장 내에서의 운동방정식 (1.4.9)와 (1.4.10)에 대응하는 식은

$$\frac{d\mathbf{r}}{dt} = \nabla_{\mathbf{p}}H = \frac{1}{m}\left(\mathbf{p} + e\mathbf{A}\right), \tag{1.5.2}$$

$$\frac{d\mathbf{p}}{dt} = -\nabla_{\mathbf{r}}H = -e\dot{\mathbf{r}} \times \mathbf{B} - e\dot{\mathbf{A}}, \tag{1.5.3}$$

또는 $\dot{\mathbf{p}} + e\dot{\mathbf{A}} = -e\dot{\mathbf{r}} \times \mathbf{B}$ 식처럼 주어진다. 위 식 (1.5.3)을 유도할 때 $\dot{\mathbf{r}} \times \mathbf{B}|_y = \dot{x}B = \dot{A}_y$ 와 $\dot{A}_x = \dot{A}_z = 0$ 임을 이용하였다.

위 식들로부터

$$\dot{p}_x = -\frac{eB}{m}\left(p_y + eBx\right), \quad \dot{p}_y = 0 \ (p_y \equiv \hbar k_y), \quad \dot{p}_z = 0 \ (p_z \equiv \hbar k_z) \quad (1.5.4)$$

를 얻을 수 있으며, 또한 이들은

$$\ddot{x} = -\omega_c\left(\frac{\hbar k_y}{m} + \omega_c x\right), \quad \ddot{y} = \omega_c \dot{x}, \quad \ddot{z} = 0 \quad (1.5.5)$$

와 같이 된다. 이 방정식들의 해는

$$x = x_0 + \cos\left(\omega_c t\right), \quad y = y_0 + \sin\left(\omega_c t\right), \quad z = z_0 + \frac{\hbar k_z}{m}t \quad (1.5.6)$$

가 주어진다. 위에서 $x_0 = -\frac{\hbar k_y}{m\omega_c}$ 이고 $\omega_c = \frac{eB}{m}$ (ω_c: 사이클로트론 진동수 (cyclotron frequency)) 이다. 즉 $\mathbf{B} = B\hat{z}$ 의 자기장이 존재할 때 전자들의 운동은 자기장 방향의 운동 즉 z-방향의 운동은 영향을 받지 않고 x-y 면 위의 궤도를 따라 움직인다는 것을 알 수 있다.

위의 전개를 바탕으로 자기장과 함께 전기장이 동시에 존재할 때의 전자 운동을 생각해 보자. 식 (1.5.1) 에서 운동량과 벡터퍼텐셜을 하나의 벡터 $\mathbf{P}$ 로 결합하였다. 식 (1.5.3)과 (1.5.6)을 보면 자기장이 걸린 경우에 운동량 $\mathbf{P}$-공간에서의 전자의 운동은 자기장 $\mathbf{B}$ 에 수직한 평면에서 일정한 에너지 면에서의 궤도를 따라 움직임을 알 수 있다. 이를 앞 절에서 기술하였듯이 $\mathbf{k}$-공간에서 기술하려면 약간의 어려움이 따른다. 고전적 해밀터니안 (1.5.1)을 양자역학적 해밀터니안 연산자로 바꾸면 $\mathbf{P}$ 는 그 성분들이 서로 교환 가능하지 않은 연산자가 된다. 그래서 $\mathbf{P}/\hbar$ 의 성분 (자기장이 없을 때의 $\mathbf{k}$ 성분에 해당함)은 고전적인 경우에서처럼 전자의 운동을 기술하는 공간의 좌표축 역할을 하지 못한다. 그렇지만 자기장이 약한 경우에는 위와 같은 엄밀성을 접어두고 자기장이 0 일 때처럼 $\mathbf{P}/\hbar$-공간을 $\mathbf{k}$-공간과 연관시킬 수 있다. 이렇게 하면 식 (1.5.3)과 (1.4.10)로부터 전자의 $\mathbf{k}$-벡터의 변화에 대한 다음 법칙을 얻게 된다.

$$\hbar\dot{\mathbf{k}} = -e\mathbf{E} - e\mathbf{v} \times \mathbf{B} \quad (1.5.7)$$

위 식은 전자의 가속도 즉 고전적 운동량의 시간적 변화는 전기장과 자기장에 의한 로렌츠 (Lorentz) 힘에 비례한다는 고전적 설명에 정확히 대응한다.

이제 다음 슈뢰딩거 방정식의 정확한 해를 구해보기로 한다.

$$\frac{1}{2m}\left(-i\hbar\nabla + e\mathbf{A}\right)^2 \Psi = E\Psi \quad (1.5.8)$$

위 식은 벡터퍼텐셜에 x-변수 ($\mathbf{A} = Bx\hat{y}$) 가 있다는 점에서 자기장이 0 인 경우에 해당하는 방정식과 다르다. 위 식을 풀기 위해 파동함수의 y-성분과 z-성분은 자기장이 0 인 경우와 달라지지 않는다고 하고 x-성분의 파동함수를 $\phi(x)$ 로 나타내면 위 식의 해는

$$\Psi = \exp\left[i\left(k_y y + k_z z\right)\right]\phi(x) \tag{1.5.9}$$

처럼 쓸 수 있다.

식 (1.5.8)과 (1.5.9)으로부터 $\phi(x)$ 에 대한 방정식은

$$-\frac{\hbar}{2m}\phi'' + m\frac{\omega_c^2}{2}\left(x - x_0\right)^2\phi = \left(E - \frac{\hbar^2 k_z^2}{2m}\right)\phi \tag{1.5.10}$$

의 꼴이 된다. 위 식은 중심을 $x_0\ (\equiv -\frac{\hbar k_y}{m\omega_c})$ 에 둔 1 차원 진동자에 대한 슈뢰딩거 방정식과 그 꼴이 같다. 따라서 그 고유값은

$$E_\nu = \frac{\hbar^2 k_z^2}{2m} + \left(\nu + \frac{1}{2}\right)\hbar\omega_c, \qquad \nu = 0, 1, 2, \ldots \tag{1.5.11}$$

와 같다.

위 결과는 예상했던 바와 같다. 즉 전자의 에너지는 자기장 방향인 z-방향으로는 자기장이 없을 때와 같은 운동에너지를 가지며, 자기장에 수직인 평면에서는 진동 운동에 대한 양자화된 에너지로 구성되어 있다. 양자화된 에너지는 각진동수 ω_c에 의해 정해진다.

식 (1.5.11)은 궤도 운동에 의한 에너지만 주기 때문에 전자의 스핀에 의한 기여도 생각하여야 한다. 스핀에 의한 기여는 $\pm(g/2)\mu_B B$ 인데 부호는 스핀 방향에 따라 결정된다. 여기서 μ_B는 보어(Bohr) 자자수로서 $\mu_B = e\hbar/2m = \hbar\omega_c/2B$ 이며, g 는 자유전자에 대한 g 인자로서 2 의 값을 가지는데 자유전자가 아닌 경우에는 그 값이 상당히 달라진다. 이렇게 해서 스핀까지 고려하면 식 (1.5.11)은

$$E_\nu = \frac{\hbar^2 k_z^2}{2m} + \left(\nu + \frac{1}{2}\right)\hbar\omega_c \pm \frac{g}{2}\mu_B B \tag{1.5.12}$$

처럼 쓸 수 있다. 이하의 논의에서는 스핀에 의한 에너지 기여는 생각하지 않기로 한다.

이제 자기장 내에서는 상태밀도가 어떻게 변하는지 살펴보기로 한다. 파동함수 (1.5.9) 는 k_y 와 k_z 에 의존하며, $\phi(x)$ 를 통해 k_x 와 ν 에 의존한다. k_z 와 ν 가 주어진 경우 어떠한 k_y 도 택할 수 있다. 즉 상태가 겹쳐져 있다. 그런데 x_0 는 부피 $V\ (-L_x/2 < x_0 < L_x/2)$ 에 있다고 가정하였으므로, k_y 는 $-(m\omega_c L_x/2\hbar)$

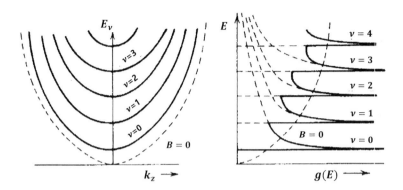

Figure 1.3: 자기장이 가해진 경우 자유전자기체계의 에너지 분산과 상태밀도 [Ziman 1972].

와 $+ (m\omega_c L_x / 2\hbar)$ 의 범위 내에 있다. 이때 k_y 축을 따라서 상태들이 $2\pi/L_y$ 의 간격으로 놓여 있으므로, $\mathbf{k}$ 의 y-성분은 $(L_y/2\pi)(m\omega_c L_x/\hbar)$ 개의 서로 다른 값을 가질 수 있다. 또한 dk_z 사이에서 $\mathbf{k}$ 의 z-성분은 $(L_z/2\pi)dk_z$ 개의 서로 다른 값을 가질 수 있기 때문에 단위부피 당 상태밀도는 각각의 경우의 스핀 자유도까지 고려하면,

$$g\left(\nu, k_z\right)\ dk_z = \frac{4}{(2\pi)^2} \frac{m\omega_c}{\hbar}\ dk_z \tag{1.5.13}$$

이 된다. 위 식을 식 (1.5.12)를 이용하여 k_z 대신 에너지 E 함수로 바꾸어 지수 ν 를 가진 부띠 (sub-band) 내의 상태밀도 $g(E, \nu)$ 를 구하면

$$g(E, \nu)\ dE = \frac{2}{(2\pi)^2} \frac{\hbar\omega_c}{2} \left(\frac{2m}{\hbar^2}\right)^{3/2} \left[E - (\nu + \frac{1}{2})\hbar\omega_c\right]^{-1/2}\ dE \tag{1.5.14}$$

이 된다. 식 (1.5.14)는 자기장에 의하여 자기장이 0 인 경우의 연속적 에너지 상태가 그림 1.3과 같이 분리된 부띠 상태들로 재배치됨을 의미한다.

따라서 총 상태밀도는 에너지 E 보다 작은 모든 부띠에 대해 합하여

$$g(E) = \sum_{\nu=0}^{\nu'} g(\nu, E) \tag{1.5.15}$$

으로 구할 수 있다. 위 식에서 B 를 0 으로 보내면, 다른 양자수를 가진 부띠들은 점점 가까워져서 (1.5.15)에서의 합은 적분으로 된다. 이 적분을 계산하고 B 를 0 으로 보내면 자유전자의 상태밀도 식 (1.1.7)이 정확히 얻어진다.

참고 문헌

- 김덕주, *금속전자계의 다체이론*, 민음사 (1986).

- Ashcroft N. W. and N. D. Mermin, *Solid State Physics*, Holt, Rinehart and Winston (1976).

- Berry M. V., *Quantal phase factors accompanying adiabatic changes*, Proceedings of the Royal Society A. **392**, 45 (1984).

- Kittel C. and H. Kroemer, *Thermal Physics (2nd ed.)*, W. H. Freeman (1980).

- Madelung O., *Introduction to Solid-State Theory*, Springer Science Business Media (1978).

- Xiao D., M.-C. Chang and Q. Niu, *Berry phase effects on electronic properties*, Rev. Mod. Phys. **82**, 1959 (2010).

- Ziman J. M., *Principles of the Theory of Solids*, Cambridge University Press, Cambridge (1972).

Chapter 2

밀도범함수 이론 (Density Functional Theory)

고체의 전자구조를 구하려면 우리는 다체계의 상호작용을 적절히 기술하는 유효 퍼텐셜 (effective potential)을 먼저 알아야 한다. 이러한 유효 퍼텐셜 중 지금까지 많이 쓰였던 간단한 예로는 토마스-페르미 (Thomas[1]-Fermi) 퍼텐셜이나 하트리-폭 (Hartree[2]-Fock[3]) 퍼텐셜 등을 들 수 있는데 이들은 전자들 사이의 상관 상호작용을 포함하지 못하는 결점이 있다. 현재 고체의 전자구조 이론에서 가장 많이 쓰이는 유효 퍼텐셜은 밀도범함수 이론을 이용하여 구한 것으로서 이 유효 퍼텐셜은 전자들 사이의 상관 상호작용을 적절히 포함하는 퍼텐셜이다.

이 장에서 우리는 토마스-페르미 퍼텐셜과 하트리-폭 퍼텐셜 방법을 먼저 소개한 후 Hohenberg[4], Kohn[5], Sham 등 [Hohenberg 1964, Kohn 1965] 에 의해 제안된 밀도범함수 이론의 기초를 개괄하고 이 이론을 원자계에 적용하는 실제 계산 방법을 소개하고자 한다.

---

[1]L. H. Thomas (1903 – 1992), English theoretical physicist.
[2]D. R. Hartree (1897 – 1958), English theoretical physicist.
[3]V. A. Fock (1898 – 1974), Russian theoretical physicist.
[4]P. C. Hohenberg (1934 – 2017), French-American theoretical physicist.
[5]W. Kohn (1923-2016), Austrian-American theoretical physicist: 밀도범함수 이론을 개발한 공로로 1998년 노벨 화학상 수상.

2.1 토마스-페르미 모델 (Thomas-Fermi Model)

원자와 고체 내 전자들의 운동을 기술하는 유효 단일입자 슈뢰딩거 방정식은 다음과 같이 주어진다.

$$\left(-\frac{\hbar^2}{2m}\nabla^2 + V_{eff}(\mathbf{r}) \right) \psi(\mathbf{r}) = E\psi(\mathbf{r}) \tag{2.1.1}$$

원자번호가 큰 원자나 고체 내에서의 평형상태 유효 퍼텐셜 $V_{eff}(\mathbf{r})$ 은 핵 근처를 제외하고는 대체로 그 변화가 크지 않을 것으로 예상된다. 토마스-페르미 모델은 이러한 가정하에서 국소전자밀도가 페르미 준위에 의해 결정되고 그에 따른 퍼텐셜은 국소전자밀도에 의해 정해진다는 근사 방법을 쓰고 있다 [Thomas 1927, Fermi 1927].

이온의 퍼텐셜을 고려하지 않은 균일한 전자기체 모델에서 페르미 운동량 $\mathbf{k}_F$ 는 1 장에서 보았듯이 페르미 준위 E_F, 전자밀도 n 과 다음과 같은 관계가 있다:

$$E_F \;=\; \hbar^2\mathbf{k}_F^2/2m, \tag{2.1.2}$$
$$\mathbf{k}_F^3 \;=\; 3\pi^2 n \tag{2.1.3}$$

식 (2.1.2), (2.1.3)을 일반화하여 이온의 퍼텐셜을 고려하여야 하는 비균일 (inhomogeneous)한 고체계에 적용하여 보자. 이를 위하여 국소전자밀도로서 주어지는 국소 페르미 운동량 $\mathbf{k}_F(\mathbf{r})$ 을 정의할 때 이들이 페르미 준위와 다음과 같은 관계식을 만족한다고 생각하자.

$$E_F = \frac{\hbar^2}{2m}\mathbf{k}_F(\mathbf{r})^2 + V_{eff}(\mathbf{r}) \tag{2.1.4}$$

그러면 국소전자밀도는

$$n(\mathbf{r}) = \frac{1}{3\pi^2}\mathbf{k}_F(\mathbf{r})^3 = \frac{1}{3\pi^2}\left[\frac{2m}{\hbar^2}\left(E_F - V_{eff}(\mathbf{r}) \right) \right]^{\frac{3}{2}} \tag{2.1.5}$$

이 되고 푸아송 (Poisson) 방정식으로부터

$$\nabla^2 V_{eff}(\mathbf{r}) = -4\pi e^2 n(\mathbf{r}) = -\frac{4e^2}{3\pi}\left[\frac{2m}{\hbar^2}\left(E_F - V_{eff}(\mathbf{r}) \right) \right]^{\frac{3}{2}} \tag{2.1.6}$$

의 식을 얻는다. 이 식은 퍼텐셜 $V_{eff}(\mathbf{r})$ 에 대한 자체충족적 방정식으로서 수치적으로 계산할 수 있는 양이다. 이 유효 퍼텐셜 $V_{eff}(\mathbf{r})$ 을 식 (2.1.1)에 대입하여 단일입자 슈뢰딩거 방정식으로 만드는 방법이 바로 토마스-페르미 모델이다.

토마스-페르미 모델은 원자가가 큰 원자들에 적용되어 여러 가지 간단한 물성을 설명할 수 있었다. 하지만 식 (2.1.6)으로 구해지는 유효 퍼텐셜 $V_{eff}(\mathbf{r})$ 은 핵 근처에서나 핵에서 충분히 떨어진 지점에서는 전자밀도가 매우 빠르게 변화하기 때문에 실제 퍼텐셜과는 매우 다르게 된다. 또한 $V_{eff}(\mathbf{r})$ 은 전자 간의 직접 쿨롱 (direct Coulomb) 상호작용만을 고려한 것으로 전자 간 교환상관 (exchange-correlation) 상호작용은 포함되어 있지 않다.

2.2 하트리-폭 근사 (Hartree-Fock Approximation)

많은 전자를 포함하는 원자와 고체 내에서의 다체 슈뢰딩거 방정식은 다음과 같이 주어진다.

$$H = \sum_{i=1}^{N} \left(-\frac{\hbar^2}{2m}\nabla_i^2 + V^I(\mathbf{r}_i) \right) + \frac{1}{2}\sum_{i\neq j}^{N} \frac{e^2}{|\mathbf{r}_i - \mathbf{r}_j|} \qquad (2.2.1)$$

$$H\left|\Psi\right\rangle = E\left|\Psi\right\rangle \qquad (2.2.2)$$

위에서 $V^I(\mathbf{r}_i)$ 는 이온들에 의한 퍼텐셜 항이며, 마지막 항은 전자 간 상호작용 항, 그리고 $\left|\Psi\right\rangle$ 는 다체 파동함수이다. 이 다체 방정식을 정확히 푸는 것은 사실상 불가능하므로 어떤 근사 방법을 도입하여야 한다. 우리가 고찰하려는 하트리 근사와 하트리- 폭 근사에서는 다체 파동함수를 간단한 형태를 갖는 시도함수로 가정하여 변분법을 써서 위의 방정식을 풀게 된다.

2.2.1 하트리 근사

먼저 하트리 근사에서는 다체 파동함수를 다음과 같은 시도함수로 가정한다 [Hartree 1928]:

$$\Psi(1, 2, \cdots, N) = \phi_1(1)\phi_2(2)\cdots\phi_N(N). \qquad (2.2.3)$$

여기서 ϕ_i 들은 서로 직교하는 규격화된 단일입자로 이루어진 기저함수 집합에 해당한다. 이 ϕ_i 들이 만족하여야 하는 슈뢰딩거 방정식은 변분법에 의하여 아래와 같이 결정된다. 이 시도함수를 사용하여 식 (2.2.1)의 기대치, 즉 총에너지를 구하면

$$
\begin{aligned}
E[\phi_i] &= \langle\Psi| H |\Psi\rangle \\
&= \sum_i^N \int d\mathbf{r}\, \phi_i^\star(\mathbf{r})\big[-\frac{\hbar^2}{2m}\nabla^2 + V^I(\mathbf{r})\big]\phi_i(\mathbf{r}) \\
&\quad + \frac{1}{2}\sum_{i\neq j}\int d\mathbf{r}d\mathbf{r}'\, \phi_i^\star(\mathbf{r})\phi_j^\star(\mathbf{r}')\frac{e^2}{|\mathbf{r}-\mathbf{r}'|}\phi_i(\mathbf{r})\phi_j(\mathbf{r}')
\end{aligned}
\qquad (2.2.4)
$$

이 되어 총에너지는 ϕ_i 의 범함수 꼴로 주어지게 된다.

이 에너지를 $\langle \phi_i | \phi_j \rangle = \delta_{ij}$ 인 규격화 구속식 (constraint)과 함께 $\phi_i^\star$ 에 대하여 변분하면

$$\frac{\delta}{\delta \phi_i^*} \left(E[\phi_i] - \sum_i \epsilon_i (\langle \phi_i | \phi_i \rangle - 1) \right) = 0 \qquad (2.2.5)$$

을 얻는다. 여기서 ϵ_i는 구속식에 관련된 라그랑지 (Lagrange) 곱수이다. 따라서 단일입자 파동함수 ϕ_i 가 만족하는 식은

$$\left[-\frac{\hbar^2}{2m} \nabla^2 + V^I(\mathbf{r}) + \sum_{j(\neq i)} \int d\mathbf{r}' \, \frac{e^2 |\phi_j(\mathbf{r}')|^2}{|\mathbf{r} - \mathbf{r}'|} \right] \phi_i(\mathbf{r}) = \epsilon_i \phi_i(\mathbf{r}) \qquad (2.2.6)$$

인 자체충족적 방정식이 되고 이는 i번째 전자를 제외한 나머지 전자들에 의한 쿨롱 상호작용을 포함한 형태를 띠고 있다. 이렇게 주어지는 $\phi_i(\mathbf{r})$ 을 이용하면 계의 총에너지는

$$E = \sum_i \epsilon_i - \frac{1}{2} \sum_{i \neq j} \int d\mathbf{r} d\mathbf{r}' \, |\phi_i(\mathbf{r})|^2 \frac{e^2}{|\mathbf{r} - \mathbf{r}'|} |\phi_j(\mathbf{r}')|^2 \qquad (2.2.7)$$

과 같이 주어진다. 위 식의 둘째 항은 첫째 항의 에너지 고유값의 합에서 이중으로 계산된 (double counting) 양을 보정하는 항이다.

2.2.2   하트리-폭 근사

식 (2.2.3)으로 주어진 시도함수는 퍼미온인 전자들이 만족하여야 하는 상호 교환에 의한 파동함수의 반대칭성을 만족하지 않는다. 하트리-폭 근사에서는 이러한 반대칭성을 고려하기 위하여 다음과 같은 슬레이터 (Slater)[6] 행렬식 형태로 주어지는 시도함수를 처음부터 가정한다 [Fock 1930, Slater 1930]:

$$\Psi(1, 2, \cdots, N) = \frac{1}{\sqrt{N!}} \begin{vmatrix} \phi_1(1) & \phi_1(2) & \cdots & \phi_1(N) \\ \phi_2(1) & \phi_2(2) & \cdots & \phi_2(N) \\ \vdots & \vdots & \ddots & \vdots \\ \phi_N(1) & \phi_N(2) & \cdots & \phi_N(N) \end{vmatrix}. \qquad (2.2.8)$$

---

[6]J. C. Slater (1900 – 1976), American theoretical physicist.

이 시도함수를 사용하여 에너지를 구하면

$$
\begin{aligned}
E[\phi_i] &= \langle \Psi | H | \Psi \rangle \\
&= \sum_i^N \int d\mathbf{r}\, \phi_i(\mathbf{r}) \Big[-\frac{\hbar^2}{2m}\nabla^2 + V^I(\mathbf{r}) \Big] \phi_i(\mathbf{r}) \\
&\quad + \frac{1}{2}\sum_{i,j} \int d\mathbf{r}d\mathbf{r}'\; \phi_i^\star(\mathbf{r})\phi_j^\star(\mathbf{r}') \frac{e^2}{|\mathbf{r}-\mathbf{r}'|} \phi_i(\mathbf{r})\phi_j(\mathbf{r}') \\
&\quad - \frac{1}{2}\sum_{i,j} \int d\mathbf{r}d\mathbf{r}'\; \phi_i^\star(\mathbf{r})\phi_j^\star(\mathbf{r}') \frac{e^2}{|\mathbf{r}-\mathbf{r}'|} \phi_i(\mathbf{r}')\phi_j(\mathbf{r})\, \delta_{s_i s_j}
\end{aligned}
$$

$$(2.2.9)$$

이 되므로, 이 식은 하트리 근사에 비해 마지막 항인 교환 에너지 항이 더 첨가된 것을 알 수 있다. 마지막 항에서 $\delta_{s_i s_j}$ 는 i, j 전자의 스핀이 같을 때만 이 항이 에너지에 기여한다는 것을 뜻하고 이는 파울리 배타원리를 만족하는 페르미온의 성질과 일맥상통하는 것이다. 하트리 근사에서와 같이 $\phi_i^\star$ 에 대한 구속조건하에서 변분을 취하면

$$
\left[-\frac{\hbar^2}{2m}\nabla^2 + V^I(\mathbf{r}) + \sum_j \int d\mathbf{r}'\; \frac{e^2 |\phi_j(\mathbf{r}')|^2}{|\mathbf{r}-\mathbf{r}'|} \right] \phi_i(\mathbf{r})
$$

$$
- \sum_j \int d\mathbf{r}'\; \frac{e^2}{|\mathbf{r}-\mathbf{r}'|} \phi_j^\star(\mathbf{r}')\phi_i(\mathbf{r}')\phi_j(\mathbf{r})\, \delta_{s_i s_j} = \epsilon_i \phi_i(\mathbf{r}) \quad (2.2.10)
$$

의 식을 얻는다. 따라서 하트리-폭 근사에서 $\phi_i(\mathbf{r})$ 이 만족하는 슈뢰딩거 방정식은 나머지 전자들에 의한 고전적인 직접 쿨롱 퍼텐셜 외에 비국소적 형태로 주어지는 교환 퍼텐셜을 포함하는 복잡한 형태를 갖는 자체충족적 방정식에 해당한다.

이렇게 하트리-폭 방정식은 복잡한 형태를 갖고 있기 때문에 전자수가 많아지면 풀기가 어려워져 사실상 복잡한 분자나 고체에 적용한다는 것은 불가능하다. Slater[1974] 는 이를 위하여 비국소적 형태로 주어지는 위의 교환 퍼텐셜을 한 번 더 근사하여 국소 퍼텐셜 형태로 만드는 방법을 고안하였다. 즉 에너지 상태의 의존성이 있는 교환 양공 (exchange hole) 전자밀도

$$
\rho_i^h(\mathbf{r}, \mathbf{r}') = \sum_j \frac{\phi_j^\star(\mathbf{r}')\phi_i(\mathbf{r}')\phi_j(\mathbf{r})\phi_i^\star(\mathbf{r})\delta_{s_i s_j}}{\phi_i^\star(\mathbf{r})\phi_i(\mathbf{r})}
$$

$$(2.2.11)$$

을 도입하면 교환 퍼텐셜 항을

$$
- \int d\mathbf{r}'\; \frac{e^2}{|\mathbf{r}-\mathbf{r}'|} \rho_i^h(\mathbf{r}, \mathbf{r}') \phi_i(\mathbf{r}) \equiv V_x(\mathbf{r})\phi_i(\mathbf{r})
$$

$$(2.2.12)$$

와 같이 표현할 수 있다. Slater는 이 교환 양공 전자밀도를 통계평균하여 다음과 같이 에너지 상태 의존성이 없는 형태로 만들었다.

$$
\begin{aligned}
\bar{\rho}^h(\mathbf{r}, \mathbf{r}') &= \frac{\phi_i^\star(\mathbf{r})\phi_i(\mathbf{r})\rho_i^h(\mathbf{r}, \mathbf{r}')}{\phi_i^\star(\mathbf{r})\phi_i(\mathbf{r})} \\
&= \frac{\phi_j^\star(\mathbf{r}')\phi_i(\mathbf{r}')\phi_j(\mathbf{r})\phi_i^\star(\mathbf{r})}{\phi_i^\star(\mathbf{r})\phi_i(\mathbf{r})}\, \delta_{s_i s_j}.
\end{aligned}
\tag{2.2.13}
$$

여기서 Slater 는 다시 $\phi_i(\mathbf{r})$ 에 대해서 자유전자 근사 ($\phi_i(\mathbf{r}) = \frac{1}{\sqrt{V}}e^{i\mathbf{k}_i \mathbf{r}}$) 를 사용하여 교환 퍼텐셜 항을

$$
\begin{aligned}
V_x(\mathbf{r}) &= -\int d\mathbf{r}'\, \frac{e^2}{|\mathbf{r} - \mathbf{r}'|}\bar{\rho}^h(\mathbf{r}, \mathbf{r}') \\
&= -\frac{1}{V}\int d\mathbf{r}'\, \frac{e^2}{|\mathbf{r} - \mathbf{r}'|}\frac{\sum_{ij} e^{-i\mathbf{k}_j \mathbf{r}'}e^{i\mathbf{k}_i \mathbf{r}'}e^{i\mathbf{k}_j \mathbf{r}}e^{-i\mathbf{k}_i \mathbf{r}}}{\sum_i e^{-i\mathbf{k}_i \mathbf{r}}e^{i\mathbf{k}_i \mathbf{r}}}\, \delta_{s_i s_j}
\end{aligned}
\tag{2.2.14}
$$

와 같이 표현하였다. $\mathbf{k}_i$ 에 대한 합은 수행 가능하므로 교환 퍼텐셜은

$$
V_x(\mathbf{r}) = -\frac{3e^2}{2\pi}[3\pi^2 n(\mathbf{r})]^{\frac{1}{3}}\, \delta_{s_i s_j}
\tag{2.2.15}
$$

로 되어 국소 전하밀도로 표현되는 국소 퍼텐셜 형태를 갖게 된다. 이러한 Slater 교환 퍼텐셜은 앞의 계수 3/2 대신 실험 사실과 비교하여 가장 좋은 결과를 주는 α 파라미터를 도입한 X_α 방법으로 개선되었으며, 밀도범함수 이론이 보편화될 때까지 실제적 계산에 많이 이용되어 왔다 [Slater 1974].

2.3   밀도범함수 이론 (Density Functional Theory)

위에서 고찰한 바와 같이 고체계에서의 다체 문제는 어떠한 방법에 의해 전자들 사이의 다체적 상호작용을 보다 잘 기술하는가에 달려있다 하겠다. 토마스-페르미 모델이나 하트리-폭-슬레이터 (Hartree-Fock-Slater) 모델에서 보듯 유효 퍼텐셜 은 전자밀도의 함수로 표현됨을 알 수 있다. 하지만 토마스-페르미 모델이나 하트 리-폭-슬레이터 모델에는 전자들 사이의 상관 상호작용 (correlation interaction) 이 포함되어 있지 않다.

Hohenberg, Kohn, Sham [Hohenberg 1964, Kohn 1965] 등에 의해 개발된 밀 도범함수 이론은 계의 기저상태의 모든 성질은 전자밀도만의 범함수 (functional) 로 결정된다는 사실로부터 전자 간 유효 상호작용을 구하는 방법론이라 할 수 있 다. 따라서 밀도범함수 이론에서 유일한 변수는 전자밀도이고 교환상관 퍼텐셜은 토마스-페르미 모델이나 하트리-폭-슬레이터 모델에서와 같이 전자밀도의 함수로

주어진다.

우선 외부 퍼텐셜이 가해졌을 때 다전자계의 해밀터니안은 일반적으로 다음과 같이 생각할 수 있다.

$$H = T + U + V \tag{2.3.1}$$

$$H|\Psi[V]\rangle = E_V|\Psi[V]\rangle \tag{2.3.2}$$

여기서 T 는 전자들의 운동에너지 해밀터니안에 해당하고 U 는 전자 간 쿨롱 상호작용 해밀터니안, 그리고 V 는 외부 퍼텐셜이다. 이때 계의 바닥상태와 바닥 상태 총에너지, $|\Psi[V]\rangle$ 와 E_V 는 주어진 외부 퍼텐셜 $V(\mathbf{r})$ 에 따라 결정되는 것이 자명하므로, 이들은 외부 퍼텐셜 $V(\mathbf{r})$ 의 범함수로 주어진다. 따라서

$$n(\mathbf{r}) = \langle|\Psi[V]|\psi^\dagger(\mathbf{r})\psi(\mathbf{r})|\Psi[V]\rangle \tag{2.3.3}$$

와 같이 표현되는 전자밀도 $n(\mathbf{r})$ 도 외부 퍼텐셜 $V(\mathbf{r})$ 의 범함수로 주어진다. 위 식에서 $\psi(\mathbf{r})$ 은 장 연산자 (field operator)이다 (5 장 참조).

밀도범함수 이론은 Hohenberg와 Kohn [1964]의 다음과 같은 정리에 기초하고 있다.

- 정리 (1) 위의 사실의 역으로 "외부 퍼텐셜 $V(\mathbf{r})$ 과 바닥상태 $|\Psi[V]\rangle$ 는 전자밀도 $n(\mathbf{r})$ 에 의해 유일하게 결정되며 따라서 이들은 전자밀도 $n(\mathbf{r})$ 의 범함수이다" 라는 정리이다. 이 정리는 귀류법으로 쉽게 증명할 수 있는데 증명은 생략하기로 한다 [Hohenberg-Kohn 1964]. 이 정리의 결과로 계의 모든 성질은 전자밀도 $n(\mathbf{r})$ 에 의하여 결정됨을 알 수 있다. 계의 총에너지도 전자밀도 $n(\mathbf{r})$ 의 범함수로서

$$E_V[n(\mathbf{r})] = \int d\mathbf{r}\, V(\mathbf{r})n(\mathbf{r}) + F[n(\mathbf{r})] \tag{2.3.4}$$

와 같이 쓸 수 있다. 여기서 첫째 항은 외부 퍼텐셜 $V(\mathbf{r})$ 의 기댓값이고 $F[n(\mathbf{r})]$ 은 $T + U$ 의 기댓값이다.

- 정리 (2) "계의 총에너지는 전자밀도가 $\int d\mathbf{r} n(\mathbf{r}) = N$ 을 만족하는 올바른 바닥상태 전자밀도 $n_G(\mathbf{r})$ 일 때 최솟값을 갖는다." 이 정리도 Rayleigh-Ritz 변분법으로 쉽게 증명할 수 있으므로 여기서는 생략한다.

정리 (2)로부터 우리는 자체충족적 방정식을 만들어 낼 수 있다. 그 전에 먼저 $F[n(\mathbf{r})]$ 을

$$F[n(\mathbf{r})] = T_s[n(\mathbf{r})] + E_{xc}[n(\mathbf{r})] + \frac{1}{2}\int \frac{n(\mathbf{r})n(\mathbf{r}')}{|\mathbf{r} - \mathbf{r}'|}\,d\mathbf{r}d\mathbf{r}' \tag{2.3.5}$$

와 같이 나누어 생각해 보자. 첫째 항은 전자밀도 $n(\mathbf{r})$ 을 갖는 상호작용이 없는 전자기체들의 운동에너지, 둘째 항은 전자 간 교환상관 에너지, 그리고 마지막 항은 고전적인 전자 간 쿨롱 에너지를 나타낸다. 이 식을 이용하면 총에너지는

$$
\begin{aligned}
E_V[n(\mathbf{r})] \;=\;& T_s[n(\mathbf{r})] + \int V(\mathbf{r})n(\mathbf{r})\,d\mathbf{r} \\
& + \frac{1}{2}\int \frac{n(\mathbf{r})n(\mathbf{r}')}{|\mathbf{r}-\mathbf{r}'|}\,d\mathbf{r}d\mathbf{r}' + E_{xc}[n(\mathbf{r})]
\end{aligned}
\tag{2.3.6}
$$

와 같이 표현할 수 있다. 만약 여기서 마지막 항을 무시하면 이는 하트리 에너지에 해당함을 알 수 있고 따라서 E_{xc} 항이 바로 교환상관 에너지에 해당함을 알 수 있다.

　　　이와 같이 주어지는 총에너지를

$$
\int n(\mathbf{r})d\mathbf{r} = N
\tag{2.3.7}
$$

의 조건과 함께 전자밀도 $n(\mathbf{r})$ 로 변분하면 다음과 같은 오일러 (Euler) 방정식을 얻는다.

$$
\frac{\delta T_s[n(\mathbf{r})]}{\delta n(\mathbf{r})} + \phi(\mathbf{r}) + V_{xc}(\mathbf{r}) - \mu = 0
\tag{2.3.8}
$$

여기서 $\phi(\mathbf{r})$ 은 고전적인 퍼텐셜 에너지의 합으로

$$
\phi(\mathbf{r}) \equiv V(\mathbf{r}) + \int \frac{n(\mathbf{r}')}{|r - r'|}\,d\mathbf{r}'
\tag{2.3.9}
$$

이며 $V_{xc}(\mathbf{r})$ 은 E_{xc} 의 범함수 미분으로

$$
V_{xc}(\mathbf{r}) \equiv \frac{\delta E_{xc}[n(\mathbf{r})]}{\delta n(\mathbf{r})}
\tag{2.3.10}
$$

으로 주어진다. 그리고 μ 는 구속 (constraint)식 (2.3.7)과 관련된 라그랑지 곱수이다. 식 (2.3.7), (2.3.9), (2.3.10)들은 서로 자체충족적인 조건을 만족하도록 풀어야 한다.

　　　식 (2.3.8)로부터 우리는 유효 퍼텐셜이

$$
V_{eff}(\mathbf{r}) = \phi(\mathbf{r}) + V_{xc}(\mathbf{r})
\tag{2.3.11}
$$

와 같이 주어짐을 짐작할 수 있고 따라서 슈뢰딩거 방정식의 형태와 비슷한 소위

Kohn-Sham [1965] 단일입자 자체충족 방정식,

$$\left(-\frac{1}{2}\nabla^2 + V_{eff}(\mathbf{r}) \right) \psi_i(\mathbf{r}) = \epsilon_i \psi_i(\mathbf{r}) \tag{2.3.12}$$

을 만들어 낼 수 있다. 여기서 $V_{eff}(\mathbf{r})$ 은 전자밀도 $n(\mathbf{r})$ 의 범함수이며 $n(\mathbf{r})$ 은 다시 식 (2.3.12)에서 결정되는 $\psi_i(\mathbf{r})$ 을 사용하여

$$n(\mathbf{r}) = \sum_{i=1}^{N} |\psi_i(\mathbf{r})|^2 \tag{2.3.13}$$

와 같이 주어진다. i 에 대한 합은 가장 낮은 에너지 고유상태로부터 N 번째 고유 상태까지 채워진 에너지 준위에 대한 합이다. 그러면 계의 총에너지는

$$\begin{aligned} \sum_i \epsilon_i &= \sum_i \langle \psi_i | -\frac{1}{2}\nabla^2 + V_{eff}(\mathbf{r}) | \psi_i \rangle \\ &= T_s[n] + \int V_{eff}(\mathbf{r})n(\mathbf{r}) \, d\mathbf{r} \end{aligned} \tag{2.3.14}$$

임을 이용하면

$$E_{tot} = \sum_i \epsilon_i - \frac{1}{2}\int \frac{n(\mathbf{r})n(\mathbf{r}')}{|\mathbf{r} - \mathbf{r}'|} \, d\mathbf{r}d\mathbf{r}' + E_{xc}[n] - \int n(\mathbf{r})V_{xc}d\mathbf{r} \tag{2.3.15}$$

와 같이 표현된다. 따라서 E_{xc} 의 전자밀도 $n(\mathbf{r})$ 에 대한 함수 꼴을 알기만 하면 원리적으로 계의 총에너지를 정확하게 구할 수 있다.

한편 식 (2.3.12)는 다음과 같은 $\tilde{E}$ 를 정규화 조건을 사용한 파동함수 $\psi_i(\mathbf{r})$ 에 대해 최소화시켜 구할 수도 있다.

$$\tilde{E} = \sum_i \langle \psi_i | -\frac{1}{2}\nabla^2 | \psi_i \rangle + U[n] + E_{xc}[n] + \int d\mathbf{r} \, v(\mathbf{r})n(\mathbf{r}). \tag{2.3.16}$$

곧

$$\frac{\delta}{\delta\psi_i(\vec{r})} \left(\tilde{E} - \sum_{i'} \epsilon_{i'} \int d\mathbf{r}' \, |\psi_{i'}(\vec{r'})|^2 \right) = 0 \tag{2.3.17}$$

이다. 여기서 둘째 항은 $\psi_i(\mathbf{r})$의 정규화 조건을 고려한 라그랑지 구속항 ($\epsilon_{i'}$는 라그랑지 곱수)에 해당한다. 이 식으로부터 다음과 같은 Kohn-Sham 방정식을

유도할 수 있다 :

$$\left[-\frac{1}{2}\nabla^2 + V_{eff}(\mathbf{r}) \right] \psi_i(\mathbf{r}) = \epsilon_i \psi_i(\mathbf{r}), \tag{2.3.18}$$

$$V_{eff}(\mathbf{r}) = V(\mathbf{r}) + \int d\mathbf{r}' \; \frac{n(\mathbf{r}')}{|\mathbf{r} - \mathbf{r}'|} + V_{xc}([n];\mathbf{r}), \tag{2.3.19}$$

$$V_{xc}([n];\mathbf{r}) = \frac{\delta}{\delta n(\mathbf{r})} E_{xc}[n(\mathbf{r})]. \tag{2.3.20}$$

2.3.1   국소밀도근사 (Local Density Approximation: LDA)

밀도범함수 이론에 의해 얻어진 식 (2.3.10), (2.3.12), (2.3.13), (2.3.15)를 이용하면 전자밀도 $n(\mathbf{r})$ 의 함수로 표현된 E_{xc} 를 이용하여 원리적으로 정확하게 계의 전자밀도와 총에너지를 구할 수 있다. 그뿐만 아니라 고유상태의 에너지 ϵ_i 도 실험값과 비슷한 결과를 얻게 된다.

그러나 일반적인 전자계에 대해 E_{xc} 의 함수 꼴을 알기는 불가능하므로 실제 계산에서는 계의 전자밀도가 공간에 따라 서서히 변한다는 가정하에 다음과 같은 국소밀도근사 (Local Density Approximation: LDA)를 흔히 사용한다. 즉 전자밀도 $n(\mathbf{r})$을 갖는 전자기체계에서의 전자 당 교환상관 에너지 ϵ_{xc} 를 도입하여

$$E_{xc}[n] = \int d\mathbf{r} \; \epsilon_{xc}[n] \; n(\mathbf{r}) \tag{2.3.21}$$

와 같이 E_{xc} 를 근사한다. 전자기체에서의 전자 당 교환상관 에너지 $\epsilon_{xc}[n]$는 전자밀도 $n(\mathbf{r})$ 이 주어졌을 때 정확히 결정할 수 있다고 가정한다. 사실 전자기체계에서의 $\epsilon_{xc}[n]$ 에 대해서도 그 정확한 값을 구하는 것이 불가능하지만 지금까지 발전된 다체이론과 양자 몬테카를로 방법 등을 이용하여 얻은 결과는 상당히 정확하다고 할 수 있다.

그러면 LDA 에서의 총에너지는

$$E_{tot} = \sum_i \epsilon_i - \frac{1}{2} \int \frac{n(\mathbf{r})n(\mathbf{r}')}{|\mathbf{r} - \mathbf{r}'|} \; d\mathbf{r}d\mathbf{r}' + \int n(\mathbf{r}) \left(\epsilon_{xc}[n] - \mu_{xc}[n] \right) d\mathbf{r} \tag{2.3.22}$$

와 같이 주어지는데 여기서 μ_{xc}는

$$V_{xc}(\mathbf{r}) = \frac{d}{dn} \left[\epsilon_{xc}[n(\mathbf{r})]n(\mathbf{r}) \right] \equiv \mu_{xc}[n(\mathbf{r})] \tag{2.3.23}$$

로 정의되는 교환상관 퍼텐셜에 해당한다.

지금까지 우리가 고찰한 밀도범함수 이론은 자성을 갖지 않은 계에 대해서

만 적용할 수 있다. 만일 계가 자성을 띠고 있다면 밀도범함수 이론을 일반화한 스핀밀도범함수 이론을 사용하여야 한다. 자성체에서는 비자성체에서와는 달리 외부 퍼텐셜 $V(\mathbf{r})$ 외에 자기장 $\mathbf{B}(\mathbf{r})$ 을 고려하여 그에 따른 전하밀도 $n(\mathbf{r})$ 과 자기스핀밀도 $\mathbf{m}(\mathbf{r}) = n_\uparrow(\mathbf{r}) - n_\downarrow(\mathbf{r})$ 의 범함수로서 계의 총에너지 $E[n(\mathbf{r}), \mathbf{m}(\mathbf{r})]$ 를 표현하게 된다. $E[n(\mathbf{r}), \mathbf{m}(\mathbf{r})]$ 은 $E[n_\uparrow(\mathbf{r}), n_\downarrow(\mathbf{r})]$ 와 같이 $n_\uparrow(\mathbf{r}), n_\downarrow(\mathbf{r})$ 의 범함수로 바꾸어 생각할 수 있고 따라서 파동함수 $\psi_i(\mathbf{r})$ 도 스핀 의존성을 갖는다. 비자성체에서와 같이

$$
\begin{aligned}
E[n_\uparrow(\mathbf{r}), n_\downarrow(\mathbf{r})] \;=\; & \int d\mathbf{r} \; \left[V(\mathbf{r}) n(\mathbf{r}) - \mathbf{B}(\mathbf{r}) \mathbf{m}(\mathbf{r}) \right] \\
& + \sum_{i,\sigma} \langle \psi_{i\sigma} | -\frac{1}{2} \nabla^2 | \psi_{i\sigma} \rangle + U[n] + E_{xc}[n_\uparrow, n_\downarrow]
\end{aligned}
$$

$$(2.3.24)$$

을 가정하면

$$
\frac{\delta}{\delta \psi_{i\sigma}(\vec{r})} \left(E[n_\uparrow(\mathbf{r}), n_\downarrow(\mathbf{r})] - \sum_{i'\sigma'} \epsilon_{i'\sigma'} \int d\mathbf{r}' \; |\psi_{i'\sigma'}(\vec{r'})|^2 \right) = 0 \qquad (2.3.25)
$$

의 최소화 조건으로부터 자성체에서의 Kohn-Sham 방정식을 구할 수 있다. 즉

$$
\left[-\frac{1}{2} \nabla^2 + V_{eff}^\sigma(\mathbf{r}) \right] \psi_{i\sigma}(\mathbf{r}) = \epsilon_{i\sigma} \psi_{i\sigma}(\mathbf{r}), \qquad (2.3.26)
$$

$$
V_{eff}^\sigma(\mathbf{r}) = V(\mathbf{r}) - \sigma \mathbf{B}(\mathbf{r}) + \int d\mathbf{r}' \; \frac{n(\mathbf{r}')}{|\mathbf{r}' - \mathbf{r}'|} + V_{xc}^\sigma([n_\uparrow, n_\downarrow]; \mathbf{r}), \qquad (2.3.27)
$$

$$
V_{xc}^\sigma([n_\uparrow, n_\downarrow]; \mathbf{r}) = \frac{\delta}{\delta n_\sigma(\mathbf{r})} E_{xc}[n_\uparrow, n_\downarrow] \qquad (2.3.28)
$$

이다. 이 경우에도 $E_{xc}[n_\uparrow, n_\downarrow]$ 을 정확히 안다면 원리상 계의 총에너지, 전하밀도, 자기스핀밀도를 정확히 구할 수 있다. 하지만 이는 불가능하므로 국소밀도근사와 같이 스핀 분극된 전자기체계의 $\epsilon_{xc}[n_\uparrow, n_\downarrow]$ 를 사용하여

$$
E_{xc}[n_\uparrow, n_\downarrow] = \int \epsilon_{xc}[n_\uparrow, n_\downarrow] \, n(\mathbf{r}) \, d\mathbf{r} \qquad (2.3.29)
$$

로 주어지는 국소스핀밀도근사 (Local spin-density approximation: LSDA) 방법을 보통 사용하게 된다 [von Barth-Hedin 1972, Almblath-von Barth 1985].

2.4 LDA의 단점과 개선: Dyson 방정식, GW 근사

현재 전자구조 이론에서 사용하는 전자 간 상호작용은 보통 LDA 의 방법을 사용하여 구하게 된다. 그 응용은 다음 장에서 논하기로 하고, 여기서는 LDA 방법의

단점과 그의 개선에 대해 논의하기로 한다.

식 (2.3.21)의 LDA 방법은 비교적 균일한 밀도를 갖는 전자계에서나 교환상관 상호작용의 크기가 전자기체계의 경우와 비슷한 경우에는 매우 잘 맞는 근사라 할 수 있다. 따라서 LDA는 s, p 전자로 이루어진 단순 금속에서 바닥상태의 물성이나 Fe, Co, Ni 등 자성체에서 자기모멘트 등 그 바닥상태의 자기물성을 잘 기술하고 있다. 또한 콘-샴 (Kohn-Sham) 방정식의 고유값에 해당하는 에너지띠도 단순 금 속의 경우 광방출분광법 (photoemission spectroscopy: PES) 등의 실험에서 구한 에너지 스펙트럼과 대체로 잘 일치하고 있다.

기본적으로 PES 실험에서 직접 구하는 에너지 스펙트럼은 바닥상태가 아닌 들뜬 상태에서의 물성이고 콘-샴 방정식은 슈뢰딩거 방정식이 아니기 때문에 콘- 샴 방정식의 해는 실험값과 일치해야 할 필요는 없다. 즉 콘-샴 방정식의 해는 앞에서 보았던 하트리-폭 방정식의 해와는 달리 전자들이 높은 에너지 상태로 들 뜰 때 만족하여야 할 Koopman의 정리를 만족시키지 않고 있다 [Slater 1974]. 따라서 이완 (relaxation) 현상이 크게 일어나는 계에서는 콘-샴 방정식으로부터 구한 고유값이 실험값과 크게 다를 것이 예상된다. LDA 방법하에서 들뜬 상태의 에너지를 정확히 구하려면 바닥상태와 들뜬 상태에서의 총에너지 차를 계산하여 야 한다 ($\Delta - SCF$ 방법) [Slater 1974].

실제로 들뜬 상태의 준입자 (quasi-particle) 에너지 스펙트럼을 정확히 구하 려면 다음과 같은 다이슨 (Dyson) 방정식을 풀어야 한다.

$$\left[-\frac{1}{2}\nabla^2 + V(\mathbf{r}) + \int d\mathbf{r}' \frac{n(\mathbf{r}')}{|\mathbf{r}-\mathbf{r}'|} \right] \psi_i(\mathbf{r}) \quad + \quad \int d\mathbf{r}' \Sigma(\mathbf{r},\mathbf{r}';\epsilon_i)\psi_i(\mathbf{r}')$$
$$= \quad \epsilon_i \psi_i(\mathbf{r}). \qquad (2.4.1)$$

여기서 $\Sigma(\mathbf{r},\mathbf{r}';\epsilon_i)$ 은 준입자의 자체에너지 (self-energy)에 해당한다. 자체에너지 는 한 전자가 다른 전자들 사이의 교환상관 상호작용에 의해 받는 퍼텐셜로 생각할 수 있는데 자체에너지에 대해서는 5 장에서 더 자세하게 논의하기로 한다. 위의 다이슨 방정식을 보면 준입자가 받는 자체에너지 퍼텐셜은 에너지 의존성이 있고 또 비국소적임을 알 수 있다. LDA 방법에서의 유효 퍼텐셜 V_{xc} 를 위의 다이슨 방정식의 자체에너지 퍼텐셜과 비교하여 보면

$$V_{xc}([n];\mathbf{r}) \approx \delta(\mathbf{r}-\mathbf{r}') \, \Sigma(\mathbf{r},\mathbf{r}';E_F) \qquad (2.4.2)$$

에 해당하여, LDA의 V_{xc} 는 자체에너지 퍼텐셜을 국소화 시키는 동시에 에너지 의존성이 없도록 ϵ_i 를 페르미 에너지 E_F 로 근사한 것과 같음을 알 수 있다. 즉 LDA 방법을 사용한 콘-샴 방정식의 해는 비교적 균일한 계에서 E_F 근방에서의 에너지 스펙트럼은 잘 기술할 수 있다. 이러한 사실은 LDA 방법으로 구한 금속의 페르미 면이 실험값과 거의 일치하는 것을 잘 설명해 준다. 하지만 페르미 에너지

에서 멀리 떨어진 높은 에너지 상태를 갖는 들뜬 상태의 물성은 기술하기가 어려울 것임을 예상할 수 있다.

2.4.1 띠 간격 문제점

반도체에 대한 LDA 계산에서 띠 간격 (band gap)이 실험값에 비해 너무 작게 나온다는 사실은 LDA의 단점으로 잘 알려진 사실이다. 예를 들어 Si에서 실험으로 구한 에너지 간격은 1.17 eV인데 LDA 계산값은 0.52 eV로 나온다 (표 2.1). 이러한 원인에 대하여 많은 연구가 진행되고 있는 동시에 LDA를 개선하여 올바른 띠 간격을 얻기 위한 노력이 계속되고 있다. 문제는 이러한 작은 띠 간격이 콘-샴 교환상관 상호작용을 LDA로 근사한 때문인지 또는 콘-샴 교환상관 상호작용을 정확히 구한다 해도 이러한 결과가 나올 것인가 하는 점이다.

사실 반도체나 절연체에서의 띠 간격 문제는 가전자띠에 존재하는 전자를 전도전자띠로 전이시키는 들뜬 상태의 물성에 해당하므로, 바닥상태를 기술하는 범함수 이론으로는 기술하기 어려울 것으로 생각된다. 즉 에너지띠 간격 E_g 를 구하려면 N 개의 입자를 갖는 계의 가전자띠에서 하나의 입자를 뺀 경우인 $(N-1)$ 개의 입자계와 전도전자띠에 하나의 입자를 더한 경우인 $(N+1)$ 개의 입자계와의 에너지 차를 고려하여야 한다. 가전자띠의 최댓값 E_v 는

$$E_v = E(N) - E(N-1) \tag{2.4.3}$$

과 같이 주어지고 전도전자띠의 최솟값 E_c 는

$$E_c = E(N+1) - E(N) \tag{2.4.4}$$

와 같이 주어지므로 E_g 는

$$E_g = E_c - E_v = E(N+1) + E(N-1) - 2E(N) \tag{2.4.5}$$

으로 결정된다. 따라서 만일 우리가 생각하는 교환상관 상호작용 퍼텐셜 V_{xc} 가 전자수에 의존한다면, 위와 같이 주어지는 에너지띠 간격 E_g 는 주어진 고정된 전자수를 가정하는 범함수 이론으로부터 얻어지는 에너지띠 간격 ϵ_g 와는 다를 것

Table 2.1: 몇몇 반도체의 에너지띠 간격 (eV) [Hybertsen and Louie 1986]

	LDA	GW	실험치
Diamond	3.9	5.6	5.48
Si	0.52	1.29	1.17
Ge	0.07	0.75	0.744
LiCl	6.0	9.1	9.4

이 예상된다 ($\epsilon_g = \epsilon_{N+1} - \epsilon_N$). 지금까지의 이론적 연구 결과는 V_{xc} 가 전자수에 의존하여

$$V_{xc}(N+1) = V_{xc}(N) + \Delta_{xc} \tag{2.4.6}$$

의 관계와 같이 V_{xc} 에 불연속성이 존재한다는 것이다. 즉 Δ_{xc} 때문에 범함수 이론의 ϵ_g 와 실제 E_g 가 차이가 나게 되는 것이다.

그 간단한 예를 들어보자. 수소 원자 H 에서의 전자 에너지를 범함수 이론으로 구하였다고 하면 전자 한 개의 에너지는 $\epsilon_1 = 1\ Ry$가 될 것이다. 여기에 또 하나의 전자를 더할 때 소요되는 에너지는 범함수 이론에서는 ϵ_1이 될 것이다. 하지만 실제적으로 소요되는 에너지는 전자 간 상호작용 U 를 고려한 $\epsilon_1 + U$ 가 된다. 이 상호작용 U 가 V_{xc} 의 불연속 값 Δ_{xc} 에 해당한다고 볼 수 있다.

그러므로 E_g 를 정확히 구하려면 LDA 를 포함한 범함수 이론을 개선하여야 하는데 이런 목적으로 많이 사용하는 방법이 앞에서 언급한 다이슨 방정식을 풀어 에너지 고유값을 구하는 방법이다. 다이슨 방정식을 풀려면 전자의 자체에너지를 정확히 알아야 하는데 사실 이는 불가능하다. 따라서 보통 쓰이는 방법은 GW 근사라 하여 자체에너지를 근사적으로 구하는 것이다 [Hedin 1965]. 여기서 G 와 W 는 각각 그린 함수와 유효 퍼텐셜을 나타낸다. 이 근사는 무작위위상근사 (random phase approximation: RPA)를 사용하여 전자 간 유효 상호작용 W 를 구하고 이로부터 자체에너지를 계산하는 것이다. GW 근사는 5 장에서 전자기체계를 다룰 때 더 자세히 공부하기로 하자. 전자기체계에서는 기저함수로 평면파 파동함수를 쓰는데 LDA-GW 방법에서는 LDA 방법으로 얻은 블로흐 (Bloch) 파동함수를 기저함수로 사용하여 자체에너지를 구하고 이를 자체충족적으로 구하게 된다. 표 2.1 을 보면 이렇게 구한 E_g 가 실험값에 매우 근접한다는 것을 알 수 있다. 하지만 다이슨 방정식은 퍼텐셜이 비국소적이고 에너지 의존성이 있어서 이러한 방법을 사용하여 해를 구하는 데는 상당한 수치계산을 필요로 한다.

2.4.2　자체 상호작용 보정 (Self-Interaction Correction: SIC) 방법

자체에너지를 포함하는 다이슨 방정식 방법보다는 간단하지만 LDA 결과를 개선하는 방법으로 자체 상호작용 보정 (self-interaction correction: SIC) 방법을 들 수 있다. 여기서 자체 상호작용은 위에서 다룬 자체에너지와는 완전히 다른 항이다. 자체에너지는 다른 전자들과의 상호작용에 기인한 물리적 양인데 반해 자체 상호작용은 자기 자신과의 상호작용에 의한 것이므로 물리적 양이 아니다.

수소 원자계에서와 같이 한 개의 전자를 갖는 계에서는 전자가 하나이므로 전자 간 상호작용 퍼텐셜이 없어야 한다. 즉 쿨롱 에너지와 교환상관 에너지를 합한

것이 소거되어 전자 간 상호작용 퍼텐셜이 없다. 그러나 이러한 사실이 LDA 나 LSDA 방법에 의해서는 성립하지 않는다는 것이 유도되었다. 다시 말해 하트리-폭 방정식의 경우에는 쿨롱 에너지와 교환상관 에너지를 합한 것이 소거되어 상호작용 퍼텐셜이 없어지게 되나, LDA 나 LSDA 방법에서는 쿨롱 에너지와 교환상관 에너지를 합한 것이 소거되지 않기 때문에 자체 상호작용이 존재하게 된다. 이러한 자체 상호작용 때문에 수소 원자계의 경우 LSDA 방법으로 구한 전자의 에너지는 자체 상호작용 오차로 인하여 $\epsilon_1 = 1\ Ry$이 아닌 $\epsilon_1 = 0.98\ Ry$가 얻어진다. 따라서 하나의 전자를 갖는 계에 대한 정확한 밀도범함수 이론을 만들기 위해서는 자체 상호작용에 해당하는 에너지를 모두 빼주어야 하는데, 이러한 보정을 SIC 방법이라 하며 자체 상호작용 에너지를 빼준 결과 나오는 에너지가 바로 SIC 총에너지이다.

LSDA 방법을 개선하는 SIC 범함수는 i, σ 의 궤도와 스핀을 갖는 전자에 대해 다음과 주어진다:

$$E_{SIC} = E_{LSD}[n_\uparrow, n_\downarrow] - \sum_{i\sigma} \Delta_{i\sigma}, \qquad (2.4.7)$$

$$\Delta_{i\sigma} = \frac{1}{2} \int d\mathbf{r}d\mathbf{r}' \frac{n_{i\sigma}(\mathbf{r})n_{i\sigma}(\mathbf{r}')}{|\mathbf{r}-\mathbf{r}'|} + E_{XC}^{LSD}[n_{i\sigma}, 0]. \qquad (2.4.8)$$

여기서 식 (2.4.8)의 첫째 항은 자체 하트리 (self-Hartree) 항에 해당하고 둘째 항은 자체 교환상관 (self-exchange-correlation) 항에 해당한다. 이 SIC 범함수는 전자의 개수가 하나일 때는 정확한 범함수이다. 이 SIC 범함수를 총에너지로 생각하고 이를 LSDA 방정식을 구할 때와 같이 $\psi_{i\sigma}(\mathbf{r})$ 로 최소화하면 다음과 같은 SIC 방정식을 유도할 수 있다.

$$\left[-\frac{1}{2}\nabla^2 + V(\mathbf{r}) + \int d\mathbf{r}' \frac{n(\mathbf{r}')}{|\mathbf{r}-\mathbf{r}'|} + V_{XC,i\sigma}^{SIC}(\mathbf{r}) \right] \psi_{i\sigma}(\mathbf{r}) = \lambda_{ij}^\sigma \psi_{j\sigma}(\mathbf{r}), \quad (2.4.9)$$

$$V_{XC,i\sigma}^{SIC}(\mathbf{r}) = V_{XC,\sigma}^{LSD}[n_\uparrow, n_\downarrow] - \int d\mathbf{r}' \frac{n_{i\sigma}(\mathbf{r}')}{|\mathbf{r}-\mathbf{r}'|} - V_{XC,\sigma}^{LSD}[n_{i\sigma}, 0]. \qquad (2.4.10)$$

여기서 주목할 점은 SIC 방정식의 해밀터니안 즉 퍼텐셜 항에는 궤도 의존성이 있다는 것이다. 따라서 콘-샴 방정식에서처럼 고유방정식을 푸는 것이 아니므로, 이 방정식을 풀기 위해서는 많은 어려움이 뒤따르게 된다. 또한 이렇게 구해지는 파동함수가 서로 직교할 필요가 없으므로 이들의 직교 구속조건으로부터 도입하는 라그랑지 곱수 λ_{ij}^σ 가 비대각 성분을 갖게 된다. 다행히 λ_{ij}^σ 의 비대각 성분 크기는 대각 성분에 비해 상대적으로 매우 작아 대각 성분 λ_{ii}^σ 를 고유값 $\epsilon_{i\sigma}$ 로 근사할 수 있으며, 그 값은 물리적인 들뜬 에너지와 매우 비슷함이 알려져 있다. SIC 방정식은 원자, 분자계에 적용되어 많은 성과를 거두었고 근래에는 고체계에도 적용되어 에너지띠 간격, 준입자 에너지 등 실험치와 대체로 일치하는 결과를 얻고 있다. 더 자세한 이론 전개와 적용 결과는 참고문헌을 참조하기 바란다 [Perdew-Zunger 1981, Dreizler-Gross 1990].

LDA 를 개선하는 다른 방법으로는 위에 기술한 방법들 외에도 교환상관 상호
작용에 물매보정 항 (gradient correction term)을 고려하는 GGA (generalized-
gradient approximation)방법 [Langreth-Mehl 1983, Perdew 1996], 상관 효과를
보정하기 위하여 쿨롱 상호작용에 해당하는 매개 변수 U 를 LSD에 첨가하는
LSD+U 방법 등이 있다 [Anisimov 1991]. 또한 최근에는 식 (2.4.1)에서 주어진
자체에너지 $\Sigma(\mathbf{r}, \mathbf{r}'; \epsilon_i)$ 를 $\Sigma(\mathbf{r}, \mathbf{r}'; \omega) \approx \delta(\mathbf{r} - \mathbf{r}')\, \Sigma(\mathbf{r}; \omega)$ 와 같이 근사하여 자체
에너지의 비국소적 효과는 무시하되 동역학적 효과를 정확히 고려하는 동역학적
평균장 이론 (dynamical mean-field theory: DMFT)을 사용하여 강상관전자계의
전자구조를 계산하는 방법이 많이 사용되고 있다 [Georges 1996, Kotliar 2006].

참고 문헌

- Almblath C. O. and Ulf von Barth in *Density Functional Methods in Physics*, eds. R. M. Dreizler and J. da Providencia, Plenum, New York (1985).

- Anisimov V. I., J. Zaanen and O. K. Andersen, Phys. Rev. B **44**, 943 (1991).

- Dreizler R. M. and E. K. U. Gross, *Density Functional Theory*, Springer-Verlag (1990).

- Fermi E., Rend. Accad. Naz. Lincei. **6**, 602 (1927).

- Fock V., Z. Physik **61**, 126 (1930).

- Georges A., G. Kotliar, W. Krauth and M. J. Rozenberg, Rev. Mod. Phys. **68**, 13 (1996).

- Hartree D. R., Math. Proc. Camb. Philos. Soc. **24**, 111 (1928).

- Hedin L., Phys. Rev. **139**, A796 (1965).

- Hohenberg P. and W. Kohn, Phys. Rev. **136**, B864 (1964).

- Hybertsen M. S. and S. G. Louie, Phys. Rev. B **34**, 5390 (1986).

- Kohn W. and L. J. Sham, Phys. Rev. **140**, A1133 (1965).

- Kotliar G., S. Y. Savrasov, K. Haule, V. S. Oudovenko, O. Parcollet and C. A. Marianetti, Rev. Mod. Phys. **78**, 865 (2006).

- Langreth D. C. and M. J. Mehl, Phys. Rev. B **28**, 2809 (1983).

- Perdew J. P. and A. Zunger, Phys. Rev. B **23**, 5048(1981).

- Perdew J. P., K. Burke and M. Ernzerhof, Phys. Rev. Lett. **77**, 3865 (1997).

- Slater J. C., Phys. Rev. **35**, 210 (1930).

- Slater J. C., *Quantum Theory of Molecules and Solids* Vol. **4**, McGraw-Hill, New York (1974).

- Thomas L. H., Math. Proc. Camb. Philos. Soc. **23**, 542 (1927).

- von Barth V. and L. Hedin, J. Phys. C**5**, 1629 (1972).

Chapter 3

에너지띠 계산 방법

이 장에서는 고체의 에너지띠를 실제로 계산하는 전자구조 이론 방법들을 간단히 소개하기로 한다.

고체 내부에서 전자들이 받는 퍼텐셜을 대략적으로 보면 이온들 사이의 사이 영역 ((interstitial region)에서의 퍼텐셜은 비교적 평평한 반면, 이온 근방에서의 퍼텐셜은 구대칭을 갖는 원자의 퍼텐셜과 흡사하다. 따라서 이온 바로 근처에서의 블로흐 함수 (Bloch function)는 원자의 파동함수와 같이 빠르게 진동하는 형태를 가지므로 이를 평면파 (plane wave)를 기저함수로 써서 전개하려면 많은 수의 평면파가 필요하게 된다. 예를 들어 Cu 에서 $3d$ 에너지띠에 대한 블로흐 함수를 제대로 기술하려면 수 만개 이상의 평면파 기저함수가 필요하게 되며, 고유값 문제를 풀려면 이로부터 만들어지는 수만×수만 크기의 해밀터니안 행렬식을 대각화하여야 한다. 이렇게 큰 행렬식을 여러 k-점에서 대각화하는 작업은 현대의 컴퓨터로도 쉽지 않기 때문에, 예전부터 블로흐 함수를 기술하기 위한 적절한 기저함수를 찾으려는 많은 노력을 기울여 왔다. 아래에 설명하는 여러 에너지띠 계산 방법들은 각각 적절한 기저함수들을 사용하여 고체의 전자구조를 결정하는 방법들이다.

우선 OPW (orthogonalized plane wave) 방법, 수도퍼텐셜 (pseudo-potential) 방법, APW (augmented plane wave) 방법에 대해 소개하고, FLAPW (full-potential linearized augmented plane wave) 방법과 LMTO (linearized muffin-tin orbital) 방법을 소개하기로 한다. 마지막으로 고체의 전지구조를 분자동역학 (Molecular dynamics) 방법을 이용하여 구하는 카-파리넬로 (Car-Parrinello: CP) [1985]에 의한 시늉설담금 (simulated annealing: SA) 방법을 소개한다. 수도퍼텐셜 방법은 2 절에서, FLAPW 방법은 4 절에서 보다 자세하게 다룰 것이다.

3.1   OPW (Orthogonalized Plane Wave) 방법

평면파 방법을 개선하기 위하여 Herring[1] [1940]은 직교 평면파 (orthogonalized plane wave: OPW) 에너지띠 방법을 도입하여 블로흐 함수를 전개하였다. OPW 방법에서는 원자준위들을 일단 핵심전자 준위 (core-electron level)와 원자가전자 준위 (valence-electron level)로 분류한다. 그리고 블로흐 함수를 기술하기 위하여 채워진 핵심전자 준위 원자궤도함수와 서로 직교하는 평면파, 즉 OPW 기저함수를 다음과 같이 만든다.

$$
\begin{aligned}
|\chi_{\mathbf{k}}\rangle &= |\mathbf{k}\rangle + \sum_c b_c(\mathbf{k})|\varphi_{\mathbf{k}}^c\rangle \\
&= |\mathbf{k}\rangle - \sum_c |\varphi_{\mathbf{k}}^c\rangle\langle\varphi_{\mathbf{k}}^c|\mathbf{k}\rangle .
\end{aligned}
\tag{3.1.1}
$$

여기서 $|\mathbf{k}\rangle$ 와 $|\varphi_{\mathbf{k}}^c\rangle$ 는 각각 평면파와 블로흐 정리를 만족하는 핵심전자 준위 원자궤도함수를 나타내며, c 에 대한 합은 채워진 모든 핵심전자 준위에 대한 것이다. $|\varphi_{\mathbf{k}}^c\rangle$ 는 원자궤도함수 $|u^c\rangle$ 와 다음과 같은 관계가 있다.

$$
|\varphi_{\mathbf{k}}^c\rangle = \sum_\mu e^{i\mathbf{k}\cdot\mathbf{R}_\mu}|u_\mu^c\rangle .
\tag{3.1.2}
$$

이때 $|u_\mu^c\rangle$ 는 $\mathbf{R}_\mu$ 에 위치하는 원자궤도함수이므로, 고체의 해밀터니안 H에 대해

$$
H|\varphi_{\mathbf{k}}^c\rangle = \varepsilon^c|\varphi_{\mathbf{k}}^c\rangle
\tag{3.1.3}
$$

를 만족한다 (ε^c 는 핵심전자 준위 에너지). 위 식으로 주어지는 $|\chi_{\mathbf{k}}\rangle$ 는 핵심전자 준위 원자궤도함수 $|\varphi_c\rangle$ 와 서로 직교함을 알 수 있고, 기저함수 $|\chi_{\mathbf{k}}\rangle$ 자체가 빠르게 진동하는 $|\varphi_c\rangle$ 를 포함하고 있어 핵 근처에서의 블로흐 함수의 진동을 제대로 기술할 수 있게 해준다. 따라서 이 OPW 기저함수를 이용하여 고체의 에너지띠를 이루는 원자가전자의 블로흐 함수를 전개하면 그리 많지 않은 OPW 기저함수가 소요된다. 여기서 OPW 기저함수는 평면파 기저함수와는 달리 서로 직교하지 않는다는 것에 유의하자.

OPW 기저함수를 사용하여 블로흐 함수를 다음과 같이 전개하고

$$
|\Psi_{\mathbf{k}}\rangle = \sum_{\mathbf{G}} C(\mathbf{k}+\mathbf{G})\,|\chi_{\mathbf{k}+\mathbf{G}}\rangle ,
\tag{3.1.4}
$$

이를 고체의 슈뢰딩거 방정식에 대입하면, 주어진 $\mathbf{k}$-점에 대한 다음과 같은 해밀터니안 행렬 H 와 겹침 (overlap) 행렬 S 로 주어지는 고유값 방정식을 얻게

---

[1]W. C. Herring (1914 – 2009), American theoretical physicist.

된다.

$$H_{\mathbf{G'G}}(\mathbf{k})\, C(\mathbf{k}+\mathbf{G}) = E\, S_{\mathbf{G'G}}(\mathbf{k})\, C(\mathbf{k}+\mathbf{G}), \tag{3.1.5}$$

$$
\begin{aligned}
H_{\mathbf{G'G}}(\mathbf{k}) &= \langle \chi_{\mathbf{k}+\mathbf{G'}} | H | \chi_{\mathbf{k}+\mathbf{G}} \rangle \\
&= \langle \mathbf{k}+\mathbf{G'} | H | \mathbf{k}+\mathbf{G} \rangle \\
&\quad - \sum_c b_c^*(\mathbf{k}+\mathbf{G'}) b_c(\mathbf{k}+\mathbf{G}) \varepsilon^c \\
&= \frac{\hbar^2(\mathbf{k}+\mathbf{G})^2}{2m} \delta_{\mathbf{GG'}} + V(\mathbf{G}-\mathbf{G'}) \\
&\quad - \sum_c b_c^*(\mathbf{k}+\mathbf{G'}) b_c(\mathbf{k}+\mathbf{G}) \varepsilon^c,
\end{aligned}
\tag{3.1.6}
$$

$$
\begin{aligned}
S_{\mathbf{G'G}}(k) &= \langle \chi_{\mathbf{k}+\mathbf{G'}} | \chi_{\mathbf{k}+\mathbf{G}} \rangle \\
&= \delta_{\mathbf{GG'}} - \sum_c b_c^*(\mathbf{k}+\mathbf{G'}) b_c(\mathbf{k}+\mathbf{G}).
\end{aligned}
\tag{3.1.7}
$$

브릴루앙 영역의 여러 $\mathbf{k}$-점에 대하여 위의 고유값 방정식의 해 $E(\mathbf{k})$ 를 구하여 에너지띠를 결정하게 된다. OPW 방법은 기저함수 자체가 핵심전자 준위 궤도함수를 포함하기 때문에 해밀터니안 행렬이 약간 복잡해진 점을 제외하면 기본적으로 평면파 방법과 같은 모양의 고유값 방정식을 갖게 된다. 평면파 방법에서는 H 와 S 행렬에서 b 를 포함하는 항이 없다. 하지만 이온 근방에서의 빠른 진동을 OPW 기저함수가 잘 기술하여 주기 때문에 평면파 방법에 비해 적은 수의 OPW 기저함수로도 블로흐 함수에 대한 좋은 수렴값을 얻게 된다.

3.2 수도퍼텐셜 (Pseudopotential) 방법

Phillips 와 Kleinman [1959]은 OPW 방법에서 원자가전자와 이온 사이의 퍼텐셜이 실제 퍼텐셜보다 효과적으로 약해져 수렴이 빠르다는 점에 착안하여 수도퍼텐셜 (pseudopotential) 방법을 고안하였다. OPW 방법에서는 가전자의 블로흐 함수와 채워진 핵심전자들의 원자궤도함수 간의 직교성 때문에 척력 항이 발생하고, 이 척력 항이 양전하를 띤 핵의 강한 전기적 인력을 상쇄하는 효과를 가져온다. 즉 이온 근방 영역에서의 가전자 파동함수의 빠른 진동은 높은 운동에너지를 주고 이 운동에너지가 물리적인 척력으로 작용하여 핵의 전기적 인력을 상쇄하는 것이다. 앞 절에서 공부한 OPW 방법을 다음과 같이 생각하여 보자.

$$
\begin{aligned}
|\Psi_{\mathbf{k}}\rangle &= \sum_{\mathbf{G}} C(\mathbf{k}+\mathbf{G}) \left\{ |\mathbf{k}+\mathbf{G}\rangle + \sum_{c} b_c(\mathbf{k}+\mathbf{G})|\varphi^c_{\mathbf{k}+\mathbf{G}}\rangle \right\} \\
&= \sum_{\mathbf{G}} C(\mathbf{k}+\mathbf{G})|\mathbf{k}+\mathbf{G}\rangle - \sum_{\mathbf{G}} C(\mathbf{k}+\mathbf{G})\sum_{c} \langle \varphi^c_{\mathbf{k}}|\mathbf{k}+\mathbf{G}\rangle|\varphi^c_{\mathbf{k}}\rangle \\
&= |\varphi^v_{\mathbf{k}}\rangle - \sum_{c} \langle \varphi^c_{\mathbf{k}}|\varphi^v_{\mathbf{k}}\rangle|\varphi^c_{\mathbf{k}}\rangle.
\end{aligned}
\tag{3.2.1}
$$

위에서 $|\varphi^v_{\mathbf{k}}\rangle$ 는 평면파로 전개한 $\sum_{\mathbf{G}} C(\mathbf{k}+\mathbf{G})|\mathbf{k}+\mathbf{G}\rangle$ 항에 해당하고, $|\varphi^c_{\mathbf{k}+\mathbf{G}}\rangle = |\varphi^c_{\mathbf{k}}\rangle$ 임을 이용하였다. 이를 고체의 슈뢰딩거 방정식 $H\Psi_{\mathbf{k}} = \varepsilon_{\mathbf{k}}\Psi_{\mathbf{k}}$ 에 대입하면

$$
\begin{aligned}
H|\varphi^v_{\mathbf{k}}\rangle - \sum_{c} \langle \varphi^c_{\mathbf{k}}|\varphi^v_{\mathbf{k}}\rangle \varepsilon_c|\varphi^c_{\mathbf{k}}\rangle &= \varepsilon_{\mathbf{k}} \left[|\varphi^v_{\mathbf{k}}\rangle - \sum_{c} \langle \varphi^c_{\mathbf{k}}|\varphi^v_{\mathbf{k}}\rangle|\varphi^c_{\mathbf{k}}\rangle \right] \\
\Rightarrow \quad \left[H + V^R \right]|\varphi^v_{\mathbf{k}}\rangle &= \varepsilon_{\mathbf{k}}|\varphi^v_{\mathbf{k}}\rangle
\end{aligned}
\tag{3.2.2}
$$

와 같이 된다. 여기서

$$
V^R|\varphi^v_{\mathbf{k}}\rangle \equiv \sum_{c} (\varepsilon_{\mathbf{k}} - \varepsilon_c)|\varphi^c_{\mathbf{k}}\rangle \langle \varphi^c_{\mathbf{k}}|\varphi^v_{\mathbf{k}}\rangle
\tag{3.2.3}
$$

로 정의하였고, 이 항은 항상 양의 값을 갖는 퍼텐셜이다. 따라서 고체의 슈뢰딩거 방정식을

$$
\begin{aligned}
\left[H + V^R \right]|\varphi^v_{\mathbf{k}}\rangle &= \left[-\frac{\hbar^2}{2m}\nabla^2 + U(\mathbf{r}) + V^R(\mathbf{r}) \right]|\varphi^v_{\mathbf{k}}\rangle \\
&= \left[-\frac{\hbar^2}{2m}\nabla^2 + V_{ps}(\mathbf{r}) \right]|\varphi^v_{\mathbf{k}}\rangle
\end{aligned}
\tag{3.2.4}
$$

와 같이 쓸 수 있고 ($U(\mathbf{r})$ 은 고체의 주기적 퍼텐셜), $V_{ps}(\mathbf{r})(\equiv U(\mathbf{r}) + V^R(\mathbf{r}))$ 은 음의 $U(\mathbf{r})$ 과 양의 $V^R(\mathbf{r})$ 과의 상쇄로 인하여 약해진 퍼텐셜 값을 갖게 된다. $V_{ps}(\mathbf{r})$ 과 $|\varphi^v_{\mathbf{k}}\rangle$ 를 각각 수도퍼텐셜과 수도파동함수라 부른다. 따라서 원자가전자는 결과적으로 약해진 이온 퍼텐셜을 느끼게 되고 그에 따른 파동함수도 이온 근방 영역에서 실제 파동함수와는 달리 진동이 없는 수도파동함수를 갖는다고 볼 수 있다.

수도퍼텐셜 에너지띠 방법에서는 우선 실제의 원자 퍼텐셜하에서 구한 고유값과 동일한 고유값을 갖고 이온 바깥영역에서는 실제 고유파동함수와 같은 모양을 가지며 이온 근방에서는 마디 (node)가 없는 수도파동함수를 주는 수도퍼텐셜을 정하여야 한다 (그림 3.1 참조). 다음 이 수도퍼텐셜을 고체 내 원자가전자와 이온 사이의 퍼텐셜로 보고 평면파 방법과 동일한 방법으로 고유값과 블로흐 파동함수

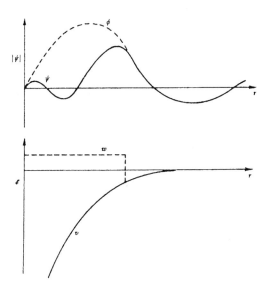

Figure 3.1: 수도퍼텐셜 w, 수도파동함수 ϕ, 실제 원자 퍼텐셜 v, 실제 고유파동함수 ψ [Ziman 1972].

를 구한다.

수도퍼텐셜하에서는 이온 근방에서 블로흐 파동함수의 진동이 없어졌으므로 비교적 적은 수의 평면파 기저함수를 쓰더라도 수렴된다는 장점이 있다. 따라서 수도퍼텐셜 방법의 요점은 어떻게 하여 얼마나 좋은 수도퍼텐셜을 구하는 가에 있는데, 이 방면으로 지속적으로 많은 연구와 발전이 있어 왔다. 지금까지 수도 퍼텐셜 방법은 s, p 전자를 가진 금속과 반도체의 에너지띠를 구하는 데 적용되어 좋은 결과를 주고 있다 [Harrison 1966].

최근에는 수도퍼텐셜 방법을 사용하여 전자구조를 계산하는 VASP (Vienna Ab initio Simulation Package[2]) 등의 상용 프로그램 패키지들의 보급이 활성화 되어 사용자들이 보다 쉽게 에너지띠 계산에 접근할 수 있게 되었다.

3.3 APW (Augmented Plane Wave) 방법

이온 근방의 파동함수의 진동을 잘 기술하기 위하여 Slater [1937]는 보강 평면파 (Augmented Plane Wave: APW)라는 또 다른 기저함수를 고안하였다. 고체 내 퍼텐셜이 이온 근방에서는 원자 퍼텐셜과 같이 구대칭을 가지며 이온들 사이에 서는 대체로 평평한 모양을 갖는다는 것으로부터 Slater는 다음과 같은 머핀틴

---

[2]VASP: https://www.vasp.at/.

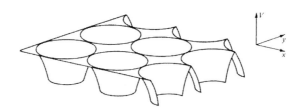

Figure 3.2: 머핀틴 (muffin-tin) 퍼텐셜 [Harrison 1979].

(Muffin-tin: MT) 퍼텐셜 근사를 도입하였다.

$$V(\mathbf{r}) = \begin{cases} V(|\mathbf{r} - \mathbf{R}|), & |\mathbf{r} - \mathbf{R}| < R_{MT}, \\ V(\mathbf{r}_0) = 0, & |\mathbf{r} - \mathbf{R}| > R_{MT}. \end{cases} \tag{3.3.1}$$

여기서 R_{MT} 는 머핀틴 반지름이라 한다. 머핀틴은 머핀이라는 둥근 빵을 굽는 틀로서 군데군데 원형 모양의 오목한 부분이 서로 겹치지 않게 만들어진 금속판이다 (그림 3.2). 즉 고체 내 영역을 이온을 포함하는 머핀틴 구 (sphere) 영역과 그 사이의 사이영역 (interstitial region)으로 구분하여 머핀틴 구 내에서의 퍼텐셜은 구대칭을 갖고 사이영역에서는 평평한 퍼텐셜로 가정한다.

그런 다음, 다음 식과 같이 머핀틴 안쪽 영역에서는 지름 슈뢰딩거 방정식의 해를 구하고 사이영역에서는 평면파 해를 구하여 두 해가 머핀틴 구의 경계면에서 연속이 되도록 하여 APW 기저함수를 만든다.

$$\varphi(\mathbf{k}, \mathbf{r}) = \begin{cases} e^{i\mathbf{k}\cdot\mathbf{r}}, & r > R_{MT} \\ \sum_{lm} a_{lm} R_l(E, r) Y_{lm}(\theta, \varphi), & r < R_{MT} \end{cases} \tag{3.3.2}$$

여기서 $e^{i\mathbf{k}\cdot\mathbf{r}}$ 과 $R_l(E, r)$ 은 각각 사이영역에서의 평면파 해와 머핀틴 안쪽 영역에서의 지름 슈뢰딩거 방정식의 해이고, $R_l(E, r)$ 은

$$R_l'' + \frac{2}{r}R_l' + \frac{2m}{\hbar^2}\left[E - V(r) - \frac{\hbar^2}{2m}\frac{l(l+1)}{r^2}\right]R_l(r) = 0 \tag{3.3.3}$$

의 방정식을 만족한다. a_{lm} 은 두 해가 머핀틴 구의 경계면에서 연속이 되도록

$$a_{lm}(k) = 4\pi i^l Y_{lm}^*(\hat{k}) \frac{j_l(kr)}{R_l(E, r)}\bigg|_{r=R_{MT}} \tag{3.3.4}$$

와 같이 주어진다. APW 기저함수도 OPW 기저함수와 같이 서로 직교하지 않는다는 것에 유의하자.

에너지 고유값과 고유벡터는 APW 함수를 기저함수로 써서 블로흐 함수를

$$\Psi(\mathbf{k}, \mathbf{r}) = \sum_{\mathbf{G}} C(\mathbf{k} + \mathbf{G}) \, \varphi(\mathbf{k} + \mathbf{G}, E, r) \tag{3.3.5}$$

와 같이 전개하고 이를 시행함수 (trial function)로 하여 변분원리를 써서 구한다. 결과적으로 APW 방법에서는 주어진 $\mathbf{k}$-점에 대한 다음과 같은 방정식의 해를 구함으로써 고유값을 얻게 된다 [Loucks 1967].

$$\sum_{\mathbf{G}'} \langle \varphi(\mathbf{k} + \mathbf{G}, E) | \, H - E \, | \varphi(\mathbf{k} + \mathbf{G}', E) \rangle \, C(\mathbf{k} + \mathbf{G}') \;\; = \;\; 0,$$

$$|H_{\mathbf{G}\mathbf{G}'}^{\mathbf{k}}(E) - E \, S_{\mathbf{G}\mathbf{G}'}^{\mathbf{k}}(E)| \;\; = \;\; 0. \tag{3.3.6}$$

즉 E 에 대한 다차 방정식을 풀어야 한다. 여기서 S 는 OPW 방법에서와 같이 기저함수가 서로 직교하지 않기 때문에 생기는 겹침 행렬이고, 행렬식 안의 행렬은 다음과 같이 주어진다.

$$(H - ES)_{\mathbf{G}\mathbf{G}'} \;\; = \;\; [(\mathbf{k} + \mathbf{G}) \cdot (\mathbf{k} + \mathbf{G}') - E]\delta_{\mathbf{G}\mathbf{G}'} + \frac{1}{\Omega} F_{\mathbf{G}\mathbf{G}'},$$

$$F_{\mathbf{G}\mathbf{G}'} \;\; = \;\; 4\pi R_{MT}^2 \Bigg[-\big\{(\mathbf{k} + \mathbf{G}) \cdot (\mathbf{k} + \mathbf{G}') - E\big\}$$

$$\times \frac{j_1(|\mathbf{G} - \mathbf{G}'|R_{MT})}{|\mathbf{G} - \mathbf{G}'|} \tag{3.3.7}$$

$$+ \sum_{l=0}^{\infty} (2l + 1) P_l(\cos\theta_{\mathbf{G}\mathbf{G}'}) j_l(|\mathbf{k} + \mathbf{G}|R_{MT})$$

$$\times j_l(|\mathbf{k} + \mathbf{G}'|R_{MT}) \frac{R_l'(E)}{R_l(E)} \bigg|_{R_{MT}} \Bigg].$$

APW 방법은 OPW 방법에서와 같이 기저함수 APW가 이온 근방에서의 진동을 잘 기술하여 주기 때문에, 평면파 방법에 비해 적은 수의 기저함수로도 매우 좋은 수렴을 얻는다. 따라서 국소적인 원자가 띠 (예로 전이금속의 d 띠나 희토류의 f 띠 등)도 APW 방법에 의해 잘 기술되는 장점이 있다. 그러므로 APW 방법은 국소적인 원자가 띠를 가진 전이금속 또는 희토류 금속의 에너지띠를 구하는 데 많이 이용되어 왔다. 또한 보통 원자가전자들의 에너지띠만을 계산하는 OPW 방법이나 수도퍼텐셜 방법과는 달리 APW 방법에서는 고체계의 핵심전자 준위를 동시에 구한다는 점에서 모든 전자 (all-electron) 방법이라 칭해진다.

한 가지 문제점은 머핀틴 근사가 육방밀집체와 같이 꽉 찬 구조 (close-packed structure)에는 잘 들어맞으나 성긴 구조에는 좋지 않다는 것이다. 이러한 점을 개선하여 최근에는 머핀틴 근사를 쓰지 않고 실제 총퍼텐셜 (full-potential)을 고

려한 APW 방법인 FLAPW 방법이 고안되어 이용되고 있다 [Weinert 등 1982]. 이 방법에 대해서는 다음 절에서 설명한다.

3.4 선형화 에너지띠 (Linearized Band) 방법

고체의 에너지띠를 구하기 위하여 널리 쓰이는 APW 방법에서는 식 (3.3.5)와 같이 블로흐 함수 $\psi_j(\mathbf{k}, \mathbf{r})$ 를 전개하는 기저함수에 에너지 의존성이 있게 된다. 즉

$$\psi_j(\mathbf{k}, \mathbf{r}) = \sum_n C_n(j, \mathbf{k}) \, \phi_n(E, \mathbf{r}). \tag{3.4.1}$$

기저함수가 에너지 의존성을 갖게 되는 원인은 APW 방법에서 도입한 머핀틴 구내에서 기저함수를

$$\phi_n(E, \mathbf{r}) = \sum_{l,m} a_{lm}^n \, R_l(E, r) Y_{lm}(\hat{\mathbf{r}}) \tag{3.4.2}$$

와 같이 부분파 (partial wave)로 전개할 때 지름 기저함수 (radial basis function) $R_l(E, r)$ 이 에너지 의존성을 갖기 때문이다. 여기서 $R_l(E, r)$ 은 $r < R_{MT}$ (R_{MT}: 머핀틴 구의 반지름)에서 정의되며 식 (3.3.3)에서 보았던 다음과 같은 방정식

$$\left[-\frac{1}{r}\frac{d^2}{dr^2} + \frac{l(l+1)}{r^2} + V(r) \right] R_l(E, r) = E R_l(E, r) \tag{3.4.3}$$

의 해에 해당한다.

위 식으로 주어지는 기저함수를 이용하고 변분 방법 (variational method)을 사용하면 고체물리 교과서에서 흔히 보는 영년 방정식 (secular equation)

$$\left[H(E) - ES(E) \right] C = 0 \tag{3.4.4}$$

을 얻게 된다. 여기서 H 와 S 는 각각 해밀터니안 행렬과 기저함수가 서로 직교하지 않기 때문에 생기는 겹침 행렬 (overlap matrix) 이며, E 와 C 는 각각 고유값과 고유벡터이다. 기저함수가 에너지 의존성을 갖기 때문에 해밀터니안 행렬과 겹침 행렬에도 에너지 의존성이 있게 된다. 따라서 고유값을 구하는데 보통 쓰는 행렬 대각화 방법은 APW 방법에서는 쓸 수가 없게 된다. 즉 고유값과 고유벡터를 얻기 위해서는 비선형 방정식을 풀어 행렬식의 근을 구해야 하기 때문에 APW 방법에서는 상당히 많은 계산량이 필요하다.

이러한 문제점을 해결하기 위하여 Marcus [1967], Andersen [1975], 그리고

Koelling-Arbman [1975] 등은 선형근사 방법을 제안하였다. 이 선형근사 방법은 머핀틴 구 내의 지름 기저함수 $R_l(E, r)$ 을 주어진 에너지 파라미터 E_l 에서의 값 $R_l(E_l, r)$ 과 이 함수의 에너지 미분값 $\dot{R}_l(E_l, r)(\equiv \frac{dR_l}{dE}(E, r)|_{E=E_l})$ 의 선형 결합으로 표현하여 $R_l(E, r)$ 의 복잡한 에너지 의존성을 없애고자 하는 것이다. 그러면 기저함수는

$$\phi_n(E, \mathbf{r}) \simeq \sum_{l,m} \left[a_{lm}^n R_l(E_l, r) + b_{lm}^n \dot{R}_l(E_l, r) \right] Y_{lm}(\hat{\mathbf{r}}) \tag{3.4.5}$$

와 같이 되어 에너지 의존성이 없어진다. 따라서 영년 방정식의 행렬요소에도 에너지 의존성이 없어지게 되어 기존의 행렬 대각화 방법을 사용할 수 있게 되므로 고유값과 고유벡터를 동시에 얻을 수 있다. 또한 기존의 APW 방법에서는 머핀틴 구 안에서의 기저함수 (식 (3.3.2))와 밖의 기저함수 (평면파)가 구 경계면에서 미분 연속조건을 만족하지 않는데 반해 선형 에너지띠 방법에서는 미분 연속조건을 만족하도록 식 (3.4.5)의 계수 a_{lm}, b_{lm} 을 조정할 수 있게 한다.

이 선형근사 방법에서는 에너지 파라미터 E_l 을 잘 선택하면 기존의 APW 방법과 비교하여 상당히 정확한 결과를 준다는 것이 확인되었다. 위와 같이 계산 방법이 매우 간단하게 되어 자체충족적 (self-consistent)인 반복계산이 가능해져서 보다 복잡한 계에도 이들 방법의 적용이 가능하게 되었다. 현재 선형근사 방법은 LAPW (linearized APW) [Koelling-Arbman 1975], LMTO (linearized muffin-tin orbital) [Andersen 1975, Skriver 1984], ASW (augmented spherical wave) [Williams 1979] 등의 전자구조 방법으로 보편화된 상태이다.

3.4.1 총퍼텐셜 APW (Full-Potential APW: FLAPW) 에너지띠 방법

기존의 APW 방법에서는 단위세포 (unit cell)를 머핀틴 구와 그 사이영역으로 나눈 다음 앞서 설명한 머핀틴 퍼텐셜 근사를 쓴다. 이러한 근사는 밀집 구조를 갖는 금속에 성공적으로 적용되었다. 하지만 이 근사는 반도체나 절연체와 같이 낮은 대칭성 (low symmetry)을 갖거나 사이영역이 큰 계 (성긴 구조를 갖는 계)에서는 큰 오차를 주게 된다. 이러한 계에서는 사이영역의 비율이 상당히 커서 이 영역에서의 퍼텐셜 형태가 매우 복잡한 형태를 가지므로 머핀틴 퍼텐셜 근사가 맞지 않게 된다. 이러한 문제점을 개선하기 위하여 Freeman[3] 그룹에서는 FLAPW (Full-potential Linearized APW) 에너지띠 방법을 개발하였다 [Weinert 등 1982].

---

[3]A. J. Freeman (1930-2016), American theoretical physicist.

머핀틴 퍼텐셜 근사는 다음과 같은 일반적인 퍼텐셜을 근사한 것에 해당한다.

$$V(\mathbf{r}) = \begin{cases} \sum_{l,m} V_{lm}(r)Y_{lm}(\hat{\mathbf{r}}) & : \text{MT sphere} \\ \sum_{\mathbf{G}} V(\mathbf{G})\exp(i\mathbf{G}\cdot\mathbf{r}) & : \text{interstitial} \end{cases} \qquad (3.4.6)$$

즉 머핀틴 퍼텐셜 근사는 위의 머핀틴 구 안과 바깥의 전개식에서 첫째 항만을 고려한 것에 해당한다. 따라서 사이영역이 큰 계를 기술하려면 머핀틴 퍼텐셜 근사에서 고려한 항보다 더 많은 항을 포함해야 한다는 것을 예상할 수 있다. 이러한 항들을 비 머핀틴 (non-muffin-tin) 항이라 하며 머핀틴 퍼텐셜에 대응하여 일반적으로 총퍼텐셜 (full-potential) 이라 칭한다.

총퍼텐셜 방법에서 쿨롱 퍼텐셜을 구하려면 전하밀도 $n(\mathbf{r})$ 을 포함하는 3차원 푸아송 (Poisson) 방정식을 풀어야 한다. 이러한 목적으로 수도전하 (pseudo-charge) 방법 [Weinert 1981]이 제안되었는데, 이 방법은 실제 전하밀도 $n(\mathbf{r})$ 과 같은 다극 모멘트 (multipole moment)를 주면서 공간적으로 서서히 변하는 수도전하를 고려하는 방법이다. 서서히 변하는 수도 전하는 푸리에 전개가 가능하므로 푸리에 적분법을 이용하여 푸아송 방정식을 풀어 사이영역과 머핀틴 구 경계면에서의 쿨롱 퍼텐셜을 구할 수 있게 된다. 한편 머핀틴 구 내에서의 쿨롱 퍼텐셜은 구 경계면에서의 퍼텐셜을 구하였으므로 구 내에서의 전하밀도를 사용하여 Dirichlet 경계문제로써 구할 수 있다.

FLAPW 방법에서는 식 (3.4.6)의 총퍼텐셜에 대하여 식 (3.4.5)의 머핀틴 내에서의 선형화된 기저함수와 머핀틴 바깥에서의 평면파 기저함수를 사용하여 식 (3.3.7)과 같은 해밀터니안 행렬 $H_{\mathbf{GG}'}(\mathbf{k})$ 와 겹침 행렬 $S_{\mathbf{GG}'}(\mathbf{k})$ 를 구하고, 식 (3.4.4)의 영년방정식의 해를 구함으로써 에너지 고유값을 얻게 된다. 여기서 기존의 APW 방법과 다른 점은 선형화 방법을 사용하였기 때문에 H 와 S 에 에너지 E 의존도가 없어지고 머핀틴 퍼텐셜 근사가 아닌 실제 고체계 총퍼텐셜을 고려한다는 것이다.

총퍼텐셜 방법을 사용하면 원리상 정확하게 모든 고체의 전자구조를 구할 수 있다. 따라서 금속, 반도체, 절연체 등의 덩치 고체와 이들의 표면, 계면에서의 전자구조의 결정에 많은 적용이 되어왔다 [Weinert 등 1982, Jansen-Freeman 1984]. 하지만 총퍼텐셜 방법의 한 가지 약점은 계산에 많은 시간이 소요된다는 것이다. 하지만 이는 프로그램의 효율화와 컴퓨터 하드웨어의 눈부신 발전으로 점점 해소되고 있다.

최근에는 FLAPW 방법을 사용하여 전자구조를 계산하는 WIEN2k[4] 상용 프로그램 패키지가 보급되어 사용자들이 쉽게 FLAPW 에너지띠 계산에 접근할 수 있게 되었다.

---

[4]WIEN2k: http://susi.theochem.tuwien.ac.at/.

3.4.2 FLAPW 총에너지 (Total Energy)

앞에서 보았듯이 범함수 이론에서는 전하밀도와 총에너지가 기본적인 양 (fundamental quantity)으로 주어진다. 총에너지는 운동, 쿨롱, 교환상관 에너지의 합으로 주어진다:

$$E[n(\mathbf{r})] = T_0[n(\mathbf{r})] + E_C[n(\mathbf{r})] + E_{XC}[n(\mathbf{r})]. \tag{3.4.7}$$

여기서 운동에너지는 주어진 밀도를 갖는 상호작용이 없는 전자기체계의 운동에너지로 보통 정의하여

$$T_0[n(\mathbf{r})] = \sum_i \int \psi_i^*(\mathbf{r}) K_{op} \psi_i(\mathbf{r}) d^3\mathbf{r} \tag{3.4.8}$$

와 같이 주어진다. 위 식에서 파동함수 $\psi_i(\mathbf{r})$ 은 식 (2.3.18)에서와 같이 Kohn-Sham 방정식의 해이다:

$$\left(K_{op} + V_{eff}[n(\mathbf{r})]\right) \psi_i(\mathbf{r}) = \varepsilon_i \psi_i(\mathbf{r}). \tag{3.4.9}$$

유효 퍼텐셜 $V_{eff}[n(\mathbf{r})]$ 은 쿨롱 퍼텐셜 $V_C[n(\mathbf{r})]$ 과 교환상관 퍼텐셜 $V_{XC}[n(\mathbf{r})]$ 의 합으로

$$
\begin{aligned}
V_{eff}[n(\mathbf{r})] &= V_C[n(\mathbf{r})] + V_{XC}[n(\mathbf{r})] \\
&= e^2 \int \frac{n(\mathbf{r}')}{|\mathbf{r} - \mathbf{r}'|} d^3r' - e^2 \sum_\alpha \frac{Z_\alpha}{|\mathbf{r} - \mathbf{R}_\alpha|} + \frac{\delta E_{XC}[n(\mathbf{r})]}{\delta n(\mathbf{r})}
\end{aligned}
\tag{3.4.10}
$$

와 같이 주어진다. 여기서 Z_α 는 $\mathbf{R}_\alpha$ 에 위치하는 핵의 전하량이며, 밀도 $n(\mathbf{r})$ 은

$$n(\mathbf{r}) = \sum_i \psi_i^*(\mathbf{r}) \psi_i(\mathbf{r}) \tag{3.4.11}$$

로 채워진 상태까지의 합으로 주어진다.

식 (3.4.9)의 양변에 $\psi_i(\mathbf{r})$ 을 곱해 채워진 상태까지 합하고 또 단위세포에 대해 적분하면 운동에너지에 대한 간단한 식을 얻을 수 있다:

$$T_0[n(\mathbf{r})] = \sum_i \varepsilon_i - \int_\Omega V_{eff}(\mathbf{r}) n(\mathbf{r}) \, d^3\mathbf{r}. \tag{3.4.12}$$

한편 고체계의 총 쿨롱 에너지 $E_C[n]$ 는 다음과 같이 주어진다:

$$
\begin{aligned}
E_C[n] &= \frac{e^2}{2} \int \frac{n(\mathbf{r})n(\mathbf{r}')}{|\mathbf{r}-\mathbf{r}'|} \, d^3\mathbf{r}d^3\mathbf{r}' - e^2 \sum_\alpha \int \frac{Z_\alpha n(\mathbf{r})}{|\mathbf{r}-\mathbf{R}_\alpha|} \, d^3\mathbf{r} \\
&\quad + \frac{e^2}{2} {\sum_{\alpha\beta}}' \frac{Z_\alpha Z_\beta}{|\mathbf{R}_\alpha - \mathbf{R}_\beta|} \\
&= \frac{N}{2} \left[\int_\Omega n(\mathbf{r})V_C(\mathbf{r}) \, d^3\mathbf{r} - \sum_\nu Z_\nu V_M(\mathbf{R}_\nu) \right].
\end{aligned}
\tag{3.4.13}
$$

여기서 ν 에 대한 합은 단위세포 안의 R_ν 에 위치하는 모든 핵에 대한 것이며 $V_M(R_\nu)$ 은 마델룽 (Madelung) 퍼텐셜로서

$$
V_M(\mathbf{R}_\nu) = \int \frac{e^2 n(\mathbf{r})}{|\mathbf{r}-\mathbf{R}_\nu|} - {\sum_\alpha}' \frac{Z_\alpha e^2}{|\mathbf{R}_\nu - \mathbf{R}_\alpha|}
\tag{3.4.14}
$$

와 같이 주어진다. 그리고 $V_C(\mathbf{r})$ 은 $\mathbf{r}$ 에서의 쿨롱 퍼텐셜이다:

$$
V_C(\mathbf{r}) = \int \frac{n(\mathbf{r}')}{|\mathbf{r}-\mathbf{r}'|} \, d^3\mathbf{r}' - \sum_\alpha \frac{Z_\alpha}{|\mathbf{r}-\mathbf{R}_\alpha|}.
\tag{3.4.15}
$$

따라서 단위세포 당 총에너지는

$$
\begin{aligned}
E &= \sum_i \varepsilon_i - \frac{1}{2} \int_\Omega n(\mathbf{r})V_C(\mathbf{r}) \, d^3\mathbf{r} - \frac{1}{2} \sum_\nu Z_\nu V_M(R_\nu) \\
&\quad - \int_\Omega \mu_{XC}(\mathbf{r})n(\mathbf{r}) \, d^3\mathbf{r} + E_{XC}
\end{aligned}
\tag{3.4.16}
$$

이 된다. 여기서 교환상관 에너지를 앞 장에서와 같이 국소밀도근사를 써서

$$
E_{XC}[n] = \int_\Omega n(\mathbf{r})\varepsilon_{XC}(\mathbf{r}) \, d^3\mathbf{r}
\tag{3.4.17}
$$

와 같이 구하면 결과적으로 총에너지는

$$
\begin{aligned}
E &= \sum_i \varepsilon_i - \frac{1}{2} \int_\Omega n(\mathbf{r})V_C(\mathbf{r}) \, d^3\mathbf{r} \\
&\quad - \int_\Omega n(\mathbf{r})(\mu_{XC}(\mathbf{r}) - \varepsilon_{XC}(\mathbf{r})) \, d^3\mathbf{r} - \frac{1}{2} \sum_\nu Z_\nu V_M(\mathbf{R}_\nu)
\end{aligned}
\tag{3.4.18}
$$

이 된다.

FLAPW 방법에서 마델룽 퍼텐셜은 다음과 같이 주어진다:

$$V_M(\mathbf{R}_\nu) = \frac{e^2}{S_\nu}\left[Z_\nu - Q_\nu + S_\nu V_0(S_\nu)\right] + e^2\sqrt{4\pi}\int_0^{S_\nu} dr\, r n_{00}^\nu(r). \quad (3.4.19)$$

여기서 S_ν 는 $\mathbf{R}_\nu$ 에 위치하는 머핀틴 구의 반지름이며 Q_ν 는 구 내에서의 총전하량이다. $V_0(S_\nu)$ 는 머핀틴 구 경계면에서의 평균 쿨롱 퍼텐셜이며 $n_{00}(\mathbf{r})$ 은 $n(\mathbf{r})$의 $(l,m)=(0,0)$ 성분이다.

이를 종합하면 FLAPW 방법에서 부피 Ω 를 갖는 단위세포에서의 총에너지는

$$
\begin{aligned}
E &= \sum_i \varepsilon_i - \sum_\alpha \sum_{l,m} \int_0^{S_\alpha} r^2 dr\, n_{lm}^\alpha(r)\tilde{V}_{lm}(r) \\
&\quad -\Omega \sum_G n(\mathbf{G})\tilde{V}(-\mathbf{G}) + \Omega \sum_{\mathbf{G},\mathbf{G}'} U(-\mathbf{G}-\mathbf{G}')n(\mathbf{G})\tilde{V}(\mathbf{G}') \\
&\quad -\frac{1}{2}\sum_\alpha Z_\alpha V_M(\mathbf{R}_\alpha)
\end{aligned}
$$

$$(3.4.20)$$

와 같이 된다. 여기서 $\tilde{V}_{lm}(r)$ 과 $\tilde{V}(\mathbf{G})$ 는 식 (3.4.6)에서와 같이 각각

$$\tilde{V}(\mathbf{r}) = \frac{1}{2}V_C(\mathbf{r}) - \varepsilon_{XC}(\mathbf{r}) + \mu_{XC}(\mathbf{r}) \quad (3.4.21)$$

의 l,m 성분과 $\mathbf{G}$ 성분이며,

$$U(\mathbf{G}) = 3\sum_\alpha \frac{\Omega_\alpha}{\Omega}\frac{\sin(GS_\alpha) - GS_\alpha\cos(GS_\alpha)}{(GS_\alpha)^3}e^{-i\mathbf{G}\cdot\mathbf{R}_\alpha} \quad (3.4.22)$$

이다 ($\Omega_\alpha = \frac{4\pi}{3}S_\alpha^3$).

3.4.3　LMTO (Linearized Muffin-Tin Orbital) 전자구조 방법

기저함수를 제일원리적으로 구할 수 있는 가장 효과적인 방법으로 s-, p- 와 d-전자 궤도 등의 최소 기저함수 표현법인 LMTO 방법 [Andersen 1975]을 들 수 있다. LMTO 방법은 금속과 금속 화합물 등의 전자구조 계산에 매우 효율적으로 사용되고 있으며, 훨씬 복잡한 계산 방법인 APW 방법에 의해 계산한 전자구조 결과와 거의 비슷한 결과를 준다. 최근에는 기존의 LMTO 방법에서 쓰이는 기저함수에 비해 보다 국소화된 기저함수를 사용하는 밀접결합 (tight-binding LMTO: TB-LMTO) 방법 [Andersen-Jepsen 1984]이 많이 사용되고 있다 (다음 절 참조). Tight-binding (TB) 에너지띠 계산 방법은 밀접결합 방법이라 불리며 보통 기저함수로 국소화된 원자궤도함수를 사용하는 방법인데 자세한 사항은 참고문헌

모혜정 [1989]을 참고하기 바란다.

   일반적으로 LMTO 방법에서는 APW 방법에서와 같이 격자공간을 각 원자들을 중심으로 위치한 머핀틴 구와 이들 머핀틴 구들 사이의 사이영역으로 구분한다. 각 머핀틴 구 내부의 퍼텐셜은 구대칭이고, 머핀틴 구 외부에서는 일정한 퍼텐셜을 가정한다. 이때 **R**-원자에 중심을 둔 LMTO 기저함수 $\chi^0(\mathbf{r} - \mathbf{R})$ 는 다음과 같이 표현된다.

$$\chi^0_{RL}(\mathbf{r} - \mathbf{R}) \;=\; K^0_{RL}(\mathbf{r} - \mathbf{R}) + \Phi_{RL}(\mathbf{r} - \mathbf{R})$$
$$+ \sum_{R'L'} \dot{\Phi}_{R'L'}(\mathbf{r} - \mathbf{R'}) h_{RL,R'L'} \qquad (3.4.23)$$

여기서, 지수 $L(\equiv l, m)$ 은 각운동량 양자수이다. K^0_{RL} 은 사이영역에서 단일 전자 슈뢰딩거 방정식의 해로써 표현되는데 머핀틴 구 내부에서는 정의되지 않는다. $\Phi_{RL}, \dot{\Phi}_{RL}$ 은 각각 R-원자 머핀틴 구 내부에서 정의되는 궤도 각운동량 l 의 규격화된 파동함수와 파동함수의 에너지 미분함수이다.

   식 (3.4.23)의 $h_{RL,R'L'}$ 은 각 머핀틴 구의 표면에서 χ_{RL} 의 연속성과 미분 가능성을 만족시켜주며, 계산하고자 하는 고체계의 격자구조뿐만 아니라, 각 머핀틴 구의 경계면에서 파동함수 Φ_{RL} 과 $\dot{\Phi}_{RL}$ 에 대한 정보를 포함하고 있다. 따라서 계수 $h_{RL,R'L'}$ 은 구조상수 (structure constant) $S^0_{RL,R'L'}$ 에 의해 표현되는데, 이들 구조상수 $S^0_{RL,R'L'}$ 는 물질의 종류에는 무관하고 물질의 격자구조에 의해서만 결정되는 양이다. $S^0_{RL,R'L'}$ 행렬의 대각선 성분은 0 (zero)이다. 이 구조상수의 행렬요소는 원자 간 거리 $d = |\mathbf{R} - \mathbf{R'}|$ 의 함수로 아래와 같이 표현된다.

$$S^0_{RL,R'L'} \sim (w/d)^{l+l'+1} \qquad (3.4.24)$$

이때 w는 머핀틴 구의 반지름이고, 원자 간 거리 d 가 $d/w > 10$ 인 원거리 원자 간에도 $S^0_{RL,R'L'}$ 는 유한한 값을 갖는다.

   계수 $h^0_{RL,R'L'}$ 의 한 전자 해밀터니안은 $S^0_{RL,R'L'}$ 에 의해 표현되므로 원거리 원자 간에도 행렬요소가 존재하고 따라서 국소화되지 않은 해밀터니안이라 할 수 있다. 이렇게 국소화되지 않은 해밀터니안은 대칭계의 전자구조를 계산하는 경우에는 큰 문제가 없으나, 비대칭, 비주기적인 경우에 대한 회귀 방법과 같이 실공간 전자구조 계산에는 적합하지 않은 방법이다.

3.4.4   TB-LMTO (Tight Binding-LMTO) 전자구조 방법

국소화된 TB 기저함수를 사용한 해밀터니안의 행렬요소들은 원자 간의 거리가 멀어지면 비국소화된 기저함수로 표현된 해밀터니안의 행렬요소들보다 그 크기가 훨씬 빠른 속도로 감소한다 [Andersen 1985]. TB-LMTO에서는 사이영역의 파동함수를 K_{RL}^α 로 표현한다. 이웃 원자들의 구조에 대한 정보를 나타내는 면에서는 K_{RL}^α 은 K_{RL}^0 와 같지만, K_{RL}^α 은 이웃 원자들의 가리기 효과를 포함하고 있다.

이 가리기 효과를 포함하는 구조상수를 $S_{RL,R'L'}^\alpha$ 로 표현하면 원래의 S^0 와 다음과 같은 관계가 있다.

$$S_{RL,R'L'}^\alpha = S_{RL,R'L'}^0 + \sum_{R'',L''} S_{RL,R''L''}^\alpha \alpha_{R''L''} S_{R''L'',R'L'}^0 \tag{3.4.25}$$

이를 행렬식으로 표현하면 다음과 같이 표현된다:

$$S^\alpha = S^0 + S^\alpha \alpha S^0 = S^0 (1 - \alpha S^0)^{-1}. \tag{3.4.26}$$

여기서 α 는 격자 가리기 상수에 해당하며 일반적인 LMTO 기저함수의 구조상수와 국소화된 TB-LMTO 기저함수에 대한 구조상수 사이의 관계를 나타내고 있다. 격자 가리기 상수 α 는 원자의 종류에는 무관하고, 궤도 각운동량 l 에 따라 다른 값을 가진다. Andersen 등[1984, 1985]은 여러 번의 시행착오를 통해 다음과 같은 격자 가리기 상수를 사용할 때, 일반적으로 LMTO의 기저함수들이 가장 잘 국소화되고, 구조상수 값도 세 번째로 가까운 원자 이상에서는 0 (zero) 이 됨을 알았다.

$$\alpha_l = \begin{cases} 0.3485 & \text{for } l=0 \\ 0.05305 & \text{for } l=1 \\ 0.010714 & \text{for } l=2 \\ 0.0 & \text{for } l > 2. \end{cases} \tag{3.4.27}$$

위와 같이 가리기 상수 α 에 의해 표현된 구조상수를 사용한 TB-LMTO를 α-표현이라고 하며, 이때 기저함수는 다음과 같이 식 (3.4.23)과 비슷하게 표현된다.

$$\begin{aligned} \chi_{RL}^\alpha(\mathbf{r} - \mathbf{R}) &= K_{RL}^\alpha(\mathbf{r} - \mathbf{R}) + \Phi_{RL}(\mathbf{r} - \mathbf{R}) \\ &+ \sum_{R'L'} \dot{\Phi}_{R'L'}^\alpha(\mathbf{r} - \mathbf{R}') h_{RL,R'L'}^\alpha. \end{aligned} \tag{3.4.28}$$

위 식에서 $\dot{\Phi}^\alpha = \dot{\Phi} + \Phi o^\alpha$ 이며 $o^\alpha = \langle \Phi | \dot{\Phi}^\alpha \rangle$ 이다. $h_{RL,R'L'}^0$ 와 같이 $h_{RL,R'L'}^\alpha$ 은 각 머핀틴 구의 표면에 대해 χ_{RL}^α 의 연속성과 미분가능 조건으로부터 다음과 같이 표현된다.

$$h_{RL,R'L'}^\alpha = (c_{Rl}^\alpha - E_{\nu Rl})\delta_{RR'}\delta_{LL'} + \sqrt{d_{Rl}^\alpha} S_{RL,R'L'}^\alpha \sqrt{d_{R'l'}^\alpha}. \tag{3.4.29}$$

여기서 $E_{\nu Rl}$ 는 식 (3.4.5)에서와 같이 LMTO 기저함수를 구하는데 사용하는 에너지 매개변수이고, c_{Rl}^α 과 d_{Rl}^α 는 R-원자의 l-궤도 에너지띠의 중심과 폭에 관계되는 퍼텐셜 계수이다 [Andersen-Jepsen 1984].

실제적인 LMTO 계산에서는 머핀틴 구를 위그너-자이츠 (Wigner-Seitz: WS) 구로 대치하고, WS 구 사이영역을 최소화하는 원자구 (atomic-sphere: AS) 근사 [Skriver 1984]를 사용한다. 이러한 근사는 fcc, hcp, bcc 등과 같이 빈공간율이 낮은 격자구조에서는 매우 좋은 근사이며, 다이아몬드 구조와 같이 그렇지 못한 경우라도 WS 구 사이영역에 빈 (empty) 구를 가정하면 꽤 좋은 결과를 얻을 수 있다. AS 근사를 사용하면 식 (3.4.23)과 식 (3.4.28)의 첫 번째 항은 무시할 수 있고, 국소화된 TB-LMTO의 단일 전자 해밀터니안은 다음과 같이 표현된다:

$$
\begin{aligned}
H^{\alpha}_{RL,R'L'} &= E_{\nu Rl}\delta_{RR'}\delta_{LL'} + h^{\alpha}_{RL,R'L'} \\
&= c^{\alpha}_{Rl}\delta_{RR'}\delta_{LL'} + \sqrt{d^{\alpha}_{Rl}}S^{\alpha}_{RL,R'L'}\sqrt{d^{\alpha}_{R'l'}}.
\end{aligned}
\tag{3.4.30}
$$

다음은 직교화된 TB-LMTO 에 대해서 알아보자. 식 (3.4.27)과는 다른 α 값을 사용하여 식 (3.4.28)의 기저함수를 직교화 시킬 수 있다. 즉 LMTO 기저함수의 성질로부터 $o^{\gamma} = 0$ 인 어떤 특정한 가리기 상수 γ 를 생각하자 [Andersen-Jepsen 1984]. 이 γ 를 써서 직교화된 기저함수를 사용했을 때의 TB-LMTO를 γ-표현이라 하며 이때 해밀터니안은 다음과 같이 표현된다:

$$
\begin{aligned}
H^{\gamma} &= O^{-1/2}HO^{-1/2} \\
&= E_{\nu} + h^{\gamma} + h^{\gamma}E_{\nu}p^{\gamma}h^{\gamma}.
\end{aligned}
\tag{3.4.31}
$$

여기서 O는 $O_{RL,R'L'} = \langle\chi_{RL}|\chi_{R'L'}\rangle$ 인 겹침 행렬을 나타내며, 퍼텐셜 계수 $p^{\gamma}(\equiv \langle\dot{\Phi}^{\gamma}|\dot{\Phi}^{\gamma}\rangle)$ 는 매우 작은 값이므로 식 (3.4.31)의 마지막 항은 보통 무시한다. h^{γ} 도 에너지띠의 폭과 중심에 관계되는 퍼텐셜 계수를 사용하여 다음과 같이 표현된다.

$$
h^{\gamma}_{RL,R'L'} = (c^{\gamma}_{Rl} - E_{\nu Rl})\delta_{RR'}\delta_{LL'} + \sqrt{d^{\gamma}_{Rl}}S^{\gamma}_{RL,R'L'}\sqrt{d^{\gamma}_{R'l'}},
\tag{3.4.32}
$$

$$
S^{\gamma} = S^{\alpha}(1 + (\alpha - \gamma)S^{\alpha})^{-1},
\tag{3.4.33}
$$

$$
\gamma = [1/2(2l+1)](s/w)^{2l+1}\Phi^2(-).
\tag{3.4.34}
$$

여기서 s 는 위그너-자이츠 반지름이고 $\Phi(-)$ 는 위그너-자이츠 경계면에서 지수 도함수가 $-l-1$ 인 파동함수를 나타낸다. S^{γ} 는 S^{α} 보다 작용 거리가 크기 때문에, 해밀터니안 H^{γ} 의 행렬요소는 H^{α} 에 비해서 천천히 감쇠한다 [Andersen 1985].

식 (3.4.34)의 γ 는 식 (3.4.27)의 α 와는 달리 계산하고자 하는 고체계와 그 전하밀도에 따라 다른 값을 가진다. 그러므로 규격화된 TB-LMTO의 기저함수를 이용하여 식 (3.4.31)과 식 (3.4.32)의 해밀터니안을 구성하는 것보다는, 국소화된 TB-LMTO 해밀터니안을 이용하여 보다 편리하게 규격화된 해밀터니안을 구성할 수 있다. 즉 $h^{\gamma} = h^{\alpha}(1 + o^{\alpha}h^{\alpha})^{-1}$ 로 표현할 수 있으므로, 식 (3.4.31)로부터 다음

관계를 얻는다.

$$
\begin{aligned}
H^\gamma &= E_\nu + h^\gamma \\
&= E_\nu + h^\alpha - h^\alpha o^\alpha h^\alpha + h^\alpha o^\alpha h^\alpha o^\alpha h^\alpha + \dots
\end{aligned}
$$

$$(3.4.35)$$

위 식의 둘째 항까지를 포함한 해밀터니안, 즉 $H^{(1)} = H^\alpha = E_\nu + h^\alpha$ 을 1계 해밀터니안이라 하고, $H^{(1)}$ 에 비해 $h^\alpha o^\alpha h^\alpha$ (셋째 항) 보정 항을 첨가한 $H^{(2)}$ 를 2계 해밀터니안이라 한다.

LMTO 방법은 고체계의 전자구조를 구하는데 가장 효율적인 모든 전자 (all-electron) 에너지띠 방법으로서 지난 30-40년간 국소화된 d 전자, f 전자 고체계의 전자구조 계산에 많이 적용되어왔다. 하지만 최근에는 컴퓨터 하드웨어의 발전으로 보다 정교한 FLAPW 전자구조 계산도 수월하게 가능해져 LMTO 방법의 장점이 많이 감소한 상황이라 하겠다.

3.5　비선형 최적화 전자구조 이론

카-파리넬로 (Car-Parrinello: CP) [1985]는 고체의 전자구조를 분자동역학 (Molecular dynamics) 방법을 이용하여 구하는 시늉설담금 (simulated annealing: SA) 방법을 고안하였다. SA 방법은 주어진 다변수 함수의 최솟값을 구하는 최적화 (optimization) 방법인데 카-파리넬로는 이 방법을 고체계의 에너지 함수에 적용하여 가장 낮은 에너지를 갖는 바닥상태를 구한 것이다. 그들은 분자동역학 계산에서 필요한 힘을 밀도범함수 이론으로 구함으로써 제일원리로부터 고체의 전자구조를 구할 수 있었다. 이 절에서는 카-파리넬로 방법을 간단히 소개한 다음 유사한 최적화 방법인 국소 최적화 방법에 대해 공부하고 이의 실제 응용 예를 보도록 한다.

먼저 카-파리넬로 방법의 특징들을 살펴보자.

- 기존의 분자동역학 방법에서의 힘은 경험적인 (empirical) 퍼텐셜로부터 구하는데 반하여 CP 방법에서는 양자역학적인 밀도범함수 이론으로부터 계산하는 양자역학적 분자동역학 (Quantum Molecular Dynamics) 방법이라 할 수 있다.

- 아래에서 보듯이 확률적 과정 (stochastic process)을 생각하는 몬테카를로 (Monte Carlo) 시늉설담금 (MCSA) 방법과 비교하여 분자동역학 시늉설담금 (MDSA) 방법은 시간적으로 변하는 동역학적 운동방정식을 사용한다.

- 원자번호 외에는 어떠한 실험적인 파라미터도 가정하지 않는 제일원리 (*ab-initio*) 분자동역학 방법이다.

- 기존의 에너지띠 계산에서는 행렬의 대각화에 많은 시간이 소요되는데 반하여 CP 방법에서는 운동방정식을 사용하므로 상당한 시간이 절약되는 효율적인 계산 방법이다. 평면파 기저함수의 수가 M 일 때 기존의 대각화 방법에서는 $O(M^3)$ 의 시간이 소요되는데 반해 CP 방법에서는 $O(M \ln M)$ 의 시간이 소요된다.

최적화 문제는 오랫동안 연구된 과제이기 때문에 알려진 수치계산 방법이 상당히 많다 [Press 등 1986]. 예를 들어 이분법 (bisection), 최경사하강 (steepest-Descent: SD), 공액 기울기 (conjugated-Gradient: CG) 방법들이 있다. 이분법은 일차원 함수의 최적화 수치계산 방법이고, SD, CG 방법들은 다차원 함수의 최적화 수치계산 방법들로 보통 쓰이는 방법들이다. 이 방법들은 온곳 최솟값 (global minimum)을 준다는 보장은 없다. 시늉설담금 (SA) 방법도 다차원 함수의 최적화 방법인데 이 방법은 국소 최솟값 (local minimum)들을 극복하고 온곳 최솟값을 찾아갈 수 있기 때문에 요사이 많은 관심의 대상이 되고 있는 최적화 방법이다.

SA 방법의 아이디어는 커크패트릭 [Kirkpatrick 등 1983]에 의하여 제일 먼저 소개되었다. 커크패트릭 등은 여러 도시를 여행하는 영업사원의 최소 경로를 찾는 최적화 문제에서 잘 알려진 traveling salesman의 문제를 풀기 위하여 몬테카를로 (Monte-Carlo: MC) 알고리즘과 결합한 SA 최적화 방법 (MCSA)을 고안하였다. 몬테카를로 알고리즘에서는 볼쯔만 인자

$$Prob(E) \sim \exp(-E/k_B T) \tag{3.5.1}$$

의 크기로써 다음 과정을 선택할지 않을지를 결정하게 된다 [Metropolis 등 1953].

시늉설담금이란 용어는 주어진 다차원 함수의 최솟값을 찾는 방법이 액체를 서서히 식혀 가장 낮은 자유 에너지를 갖는 고체 결정체를 만드는 열역학적 식힘 과정인 설담금 (annealing) 방법과 유사하기 때문에 붙여진 이름이다. 즉 높은 온도에서 자유롭게 움직이던 액체 분자가 온도를 서서히 내리면 운동에너지를 잃으면서 최소에너지를 갖는 고체 결정상태로 굳어지게 되는데 설담금이란 이를 의미한다. 만일 온도를 갑자기 식히면 (담금질 (quenching)이라고 함) 바닥상태가 아닌 다결정 (polycrystal) 상태나 비결정 (amorphous) 상태가 만들어지기도 한다.

3.5.1 카-파리넬로 (Car-Parrinello) 방법

이제 밀도범함수 이론과 결합된 분자동역학적 라그랑지안 L 을 살펴보자.

$$L = \frac{1}{2}\mu \sum_i \int d\mathbf{r}\, \dot{\psi}_i^*(\mathbf{r},t)\dot{\psi}_i(\mathbf{r},t) + \frac{1}{2}\sum_I M_I \dot{R}_I^2 - E(\psi_i, R_I), \tag{3.5.2}$$

$$E(\psi_i, R_I) = -\frac{1}{2} \sum_i \int d\mathbf{r} \psi_i^*(\mathbf{r}, t) \nabla^2 \psi_i(\mathbf{r}, t)$$
$$+ \int d\mathbf{r} V_{eI}(\mathbf{r}, t) \rho(\mathbf{r}) + \frac{1}{2} \int V_H(\mathbf{r}) \rho(\mathbf{r}) d\mathbf{r}$$
$$+ E_{xc} + E_{ion}. \tag{3.5.3}$$

여기서 $E(\psi_i, R_I)$ 는 계의 총에너지이고, 식 (3.5.2) 중 ψ_i, R_I 변수 위의 점은 시간미분을 나타내며, μ 는 물리적 의미는 없는 임의의 질량변수, 그리고 M_I 는 이온의 질량을 나타낸다. 또 V_{eI} 는 전자-이온 상호작용이며 E_{ion} 은 이온들 간의 상호작용 에너지이다. 밀도범함수 이론에서 우리가 구하고자 하는 것은 바닥상태, 즉 다차원 에너지 함수 $E(\psi_i, R_I)$ 가 최소가 될 때의 파동함수 ψ_i, 이온의 위치 R_I 등의 값과 그 때의 에너지 값이다. 식 (3.5.2)는 $E(\psi_i, R_I)$ 를 퍼텐셜 에너지로 가정하여 그 퍼텐셜의 최솟값을 최적화 방법으로 구하고자 하는 것이다.

위 식에서 파동함수는 항상 다음의 직교맞춤 관계를 만족한다:

$$\langle \psi_i(t) | \psi_j(t) \rangle = \delta_{ij}. \tag{3.5.4}$$

구속식 (3.5.4)와 함께 식 (3.5.2)에 대하여 다음의 오일러-라그랑지 운동방정식을 사용하면,

$$\frac{d}{dt} \left(\frac{\partial L}{\partial \dot{\psi}_i^*} \right) = \frac{\partial L}{\partial \psi_i^*} \tag{3.5.5}$$

전자의 파동함수와 이온에 대한 다음의 운동방정식을 얻게 된다.

$$\frac{1}{2} \mu \ddot{\psi}_i(\mathbf{r}, t) = = -H \psi_i(\mathbf{r}, t) + \sum_j \Lambda_{ij} \psi_j(\mathbf{r}, t), \tag{3.5.6}$$

$$M_I \ddot{R}_I = -\nabla_{R_I} E, \tag{3.5.7}$$

$$H = -\frac{1}{2} \nabla^2 + V_H(\mathbf{r}) + V_{eI}(\mathbf{r}) + V_{xc}(\mathbf{r}), \tag{3.5.8}$$

$$\Lambda_{ij} = H_{ji} - K_{ji}, \tag{3.5.9}$$

$$H_{ij} = \langle \psi_i | H | \psi_j \rangle, \tag{3.5.10}$$

$$K_{ij} = \frac{\mu}{2} \langle \dot{\psi}_i | \dot{\psi}_j \rangle. \tag{3.5.11}$$

여기서 Λ_{ij} 는 구속식 (3.5.4)를 고려하기 위한 라그랑지 곱수 (Lagrange multiplier) 파라미터이다. 식 (3.5.4)의 양변을 시간으로 두 번 미분하면

$$\langle \ddot{\psi}_i | \psi_j \rangle + 2 \langle \dot{\psi}_i | \dot{\psi}_j \rangle + \langle \psi_i | \ddot{\psi}_j \rangle = 0 \tag{3.5.12}$$

을 얻고 식 (3.5.6)을 식 (3.5.12)에 대입하면 식 (3.5.9)를 얻게 된다. 식 (3.5.6)
은 바로 밀도범함수 이론으로부터 유도되는 힘을 갖는 분자동역학 운동방정식이
다. 위 식들 중 이온의 운동을 기술하는 식 (3.5.7)은 실제적으로 물리적인 이온의
운동을 기술하는데 반하여 식 (3.5.6)의 전자 파동함수 $\{\psi_i\}$ 의 운동 항은 분자동
역학적인 방법을 사용하기 위한 가상적인 것이다. 즉 가속에 해당하는 $\ddot{\psi}_i$ 가 영이
되면 식 (3.5.6)은 Kohn-Sham 방정식이 되므로 우리는 평형상태에서 고체계의
바닥상태를 기술하게 된다. 이러한 상태는 분자동역학 계산 중 반복적으로 계의
온도를 낮추어 동역학적 변수 ψ_i 의 속도를 점점 줄여 ψ_i 의 운동이 없어지게 하여
얻을 수 있다.

주어진 $\mathbf{k}$ 에서 전자 파동함수에 대한 운동방정식을 풀기 위하여 파동함수를
평면파 기저함수를 사용하여 전개해 보자.

$$\psi_i(\mathbf{r},t) = \Omega^{-\frac{1}{2}} \sum_{\mathbf{G}} C_{i,\mathbf{k}+\mathbf{G}}(t) \, e^{i(\mathbf{k}+\mathbf{G})\cdot\mathbf{r}} \tag{3.5.13}$$

Ω 는 계의 부피이며, $\mathbf{G}$ 는 역격자 벡터, $\mathbf{k}$ 는 브릴루앙 영역 내에서의 파수 양자
수이다. 그러면 식 (3.5.6)은

$$\begin{aligned}
\frac{1}{2}\mu \ddot{C}_{i,\mathbf{k}+\mathbf{G}}(t) &= -\sum_{\mathbf{G}'} H_{\mathbf{k}+\mathbf{G},\mathbf{k}+\mathbf{G}'}(t) \, C_{\mathbf{k}+\mathbf{G}'}(t) \\
&\quad + \sum_{j} \Lambda_{ij} \, C_{j,\mathbf{k}+\mathbf{G}}(t)
\end{aligned} \tag{3.5.14}$$

이 된다. 식 (3.5.7)와 식 (3.5.14)를 시간에 대해 단계적으로 적분하면 이온의 운동
과 파동함수를 동시에 구하게 된다. 또한 Λ_{ij} 의 고유값은 Kohn-Sham 방정식의
고유값에 해당한다.

3.5.2 국소 최적화 (Local Optimization) 방법

앞 절에서 소개한 SA 방법은 온곳 최적화 (global optimization) 방법이다. 하지만
만일 우리가 생각하는 계의 총에너지 함수가 준안정한 (metastable) 상태가 없이
하나의 안정한 최솟값만을 갖는 함수라면 온곳 최적화 방법 대신 국소 최적화 (lo-
cal optimization) 방법을 사용하여 보다 빠르게 수렴값을 얻을 수 있을 것이다.
예를 들어 주어진 원자배열하에서 에너지띠를 계산하는 경우에서는 보통 준안정한
상태는 없는 것으로 알려져 있다. 국소 최적화 방법을 사용하면 보다 직접적으로
최소 에너지와 전자 파동함수를 구할 수 있게 되는데 이 절에서는 Williams-Soler
[1987]가 제안한 방법을 소개하기로 한다.

Williams-Soler는 다음과 같이 국소 최적화 방법을 시간에 대한 1계 미분 방정

식으로 표현하였다.

$$\nu \frac{\partial \psi_i}{\partial t} = -H\psi_i + \sum_j \Lambda_{ij}\psi_j \qquad (3.5.15)$$

여기서 H 는 Kohn-Sham 해밀터니안이고 $\Lambda_{ij} = H_{ij}$ 이다. 이 식은 질량이 영인 ($\mu = 0$) 입자들이 점성 (viscosity) ν 인 매질 내에서 움직이는 감쇠 운동을 나타 낸다. 감쇠 운동이므로 SA 방법에서와 같이 평형 상태를 얻으려고 계의 온도를 낮출 필요는 없으며, 평형 상태에서는 식의 좌변이 영이 되고 위 식은 Kohn-Sham 방정식과 일치하게 된다.

파동함수를

$$\psi_i(\mathbf{r}, t) = \sum_{\mathbf{G}} C_i(\mathbf{G}, t)\, e^{i\mathbf{G} \cdot \mathbf{r}} \qquad (3.5.16)$$

와 같이 평면파로 전개하고, 이를 식 (3.5.15)에 대입하면 $C_i(\mathbf{G}, t)$ 에 대한 방정식 을 얻을 수 있다. $C_i(\mathbf{G}, t)$ 에 대한 방정식에서 $G' = G$ 일 때 $C_i(\mathbf{G}', t)$ 을 포함하는 항들을 상수와 같이 생각하면 방정식의 해를 해석적으로 구할 수 있다:

$$C_i(\mathbf{G}, t + \Delta t) = C_i(\mathbf{G}, t) + F(\mathbf{G}, t)f(\mathbf{G}, t, \Delta t)\Delta t. \qquad (3.5.17)$$

여기서

$$F(\mathbf{G}, t) = -\sum_{\mathbf{G}', j} (H_{\mathbf{G}\mathbf{G}'}\delta_{ij} - \Lambda_{ij}\delta_{\mathbf{G}\mathbf{G}'})C_j(\mathbf{G}', t) \qquad (3.5.18)$$

이고

$$f(x) \quad = \quad (e^x - 1)/x, \qquad (3.5.19)$$
$$x \quad = \quad -(H_{\mathbf{G}\mathbf{G}'} - \Lambda_{ii})\Delta t \qquad (3.5.20)$$

이다. 식 (3.5.15)에 가장 간단한 유한차 방법을 사용한 적분은 위 식에서 $f = 1$ 에 해당함에 유의하자. 유한차 방법 대신 위의 공식 (3.5.17)을 사용하면 상대적으로 큰 Δt 를 사용하여도 수치계산적으로 안정하여 보다 빠르게 수렴값을 구할 수 있다.

3.5.3 국소 최적화 방법의 응용 예

그림 3.3은 국소 최적화 방법을 사용하여 얻은 bcc K 금속의 전자구조 계산 예 를 보여 준다 [Woodward 등 1989]. 바닥상태의 원자 당 결합력을 격자상수의 함수로 그린 그림이다. 정적 (static)이라 표시한 것은 고정된 격자상수에서 전자

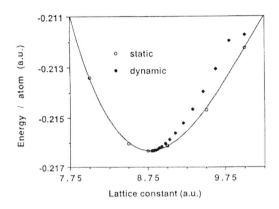

Figure 3.3: 국소 최적화 방법을 사용하여 얻은 bcc K 금속의 전자구조 계산 예 [Woodward 등 1989].

파동함수만을 운동방정식으로 구한 것이고 동역학적 (dynamic)이라 표시한 것은 전자구조와 격자상수를 동시에 최적화하여 구한 것이다. 전자구조의 최적화는 식 (3.5.17)을 사용하여 얻은 것이고 격자상수의 최적화는 다음의 운동방정식으로 기술된다.

$$\Omega(t + \Delta t) = \Omega(t) + p\Delta t/\nu_\Omega. \tag{3.5.21}$$

여기서 Ω 는 고체계의 단위부피를 나타내고 p 는 압력 ($p = -\frac{\partial E_{tot}}{\partial \Omega}$), ν_Ω 는 부피 변화에 대한 유효 점성 (effective viscosity) 을 나타낸다. 두 가지 방법으로 구한 바닥상태가 정확히 일치하는 것에 주목하자. 따라서 국소 최적화 방법을 사용하면 자체충족적인 전자구조와 평형상태의 격자상수를 동시에 구할 수 있기 때문에 매우 효율적인 계산 방법임을 알 수 있다 [Woodward 등 1989].

    이번에는 최적화 방법을 고체 내에 존재하는 결함 근처에서 일어나는 구조적 이완 연구에 적용한 예를 보기로 하자. 그림 3.4는 Li 금속에 빈자리 (vacancy) 가 존재할 때 그 근처에 있는 Li 이온들의 구조적 재배열을 보여 준다 [Benedek 등 1990]. 만일 빈자리가 없다면 개개의 Li 이온은 주위에서 받는 힘 (Hellmann-Feynman (HF) 힘이라고 함: [Slater 1974])이 없어 평형 상태의 위치를 지키고 있을 것이나, 빈자리가 생기면 주위의 Li 이온들에 HF 힘이 존재하게 되어 이온들은 HF 힘이 0 이 되는 새로운 위치로 이동하는 국소적 재배열 현상이 보이게 된다.

    이온의 운동은 식 (3.5.7)을 사용하여 구할 수 있고, 우변의 R_i 에 위치하는 이온에 미치는 HF 힘은 $-\frac{\partial E_{tot}}{\partial R_i}$ 로 주어진다. 총에너지 E_{tot} 에는 전자-이온 상호 작용 E_{ei} 와 이온-이온 상호작용 E_{ii} 에 R_i 의 의존성이 있다. 그림 3.4는 54개의 원자를 포함하는 정방형 초단위세포 (cubic supercell) 의 중심에 빈자리가 있다고

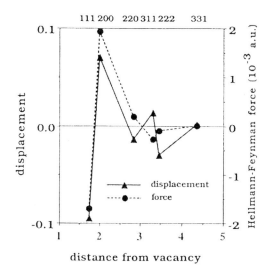

Figure 3.4: Li 금속에 빈자리 (vacancy)가 존재할 때 그 근처에 있는 Li 이온들의 구조적 재배열을 보여 준다 [Benedek 등 1990].

가정하여 그 주위 이온들의 이완을 본 것이다. 빈자리로부터 최근접에 위치하는 6 개의 이온들은 빈자리 쪽으로 이동하는 반면 두 번째 근접 이온들은 그 반대 방향으로 이동함을 보인다. 즉 이온들의 이동은 빈자리로부터의 거리에 따라 진동하며 이완되는 재미있는 현상을 보여주고 있다. 위의 예에서 보듯 국소 최적화 방법은 전자구조와 이온의 운동을 동시에 구할 수 있기 때문에 결함 근처에서의 이완 현상 연구에 매우 효율적인 계산 방법이라 할 수 있다.

참고문헌

- 모혜정, 에너지띠 이론, 민음사 (1989).

- Andersen O. K., Phys. Rev. B **12**, 3060 (1975).

- Andersen O. K. and O. Jepsen, Phys. Rev. Lett. **53**, 2571(1984).

- Andersen O. K., O. Jepsen and D. Glötzel, in *Highlights of Condensed-Matter Theory*, edited by F. Bassani, F. Fumi and M.P. Tosi, North-Holland, New York (1985).

- Benedek R., L. H. Yang, C. Woodward and B. I. Min, Phys. Rev. B **45**, 2607 (1992).

- Car R. and M. Parrinello, Phys. Rev. Lett. **55**, 2471 (1985).

- Harrison W. A., *Pseudopotentials in the Theory of Metals*, Benjamin (1966).

- Harrison W. A., *Solid State Physics*, Dover (1979).

- Herring C., Phys. Rev. **57**, 1169 (1940).

- Jansen H. J. F. and A. J. Freeman, Phys. Rev. **30**, 561 (1984).

- Kirkpatrick S., C. D. Gelatt Jr. and M.P. Vecchi, Science **220**, 671 (1983).

- Koelling D. D. and G. O. Arbman, J. Phys. F **5**, 2041 (1975).

- Loucks T. L., *Augmented Plane Wave Method*, Benjamin, New York (1967).

- Metropolis N., A. Rosenbluth, M. Rosenbluth, A. Teller and E. Teller, J. Chem. Phys. **21**, 1087 (1953).

- Marcus P. M., Int. J. Quantum Chem. **1s**, 567 (1967).

- Press W. H., B. P. Flannery, S. A. Teukolsky and W. T. Vetterling, *Numerical Recipes: The Art of Science Computing*, Cambridge University Press, Cambridge (1986).

- Skriver H. L., *The LMTO Method*, Springer Series in Solid-State Sciences V**41**, Springer-Verlag (1984).

- Slater J. C., Phys. Rev. **51**, 846 (1937).

- Slater J. C., *Quantum Theory of Molecules and Solids* Vol. **4**, McGraw-Hill (1974).

- Weinert M., J. Math. Phys. **22**, 2433 (1981).

- Weinert M., E. Wimmer and A. J. Freeman, Phys. Rev. B **26**, 4571 (1982).

- Williams A. R., J. Kübler and C. D. Gelatt Jr., Phys. Rev. B **19**, 1990 (1979).

- Williams A. R. and J. Soler, Bull. Am. Phys. Soc. **32**, 562 (1987).

- Woodward C., B. I. Min, R. Benedek and J. Garner, Phys. Rev. B **9**, 4853 (1989).

- Ziman J. M., *Prinicples of Solids*, Cambridge University Press, Cambridge (1972).

Chapter 4

표면의 전자구조

고체에 표면 (surface)이 생성되면 규칙적인 격자 배열이 끊어져서 대칭성이 줄어들고 원자들 사이의 결합수도 줄어들게 된다. 그 결과로 표면, 계면에서는 고체 내부와는 다른 독특한 현상이 생긴다. 예를 들면 표면에서는 전자상태가 국소화되고 자성 물질에서는 자기모멘트가 증가되기도 하며 수직 자기이방성이 생기거나 원자들이 재배열되기도 한다. 이러한 계에 대한 이론적 연구의 1차적 목적은 근본적인 물리적 특성을 미시적 차원에서 이해하는데 있다.

　　최근에 들어 실험 기술의 발전에 힘입어 새로운 구조나 조성을 갖는 인공 물질의 제작이 가능하게 되었으며 또한 그 물성을 측정하는 기술도 동시에 발전하여 왔다. 이와 병행하여 이론적 연구 또한 이미 얻어진 실험적 결과를 설명하는데 그치지 않고 아직 실험적으로 합성되지 않은 새로운 물질의 특성을 예측하는 역할도 한다. 물질의 특성을 이해하기 위해서는 그 전자구조를 아는 것이 필수적이다. 이 장에서는 고체의 표면 전자구조를 계산하는 방법을 소개하고 표면상태, 일함수, 자성, 구조적 성질 등을 계산된 전자구조로부터 이해하고자 한다.

4.1　표면의 모형

고체의 전자구조를 계산하는 과정에서 첫 번째로 중요한 것은 적절한 기하 모형을 택하는 것이다. 고체표면 근처에서는 대부분의 현상이 짧은 거리 속성을 가지고 있기 때문에 표면의 전자구조를 계산하기 위해서 될 수 있는 한 크기가 작은 모형을 택하는 것이 좋다. 여기서는 먼저 그림 4.1에 주어진 것과 같이 표면의 전자구조를 계산하기 위해 흔히 사용되는 몇몇 기하 모형을 소개한다.

　　표면을 개념적으로 가장 잘 나타내는 것은 반무한대의 고체이다. 이러한 기하 모형은 실제와는 거리가 있는 단순한 젤리움 모형을 이용하여 표면 현상을 기술할

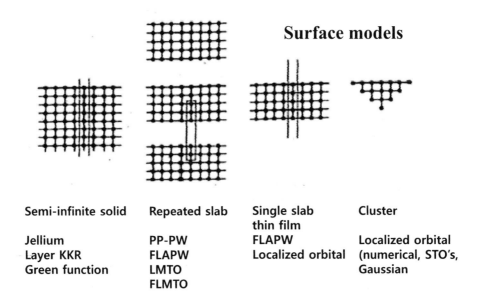

Surface models

Semi-infinite solid	Repeated slab	Single slab thin film	Cluster
Jellium	PP-PW	FLAPW	Localized orbital
Layer KKR	FLAPW	Localized orbital	(numerical, STO's,
Green function	LMTO		Gaussian
	FLMTO		

Figure 4.1: 표면 전자구조 계산을 위한 기하 모형

때 흔히 사용된다. 젤리움 모형에서는 고체 내부에 대해 원자핵의 양전하가 균일한 양의 배경을 이루도록 하고 표면 외부의 퍼텐셜은 0 으로 잡는다. 이렇게 하면 표면 문제는 유효한 1차원 문제로 바꿀 수 있으며 그 전자 분포는 밀도범함수 이론에 의해 계산된다. 밀도범함수 이론을 표면 문제에 적용할 경우 반무한 고체 기하모형을 이용하면 문제가 매우 복잡하다. 그런데 경험적으로 보면 표면으로부터고체 내부 쪽으로 3 ~ 5 원자층 정도 멀어지면 그 전자상태는 거의 덩치 상태에가까워진다. 이러한 사실을 이용하면 문제를 간단히 할 수 있다. 즉 3 ~ 5 층 정도의 표면 영역을 잡고 전자 파동함수에 대해 아래쪽으로는 고체의 덩치 상태와부합하게 하고 위쪽으로는 진공 영역과의 경계조건을 만족하게 하면 된다. Green함수 방법이나 층 KKR 방법 [Korringa 1947, Kohn and Rostoker 1954, Kar and Soven 1975] 에서는 이러한 경계 조건을 만족하도록 하는 수학적 방법을 이용하여표면 전자구조를 탐구한다.

간단하면서도 효과적인 표면 모형은 적당한 수의 원자층으로 이루어진 얇은판과 진공 영역이 교대로 반복되는 기하 모형이다. 원자층의 수는 박막의 가운데에서는 덩치의 양상을 띠게 될 정도로 충분히 두껍게 잡으며, 박막과 박막 사이의간격 즉 진공 영역의 두께는 이웃한 박막 사이의 상호작용이 최소가 되도록 잡는다. 보통 경험적으로 박막판이나 진공 영역의 두께는 10 – 30 Å 정도로 잡는다.이러한 반복되는 기하 모형에서는 3차원 에너지띠 계산 방법을 그대로 적용할 수있다. 그러나 3차원 초단위세포 (supercell)에 들어있는 원자수가 많아지면 실제적인 계산이 불가능하기 때문에 판의 두께나 판 사이의 간격 그리고 계산량 사이에 적절한 조정이 필요하다.

위와 같은 제약을 극복하는 방법으로 한 개의 박막을 이용하는 방법이 있다. 판의 두께는 판의 내부가 덩치 고체의 성질을 나타내도록 충분히 두껍게 잡아야 하며 판의 위와 아래쪽은 올바른 진공 경계 조건을 만족하여야 한다. 경험에 의하면 전이금속의 경우, 5 원자층 정도의 판에서 이미 가운데 층은 덩치 고체의 성질을 가지며 표면 쪽에서는 표면상태나 일함수 등 표면의 중요 특성을 나타낸다. Al과 같은 단순 금속은 가운데 층이 덩치 고체의 성질을 갖기 위해서는 10 층 이상의 두께가 필요하다.

이외에도 유한한 크기의 클러스터에 의해 표면을 모형화할 수 있다. 이러한 기하 모형에서는 표준적인 양자화학 계산 프로그램을 이용할 수 있어서 화학흡착 이나 촉매 등의 연구에 많이 쓰인다. 흡착 구조와 같이 기하학적 구조에 대해서는 10 개나 20 개 정도의 원자로 이루어진 작은 클러스터로도 좋은 결과를 얻을 수 있지만 흡착 에너지라던가 비슷한 에너지를 가진 서로 다른 흡착 위치를 구별하는 문제와 같이 미세한 양에 대해 신뢰할 만한 결과를 얻기 위해서는 100 개 이상의 원자를 가진 클러스터가 필요하다. 커다란 클러스터는 상당한 양의 계산이 필요한데 특히 자체충족적 과정이 다소 느린 전이금속에 대해서는 더욱 그렇다.

4.2   계산 방법

표면의 전자구조를 계산하는데 이용되는 방법은 근본적으로 덩치 고체의 전자 구조 계산 방법과 다를 바 없다. 즉 덩치 고체의 전자구조를 계산할 때 쓰이는 수도퍼텐셜 방법, 보강평면파 (APW) 방법, 밀접결합 (tight-binding) 방법 등을 적절히 변형시켜 표면의 전자구조를 계산하는데 이용할 수 있다.

각각의 에너지띠 계산 방법의 특징적 면은 유효 퍼텐셜의 형태와 관계가 있다. 보강평면파 방법에 이용되는 머핀틴 (muffin-tin) 근사는 3 장에서 기술하였듯이 1930년대 후반에 소개되었다. 이 근사에서는 원자를 중심으로 구 내부의 퍼텐셜은 구형으로 평균하기 때문에 고립된 원자의 경우와 비슷하고 나머지 원자 사이의 영역은 단순히 상수로 잡는다. 이 방법을 표면 전자구조 계산에 확장하려면 표면 바깥쪽에 진공 영역을 추가로 설정하고 표면으로부터의 거리에 의존하는 퍼텐 셜을 생각하면 된다. 머핀틴 퍼텐셜은 밀집 구조를 가진 금속계에서는 그럴듯한 결과를 주지만 열린 계에서는 많은 오차를 낳는다. 따라서 최근에는 모든 전자 (all-electron) 계산에 의한 총퍼텐셜 (full-potential) 방식을 쓴다.

덩치 고체에서와 마찬가지로 수도퍼텐셜은 반도체 표면에 대한 계산에 이용되고 있다. 이 방법에서는 핵심전자와 원자핵에 의한 쿨롱 특이점은 각 원자 주위의 부드러운 수도퍼텐셜로 대치된다. 각 원자위치로부터 어느 특정한 절단 반지름보다 큰 경우에는 수도퍼텐셜은 실제 유효 퍼텐셜로 된다. 수도퍼텐셜을 쓰는 주된 이유는 세 가지로서, (i) 먼저 기저함수로서 간단한 평면파를 쓸 수 있다는 것과, (ii) 계산에 고려하는 전자수가 많지 않아서 계산이 간단하며, (iii) 핵심전자에 의한 상대론적 효과를 수도퍼텐셜에 쉽게 포함시킬 수 있다는 것이다. 이러한 이유들 때문에 계산 과정이 매우 효율적이며 간단하다. 수도퍼텐셜의 주요 단점은 좀 더 정확한 계산을 위하여 추가적인 근사가 필요하다는 것과 원리적으로는 전이금속, 희토류, 악티늄 계열 등 모든 원소에 적용 가능하나 그 효율성이나 정확도에 있어 검증이 되지 않았다는 것이다. 또한 수도퍼텐셜 방법으로는 핵심전자 이동, 초미세장, 핵심전자의 스핀 분극과 같이 핵심전자와 관계되는 효과와 성질을 직접 취급할 수 없다. 이러한 이유들로 인해 최근에는 모든 전자 계산과 수도퍼텐셜을 결합한 방법이 도입되고 있다.

전자구조 계산에서 중요한 부분은 교환상관 효과를 취급하는 것이다. 밀도범함수 이론에서는 흔히 국소밀도근사하에서 적절한 교환상관 퍼텐셜을 택하게 되는데, 이에 대해서는 3 장에서 이미 다루었기 때문에 여기에서는 생략하기로 한다.

표면이 생성되면 덩치 고체가 가지는 병진 대칭성이 줄어들어 2차원의 병진 대칭성을 가지게 되어, 전자 파동함수는 표면에 수직한 쪽으로는 실좌표의 함수로 나타내고 표면에 평행한 쪽으로는 2차원 파수벡터 $\mathbf{k}^{\parallel}$ 로 나타내게 되는데, 이 2차원적 함수는 다음과 같이 2차원의 Bloch 정리를 따르게 된다.

$$\Psi_i\left(\mathbf{r} + \mathbf{R}^{\parallel}, \mathbf{k}^{\parallel}\right) = \exp\left(i\mathbf{k}^{\parallel} \cdot \mathbf{R}^{\parallel}\right) \Psi_i\left(\mathbf{r}, \mathbf{k}^{\parallel}\right). \tag{4.2.1}$$

위에서 $\mathbf{R}^{\parallel}$ 는 2차원 병진 벡터로서 표면의 격자 벡터 $\mathbf{a}_1$ 와 $\mathbf{a}_2$ 의 선형결합이다. 따라서 2차원 주기성을 가지는 표면이나 박막계에 대한 실제 전자구조 계산을 수행할 때는 한 입자 파동함수에 대한 전하밀도 산출을 위해

$$\rho(\mathbf{r}) = \int_{BZ} \theta\left(E_F - E_i(\mathbf{k})\right) \left|\Psi_i\left(\mathbf{r}, \mathbf{k}^{\parallel}\right)\right|^2 d\mathbf{k}^{\parallel} \tag{4.2.2}$$

와 같은 2차원 브릴루앙 영역에 대한 적분 계산이 필요하다. 위에서 θ 는 계단함수로서 $\mathbf{k}$-점에 대한 합에서 페르미 에너지 E_F 밑으로 채워진 상태에 대한 합만을 행하도록 하기 위해 도입되었다.

실제로 표면에서의 전자구조 계산을 위해서는 3 장에서 설명한 에너지띠 계산 방법 중 FLAPW 방법, 수도퍼텐셜 방법, 또는 밀접결합 방법 등을 흔히 이용한다. 그 중 FLAPW 방법은 가장 복잡할 뿐만 아니라 많은 양의 계산이 요구되지만, 표면 계산을 위해 널리 쓰여 왔으며 정확한 계산 결과를 주는 방법으로 인정되고 있다. 반도체 표면의 전자구조 계산과 기하학적 구조를 연구하는 데는 수도퍼텐셜

방법이 많이 쓰였으며, 수도퍼텐셜 방법과 분자동역학을 결합한 방법도 쓰이고 있다. 또한 표면에서의 화학반응을 기술하기 위해 밀접결합 방법에 기반을 둔 방법도 쓰이고 있다.

4.3 표면의 전자구조

여기서는 앞서의 전자구조 계산 방법을 이용하여 얻은 표면상태, 일함수, 표면의 기하학적 구조 등 표면의 전자구조 계산 결과 등을 정리하여 소개한다.

4.3.1 자유전자에 가까운 금속 표면에서의 표면 및 표면 공명상태

알루미늄 내의 전자상태는 자유전자에 가까우나 이 전자들이 주기적으로 배열된 원자핵에 부딪치게 되면 몇몇 에너지띠가 1 eV 이상 분리된다. 이들을 2차원적인 표면 브릴루앙 영역에 투사시키면 에너지띠 간격이 나타나게 된다.

표면이 생성되면 표면에서의 퍼텐셜은 고체 내부와 달라지게 되고 덩치 고체의 경우에는 없던 에너지띠가 생길 수 있다. 이 중 어떤 에너지띠는 이 띠 간격 내에 놓이게 되는데 이들이 바로 표면상태 (surface state)가 된다.

표면상태는 고체 내부 쪽으로 지수함수적으로 쇠퇴하며 진공 쪽으로도 다른 모든 상태와 같이 쇠퇴한다. 표면상태 외에 표면 공명상태 (surface-resonance state)가 있는데 이 상태는 표면 근처에서 덩치 상태에 비해 큰 진폭을 가지나 2차원으로 투사된 에너지 준위가 띠 간격에 놓여 있지 않은 상태를 말한다.

그림 4.2에서 (a)는 3차원 자유전자 띠, $E(\mathbf{k}_{\|}) = \frac{1}{2}\left(\mathbf{k}_{\|} + k_z \hat{z} + \mathbf{G}\right)^2$ 를 표면에 투사시킨 에너지띠를 나타낸다. 그림 4.2(b)는 Caruthers 등 [1973]이 계산한 거의 자유전자 모형에 가까운 덩치 에너지띠를 (a)와 같은 k_z 값에 대해 투사시킨 것이다. 이로부터 빗금 친 부분에 덩치 에너지띠 간격이 나타남을 알 수 있다. 그림 4.2(c) 는 Krakauer 등 [1978]이 9 층으로 이루어진 Al(001) 얇은 판에 대해 계산한 에너지띠를 보여주고 있다. 이 그림으로부터 표면상태와 표면 공명상태가 나타남을 알 수 있다. $\bar{\Gamma}$ 점으로부터 시작하여 $\mathbf{k}_{\|} = (0.5, 0)$ 까지 표면상태가 덩치 띠 간격 내에 놓여있음을 볼 수 있다. 그 바깥쪽에서 이 표면상태는 표면 공명상태로 연속적인 덩치 상태에 묻혔다가 $\bar{X}$ 점 부근에서 좁은 덩치 띠 간격 사이에 표면상태로 다시 나타난다.

4.3.2 $2p$ 핵심전자 준위 이동과 결정장 갈라짐

거의 자유전자 상태를 가진 금속에서는 표면에서의 가리기 효과로 인해 핵심전자 준위의 이동과 결정장 갈라짐이 나타나게 된다. 또한 표면상태는 고체 내부 쪽으로 쇠퇴하는데 보통의 경우 서너 층 만 내려가면 거의 덩치 상태에 가까워진다.

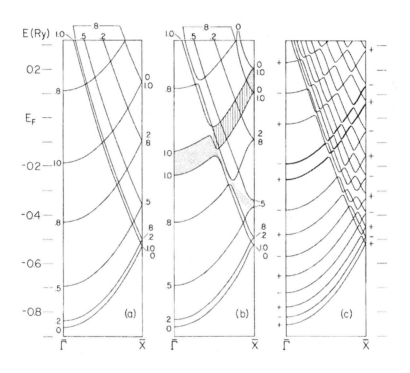

Figure 4.2: (a) 자유전자의 덩치 에너지띠. (b) 투사된 덩치 에너지띠. 덩치 에너지띠 간격은 어둡게 표시되었고, Bragg 반사 간격은 수직선으로 나타냈다. (c) 9층 Al(001) 박막의 에너지띠 [Krakauer 등 1978].

이러한 현상은 핵심전자 준위에 대한 분광실험을 통해 확인할 수 있는데 이 실험은 원자 근처에서의 국소퍼텐셜 변화를 측정하게 된다.

Wimmer 등 [1981b]이 계산한 Al(001) 표면을 예로 들면, 표면의 Al $2p$ 상태는 결합에너지가 작아지는 쪽으로 120 meV 이동하며, $2p_{1/2}$ 과 $2p_{3/2}$ 두 준위의 결정장 갈라짐은 38 meV 이었다. 표면 바로 밑층에서는 핵심전자 준위 이동이 약 50 meV 이었으나 세 번째 층부터는 핵심전자의 준위 이동이 거의 없었다.

4.3.3 표면 퍼텐셜과 일함수

일함수 (work function)는 표면에서 전자를 한 개 빼내는데 필요한 에너지로 정의된다. 밀도범함수 이론이 나온 이후 몇몇 사람들이 이를 이용하여 젤리움 모델하에서 전자밀도가 작은 알칼리 금속으로부터 전자밀도가 큰 전이금속까지의 일함수를 이론적으로 계산하였다. 일함수는 표면에 생성되는 전기쌍극자 장벽과 관계가 깊은데 쌍극자 장벽의 크기는 전자들 사이의 다체효과에 민감하게 의존한다.

앞선 계산 결과에서 쌍극자 장벽의 크기가 알칼리 금속에서는 작고 전이금속에서는 상당히 크다는 것을 발견하였다. 젤리움 모형 계산 방법은 후에 Lang과 Kohn [1970,1971] 에 의해 개선되었다. 이들은 N 개의 전자와 $N-1$ 개의 전자로 이루어진 계의 에너지 차로 정의되는 일함수가 $\Phi = \Delta - \mu$ 와 같음을 보였는데, 여기서 Δ 는 금속 표면에서의 정전퍼텐셜의 변화이며, μ 는 금속 내부에서의 평균 정전퍼텐셜을 기준으로 한 화학퍼텐셜이다. 이 식으로부터 우리는 일함수를 주로 결정하는 것은 진공 쪽으로 빠져 나온 전자에 의해 형성된 표면 전기쌍극자와 한 전자 퍼텐셜로 근사되는 다체적 교환상관 퍼텐셜임을 알 수 있다.

제일원리적 에너지띠 방법에 의해 일함수가 계산되기 시작한 것은 1970년대 말과 1980년대 초로서 Al(001) [Wimmer 등 1981]과 Cu(001) [Gay 등 1979, Smith 등 1980], 그리고 W(001) [Posternak 등 1980, Ohnishi 등 1984]에 대해 계산이 행해졌다. 이들 계산 결과는 실험값과 잘 일치하는데 예를 들면 W(001)에 대한 계산값 4.63 eV [Ohnishi 등 1984]는 실험값 [Billington and Rhodin 1978]과 거의 같다.

일함수는 표면의 기하학적 구조와 화학적 조성에 크게 의존한다. 표면으로 나타난 결정면에 따라 일함수 값이 달라지며, 표면에 다른 원자가 흡착되어도 당연히 일함수가 변화한다. 금속 표면에 세슘 (Cs) 을 흡착시키게 되면 일반적으로 일함수가 감소하여 실제적 응용 가능성이 많아진다. 예를 들어 텅스텐 표면에 세슘을 흡착시키면 일함수가 줄어든다는 것이 오래 전에 발견되었으며 [Kingdon and Lanmuir 1923], 열이온 교환이나 이온 방출을 위한 장치에 응용되어 왔다. 다른 종류의 원자가 표면에 흡착될 때 일어나는 일함수 감소의 원인에 대해서는 계산상의 어려움으로 인해 1970년대에 와서야 젤리움 모형을 이용하여 연구되었다 [Lang 1971]. 이러한 연구를 통해 일함수 변화에 대한 정성적 이해를 할 수 있었지만, 표면이나 계면의 미시적 특성은 잘 알 수 없었다.

제일원리적 방법에 의해 세슘이 흡착된 텅스텐의 일함수를 처음 계산한 것은 1981년 [Wimmer 1981a]의 일이다. 이들은 표면에 평행한 면에 대한 퍼텐셜을 고찰하여, W 원자 근처의 퍼텐셜이 일함수의 변화 (2 eV) 만큼 일정하게 줄어든다는 것을 발견하였다. 이러한 변화의 원인은 흡착된 Cs 원자의 가전자 분극이 밑층의 텅스텐 쪽으로 일어나서 원래의 텅스텐 표면의 쌍극자를 상쇄하는 쌍극자 장벽을 만들고 그 결과로 일함수가 줄어들기 때문이다.

4.3.4 표면의 구조

표면이 생성되면 표면상태가 생성되고 전자분포가 바뀌는 등 전자구조의 변화가 일어난다는 것을 앞에서 살펴보았다. 이러한 전자구조 변화는 또한 원자들 사이의 기하학적 결합이나 결합에너지, 표면에서의 원자 진동 등의 변화를 유발시킨다. 여기서는 표면의 기하학적 구조 변화와 전자구조를 연관시켜 살펴보고자 한다.

표면층 원자의 재배열이나 재배치는 반도체 표면이나 금속 표면에 관계없이 거의 모든 표면에서 일어난다. 반도체 중에서 Si(001) 표면은 주로 (2×1) 구조를 가지며 $c(4 \times 2)$, $p(2 \times 2)$ 나 $c(2 \times 2)$ 등의 좀 더 복잡한 표면 구조를 가진다는 것이 보고되기도 하였다. 이 중 (2×1) 구조는 표면 Si 원자들이 이합체 (dimer)를 형성하기 때문에 생기는 것으로 밝혀졌다.

여기서는 반도체보다는 주로 금속 표면의 완화 (relaxation)나 재배치 (reconstruction)에 대한 계산 결과를 소개하기로 한다. Al(110), Cu(110) 나 V(100) 표면에서는 여러 층에 걸친 다층 완화가 일어난다는 것이 실험적으로 밝혀진 이래, 그에 대한 이론적 계산은 1970년대에 밀접결합 방법을 이용하여 시작되었다. 그러다가 1980년대에 들어와서 Al(110) 이나 W(001) 표면에 대한 제일원리 계산이 행해졌다. Ho 와 Bohnen [1984] 은 수도퍼텐셜 방법에 의해 Al(110)에서 표면에서 그 아래층으로 내려갈수록 완화 정도가 작아지는 다층 완화를 확인하였다.

W(001) 표면의 완화에 대해서는 여러 가지 실험이 행해졌지만, 완화의 정도에 대해 많은 차이를 보였다. W(001) 표면의 완화에 대한 첫 번째 제일원리 계산은 Fu 등 [1984] 에 의해 행해졌다. 계산 결과 이들은 표면층과 그 다음 층 사이의 간격은 5.7 % 줄어드는 완화를 보이며, 두 번째와 세 번째 층 간격은 각각 2.4 %, 1.2 % 늘어나지만 그 완화 값은 맨 위 두 층의 완화 값에 영향을 주지 않는다는 것을 발견하였다. 이러한 결과는 이웃한 두 층 사이의 완화는 매우 국소적인 가리기에 의해 결정된다는 것을 보여 준다.

W(001)과 같은 전이금속 표면에서 일어나는 완화의 전자구조적 원인은 국소적인 d 전자와 퍼져있는 s, p 전자들의 결합 성격을 살펴봄으로써 고찰할 수 있다. 전이금속 덩치에서는 d 전자에 의해 형성된 결합은 원자 간 거리를 감소시키는 데 반해 자유전자에 가까운 s, p 전자는 원자 간 거리를 팽창시켜 운동에너지를 감소시킴으로써 총에너지에 대한 자신들의 기여를 최소화시키려 한다. 이러한 두 작용의 균형에 의해 덩치의 평형 구조가 결정된다. 표면이 생성되면 표면층과 그 아래층 사이의 d-d 결합이 세져서 그 결합 길이가 짧아지게 되며 s, p 전자는 표면 바깥 진공 쪽으로 밀어 올려지게 된다. 따라서 d-d 결합의 에너지는 증가하게 되고, s, p 전자는 진공 쪽으로 넓게 퍼지면서 운동에너지를 줄이게 된다. 이렇게 진공 쪽으로 분출된 전자의 증가로 인해 맨 위층 사이의 층간 간격이 덩치에 비해 줄어들게 되는 것이다. 그 결과로 일함수도 0.14 eV 만큼 약간 감소한다. 다시 말해 d-d 결합의 증가는 일함수를 증가시키지만, s, p 전자의 재배열은 층간 간격을 줄어들게 하면서 표면 쌍극자를 감소시켜 일함수를 감소시킨다.

W(001) 표면은 또한 표면 원자의 재배열로 인한 구조 상전이로 많은 관심을 끌었다. W(001) 표면은 상온 이하로 온도를 내리면 (1×1) 에서 $c(2 \times 2)$ 로 구조상전이를 일으키는데 이에 대해 현재 일반적으로 받아들여지고 있는 모형은 텅스텐 원자가 $\langle 110 \rangle$ 방향을 따라 서로 다른 평면 이동을 함으로써 $(\sqrt{2} \times \sqrt{2})R45°$ 구조를 갖는 지그재그 사슬을 형성한다는 것이다.

이러한 표면 원자 재배열을 이론적으로 설명하기 위하여 2차원 표면 응답함수 방법 [Krakauer 등 1979b, Terakura 등 1981], 그린 함수 방법 [Inglesfield 1979] 또는 격자동역학 [Fasolino 등 1980, 1981] 방법 등에 의해 연구한 결과 낮은 온도에서 재배열이 일어남을 확인하였다.

1984년에는 "언 포논 (frozen phonon)" 방법에 근거한 제일원리 계산이 처음으로 행해졌다 [Fu 등 1984]. 이 계산 결과에 의하면 $\bar{M}_5$ 종포논 모드를 통해 표면층 내에서 원자 이동이 일어나고 $(\sqrt{2} \times \sqrt{2})R45°$ 구조로 상전이 한다는 것이다. 이 계산은 페르미 준위에 가까이 있는 표면상태와 $\bar{M}_5$ 포논의 상호 결합에 의해 구조 상전이가 일어난다는 증거를 제시하였다.

4.3.5 금속의 표면에너지

표면을 생성하려면, 즉 덩치 고체를 두 부분으로 나누기 위해서는 에너지가 필요하다. 이를 표면에너지 (surface energy)라 하는데 이 표면에너지는 결정 성장, 촉매, 부식 등 표면에서의 물리, 화학적 현상과 깊은 관계가 있다. 표면에너지를 실험적으로 정확히 측정하기는 어려운데 그것은 많은 경우 높은 온도에서 측정을 하기도 하지만 표면 오염으로 인한 오차가 크기 때문이다. 한 예로 지난 10여 년 동안 측정된 텅스텐의 표면에너지 실험값은 1.8에서 5.1 J/m^{2}에 걸쳐 흩어져 있다.

이론적으로 표면에너지를 계산하고자 하는 시도는 수도퍼텐셜 섭동이론 [Lang 등 1973] 이나 비섭동변분 방법 [Monnier and Perdew 1978] 에 의해 시작되었고 후에 제일원리적 에너지띠 방법에 의해 계산되기 시작하였다. 표면에너지를 계산하는 방법 중 하나는 단일 판 모형을 이용하여 각각 $n + 2$ (n 이 5일 경우 7) 층과 n 층으로 이루어진 판들의 총에너지를 계산하고 그 차를 둘로 나누는 것이다. Fu 등 [1984] 은 이러한 방법에 의하여 W(001) 과 V(001) 의 표면에너지를 계산하였는데 그 값은 각각 5.1 J/m^2과 3.4 J/m^2 이었다.

같은 FLAPW 방법에 의해 계산된 Zr(0001) 의 표면에너지 값은 1.61 J/m^2 [Lee 등 1993] 로서 녹는 점에서 액체 Zr 표면에 대해 측정한 실험값인 1.85 J/m^2 [Tyson 1975] 보다는 작다.

4.4 표면 및 계면의 자성

4.4.1 금속 표면, 계면의 자성

앞서 기술한 바와 같이 표면에서는 표면의 생성으로 인하여 대칭성이 약화되고 이웃 원자의 수가 줄어들어 전자상태가 국소화되며 표면상태와 표면 공명상태가 생긴다. 이러한 효과는 당연히 표면 근처의 자성에도 영향을 미치게 된다. 초창기의 실험적 연구는 철, 코발트, 니켈 등 강자성 금속의 표면은 자성적으로 "죽는다는" 즉 자성을 가지지 않는다는 결과를 산출하였다. 후에 이들 실험 결과가 잘못되었다는 것이 판명되긴 했지만 이들 실험은 표면 자성 연구에 대한 지대한 관심을 불러일으킨 계기가 되었다.

최근의 합성기술의 발달에 힘입어 준안정적 상태, 웃층 (overlayer), 초격자 (superlattice) 등 새로운 인공적 물질도 합성할 수 있게 되었다. 이러한 인공 물질은 저차원 자성에 대한 학문적 이해를 깊게 해줄 뿐 아니라, 자기기록매체 등 실용적인 응용성으로 인해 많은 연구가 행해지고 있다.

여기서는 먼저 철, 코발트, 니켈 등 강자성 금속을 중심으로 $3d$ 전이 금속 표면의 자성을 정리한다. 표 4.1에 안정 상태와 준안정 상태의 $3d$ 전이금속의 표면 자성이 정리되어 있다. 먼저 강자성 금속의 경우는 일반적으로 내부에 비해 표면에서의 자성이 증가됨을 알 수 있다. 예를 들어 bcc Fe(001) 의 경우 표면 자기모멘트는 덩치의 경우로 간주할 수 있는 가운데 층에 비해 약 30 % 정도 증가되었다. 또한 준안정적인 fcc Fe(001) 표면의 경우는 bcc Fe 의 내부 자기모멘트 (2.27 μ_B) 보다 작은 1.99 μ_B 의 자기모멘트를 갖고 있다.

철 표면의 자성은 구조나 표면이 되는 면에 따라 크게 달라진다. bcc Fe(001) 이나 fcc Fe(001) 표면의 경우 내부에 비해 30 ~ 40 % 나 크게 증가하는 반면, bcc

Fe(110)의 경우에는 19 % 정도의 증가에 불과하다. 이것은 (110) 표면이 다른 면들에 비해 원자들이 더 밀집되어 있기 때문이다. 또한 bcc Fe(111) 과 bcc Fe(001) 면은 이웃한 원자수가 같지만 (001)면의 경우가 (111) 에 비해 2 배 정도 큰 자기모멘트를 가진다. 이것은 표면 자성이 이웃 원자의 수뿐만 아니라 구체적인 원자배열에도 크게 관계가 있음을 뜻한다.

Ni(001) 표면은 원래 "죽은" 표면 자성의 가능성으로 인해 활발한 연구가 행해졌다. Ni(001) 자성의 선구적인 계산이 Wang 과 Freeman [1980] 에 의해 행해졌는데, 이들의 계산 결과에 의하면, 실험적 결과와 같이 표면에서 자성이 없어지는 것처럼 나타났다. 그러나 그 후 Jepsen 등 [1982] 이나 Krakauer 등 [1983]에 의한 좀 더 정확한 계산에 따르면 표면 자성이 내부에 비해 약간 증진되는 결과를 얻었다. Wimmer 등 [1984] 이 수행한 정확한 FLAPW 에 의한 계산은 표면 자성이 내부에 비해 상당히 (23 %) 증가하는 것을 확인시켜 주고 있다. 이로부터 계산의 정확도가 얼마나 중요한지를 알 수 있다. Ni(111) 표면에서는 원자들이 비교적 밀집되어 있어서 자기모멘트가 덩치에 비해 약 9 % 만 증진되는 것으로 나타났다 [Fu 등 1988]. hcp Co(0001)의 경우에는 표면 자성이 내부에 비해 7 % 증가하며, 이들 표면보다 밀집성이 덜한 bcc Co(001)과 fcc Co(001)에서는 표면 자기모멘트의 크기가 12 % 정도 증가하였다.

고체 Cr은 (001) 방향으로 스핀밀도파를 가지는 반강자성체로 알려지고 있다. 따라서 한쪽 방향의 스핀만을 갖는 원자로 형성된 Cr(001) 면은 강자성 배열을 할 것으로 예측된다. 실제로 Ferguson [1978]이 Cr(001) 표면은 강자성 배열을 한다는 최초의 실험적 보고를 한 후 다른 실험에 의해서도 강자성 배열이 800 K 정도까지 유지된다는 것이 확인되었다. 이론적으로는 Allan 등 [1979] 이 밀접결합근사 방법에 의해 Cr(001)의 표면에서는 강자성 질서가 형성되며 그 자기모멘트가 2.8 μ_B 가 된다고 계산하였다. Victora 등 [1985]도 밀접결합 방법에 의해 크롬의 표면 자기모멘트가 3 μ_B 라고 계산하였다. 그 후 Fu 등 [1986]은 정확한 FLAPW 방법에 의하여 Cr(001)의 표면 자기모멘트를 계산하였는데, 이들이 얻은 값은 이전에 계산된 값보다 작은 2.49 μ_B 이었지만, 반강자성 질서를 가지는 덩치 Cr에서의 자기모멘트 0.59 μ_B 보다 무려 300 % 이상 증진된 값을 가졌다.

덩치 고체에서는 자성을 갖지 않지만 표면에서는 자성을 가지게 될 가능성을 탐구하기 위하여 FLAPW 방법에 의해 V(001) 표면의 자성이 연구되었다 [Ohnishi 등 1985]. 그 결과 이들 계에서 표면층이 밑쪽으로 9 % 정도 완화되어 들어갔을 때 상자성 상태가 안정적임이 밝혀졌다. 그 원인은 V(001)의 전자구조가 크롬이나 철과는 달리 표면상태가 페르미 에너지보다 약 0.3 eV 높게 위치하고 있기 때문이다. 이러한 이론적 결과와는 달리 Rau 등 [1986] 은 V(001) 표면이 300 ~ 450 K 에서 장거리 강자성 질서를 일으켜 이것이 650 K 까지 유지된다는 실험적 결과를 얻었다. 이러한 이론과 실험의 차이는 표면 바나듐 원자에 산소가 흡착되었거나 표면 구조의 변형에 의한 것으로 추정된다.

Table 4.1: 순수한 전이금속 표면의 자성 [홍순철,이재일 1995]

System	Surface (μ_B)	Center (μ_B)	Enhancement (%)
bcc Fe(001)	2.96	2.27	30
bcc Fe(110)	2.65	2.22	19
bcc Fe(111)	2.70	2.30	17
hcp Co(0001)	1.76	1.64	7
fcc Ni(001)	0.68	0.56	23
fcc Ni(110)	0.63	0.56	13
fcc Ni(111)	0.63	0.58	9
fcc Fe(001)	2.85	1.99	43
bcc Co(001)	1.95	1.76	11
bcc Co(110)	1.82	1.76	3
fcc Co(001)	1.86	1.65	13
bcc Cr(001)	2.49	0.59	322
bcc V(001)	0.00	0.00	-

순수한 표면의 자성도 흥미롭지만, 밑층과 종류가 다른 금속이 웃층으로 얹어졌을 때 표면과 계면의 자성은 밑층 물질과 웃층 물질의 조합에 따라 다양한 표면, 계면 자성을 나타내고 있어 더욱 흥미롭다. 표 4.2에서 볼 수 있듯이 강자성 금속인 Fe이나 Co를 귀금속이나 세라믹 물질에 얹으면 그 자기모멘트가 상당히 증진됨을 알 수 있다. 예를 들어 Fe/Ag(001), Fe/Au(001), Fe/MgO(001)의 경우 철 웃층의 자기모멘트 값이 철 단층의 자기모멘트에 근접한 값을 가지고 있다. 또한 Co/Ag(001) 의 경우도 Co 웃층의 자기모멘트가 덩치 Co에 비해 25 % 정도 증진된 2.03 μ_B 를 가진다. 그러나 이들을 Cu에 얹었을 때는 자기모멘트의 증가가 다소 둔화됨을 알 수 있다. Fe/Cu(001)의 경우 철 웃층의 자기모멘트는 2.69 ∼ 2.85 μ_B 정도이며, Co/Cu(001)의 경우에 Co 웃층의 자기모멘트가 1.79 μ_B 정도이다.

Ni의 경우는 그 자성이 놓여진 환경에 민감하게 의존한다. 표 4.2에서 보듯이 Cu(001)에 얹은 Ni 층의 자기모멘트는 약 0.35 μ_B 으로 고체 Ni 에 비해 40 % 정도 작다. 이러한 자기모멘트 감소는 주로 Cu로부터 Ni쪽으로 전하가 이동해 와서 소수 전자상태를 채우기 때문이다. 또한 표 4.2에서 Ni/Cu(111) 계의 자성 감소가 두드러짐을 알 수 있다. Ni이 Ag 위에 웃층으로 놓여 있을 때 그 자기모멘트는 단층에 비해 상당히 줄어들거나 자성을 잃어버린다. Hong 등 [1989]은 계산을 통해 Ni 단층이 Ag 층 사이에 끼이면 자성을 완전히 잃어버린다는 것을 확인하였으며, 표면 광자기 Kerr[1] 효과 (surface magneto-optic Kerr effect: SMOKE) 실험에 의해서는 Ag(111) 위의 Ni 웃층이 자성을 가지지 않음이 밝혀졌다. 이는 Ag 원자가

---

[1] J. Kerr (1824 – 1907), Scottish experimental physicist.

표면 Ni 층으로 분결 (segregation)되기 때문으로 보인다.

Mn 이나 Cr 단층은 이들을 Ag 나 Au 등의 표면 위에 올리면 모두 반강자성 질서를 가지는 것으로 밝혀졌다. Cr/Au 의 경우에 Cr 층의 자기모멘트는 매우 커서 3.48 μ_B이 되며, Cr 을 Au 로 덮더라도 그 자기모멘트 값이 그렇게 줄어들지 않는다. V 단층은 강자성 질서를 가지지만, Ag(001) 밑층 위에 올리면 반강자성이 된다 [Blügel 등 1989]. 이러한 상전이는 최근 연구 결과에 의해 밝혀졌듯이 주로 계면에서의 $sp\text{-}d$ 혼성으로 인하여 Ag와 V 로부터 계면 쪽으로 전하 이동이 있기 때문으로 간주된다.

$4d$ 전이금속들은 덩치 상태에서는 자성을 갖지 않지만 이들을 귀금속 등에 웃층으로 얹었을 때의 자성 가능성 여부 또한 흥미로운 관심사이다. 이 중 Pd은 단층의 경우에 약한 강자성을 가지지만, Pd 단층을 Ag(001)나 Au(001) 위에 얹게 되면 상자성임이 밝혀졌다. 이에 반해 또 다른 $4d$ 전이금속인 Rh을 Ag(001)나 Au(001) 위에 얹으면 비교적 큰 자기모멘트를 가진다는 것이 몇몇 계산에 의해 확인되었다. 이들 계산에 의하면 은 위의 Rh 웃층의 자기모멘트는 단층의 값인 1.45 μ_B 보다 40 % 정도 감소하였지만 그래도 상당히 큰 0.95 μ_B를 가지고 있었다. 이는 Rh 웃층과 Ag 밑층 사이의 띠 혼성이 그리 크지 않음을 뜻한다.

그러나 Fe을 W(001) 위에 얹은 계에서는 매우 강한 계면에서의 혼성으로 인해 강자성이 없어지고 오히려 반강자성이 나타난다. 반강자성 상태의 총에너지가 상자성 상태보다 Fe 원자 당 0.01 eV 만큼 낮다. 이때 철의 자기모멘트의 크기는 0.39 μ_B으로 상당히 작아지나 측정 가능할 정도로 크다. 재미있는 것은 Fe 웃층에 또 다른 Fe 층을 추가로 얹으면 자성이 회복된다는 것이다.

2Fe/W(001)의 경우 표면층과 그 다음 층의 자기모멘트가 각각 1.68 μ_B과 2.43 μ_B 이다. W(110)면 위에서는 Fe 웃층은 강자성 상태로 남아있으나 표면 층의 수축이완에 따라 자기모멘트의 크기가 현저히 변화한다. 평형 위치에서의 자기모멘트 값은 상당히 줄어들어 고체 bcc Fe 에서의 값 정도인 2.18 μ_B을 갖는다. 여기에 Ag 층을 더 쌓으면 Fe 층의 완화를 약화시키지만 철의 자기모멘트의 크기를 변화시키지는 않는다. 이러한 이론적 예측과는 달리 Ag/Fe/W(110)에 관한 실험 결과는 Fe 의 자기모멘트가 고체에 비해 14 % 정도 증가된다고 보고하고 있어 엄밀한 연구가 요구된다.

계면에서의 Fe-Ni 혼성 상호작용은 Fe의 자성은 약화시키지만 Ni의 자성은 약간 증진시킨다. 1980년대에 분자다발 결정성장 (molecular beam epitaxi: MBE) 방법에 의해 Fe(001) 위에 준안정적인 bcc Ni을 성장시키는데 성공하였다 [Heinrich 등 1986]. FLAPW 계산에 의하면 1Ni/Fe(001)에서 Ni의 자기모멘트는 0.83 μ_B 으로 상당히 증가하며, 2Ni/Fe(001)에서도 계면 Ni층의 자기모멘트는 0.69 μ_B 로 표면 Ni 층의 값 0.72 μ_B 에 비해 단지 0.03 μ_B 만큼 작은 값을 가진다. 이렇게

Table 4.2: 웃층과 계면의 자성 [홍순철,이재일 1995]

System	Monolayer		Overlayer	
	state	moment (μ_B)	state	moment (μ_B)
Fe/Ag(001)	FM	3.20–3.4	FM	2.96–3.01
Fe/Au(001)	FM	-	FM	2.97
Fe/MgO(001)	FM	3.10	FM	3.07
Fe/Cu(001)	FM	3.20	FM	2.69–2.85
Co/Cu(001)	FM	-	FM	1.79
Co/Cu(111)	FM	-	FM	1.63
Co/Ag(001)	FM	2.20	FM	2.03
Ni/Cu(001)	FM	-	FM	0.39
Ni/Ag(001)	FM	1.02	FM	0.57–0.65
Ni/Cu(111)	FM	-	FM	0.34
Mn/Ag(001)	AFM	4.32	AFM	4.11
Cr/Ag(001)	AFM	4.09	AFM	3.57
Cr/Au(001)	AFM	3.84	AFM	3.48
V/Ag(001)	FM	2.87	AFM	2.08
Ti/Ag(001)	FM	1.72	FM	0.34
Pd/Ag(001)	FM	0.40	PM	0.00
Rh/Au(001)	FM	1.56	FM	1.09
Rh/Ag(001)	FM	1.45	FM	0.95
Ru/Ag(001)	FM	2.12	FM	1.57
Fe/Pd(001)	FM	-	FM	3.19
Co/Pd(001)	FM	-	FM	2.12
Co/Pd(111)	FM	1.87	FM	1.88
Co/Pt(001)	FM	1.89	FM	1.84
Ni/Pd(001)	FM	-	FM	0.89
V/Pd(001)	FM	-	AFM	1.39
Cr/Pd(001)	AFM	-	AFM	3.46
Mn/Pd(001)	AFM	-	AFM	4.05
Ti/Pd(001)	FM	-	PM	0.00
Fe/Ni(111)	FM	2.49	FM	2.33
Ni/Fe(001)	FM	-	FM	0.83
Fe/W(110)	FM	2.98	FM	2.18
Fe/W(001)	FM	3.10	AFM	0.39

Ni 한 층이나 두 층을 철 위에 얹으면 철의 자기모멘트는 Fe(001) 표면에 비해 11 % 정도 줄어든 2.70 μ_B 정도를 가진다. 비슷한 결과가 Fe/Ni(111)에서도 얻어지는데 여기서는 계면 Ni의 자기모멘트가 Ni(111) 표면의 값에 비해 6 % 증가한 0.67 μ_B 를 가진다. 반면에 Fe의 자성은 고립된 단층에 비해 현저히 작아지는데 이것 또한 계면에서의 교환 상호작용의 결과이다.

4.4.2 스핀-궤도 상호작용에 의한 효과

일종의 상대론적인 효과인 스핀-궤도 결합 (spin-orbit coupling: SOC)은 자기모멘트의 크기 계산에는 그리 큰 영향을 주지 않으나 자기결정이방성 (magnetocrystalline anisotropy : MCA)이나 강자성 전이금속에서 나타나는 광자기적 성질에는 중요한 영향을 미친다.

여기서는

$$H_{SOC} = \frac{1}{4c^2} \boldsymbol{\sigma} \cdot \nabla V \times \mathbf{P} \tag{4.4.1}$$

의 형태로 주어지는 SOC 효과를 어떻게 취급하며, 실제적 물질에서 SOC 가 자기이방성과 자기원이색성, 그리고 표면광자기 Kerr 효과 등 광자기적 성질에 미치는 영향을 살펴보기로 한다.

4.4.2.1 자기결정이방성

자기이방성 에너지는 자기화가 평면을 따라 형성된 경우와 평면에 수직한 경우의 총에너지 차로 정의된다. 이 결정자기이방성이 스핀-궤도 상호작용에 기인한다는 것은 이미 1930년대에 van Vleck[2] [1937]에 의해 알려졌지만, 비교적 최근에 까지도 제일원리에 의해 MCA 에너지를 정확히 계산하려는 시도는 별로 성공적이지 못하였다. 그 주된 이유는 MCA 에너지가 철, 코발트, 니켈과 같은 자성 전이금속에서는 수만 분의 1 또는 수천 분의 1 eV 정도로 매우 작기 때문이었다. 1980년대 후반에 들어 Fe, Co, Ni 의 덩치 고체에 대해 국소밀도근사를 이용하는 제일원리 방법에 의해 MCA 계산이 행해졌는데, 계산상의 어려움 때문에 그 계산값들이 서로 상당한 차이가 났다. 곧이어 Daalderop [1989] 등은 LMTO-ASA 계산을 통해 Co/X(111) (X=Cu, Ag, 와 Pd) 다층박막에서 자기모멘트가 면에 수직한 방향이며, Co/Pd 초격자에서는 두께가 증가함에 따라 자기이방성 에너지가 감소함을 알았다.

표면의 자기이방성에 대해서는 1970년대에 Bennett 등 [1971]과 Takayama 등 [1976] 이 밀접결합 섭동 (tight-binding perturbation) 모형을 개발하고 이를

---

[2]J. H. van Vleck (1899 – 1980), American theoretical physicist. 1997 Nobel Prize in Physics.

이용하여 Ni(001) 단층의 자기이방성을 연구하였다. 그러나 이들의 계산은 다소 엉성한 근사와 에너지띠 구조에 대한 부정확한 지식으로 인해 단지 자기이방성 에너지의 크기 정도를 맞추는 것에 만족해야 했다. Bruno [1989]는 이 방법을 확장하여 자기이방성 에너지 계산에 궤도 자기모멘트를 포함할 수 있게 하였으며, 그 결과 정성적으로 실험에 부합하는 경향을 얻었다. 계산된 이방성 에너지는 궤도 자기모멘트 (크기가 $0.1 \sim 0.3\ \mu_B$ 정도)와 밀접한 연관성이 있으며 또한 결정장 매개변수와 표면, 계면의 거칠기에 민감하게 의존하였다.

1980년대 후반에 Gay와 Richter [1986]에 의해 강자성 Fe, Co, Ni과 전이금속 V의 단층, 그리고 Fe 박막과 Fe/Ag(001)에서의 스핀이방성에 대한 선구적 계산이 행해졌다. 이들은 스핀-궤도 상호작용을 섭동으로 취급하는 자체충족적 국소궤도 (self-consistent local-orbital: SCLO) 방법을 이용하였다. 계산 결과, Fe과 V 단층은 수직 이방성을 가지며, Ni과 Co 단층은 수평 방향의 자기이방성을 가졌다. Fe 단층의 계산 결과는 Jonker 등 [1986]에 의해 얻어진 Fe/Ag(001)의 실험 결과 중에서 스핀 분리된 띠는 설명할 수 있었으나 스핀 분극에 대해서는 그렇지 못하였다.

자기이방성 에너지를 계산하기 위해서는 해밀터니안에 $H^{sl} = \xi \boldsymbol{\sigma} \cdot \mathbf{L}$ 로 표현되는 스핀-궤도 결합 (spin-orbit coupling: SOC) 항을 고려하여야만 한다. 여기서 ξ 는 SOC 상호작용의 크기를 나타내는 항으로서 각 원자 주위에서의 퍼텐셜의 기울기에 관계된다. 그런데 스핀-궤도 결합 항을 포함하여 행해지는 상대론적 계산에서는 스핀 양자수와 궤도 양자수 둘 다 "좋은" 양자수가 아니고 또 스핀이 다른 두 상태가 서로 혼합되어 있으므로 스핀-궤도 결합 항을 고려하지 않은 준상대론적 계산에 비해 해밀터니안 행렬의 크기가 2배가 되어 계산 시간이 8 ($= 2^3$) 배 정도가 필요하다. 따라서 보강평면파 (APW) 방법의 경우, 단위세포 당 10 개 이상의 원자로 이루어진 계에 대해 완전한 자체충족적인 상대론적 계산을 한다는 것은 그리 쉬운 일이 아니다. 그런데 $3d$ 전이금속에서는 스핀-궤도 결합의 크기가 결정장이나 교환 분리에 비해 훨씬 작기 때문에 스핀-궤도 결합 항을 섭동으로 취급하여 계산량을 줄일 수 있다.

스핀-궤도 결합 항을 섭동으로 취급하는 조건하에서 보다 정확한 계산을 수행하기 위해서 2차변분 방법을 도입하면 편리하다. 2차변분 방법에서는 스핀-궤도 결합 해밀터니안을 표현하기 위해 비섭동 (unperturbed) 상태 $\psi_i = \sum_j C_j^i \phi_j$ (여기서 ϕ_j 는 준상대론적 계산에 사용된 APW 기저함수)를 기저함수로 사용한다.

비섭동 해밀터니안 H_0 행렬은 이미 대각화되어 있고 또한 스핀-궤도 결합에 의한 비대각 성분은 그 크기가 매우 작기 때문에

$$(H_0 + \xi \boldsymbol{\sigma} \cdot \mathbf{L}) \left| C_j \right\rangle = \lambda \left| C_j \right\rangle \tag{4.4.2}$$

의 식으로 표현되는 새로운 고유값 방정식을 대각화시킬 때 페르미 준위 위로 약

0.5 Ry 정도의 작은 에너지 절단만으로도 좋은 결과를 얻을 수 있다. 여기서 C_j 는 섭동 상태 함수를 $\psi_i' = \sum_j C_j^i \psi^j$ 와 같이 전개하였을 때의 전개 상수이다. 2 차변분 방법을 이용하면 결과적으로 스핀-궤도 결합을 기술하기 위해 원자 당 100 개 정도의 평면파를 사용하는 대신 $10 \sim 15$ 개의 상태함수만으로도 섭동 상태를 충분히 잘 기술할 수 있다.

그런데 전이금속에서는 궤도 각운동량이 억제되어 (quenching) 있기 때문에 SOC 효과가 극히 작다. 따라서 MCA 에너지도 10^{-5} 에서 10^{-4} eV 정도로 매우 작아서 에너지띠를 구하는 자체충족적 되풀이 과정의 마지막 단계의 총에너지 차보다도 작다. 그래서 MCA 에너지를 계산할 때는 보통 자체충족 과정을 거치지 않고 "힘 정리 (force theorem)" 에 바탕을 둔 섭동 이론으로 취급하게 된다. 힘 정리란 (1) ρ_0 를 정확한 전자밀도라고 할 때, 시도 밀도(trial density) ρ 로부터 계산된 총에너지는 전하 변분의 2차 항 이내에서 정확하다. 즉 $E[\rho] = E[\rho_0] + \mathcal{O}\left[(\rho - \rho_0)^2\right]$ 이다. (2) 밀도 ρ_1 과 ρ_2 로 기술되는 두 개의 구조 1과 2가 있다면 같은 전하밀도로 계산된 총에너지 차 $E_1[\rho_1] - E_2[\rho_2]$ 는 각 단입자 에너지 합의 차로 근사할 수 있다는 것이다. 따라서 SOC를 고려하지 않았을 때의 전하와 스핀밀도를 $\rho_0(\mathbf{r})$, $m_0(\mathbf{r})$ 이라 하고 SOC를 고려한 경우의 전하와 스핀밀도를 $\rho(\mathbf{r})$, $m(\mathbf{r})$ 이라 하면, SOC에 의해 유발된 에너지 변화는

$$
\begin{aligned}
E^{sl} &= E[\rho, m] - E_0[\rho_0, m_0] \\
&= E[\rho, m] - E[\rho_0, m_0] + E[\rho_0, m_0] - E_0[\rho_0, m_0]
\end{aligned}
\tag{4.4.3}
$$

으로 쓸 수 있다. 그런데 힘 정리 1 에 의하면 두 번째 줄 첫 항은 무시할 수 있어서

$$
E^{sl} = E[\rho_0, m_0] - E_0[\rho_0, m_0] \simeq \sum_{\mathcal{O}'} \varepsilon_i' - \sum_{\mathcal{O}} \varepsilon_i
\tag{4.4.4}
$$

로 주어진다.

이때 MCA 에너지는

$$
\begin{aligned}
\Delta E^{sl} &= E\left[\hat{m}_{(\theta=90^\circ)}\right] - E\left[\hat{m}_{(\theta=0^\circ)}\right] \\
&= \sum_{i,k}^{occ.(90^\circ)} \varepsilon_i[m(\theta=90^\circ),k] - \sum_{i,k}^{occ.(0^\circ)} \varepsilon_i[m(\theta=0^\circ),k]
\end{aligned}
\tag{4.4.5}
$$

로 되는데, 이를 계산할 때의 유의할 점은 SOC 가 도입된 후에 채워진 상태 $\{\mathcal{O}'\}$ 를 결정하는 것이다. 일반적 계산에서는 파동함수에 관한 아무런 정보 없이 단지 고유에너지 값만을 비교하여 $\{\mathcal{O}'\}$ 를 결정하는 소위 "눈먼 페르미 채움 (blind Fermi filling)" 방식을 이용하여 왔다. 그러나 이러한 방법으로 계산된 MCA 에너지는 채워진 전자수에 따라 그 값이 달라지며, 브릴루앙 영역 내에서 위치에 따른 MCA 에너지 분포 폭이 크다. 따라서 이러한 마구잡이적인 요동을 없애기

위해 브릴루앙 영역 내에서 대단히 많은 수의 **k** 점에 대한 적분을 필요로 한다. 그럴 경우 단순한 단층이라 할지라도 막대한 컴퓨터 계산량이 필요하다. 더군다나 이러한 방법은 힘 정리의 올바른 적용을 위해 요구되는 전하와 스핀밀도가 최소로 변하여야 한다는 기본 조건을 만족시키지 못한다.

이러한 난점을 극복하기 위해 "상태추적 방법 (state-tracking technique)" [Wang 등 1993] 이 개발되었는데, 이 방법을 쓰면 **k** 점의 수, 띠 채워짐 그리고 SOC 축적 인자에 관계없이 안정된 MCA 에너지 계산을 가능하게 하는 채워진 상태 $\{O'\}$ 를 결정할 수 있다. 이 방법은 SOC를 고려했을 때 새로이 채워진 상태는 SOC를 고려하지 않았을 때의 채워진 상태로부터 발견될 확률이 최대가 되도록 결정하는 것이다. 이 방법은 또한 상태추적을 각 **k** 점에 대해 독립적으로 하기 때문에 브릴루앙 영역 안에서의 무질서도를 제거할 수 있는 장점이 있다.

위와 같은 방법에 의해 Co와 Fe 단층, Co/Cu 박막계, Cu/Co/Cu 와 Pd/Co/Pd 샌드위치 계, 그리고 Co/Cu 초격자계에서의 표면, 계면의 MCA 에너지가 계산되었으며, 그 결과가 표 4.3에 정리되어 있다. 초격자계에 대하여도 MCA 에너지가 LAPW 방법에 의해 계산되었다. LAPW 방법에서는 비구형적인 퍼텐셜이 고려되지 않는데, 그렇더라도 정확한 FLAPW 에 의한 결과와 비교하여 자기모멘트나 MCA 에너지 모두 큰 차가 없음을 알 수 있다. Co_1/Cu_1 초격자에서는 자기모멘트가 x-y 평면상에 놓여있으나, Co_1/Cu_3 나 Co_1/Cu_5 초격자계에서는 수직 MCA 가 나타난다. 이 결과는 자성 원자에서 d_{z^2} 궤도를 통해 이루어지는 이웃 원자들 사이의 혼합이 Co 층의 계면 MCA 에너지를 약 1 meV 정도까지 변화시킬 수 있음을 보여주고 있다.

최근에는 MCA 에너지를 간단히 계산할 수 있는 토크 방법 (torque method) [Wang 등 1996]이 개발되었는데, 이 방법은 MCA 에너지는, SOC 에너지를 θ 에 대해 미분하고 $\theta = 45°$ 로 둔 것과 같다는 식을 이용한 것이다. 예를 들어 4중 회전 대칭성을 가진 표면에서 SOC 에너지는 $E^{sl}(\theta) = K^{(2)} \sin^2(\theta) + K^{(4)} \sin^4(\theta)$ 이므로

$$
\begin{aligned}
T(\theta = 45°) &\equiv \left[\frac{dE^{sl}(\theta)}{d\theta}\right]_{\theta=45°} = -K^{(2)} - K^{(4)} \\
&= E^{sl}(\theta = 90°) - E^{sl}(\theta = 0°) \equiv \Delta E^{sl}
\end{aligned} \tag{4.4.6}
$$

이 된다. 실제로 토크 계산은 Hellman-Feynman 정리 즉

$$
T(\theta) = \sum_{i,k}^{occ.} \langle \Psi_{i,k}| \frac{\partial H^{sl}}{\partial \theta} |\Psi_{i,k}\rangle \tag{4.4.7}
$$

를 이용한다. 토크 방법의 장점은 섭동 상태와 원래 상태의 페르미 에너지를 별

Table 4.3: 몇몇 계에 대해 FLAPW 와 LAPW 방법에 의해 계산한 자기이방성 에너지 ΔE^{sl} (meV)와 자기모멘트의 크기 m (μ_B). 계면 MCA 에너지의 실험값 $2K_s$ (meV)도 주어져 있다 [이재일,홍순철 1995].

System	FLAPW		LAPW		Exp.
	ΔE^{sl}	m	ΔE^{sl}	m	$2K_s$
Fe monolayer					
a = 4.83 a.u.	0.42	3.04			
a = 5.45 a.u.	0.37	3.22			
Co monolayer					
a = 4.83 a.u.	-1.35	2.06	-1.49	2.03	
a = 5.45 a.u.	-2.59	2.17			
Co-Cu Interface					
Overlayer Co/Cu					-0.32
$Co/Cu_3/Co$	-0.38	1.78	-0.35	1.75	
Sandwich Cu/Co/Cu					0.10
$Cu_2/Co/Cu_2$	-0.01	1.69	-0.06	1.67	
Superlattice Co/Cu					0.10
Co/Cu_1			-0.47	1.64	
Co/Cu_3			0.48	1.64	
Co/Cu_5			0.54	1.63	
Co-Pd Interface of					
Sandwich $Pd_2/Co/Pd_2$	0.55	1.96			

도로 계산할 필요없이 페르미 에너지를 한 번만 계산하면 되기 때문에 그로 인한 오차를 줄일 수 있다는 것이다.

4.4.2.2 자기광학 효과

표면 자기광학 Kerr 효과 (SMOKE)를 이용하면 박막을 성장시키는 동안 자기적 성질과 자기광학적 성질을 실시간으로 측정할 수 있다 [Bader 1990]. Kerr 효과는 에너지띠 간 전이과정에서 스핀-궤도 상호작용과 교환 상호작용의 복합 작용에 의해 나타난다 [Bennett and Stern 1965, Cooper 1965, Erskine and Stern 1973, Oppeneer 등 1992]. 스핀-궤도 상호작용은 자기장의 역할을 하기 때문에 왼쪽 또는 오른쪽으로 편극된 광자의 흡수에 대한 대칭성을 깨트린다. 반면에 교환 상호작용은 다수와 소수 스핀을 분리하기 때문에 투사된 광선의 편극면이 회전하도록 한다. Kerr 효과는 파동함수에 대한 스핀-궤도 상호작용의 섭동에 의해 결정되기 때문에 정확한 결과를 얻기 위해서는 반상대론적인 (semi-relativistic) 바닥상태와 스핀-궤도 상호작용을 정확히 취급해야 한다.

스핀편극 Kerr 효과에 있어 중요한 것은 Kerr 각도이다. 복소 Kerr 각도는 거시적 전도텐서 σ 및 광자 에너지 ω 와

$$\phi_k = \delta_k + i\varepsilon_k = \frac{-\sigma_{xy}}{\sigma_{xx}\sqrt{1 + i(4\pi\sigma_{xx}/\omega)}} \tag{4.4.8}$$

의 관계가 있다. 위에서 δ_k 와 ε_k 는 각각 회전각의 실값과 타원율을 나타낸다. 전도텐서 σ_{xx} 와 σ_{xy} 는 Kubo[3] 공식을 써서 전자구조와 파동함수로부터 계산할 수 있다 [Kubo 1957]. Kerr 각도는 전도텐서의 비대각 성분의 흡수부와 밀접한 관계가 있어서,

$$\omega\sigma_{xy}^{(2)} = \frac{\pi}{4\Omega} \sum_{\alpha,\beta} \kappa_{\beta\alpha}\, \delta(\omega_{\beta,\alpha} - \omega) \tag{4.4.9}$$

로 표현된다. 위에서 $\kappa_{\beta\alpha}$는

$$\kappa_{\beta\alpha} = 2i \left[\langle\beta| p_x |\alpha\rangle \langle\alpha| p_y |\beta\rangle - \langle\beta| p_y |\alpha\rangle \langle\alpha| p_x |\beta\rangle \right] \tag{4.4.10}$$

이다. Ω 는 계의 부피, p 는 운동량 연산자, $|\beta\rangle$와 $|\alpha\rangle$ 는 채워진 상태와 채워지지 않은 상태를 각각 나타낸다.

자기광학 Kerr 효과에 대한 실제적 계산은 Wang과 Callaway [1974]의 선구적 작업에 따라 가능하게 되었으며, 전형적인 $3d$ 자성금속인 Fe, Co, Ni 등의 덩치에 대해 밀도범함수 이론을 이용한 계산이 여러 연구자 [Oppeneer 등 1991, 1992, Guo 등 1995, Mainkar 등 1996] 에 의해 행해졌다. 이들 계산 결과에 의해 MOKE 스펙트럼은 격자상수, 교환분리, 스핀-궤도 결합, 궤도 자기모멘트나 자기화 방향에 민감하게 의존한다는 것을 알게 되었다.

표면계에 대한 선도적 계산의 한 예로는 Kim 등 [1999]에 의해 수행된 fcc Co(001), Co(111)의 얇은 판에 대한 것이다. 1층, 3층, 5층으로 이루어진 fcc Co(001)과 Co(111)의 얇은 판에 대해 계산한 결과에 따르면 표면 효과는 매우 국소적이어서 3층 및 5층으로 이루어진 판의 결과는 덩치 Co의 결과에 가깝게 된다. 또한 4.0 ∼ 4.5 eV 사이의 봉우리 구조가 판의 두께가 감소할수록 낮은 에너지 영역으로 이동하는 "적색 이동 (red shift)" 현상이 나타나며 낮은 에너지 영역에서 회전각이 줄어드는 것을 보여 준다. 덩치 Ni에서 격자상수를 늘려 계산하면 역시 "적색 이동"이 나타나는데 [Oppeneer 등 1991, 1992], 이는 덩치 격자상수가 늘어나면서 에너지띠 폭이 줄어든 효과로서 표면에서 에너지띠 폭이 줄어든 효과에 부합한다고 할 수 있다.

---

[3]R. Kubo (1920 – 1995), Japanese theoretical physicist.

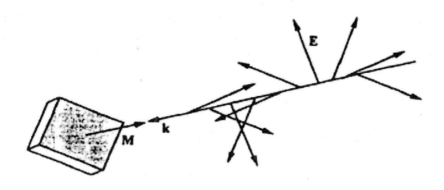

Figure 4.3: 원편광된 빛이 자성체에 투사되고 있다. **k**, **M** 과 **E** 는 각각 입사하는 빛의 파동벡터, 자기화 벡터, 그리고 빛의 전기장 벡터를 나타낸다 [이재일,홍순철 1995].

4.4.2.3   자기원이색성

최근 X선 자기원이색성(Magnetic Circular Dichroism; MCD) 스펙트럼에 관한 간단하면서도 강력한 합규칙 (sum rule) [Thole 등 1992, Carra 등 1993, Altarelli 1993]이 제안되면서 MCD를 이용한 자성 연구가 활발하게 진행되고 있다. 자성체의 자기모멘트는 전자의 스핀 각운동량에 의한 기여와 전자의 궤도 각운동량에 의한 기여로 나눌 수 있는데 MCD 스펙트럼에 합규칙을 적용하면 이들의 기여를 각각 분리하여 측정할 수 있다. 고밀도 기록매체와 관련하여 관심의 대상이 되고 있는 자기결정이방성의 원인이 스핀-궤도 결합임을 생각할 때 스핀과 궤도 자기모멘트를 분리하여 측정할 수 있는 MCD 기술은 자기결정이방성 연구에 중요한 역할을 할 것으로 기대된다. 그뿐만 아니라 원소마다 핵심전자의 에너지 준위가 다르기 때문에 핵심전자를 가전자 상태로 들뜨게 하는 X선 MCD 기술을 이용하면 각 원소를 식별할 수 있어 개개 원소에 대한 자성을 연구할 수 있다.

전자기파를 광자로 보면 스핀이 1이며 그 진행 방향에 따라 $+\hbar$ 혹은 $-\hbar$ 의 스핀 성분을 가진다. $+\hbar$ 의 광자로 이루어져 있는 빛을 좌원편광 (left-circularly polarized light), $-\hbar$ 의 광자로 이루어져 있는 빛을 우원편광 (right-circularly polarized light) 이라 부른다.

선편광 (linear polarized light)에는 이들 두 상태의 광자가 같은 양으로 존재한다. 광자 하나가 그림 4.3과 같이 자성체의 자기화 방향을 따라 입사하는 경우 광자는 자성체에 흡수되면서 자성체 내의 전자에게 $+\hbar$ 혹은 $-\hbar$ 의 각운동량을 전달하게 되고 광자의 스핀이 자성체의 자기화 방향에 평행이냐 또는 반평행이냐에 따라 흡수단면적이 달라지게 된다. 즉 $+\hbar$ 의 광자로 이루어져 있는 좌편광 X선과 $-\hbar$의 광자로 이루어져 있는 우편광 X선의 흡수율이 달라지는 현상을 자기원이색성 혹은 MCD라 부른다. 앞서 소개한 2차변분 방법을 따르면 쌍극자 들뜸에 대한 MCD 흡수단면적은 다음 식으로 표현된다.

$$\sigma_n(E) = \frac{8\pi^2}{3} \int |\langle \psi_c | \, p_n \, | \psi_v' \rangle|^2 \, \delta \left(E_v - E_c - E \right) d\mathbf{k}. \qquad (4.4.11)$$

위에서 p_n 은 편광에 해당하는 선운동량 연산자이다 $(n = z, \pm)$.

    Carra 등 [1993]은 단일 이온 모형을 이용하여 MCD 스펙트럼과 평균 궤도 자기모멘트 $\langle L_z \rangle$ 그리고 평균 스핀 자기모멘트 $\langle S_z \rangle$ 사이의 관계를 다음 식과 같이 유도하였는데, 이를 MCD 합규칙이라 한다.

$$\frac{I_m = \int_{j\pm} \sigma_m dE}{I_t = \int_{j\pm} \sigma_t dE} = \frac{l(l+1) + 2c(c+1)}{2l(l+1)N_h} \langle L_z \rangle, \quad (4.4.12)$$

$$\frac{I_s = \left[\int_{j_+} \sigma_m dE - \frac{c+1}{c} \int_{j_-} \sigma_m dE \right]}{I_t = \int_{j\pm} \sigma_t} = \frac{l(l+1) - 2 - c(c+1)}{6cN_h} \langle S_z \rangle$$

$$+ \frac{l(l+1)\left[l(l+1) - 2 - c(c+1) + 4\right] - 2(c-1)^2(c+2)^2}{6lc(l+1)N_h} \langle T_z \rangle \quad (4.4.13)$$

여기서 $\mathbf{T}$ 는 자기 쌍극자 연산자로서 $\mathbf{T} = [\mathbf{S} - 3\hat{r}(\hat{r} \cdot \mathbf{S})]/2$ 이며, 스핀 방향의 성분은 $T_z = S_z(1 - 3\cos^2\theta)/2$ 이고, l 과 c 는 각각 원자가전자와 핵심전자의 궤도 양자수를 나타내며, N_h 는 원자가 양공의 수이다. σ_m 과 σ_t 는 각각 MCD 흡수단면적과 총흡수단면적으로서 $\sigma_m = \sigma_+ - \sigma_-$, $\sigma_t = \sigma_+ + \sigma_- + \sigma_z$ 이다.

    물리적으로 스핀 분포와 비등방성을 나타내는 쌍극자 항 T_z 를 무시할 수 있다면 합규칙 (4.4.12)와 (4.4.13)을 이용하여 MCD 스펙트럼으로부터 $\langle L_z \rangle$와 $\langle S_z \rangle$를 분리하여 알아낼 수 있다. 그러나 합규칙 (4.4.12)와 (4.4.13)은 단일 이온 모형으로부터 유도되어서 l 을 좋은 양자수로 가정하고 있기 때문에, 강한 띠혼성이 존재하는 복잡한 실제계에서 이들 합규칙이 얼마나 정확하게 적용될 수 있는지 여부는 검토되어야 한다. 지금까지 수행된 제일원리 계산에 의하면 합규칙은 대략 10 % 정도의 오차를 지니고 있는 것으로 알려져 있다.

    여기서는 bcc Fe(001), hcp Co(0001), fcc Ni(001), 2Pd/1Co/2Pd(110) 그리고 2Cu/1Co/2Cu(110) 계의 흡수 및 MCD 스펙트럼에 대한 제일원리 계산 결과를 바탕으로 궤도 합규칙과 스핀 합규칙의 타당성을 점검하고, 표면·계면에서의 궤도 자기모멘트 및 스핀 자기모멘트에 대한 계산 결과를 요약하여 소개한다.

    Carra 등 [1993]이 유도한 식 (4.4.12)와 (4.4.13)의 합규칙은 d 상태가 다른

상태와 혼합되지 않았다는 가정을 기초로 하고 있다. 즉, 합규칙에서는 $2p \to 3d$ 전이만을 고려하고 있고 $2p \to 4s$ 전이는 무시되고 있다. 그러나 그림 4.4에서 알 수 있듯이 s 전자 ($l = c - 1$) 도 흡수와 MCD 스펙트럼에 기여한다는 것을 알 수 있다. 사실 실제 계에서는 궤도 양자수 l 은 좋은 양자수가 아니어서 실제 파동함수는 모든 l 성분 (주로 s, p, d) 을 포함하고 있다. 이 경우 s 와 d 성분이 $\langle L_z \rangle$ 에 영향을 미칠 것이고 따라서 흡수 스펙트럼과 MCD 스펙트럼도 이들의 성분에 의해 결정될 것이다. 그러므로 합규칙은 d 성분이 지배적인 영역에서 성립할 것으로 기대된다.

3d 전이금속의 경우 $l = 2$, $c = 1$ 이므로 합규칙 (4.4.12)와 (4.4.13)은 다음과 같이 간단하게 표현된다.

$$\frac{I_m = \int_{L_3 + L_2} \sigma_m dE}{I_t = \int_{L_3 + L_2} \sigma_t dE} \quad = \quad \frac{\langle L_z \rangle / 2}{N_h}, \tag{4.4.14}$$

$$\frac{I_s = \left[\int_{L_2} \sigma_m dE - 2 \int_{L_2} \sigma_m dE \right]}{I_t = \int_{L_3 + L_2} \sigma_t dE} \quad = \quad \frac{\langle S_z + 7T_z \rangle / 3}{N_h}. \tag{4.4.15}$$

MCD 합규칙의 타당성을 알아보기 위해 2Pd/1Co/2Pd(110) 계에서의 Co에 대해 식 (4.4.14)의 양변의 분자에 해당하는 L_z과 $\sum_{L_2, L_3} \sigma_m$ 를 그림 4.5(a) 에 그려 놓았으며, 그림 4.5(b) 에는 식 (4.4.15)의 양변의 분모에 해당하는 $\rho(E)$ 와 $\sum_{L_2, L_3} \sigma_t$ 를 에너지의 함수로 그려 놓았다. 두 그림 모두에서 두 개의 곡선이 모든 에너지 영역에서 거의 일치한다는 것은 놀랄 만하다. 이는 3d 전이금속에서 d 상태의 역할이 지배적임을 의미하고 또한 궤도 합규칙이 잘 성립함을 뜻한다. bcc Fe(001), hcp Co(0001), fcc Ni(001) 등 다른 계에서도 궤도 합규칙은 비교적 잘 성립하였다.

3d 전이금속에서 스핀-궤도 결합 세기가 띠 폭에 비해 1/100 정도 작기 때문에 S_z 는 거의 좋은 양자수이다. 식 (4.4.15)에서 보는 바와 같이 스핀 합규칙은 쌍극자 항 $\langle T_z \rangle$ 을 포함하여야 성립된다. 그림 4.6에 2Pd/1Co/2Pd(110) 계의 Co 에 대하여 에너지의 함수로 식 (4.4.15)의 분자에 해당하는 $(S_z + 7T_z)/3$ 과 $\sigma_s (= \sigma_{m,L_3} - 2\sigma_{m,L_2})$ 를 그렸다. 이 그림에서도 두 물리량은 전 에너지 영역에서 잘 비례한다는 것을 보여주고 있다. 그러나 s, p 기여가 더 증가하여 있음을 볼 수 있다. 이렇게 증가된 s, p 기여로 인해 에너지 끊어버림을 페르미 에너지 위 6 eV 로 하였을 때 스핀 합규칙의 오차가 덩치 Fe에 대해서는 약 10 % 정도이나 Ni 표면에서는 약 48 %로 커지기 때문에 스핀 합규칙은 주의하여 적용하여야 하겠다. 제일원리에 의한 이러한 MCD 스펙트럼, 기저상태의 물성에 대한 계산은 실험 결과를 해석하는 데 매우 중요한 역할을 할 것으로 기대된다.

스핀 합규칙을 적용하여 MCD 스펙트럼으로부터 스핀을 결정할 때 또 하나의

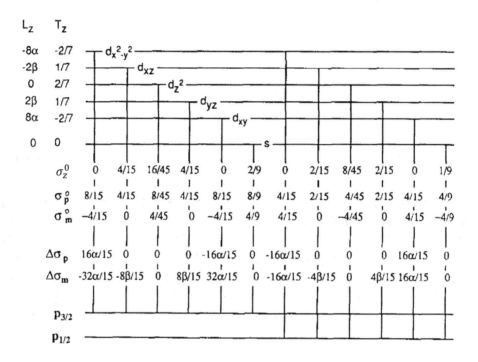

Figure 4.4: $p_{1/2}$, $p_{3/2}$ 핵심상태로부터 d, s 가전자 상태로 전이할 때 단일원자 모델로 구한 흡수단면적 $\sigma_p^0 = \sigma_+^0 + \sigma_-^0$, σ_z^0, $\sigma_m^0 = \sigma_+^0 - \sigma_-^0$ 의 각운동량 부분 (Wu 등 [1994] 참조). $\Delta\sigma_p$ 와 $\Delta\sigma_m$ 은 스핀-궤도 결합 (SOC)에 의해 유발된 σ_p 와 σ_m 의 변화량이며, L_z, T_z 는 각 가전자 상태의 Slater-Koster LCAO 기저함수로 구한 평균 궤도 자기모멘트와 자기 쌍극자 항이다 [이재일,홍순철 1995].

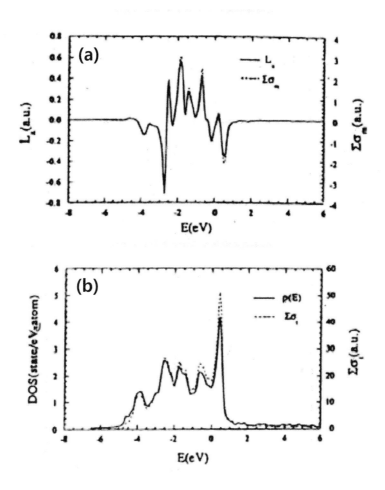

Figure 4.5: 2Pd/1Co/2Pd(110) 계에서 Co 에 대한 (a) L_z 와 $\sum_{L_2,L_3} \sigma_m$ 그리고 (b) 상태밀도와 $\sum_{L_2,L_3} \sigma_t$의 에너지 분포 [이재일,홍순철 1995].

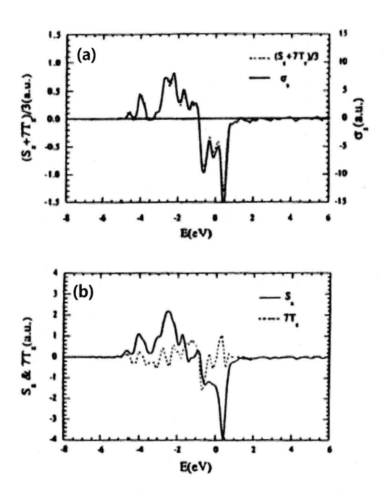

Figure 4.6: 2Pd/1Co/2Pd(110) 계에서 Co 에 대한 (a) $S_z + 7T_z/3$ 와 σ_s, (b) S_z 와 $7T_z$ 의 에너지 분포 [이재일,홍순철 1995].

문제점은 식 (4.4.15)에서 $\langle T_z \rangle$ 를 분리해 내거나 무시할 수 없다는 것이다. 물론 Carra 등 [1993]이 주장하듯이 입방구조의 d 띠 전 영역에 대해 합하면 그 값이 0 이 되나, 그림 4.4에 나타나 있듯이 Slater-Koster 기저함수로 표현된 각각의 d 상태의 $\langle T_z \rangle$ 는 작지 않다. d 상태는 이미 강한 결정장에 의해 에너지 겹침이 풀어지고 각 상태는 다른 차지도 (occupancy)를 가질 것이므로 $\langle T_z \rangle$ 에 의한 기여는 인자 7 을 감안하면 $\langle S_z \rangle$ 에 비해 무시할 수 없을 것이다. 실제적인 2Pd/1Co/2Pd(110) 계의 Co 에 대하여 에너지의 함수로 S_z 와 $7T_z$ 를 그려 본 것이 그림 4.6(b) 이다. 그림에서 알 수 있듯이 모든 에너지 영역에서 T_z 의 기여는 S_z 의 기여에 비해 무시할 수 없다. 그러므로 $\langle T_z \rangle$ 항을 포함하지 않고 $\langle S_z \rangle$ 를 얻기 위해 식 (4.4.13) 또는 식 (4.4.15)를 적용하는 것이 큰 오차를 낳을 수도 있다는 점에서 유의하여야 한다.

참고문헌

- 이재일, 홍순철, 한국자기학회지 **5**, 324 (1995).

- 홍순철, 이재일, 한국자기학회지 **5**, 315 (1995).

- Allan G., Phys. Rev. B **19**, 4774 (1979).

- Altarelli M., Phys. Rev. B **47**, 597 (1993).

- Bader S. D., Proc. IEEE **78**, 909 (1990).

- Bennett H. S. and E. A. Stern, Phys. Rev. **137**, A448 (1965).

- Bennett A. J. and B. R. Cooper, Phys. Rev. B **3**, 1642 (1971).

- Billington R. L. and T. N. Rhodin, Phys. Rev. Lett. **41**, 1602 (1978).

- Blügel S., B. Drittler, R. Zeller and P. H. Dederichs, Appl. Phys. A **49**, 547 (1989).

- Bruno P., Phys. Rev. B **39**, 865 (1989).

- Caruthers E. B., L. Kleinman and G. P. Alldredge, Phys. Rev. B **8**, 4570 (1973).

- Carra P., B. T. Thole, M. Altarelli and X. D. Wang, Phys. Rev. Lett. **70**, 694 (1993).

- Cooper B. R., Phys. Rev. **137**, A1504 (1965).

- Daaldelop G. H., P. J. Kelly, M. F. H. Schuurmans and H. J. F. Jensen, J. de Phys. **12**, C8-12 (1989).

- Erskine J. L. and E. A. Stern, Phys. Rev. B **8**, 1239 (1973).

- Fasolino A., G. Santara and E. Tosatti, Phys. Rev. Lett. **44**, 1684 (1980).

- Freeman A. J. and Ru-qian Wu, J. Magn. Magn. Mater. **100**, 497 (1991).

- Ferguson P. E., J. Appl. Phys. **49**, 2203 (1978).

- Fu C. L., S. Ohnishi, E. Wimmer and A. J. Freeman, Phys. Rev. Lett. **53**, 675 (1984).

- Fu C. L., A. J. Freeman, E. Wimmer and M. Weinert, Phys. Rev. Lett. **54**, 2261 (1985).

- Fu C. L. and A. J. Freeman, J. de Phys. **49**, C8-1625 (1988).

- Gay J. G., J. R. Smith and F. J. Arlinhaus, Phys. Rev. Lett. **42**, 332 (1979).

- Gay J. G. and R. Richter, Phys. Rev. Lett. **56**, 2728 (1986).

- Guo G. Y. and H. Ebert, Phys. Rev. B **51**, 12633 (1995).

- Heinrich B., A. S. Arrott, J. F. Cochran, C. Liu and K. Myrtle, J. Vac. Sci. Technol. A **4**, 1376 (1986).

- Ho K. M. and K. P. Bohnen, Phys. Rev. B **32**, 3446 (1985).

- Hong S. C., A. J. Freeman and C. L. Fu, Phys. Rev. B **39**, 5719 (1989).

- Inglesfield J. E., J. Phys. C **12**, 149 (1979).

- Jonker B. T., K. H. Walker, E. Kisker, G. P. Prinz and C. Carbone, Phys. Rev. Lett. **57**, 142 (1986).

- Kar N. and P. Soven, Phys. Rev. B **11**, 3761 (1975).

- Jepsen O., J. Madsen and O. K. Andersen, J. Magn. Magn. Mater. **15-18**, 867 (1980).

- Kingdon K. H. and I. Langmuir, Phys. Rev. **21**, 380 (1923).

- Kohn W. and N. Rostoker, Phys. Rev. **94**, 1111 (1954).

- Korringa J., Physica **13**, 392 (1947).

- Krakauer H., M. Posternak and A. J. Freeman, Phys. Rev. Lett. **41**, 1072 (1978).

- Krakauer H., M. Posternak and A. J. Freeman, Phys. Rev. Lett. **17**, 1885 (1979).

- Krakauer H., A. J. Freeman and E. Wimmer, Phys. Rev. B **28**, 610 (1983).

- Kubo R., J. Phys. Soc. Jpn. **12**, 570 (1957).

- Lang N. D., Phys. Rev. B **3**, 1215 (1971).

- Lang N. D., Solid State Phys. **28**, 225 (1973).

- Lang N. D. and W. Kohn, Phys. Rev. B **1**, 4555 (1970); Phys. Rev. B **3**, 1215 (1971).

- Lee J. I., S. K. Hwang, S. C. Hong and A. J. Freeman, Int. J. Modern Phys. B **7**, 520 (1993).

- Mainkar M., P. A. Browne and J. Callaway, Phys. Rev. B **53**, 3692 (1996).

- Monnier R. and J. P. Perdew, Phys. Rev. B **17**, 2595 (1978).

- Ohnishi S., A. J. Freeman and E. Wimmer, Phys. Rev. B **29**, 5267 (1984).

- Ohnishi S., C. L. Fu and A. J. Freeman, J. Magn. Magn. Mater. **50**, 161 (1985).

- Oppeneer P. M., J. Stricht, T. Maurer and J. Kübler, Z. Phys. B **88**, 309 (1991).

- Oppeneer P. M., T. Maurer, J. Stricht and J. Kübler, Phys. Rev. B **45**, 10924 (1992).

- Posternak M., H. Krakauer, A. J. Freeman and D. D. Koelling, Phys. Rev. B **21**, 5601 (1980).

- Rau C., C. Liu, A. Schmalzbauer and G. Xing, Phys. Rev. Lett. **57**, 2311 (1986).

- Smith J. K., J. G. Ga and F. J. Arlinhaus, Phys. Rev. B **21**, 2201 (1980).

- Takayama H., K. P. Bohnen and P. Fulde, Phys. Rev. B **14**, 2287 (1976).

- Terakura I., K. Terakura and N. Hamada, Surf. Sci. **103**, 103 (1981).

- Thole B. T., P. Carra, F. Sette and G. van der Laan, Phys. Rev. Lett. **68**, 1943 (1992).

- Tyson W. R., Can. Metall. Q. **14**, 307 (1975).

- van Vleck J. H., Phys. Rev. **52**, 1178 (1937).

- Wang C. S. and J. Callaway, Phys. Rev. B **9**, 4897 (1974).

- Wang C. S. and A. J. Freeman, Phys. Rev. B **21**, 4585 (1980).

- Wang D.-S., R. Wu and A. J. Freeman, Phys. Rev. Lett. **70**, 869 (1993).

- Wang X. D., R. Wu, D.-S. Wang and A. J. Freeman, Phys. Rev. B **54**, 61 (1996).

- Wimmer E., H. Krakauer, M. Weinert and A. J. Freeman, Phys. Rev. B **24**, 864 (1981a).

- Wimmer E., M. Weinert, A. J. Freeman and H. Krakauer, Phys. Rev. B **24**, 2292 (1981b).

- Wimmer E., A. J. Freeman and H. Krakauer, Phys. Rev. B **30**, 3113 (1984).

- Wu R., D.-S. Wang and A. J. Freeman, J. Magn. Magn. Mater. **132**, 103 (1994).

Chapter 5

상호작용하는 페르미계 (Interacting Fermi System)

우리는 이 장에서 서로 상호작용을 하는 다체 페르미계 (many body Fermi system)에서의 물성을 살펴보기로 한다. 다체계에서 전자들 간의 상호작용 효과는 많은 물리학자들의 관심의 대상이 되어 왔다. 특히 자성체, 초전도체 등에 있어서 이러한 상호작용 효과는 매우 중요하다는 것이 알려져 있지만 그 강한 상호작용 효과를 이론적으로 다루기가 매우 까다로운 것이 사실이다. 이렇게 강한 상호작용을 갖는 계를 기술할 수 있는 방법 중의 하나가 그린 함수 (Green function)를 이용하는 것이다 [Green[1] 1828].

그린 함수는 주어진 계의 자유 에너지 등과 같은 평형 성질 (equilibrium property)뿐만 아니라 계의 들뜸 (excitation)에 관한 정보까지도 제공해 주기 때문에 그린 함수를 정확하게 구해 내는 것이 바로 문제를 정확하게 푸는 열쇠라고 할 수 있다.

이러한 목적을 위해서 우리는 먼저 그린 함수 방법에 대한 소개를 하고 쿨롱 (Coulomb) 상호작용을 하는 전자기체계를 예로 들어 이 계에서의 준입자 (quasiparticle) 성질과 집단들뜸 (collective excitation)에 대한 그린 함수 방법의 적용에 대하여 공부하여 보자.

---

[1]G. Green (1793-1841), English mathematical physicist.

5.1 그린 함수 (Green Function)

그린 함수 방법은 학부과정에서도 많이 다루어지는데 이들은 흔히 단일입자 운동을 기술하는데 적용된다. 다체운동을 기술하기 위한 그린 함수의 성질도 사실상 이와 같은 것이므로 우리는 슈뢰딩거 방정식으로 기술되는 단일입자계에서의 그린 함수 방법에 대하여 먼저 복습한 다음 다체계에서의 그린 함수 방법을 고찰하기로 한다.

5.1.1 단일입자계에서의 그린 함수

양자역학 문제에서 우리는 흔히 섭동이 있는 경우의 문제를 풀어야 할 때가 많다. 이럴 때 시간의존성을 고려해야 하는 경우와 하지 않는 경우의 문제가 있을 수 있다. 이들 두 경우에 대해 그린 함수 방법을 적용하는 경우를 복습하자.

산란이론에서 볼 수 있는 다음과 같은 슈뢰딩거 방정식을 생각하자.

$$H|\Psi\rangle = (H_0 + V)|\Psi\rangle = E|\Psi\rangle \tag{5.1.1}$$

여기서 H_0 와 V 는 각각 운동에너지, 산란 퍼텐셜 연산자에 해당하고, 만일 $V = 0$ 이면 $|\Psi\rangle$ 는 $H_0|\phi\rangle = E|\phi\rangle$ 를 만족하는 자유입자 상태가 된다. 식 (5.1.1)은

$$(E - H_0)|\Psi\rangle = V|\Psi\rangle \tag{5.1.2}$$

와 같이 변환할 수 있고, 그러면

$$|\Psi\rangle = |\phi\rangle + \frac{1}{(E - H_0)}V|\Psi\rangle \tag{5.1.3}$$

이 된다. 여기서 $|\phi\rangle$ 는 $V = 0$ 일 때의 경우를 고려하기 위하여 포함되었다. 위 식은 바로 리프만-슈빙거 (Lippmann-Schwinger) 방정식이며 $\frac{1}{(E-H_0)}$ 을 자유입자 그린 함수 $G_0(E)$ 로 정의한다:

$$G_0(E) = \frac{1}{(E - H_0)}, \tag{5.1.4}$$

$$(E - H_0)\,G_0(E) = 1. \tag{5.1.5}$$

따라서 비등차 (inhomogeneous) 방정식인 식 (5.1.1)를 푸는 방법은 수리물리학에서 배웠던 것처럼 먼저 우변을 1 (δ 함수에 해당함)로 놓고 경계조건을 만족하는 그린 함수를 구하는 방법과 정확히 일치한다. 식 (5.1.3)의 $|\Psi\rangle$ 는 그린 함수 G_0 에 원천 항 (source term) $V|\Psi\rangle$ 를 곱하여 얻어지는 적분방정식의 해에 해당한다. 이러한 방법은 학부과정 수리물리에서 배웠던 그린 함수 방법과 정확히 일치 한다. 산란 파동함수 $|\Psi\rangle$ 가 물리적인 의미를 갖기 위해서는 G_0 의 분모 항이

0 이 되면 안 되므로 보통 E 대신 $E + i\delta$ 를 도입하는데, 이러한 그린 함수를 인과율을 만족하는 지연 (retarded) 그린 함수라 부른다.

만일 H_0 의 고유값과 고유함수가

$$H_0|n\rangle = \epsilon_n|n\rangle \tag{5.1.6}$$

과 같이 주어진다면 $G_0(E)$ 는

$$
\begin{aligned}
G_0(E) &= \sum_{n,m} |n\rangle\langle n| \frac{1}{(E - H_0)} |m\rangle\langle m| \tag{5.1.7} \\
&= \sum_n \frac{|n\rangle\langle n|}{E - \epsilon_n} \tag{5.1.8}
\end{aligned}
$$

와 같이 되어 그린 함수의 극점 (pole)이 고유값에 해당함을 알 수 있다. 이는 우리가 어떠한 방법으로 그린 함수를 구하였다면 그의 극점으로부터 계의 고유값을 구할 수 있음을 의미한다. 나중에 공부할 다체계 그린 함수 방법에서는 이 성질로부터 다체계의 고유값, 즉 들뜸 (excitation) 에너지를 구하게 된다.

위와 같은 전개를 확장하여 $V \neq 0$ 일 때의 그린 함수도 다음과 같이 정의할 수 있다. 즉

$$(E - H_0 - V)\, G = 1 \tag{5.1.9}$$

$$G = \frac{1}{(E - H_0 - V)} \tag{5.1.10}$$

이 되고, V 에 대한 섭동을 생각하면

$$
\begin{aligned}
G &= \frac{1}{(E - H_0)} \frac{1}{1 - V\dfrac{1}{(E - H_0)}} \tag{5.1.11} \\
&= \frac{1}{(E - H_0)} \left(1 + V\frac{1}{(E - H_0)} + V\frac{1}{(E - H_0)} V\frac{1}{(E - H_0)} + \cdots \right) \\
&= G_0 + G_0 V G \tag{5.1.12}
\end{aligned}
$$

의 자체충족적인 다이슨 (Dyson[2]) 방정식을 얻는다. 따라서 V 가 있는 경우의 그린 함수 G 는 G_0의 정보로부터 원리적으로 정확히 구할 수 있고, V 가 매우 작다면 다이슨 방정식의 수차 항까지만 고려하면 G 를 구할 수 있다.

시간에 의존하는 그린 함수도 같은 방법으로 정의할 수 있다. 슈뢰딩거 방정

---

[2]F. J. Dyson (1923 – 2020), English-American theoretical physicist.

식이 다음과 같이 주어지므로

$$\left(i\hbar\frac{\partial}{\partial t} - H_0\right)|\Psi(t)\rangle = V|\Psi(t)\rangle \tag{5.1.13}$$

우리가 구하려는 그린 함수 $G_0(t,t')$ 은 우변이 δ 함수로 주어지는 다음의 식을 만족한다.

$$\left(i\hbar\frac{\partial}{\partial t} - H_0\right)G_0(t,t') = \delta(t,t'). \tag{5.1.14}$$

$t > t'$ 인 경우의 지연 그린 함수 $G_0^+(t,t')$ 를 생각하면 식 (5.1.14)의 해는

$$G_0^+(t,t') = -\frac{i}{\hbar}\theta(t-t')\,e^{-\frac{i}{\hbar}H_0(t-t')} \tag{5.1.15}$$

이 된다. 이는 식 (5.1.15)을 식 (5.1.14)에 대입하여 보면 곧 알 수 있다. 여기서 θ 는 계단함수

$$\theta(t) = \begin{cases} 1\,, & t \geq 0 \\ 0\,, & t < 0 \end{cases} \tag{5.1.16}$$

를 나타낸다. 따라서 식 (A.5.12)의 $|\Psi(t)\rangle$ 는

$$|\Psi(t)\rangle = |\phi(t)\rangle + \int_{-\infty}^{\infty} dt'\, G_0^+(t,t')V|\Psi(t')\rangle \tag{5.1.17}$$

로 주어진다. 여기서도 $|\phi(t)\rangle$ 는 식 (A.5.12)에서 $V = 0$ 인 경우의 해이다. 끝으로, 식 (5.1.5)와 식 (5.1.14)를 비교하여 보면 서로 (t, E) 변수 사이의 푸리에 변환 관계에 있음을 안다.

5.1.2   다체계에서의 그린 함수

우리는 위에서 그린 함수를 구하면 계의 고유값과 파동함수에 대한 정보를 얻을 수 있음을 알았다. 이제 다체계를 다루기 위한 다체 그린 함수 (many body Green function)에 대하여 공부하여 보자.

상호작용하는 다체계의 양자화된 해밀터니안은 일반적으로 다음과 같이 쓸 수

있다.

$$
\begin{aligned}
H &= H_k + V \tag{5.1.18}\\
&= \int d\mathbf{r}\; \psi^\dagger(\mathbf{r})T(\mathbf{r})\psi(\mathbf{r})\\
&\quad + \frac{1}{2}\int d\mathbf{r}d\mathbf{r}'\; \psi^\dagger(\mathbf{r})\psi^\dagger(\mathbf{r}')U(\mathbf{r}-\mathbf{r}')\psi(\mathbf{r}')\psi(\mathbf{r}). \tag{5.1.19}
\end{aligned}
$$

H_k 는 운동에너지, V 는 상호작용 연산자이며 전자기체계의 경우 $U(\mathbf{r}-\mathbf{r}') = \frac{e^2}{|\mathbf{r}-\mathbf{r}'|}$ 인 쿨롱 상호작용을 나타낸다. 우리는 앞으로 V 를 섭동 항으로 취급하여 그린 함수 방법을 사용하려 한다.

위 식에서 $\psi(\mathbf{r}), \psi^\dagger(\mathbf{r})$ 등은 파동함수가 아닌 장 연산자 (field operator)로서 하이젠베르크 (Heisenberg) 표현의 퍼미온 (Fermion) 생성, 소멸 연산자 $c_\mathbf{k}, c_\mathbf{k}^\dagger$ 와 다음 관계가 있다.

$$
\psi(\mathbf{r}) = \sum_\mathbf{k} \phi_\mathbf{k}(\mathbf{r})\, c_\mathbf{k} \tag{5.1.20}
$$

$$
\psi^\dagger(\mathbf{r}) = \sum_\mathbf{k} \phi_\mathbf{k}^\star(\mathbf{r})\, c_\mathbf{k}^\dagger \tag{5.1.21}
$$

여기서 $\phi_\mathbf{k}(\mathbf{r})$ 은 직교규격화된 완전 기저집합 (orthonomal complete basis set)이다. 퍼미온 연산자 $c_\mathbf{k}, c_\mathbf{k}^\dagger$ 의 반교환 (anticommutation) 성질과 $\phi_\mathbf{k}(\mathbf{r})$ 의 완전성을 이용하면

$$
\begin{aligned}
\{\psi(\mathbf{r}), \psi^\dagger(\mathbf{r}')\} &= \sum_{\mathbf{k},\mathbf{k}'} \phi_\mathbf{k}(\mathbf{r})\phi_{\mathbf{k}'}^\star(\mathbf{r})\, \{c_\mathbf{k}, c_{\mathbf{k}'}^\dagger\}\\
&= \sum_{\mathbf{k},\mathbf{k}'} \phi_\mathbf{k}(\mathbf{r})\phi_{\mathbf{k}'}^\star(\mathbf{r})\, \delta_{\mathbf{k},\mathbf{k}'}\\
&= \delta(\mathbf{r}-\mathbf{r}') \tag{5.1.22}
\end{aligned}
$$

임을 알 수 있고, 마찬가지 방법으로

$$
\{\psi(\mathbf{r}), \psi(\mathbf{r}')\} = 0 \tag{5.1.23}
$$

$$
\{\psi^\dagger(\mathbf{r}), \psi^\dagger(\mathbf{r}')\} = 0 \tag{5.1.24}
$$

임도 보일 수 있다.

주목할 점은 장 연산자 $\psi(\mathbf{r}, t)$ 은 하이젠베르크 운동방정식으로부터

$$
i\hbar \frac{\partial \psi(\mathbf{r}, t)}{\partial t} = [\psi(\mathbf{r}, t), H] \tag{5.1.25}
$$

$$
= H\psi(\mathbf{r}, t) \tag{5.1.26}
$$

를 만족하는데, 이는 슈뢰딩거 방정식의 형태와 유사하다. 하지만 슈뢰딩거 방정식에서와는 달리 $\psi(\mathbf{r}, t)$ 는 파동함수가 아니고 연산자이기 때문에 흔히 파동함수를 양자화한 형태와 같다 하여 해밀터니안 식 (5.1.19)를 제 2 양자화 (second quantized)된 해밀터니안으로도 부른다.

위의 해밀터니안을 생성, 소멸 연산자 $c_{\mathbf{k}}, c_{\mathbf{k}}^{\dagger}$을 사용하여 표현하면

$$H = \sum_{\mathbf{kl}} T_{kl}\, c_{\mathbf{k}}^{\dagger} c_{\mathbf{l}} + \frac{1}{2} \sum_{\mathbf{ijkl}} V_{ijkl}\, c_{\mathbf{i}}^{\dagger} c_{\mathbf{j}}^{\dagger} c_{\mathbf{l}} c_{\mathbf{k}} \qquad (5.1.27)$$

$$T_{kl} = \langle \phi_{\mathbf{k}}(\mathbf{r}) | T | \phi_{\mathbf{l}}(\mathbf{r}) \rangle \qquad (5.1.28)$$

$$V_{ijkl} = \langle \phi_{\mathbf{i}}(\mathbf{r}) \phi_{\mathbf{j}}(\mathbf{r}') | U(\mathbf{r} - \mathbf{r}') | \phi_{\mathbf{k}}(\mathbf{r}) \phi_{\mathbf{l}}(\mathbf{r}') \rangle \qquad (5.1.29)$$

와 같이 된다.

5.1.3   영도 ($T = 0$) 그린 함수

$T = 0$ 에서의 다체계를 기술하기 위하여 흔히 다음과 같은 세 가지의 그린 함수를 정의한다.

$$G(\mathbf{x}t, \mathbf{x}'t') = -i \langle \Psi_0 | T(\psi(\mathbf{x}, t) \psi^{\dagger}(\mathbf{x}', t')) | \Psi_0 \rangle \qquad (5.1.30)$$

$$G^R(\mathbf{x}t, \mathbf{x}'t') = -i\theta(t - t') \langle \Psi_0 | \{ \psi(\mathbf{x}, t), \psi^{\dagger}(\mathbf{x}', t') \} | \Psi_0 \rangle \qquad (5.1.31)$$

$$G^A(\mathbf{x}t, \mathbf{x}'t') = i\theta(t' - t) \langle \Psi_0 | \{ \psi(\mathbf{x}, t), \psi^{\dagger}(\mathbf{x}', t') \} | \Psi_0 \rangle. \qquad (5.1.32)$$

위 세 개의 식은 각각 시간순차 (time-ordered), 지연, 선진 (advanced) 그린 함수로 부른다. 여기서 $|\Psi_0\rangle$ 는

$$H\, |\Psi_0\rangle = E_0\, |\Psi_0\rangle \qquad (5.1.33)$$

인 온도 $T = 0$ 에서의 다체계 바닥상태 (ground state)를 나타내고 $\psi(\mathbf{x}, t)$ 는 앞에서와 같이 하이젠베르크 표현으로 나타낸 시간의존 장 연산자 ($\psi(\mathbf{x}, t) = e^{iHt}\psi(\mathbf{x})e^{-iHt}$) 이고, T 는 시간정렬 연산자로서 다음과 같은 성질을 갖는다.

$$T[\psi(\mathbf{x}, t)\psi^{\dagger}(\mathbf{x}', t')] = \begin{cases} \psi(\mathbf{x}, t)\psi^{\dagger}(\mathbf{x}', t') & t > t' \\ -\psi^{\dagger}(\mathbf{x}', t')\psi(\mathbf{x}, t) & t' > t \end{cases}. \qquad (5.1.34)$$

따라서 $t > t'$ 인 경우 식 (5.1.30)의 그린 함수 G 는 한 전자를 $(\mathbf{x}', t')$ 의 시점에서 다체계에 첨가한 후 $(\mathbf{x}, t)$ 의 시점에서 이를 발견할 확률 크기 (probability amplitude)를 의미한다고 볼 수 있다. 식 (5.1.31), (5.1.32)의 지연, 선진 그린 함수를 정의할 때 반교환 연산자 (anticommutator)를 사용하였음에 주목하자. 이는 우리가 다루는 입자가 전자인 페르미 입자이기 때문이며, 만일 보존 (boson)을 기술하는 그린 함수를 정의한다면 교환 연산자 (commutator)를 사용하여야 한다.

위와 같이 정의한 다체계 그린 함수는 단일입자계 그린 함수의 경우와 마찬가지로 δ 함수를 원천 항으로 갖는 방정식의 해가 된다. 예를 들어 지연 그린 함수 G^R 을 시간에 대해 미분하면 (우선 $V = 0$ 인 간단한 경우를 생각해 보자.)

$$
\begin{aligned}
i\frac{\partial}{\partial t}G^R(\mathbf{x}t, \mathbf{x}'t') &= \delta(t - t')\langle\Psi_0|\{\psi(\mathbf{x}, t), \psi^\dagger(\mathbf{x}', t')\}|\Psi_0\rangle \\
&\quad -i\theta(t - t')\langle\Psi_0|\{[\psi(\mathbf{x}, t), H_k], \psi^\dagger(\mathbf{x}', t')\}|\Psi_0\rangle \\
&= \delta(t - t')\delta(\mathbf{x} - \mathbf{x}') \\
&\quad -iT(\mathbf{x})\theta(t - t')\langle\Psi_0|\{\psi(\mathbf{x}, t), \psi^\dagger(\mathbf{x}', t')\}|\Psi_0\rangle
\end{aligned}
$$
$$(5.1.35)$$

가 되고, 다시 정리하면

$$
\left(i\frac{\partial}{\partial t} - T(\mathbf{x})\right) G^R(\mathbf{x}t, \mathbf{x}'t') = \delta(t - t')\delta(\mathbf{x} - \mathbf{x}')
$$
$$(5.1.36)$$

가 된다. 위의 유도과정에서 $\hbar = 1$ 로 생각하였고 $\frac{\partial\theta(t)}{\partial t} = \delta(t)$ 의 공식을 사용하였다. 이 식을 식 (5.1.14)와 비교하여 보면 다체계 그린 함수가 만족하는 방정식의 형태도 단일입자계인 경우와 같음을 알 수 있다. 이와 같이 운동방정식 방법을 이용하여 그린 함수를 구할 때는 지연 그린 함수를 흔히 사용하고, 파인만 (Feynman) 도형법을 사용하여 구할 때는 시간순차 그린 함수를 사용한다.

마찬가지 방식으로 $\mathbf{k}$-공간에서의 다체계 그린 함수들도 각각

$$
\begin{aligned}
G_{\mathbf{k}}(t, t') &= -i\langle\Psi_0|T(c_{\mathbf{k}}(t)c_{\mathbf{k}}^\dagger(t'))|\Psi_0\rangle & (5.1.37) \\
G_{\mathbf{k}}^R(t, t') &= -i\theta(t - t')\langle\Psi_0|\{c_{\mathbf{k}}(t), c_{\mathbf{k}}^\dagger(t')\}|\Psi_0\rangle & (5.1.38) \\
G_{\mathbf{k}}^A(t, t') &= i\theta(t - t')\langle\Psi_0|\{c_{\mathbf{k}}(t), c_{\mathbf{k}}^\dagger(t')\}|\Psi_0\rangle & (5.1.39)
\end{aligned}
$$

와 같이 정의할 수 있다. $\mathbf{k}$-공간에서 해밀터니안은

$$
H_k = \sum_{\mathbf{k}} \epsilon_{\mathbf{k}} c_{\mathbf{k}}^\dagger c_{\mathbf{k}}
$$
$$(5.1.40)$$

와 같이 주어지므로 ($\epsilon_{\mathbf{k}} = \hbar^2\mathbf{k}^2/2m$), 이를 이용하여 $G_{\mathbf{k}}^R$ 을 시간에 대해 미분하면

$$
i\frac{\partial}{\partial t}G_{\mathbf{k}}^R(t, t') = \delta(t - t') + \epsilon_{\mathbf{k}}G_{\mathbf{k}}^R(t, t')
$$
$$(5.1.41)$$

이 된다. 이 식을 (t, E) 에 대하여 푸리에 변환하면

$$
(E - \epsilon_{\mathbf{k}}) G_{\mathbf{k}}^R(E) = 1
$$
$$(5.1.42)$$

이 되어 단일입자계인 경우의 식 (5.1.5)와 정확히 일치한다.

$V \neq 0$ 인 경우 V 를 섭동 항으로 처리하여 그린 함수를 구하는 방법은 나중에 다루기로 하고 다음 절에서는 온도 $T \neq 0$ 인 경우의 유한온도 (finite temperature) 그린 함수를 정의하여 보자.

5.1.4 유한온도 ($T \neq 0$) 그린 함수

온도 $T \neq 0$ 인 경우에, 어떤 변수 A 에 대한 기댓값은

$$\langle A \rangle = \frac{\mathrm{Tr}(e^{-\beta K} A)}{\mathrm{Tr}(e^{-\beta K})} \tag{5.1.43}$$

와 같이 대정준분포 (grand canonical ensemble)에 대한 열역학적 평균값으로 구할 수 있다. 여기서 $K = H - \mu N$ 이고 $\beta = 1/kT$ 이다. 이를 응용하면 $T \neq 0$ 인 경우의 그린 함수들도 $T = 0$ 인 그린 함수를 정의할 때처럼 바닥상태 $|\Psi_0\rangle$ 에 대한 기대치 대신 위 식과 같이 볼쯔만 (Boltzmann) 분포에 대한 기대치를 생각하면 되리라는 것을 알 수 있다. 실제로 $T \neq 0$ 지연 그린 함수와 선진 그린 함수의 경우 위와 같이 정의한다.

시간순차 그린 함수의 경우 마츠바라 (Matsubara[3])는 다음과 같이 영도 그린 함수 정의에서 시간 t 를 허수 시간 $\tau = it$ 로 바꾸어 생각하면 영도 그린 함수에서의 성질이 $T \neq 0$ 에서도 그대로 유지된다는 것을 알아냈다. 즉,

$$\begin{aligned} G(\mathbf{x}\tau, \mathbf{x}'\tau') &= -\mathrm{Tr}(e^{-\beta K} T_\tau(\psi(\mathbf{x},\tau)\psi^\dagger(\mathbf{x}',\tau')))/\mathrm{Tr}(e^{-\beta K}) \\ &\equiv -\langle T_\tau(\psi(\mathbf{x},\tau)\psi^\dagger(\mathbf{x}',\tau'))\rangle \end{aligned} \tag{5.1.44}$$

이다. 따라서 이를 보통 마츠바라 그린 함수라 부른다. 여기서 T_τ 는 τ 에 대한 시간 정렬 연산자로 $T = 0$ 에서 정의된 바와 같다. 마찬가지로 $\mathbf{k}$-공간에서의 마츠바라 그린 함수는 다음과 같이 주어진다.

$$G_\mathbf{k}(\tau, \tau') = -\langle T_\tau(c_\mathbf{k}(\tau)c_\mathbf{k}^\dagger(\tau'))\rangle. \tag{5.1.45}$$

마츠바라 그린 함수는 재미있게도 다음과 같은 주기적인 성질을 갖는다.

$$\begin{aligned} G_\mathbf{k}(\tau + 2\beta) &= G_\mathbf{k}(\tau), \tag{5.1.46} \\ G_\mathbf{k}(\tau + \beta) &= -G_\mathbf{k}(\tau). \tag{5.1.47} \end{aligned}$$

다시 말해 $G(\tau)$ 는 2β 의 주기성을 갖고 β 의 반주기성 (antiperiodicity)를 가진다 (위 식에서 $\tau' = 0$ 로 생각하였다). 위와 같은 주기성은 다음과 같이 쉽게 증명할

---

[3]T. Matsubara (1921 - 2014), Japanese theoretical physicist.

수 있다. 먼저 $-\beta < \tau < 0$ 이라 하면 대각합 (trace)의 순환성을 이용하여,

$$
\begin{aligned}
G_{\mathbf{k}}(\tau) &= -\langle T_\tau(c_{\mathbf{k}}(\tau)c_{\mathbf{k}}^\dagger)\rangle = \langle c_{\mathbf{k}}^\dagger c_{\mathbf{k}}(\tau)\rangle \\
&= \mathrm{Tr}(e^{-\beta K}c_{\mathbf{k}}^\dagger e^{\tau K}c_{\mathbf{k}}e^{-\tau K})/\mathrm{Tr}(e^{-\beta K}) \\
&= \mathrm{Tr}(e^{-\beta K}e^{(\tau+\beta)K}c_{\mathbf{k}}e^{-(\tau+\beta)K}c_{\mathbf{k}}^\dagger)/\mathrm{Tr}(e^{-\beta K}) \\
&= \langle c_{\mathbf{k}}(\tau+\beta)c_{\mathbf{k}}^\dagger\rangle \\
&= \langle T_\tau(c_{\mathbf{k}}(\tau+\beta)c_{\mathbf{k}}^\dagger)\rangle \\
&= -G_{\mathbf{k}}(\tau+\beta)
\end{aligned}
\tag{5.1.48}
$$

임을 알 수 있다. 위 식에서 셋째 줄은 대각합의 순환성을 이용하여 $c_{\mathbf{k}}^\dagger$ 를 가장 오른쪽으로 이동한 것이다.

또한 $0 < \tau < \beta$ 일 때도 마찬가지 방법으로 $G_{\mathbf{k}}(\tau) = -G_{\mathbf{k}}(\tau-\beta)$ 임을 보일 수 있다.

한편 주기성을 갖는 함수는 푸리에 급수로 전개할 수 있으므로 주기 2β 인 $G(\tau)$ 는 $-\beta < \tau < \beta$ 인 τ 에 대해

$$
G(\tau) = \frac{1}{\beta}\sum_{n=-\infty}^{\infty} e^{-i\omega_n\tau}G(i\omega_n),
\tag{5.1.49}
$$

$$
G(i\omega_n) = \frac{1}{2}\int_{-\beta}^{\beta} d\tau\, G(\tau)e^{i\omega_n\tau}
\tag{5.1.50}
$$

와 같이 표현할 수 있다 (여기서 $\omega_n = n\pi/\beta$). $G(\tau)$ 의 반 주기성을 이용하여 위식의 적분을 변형하면

$$
\begin{aligned}
G(i\omega_n) &= \frac{1}{2}\left(\int_0^\beta d\tau\, G(\tau)e^{i\omega_n\tau} + \int_{-\beta}^0 d\tau\, G(\tau)e^{i\omega_n\tau}\right) \\
&= \frac{1}{2}\left(\int_0^\beta d\tau\, G(\tau)e^{i\omega_n\tau} + \int_0^\beta d\tau\, G(\tau+\beta)e^{i\omega_n(\tau+\beta)}\right) \\
&= \frac{1}{2}(1-e^{in\pi})\int_0^\beta d\tau\, G(\tau)e^{i\omega_n\tau}
\end{aligned}
\tag{5.1.51}
$$

이 된다. 그런데 마지막 식은 n 이 짝수이면 0 이 되고 n 이 홀수일 때만 존재한다. 따라서 우리는 퍼미온의 유한온도 그린 함수는 다음과 같은 푸리에 전개식을

갖는다고 할 수 있다.

$$G(\tau) \quad = \quad \frac{1}{\beta} \sum_{n=-\infty}^{\infty} e^{-i\omega_n \tau} G(i\omega_n), \qquad (5.1.52)$$

$$G(i\omega_n) \quad = \quad \int_0^\beta d\tau G(\tau) e^{i\omega_n \tau}, \qquad (5.1.53)$$

$$\omega_n \quad = \quad (2n+1)\pi/\beta. \qquad (5.1.54)$$

위의 표현은 영도 그린 함수에 대한 (t, E) 사이의 푸리에 관계식과 같이 유한온도 그린 함수에서 (τ, ω_n) 사이의 푸리에 관계식으로 생각하면 된다.

운동방정식을 이용하여 상호작용이 없는 경우의 그린 함수 $G_{\mathbf{k}}(\tau)$ 를 구하여 보자. 허수 시간을 고려하면 (하이젠베르크 운동방정식에서 t 를 $-i\tau$ 로 치환하고 해밀터니안 H 대신 K 를 고려함) 하이젠베르크 운동방정식은

$$\begin{aligned} \frac{\partial c_{\mathbf{k}}(\tau)}{\partial \tau} &= [K_0, c_{\mathbf{k}}] \\ &= \sum_{\mathbf{p}} (\epsilon_{\mathbf{p}} - \mu)[c_{\mathbf{p}}^\dagger c_{\mathbf{p}}, c_{\mathbf{k}}] \\ &= -(\epsilon_{\mathbf{k}} - \mu) c_{\mathbf{k}} \qquad (5.1.55) \end{aligned}$$

가 되므로

$$\frac{\partial}{\partial \tau} G_{\mathbf{k}}(\tau) = -\delta(\tau - \tau') - (\epsilon_{\mathbf{k}} - \mu) G_{\mathbf{k}}(\tau) \qquad (5.1.56)$$

가 된다. 이를 푸리에 변환하여 진동수 $(i\omega_n)$ 공간으로 바꾸면

$$G_{\mathbf{k}}(i\omega_n) = \frac{1}{i\omega_n - (\epsilon_{\mathbf{k}} - \mu)} \qquad (5.1.57)$$

이 된다.

주목할 점은 위 식 분모의 $i\omega_n$ 을 $E + i\delta$ 로 치환하면 이 식은 식 (5.1.42)의 지연 그린 함수의 형태와 같아진다는 점이다. 이 점을 이용하여 실험적인 양과 직접적으로 연결되는 지연 그린 함수를 구할 때 흔히 유한온도 마츠바라 그린 함수를 사용하여 구하기도 한다. 마츠바라 그린 함수는 영도 ($T = 0$) 그린 함수와 같이 위크의 정리 (Wick theorem)를 사용한 파인만 도형 (Feynman[4] diagram) 방법으로 구할 수 있다 [Mattuck 1976, Mahan 1990]. 이 때문에 물리적인 양인 지연 그린 함수를 직접 구하는 것보다 보통 마츠바라 그린 함수를 파인만 도형방법으로 구한 후, $i\omega_n \to \omega + i\delta$ 로 치환하여 지연 그린 함수를 구하게 되며, 이를

---

[4]R. P. Feynman (1918 – 1988), American theoretical physicist. 1965 Nobel Prize in Physics.

해석연속 (analytic continuation) 이라 한다.

5.2 자체에너지 (Self-Energy): 하트리-폭 (Hartree-Fock) 근사

전자 간 상호작용이 있는 경우, 즉 $V \neq 0$ 인 경우 그린 함수를 구하는 방법을 공부하여 보자. 전자 간 상호작용을 고려하는 경우 그린 함수를 정확히 구할 수는 없고 보통 V 를 섭동 항으로 처리하여 근사적으로 그린 함수를 구하게 된다. 이 절에서 우리는 하트리-폭 근사를 사용한 운동방정식 방법에 의해 그린 함수를 구하여 본다.

이를 위하여 실제 고체계의 물성을 모델로 기술할 때 흔히 사용하는 전자기체계를 도입하자. 흔히 젤리움 (jellium) 모델로 불리는 전자기체계에서는 고체계에서 규칙적으로 배열된 양전하 이온들을 균일하게 분포한 배경 양전하 (uniform positive background charge)로 생각하여 이온들에 의한 격자 효과를 무시한다. 따라서 전자기체계에서 배경 전하인 이온들의 역할은 계의 전체적인 전기적 중성만을 만족시키는 역할을 한다.

균일한 전자기체계를 기술하는 기저집합 (basis set)으로 평면파가 가장 적당하므로 식 (5.1.20)에서 $\phi_{\mathbf{k}}(\mathbf{r}) = e^{i\mathbf{kr}}$ 로 생각하면 식 (5.1.27)의 해밀터니안은

$$
\begin{aligned}
H &= H_k + V_c, & (5.2.1)\\
H_k &= \sum_{\mathbf{k}\sigma} \epsilon_{\mathbf{k}}\, c_{\mathbf{k}\sigma}^{\dagger} c_{\mathbf{k}\sigma}, & (5.2.2)\\
V_c &= \frac{1}{2} \sum_{\mathbf{ll'}\kappa\sigma\sigma'}{}' v(\boldsymbol{\kappa})\, c_{\mathbf{l}\sigma}^{\dagger} c_{\mathbf{l'}\sigma'}^{\dagger} c_{\mathbf{l'}-\kappa,\sigma'} c_{\mathbf{l}+\kappa,\sigma} & (5.2.3)
\end{aligned}
$$

와 같이 주어진다. 위 식에서 운동량 양자수 외에 스핀 양자수를 고려하였고 따라서 $c_{\mathbf{k}\sigma}$ 는 에너지 $\epsilon_{\mathbf{k}}$ 와 스핀 σ 를 갖는 전자의 소멸연산자이다. $v(\boldsymbol{\kappa})$ 는 $v(\boldsymbol{\kappa}) = 4\pi e^2/\kappa^2$ 인 쿨롱 척력을 나타내며 V_c 항의 $\sum'$ 에서 $'$ 은 $v(\boldsymbol{\kappa}) = \infty$ 가 되는 $\boldsymbol{\kappa} = 0$ 인 항은 포함하지 않는다는 의미이다.

이 해밀터니안하에서 식 (5.1.31)의 지연 그린 함수, $G_{\mathbf{k}\sigma}^{R}(t,t')$ 에 대해 운동방정식을 구하여 보면

$$
\begin{aligned}
i\frac{\partial}{\partial t} G_{\mathbf{k}\sigma}^{R}(t,t') &= \delta(t-t') + \epsilon_{\mathbf{k}}\, G_{\mathbf{k}\sigma}^{R}(t,t') \\
&\quad -i\theta(t-t') \, \langle\{[c_{\mathbf{k}\sigma}(t), V_c], c_{\mathbf{k}\sigma}^{\dagger}(t')\}\rangle & (5.2.4)
\end{aligned}
$$

이 된다. 마지막 항에서, 쿨롱 상호작용과의 교환자는

$$[c_{\mathbf{k}\sigma}, V_c] = \sum_{\mathbf{l}\kappa\sigma'}{}' v(\boldsymbol{\kappa})\, c_{\mathbf{l}\sigma'}^{\dagger} c_{\mathbf{l}-\boldsymbol{\kappa},\sigma'} c_{\mathbf{k}+\boldsymbol{\kappa},\sigma} \tag{5.2.5}$$

이 되므로 이것을 식 (5.2.4)에 대입하고 ω-공간으로 푸리에 변환하면

$$(\omega - \epsilon_{\mathbf{k}})\, G_{\mathbf{k}\sigma}^{R}(\omega) = 1 - \sum_{\mathbf{l}\kappa\sigma'}{}' v(\boldsymbol{\kappa})\, \langle \{ c_{\mathbf{l}\sigma'}^{\dagger} c_{\mathbf{l}-\boldsymbol{\kappa},\sigma'} c_{\mathbf{k}+\boldsymbol{\kappa},\sigma}, c_{\mathbf{k}\sigma}^{\dagger} \} \rangle \tag{5.2.6}$$

을 얻는다. 위 식의 마지막 항은 c-연산자가 4개나 있는 고차의 그린 함수에 해당한다. 즉 다체계에서 단일입자 그린 함수를 구하려면 더 고차의 그린 함수를 알아야만 하는 처지에 놓인 것이다. 이러한 계급적 구조 (hierarchical structure)를 갖는 식으로부터 원하는 단일입자 그린 함수를 구할 때 흔히 쓰이는 근사 방법이 평균장 근사 (mean-field approximation)이다. 이 근사에서는 위 식에서 고차의 그린 함수에 해당하는 마지막 항을 줄여 c-연산자가 2개 있는 그린 함수로 만든다. 즉, 식 (5.2.6)에서 $\mathbf{l} = \mathbf{k} + \boldsymbol{\kappa}$, $\sigma = \sigma'$ 인 경우

$$\sum_{\mathbf{l}\kappa\sigma'}{}' v(\boldsymbol{\kappa})\, \langle \{ c_{\mathbf{l}\sigma'}^{\dagger} c_{\mathbf{l}-\boldsymbol{\kappa},\sigma'} c_{\mathbf{k}+\boldsymbol{\kappa},\sigma}, c_{\mathbf{k}\sigma}^{\dagger} \} \rangle$$

$$\approx -\sum_{\kappa}{}' v(\boldsymbol{\kappa})\, \langle c_{\mathbf{k}+\boldsymbol{\kappa},\sigma}^{\dagger} c_{\mathbf{k}+\boldsymbol{\kappa},\sigma} \rangle \langle \{ c_{\mathbf{k},\sigma}, c_{\mathbf{k}\sigma}^{\dagger} \} \rangle \tag{5.2.7}$$

로 근사 시킨다. 여기서 $\mathbf{l} = \mathbf{l} - \boldsymbol{\kappa}$ 인 경우에는 $\boldsymbol{\kappa} = 0$ 이 되므로 고려하지 않았다.

이렇게 하여 이 근사식을 원래의 식 (5.2.6)에 대입하면

$$(\omega - \epsilon_{\mathbf{k}} - \Sigma_{\sigma}(\mathbf{k}))\, G_{\mathbf{k}\sigma}^{R}(\omega) = 1 \tag{5.2.8}$$

$$\Sigma_{\sigma}(\mathbf{k}) = -\sum_{\kappa}{}' v(\boldsymbol{\kappa})\, \langle c_{\mathbf{k}+\boldsymbol{\kappa},\sigma}^{\dagger} c_{\mathbf{k}+\boldsymbol{\kappa},\sigma} \rangle \tag{5.2.9}$$

를 얻는다. 여기서 $\Sigma_{\sigma}(\mathbf{k})$ 는 교환 상호작용 (exchange interaction)에 의한 전자의 자체에너지 (self-energy) 이다. 그린 함수의 극점은 고유값에 해당하므로 위 식으로부터 전자의 에너지가 다음 식처럼 자체에너지만큼 변화한 것을 알 수 있다:

$$\omega = \epsilon_{\mathbf{k}} + \Sigma_{\sigma}(\mathbf{k}). \tag{5.2.10}$$

위의 교환 자체에너지 표현식 중 $\langle c_{\mathbf{k}+\boldsymbol{\kappa},\sigma}^{\dagger} c_{\mathbf{k}+\boldsymbol{\kappa},\sigma} \rangle$ 는 운동량 $\mathbf{k}+\boldsymbol{\kappa}$, 스핀 σ 를 갖는 전자의 평균 수밀도 (number density)에 해당하여 보통 $n_{\sigma}(\mathbf{k}+\boldsymbol{\kappa})$ 로 표현한다. 이를 운동량 분포함수라고 부르는데, 전자 간 상호작용이 없는 경우에는 페르미 분포함수가 된다.

주목할 점은 식 (5.2.10)에는 전자 간 직접 쿨롱 상호작용에 의한 자체에너지가 없다는 점이다. 이러한 특징은 전자기체계의 특성으로 식 (5.2.7)의 근사에서 직접 쿨롱 상호작용에 의한 자체에너지는 $v(\kappa = 0)$ 에 비례하게 되는데, 이렇게 쿨롱 척력을 발산시키는 $\kappa = 0$ 인 항을 고려하지 않기 때문에 직접 쿨롱 자체에너지가 나타나지 않은 것이다. 이는 배경 전하에 의한 계의 전체적인 전기적 중성성질로부터 $\kappa = 0$ 에 해당하는 전자 간 쿨롱 척력이 균일하게 분포된 이온 간의 쿨롱 척력, 그리고 전자-이온 간의 쿨롱 인력 등과 정확하게 상쇄되기 때문이다.

균일한 전자기체계에 대한 하트리-폭 방정식으로부터 구한 에너지 고유값이 식 (5.2.10)의 에너지 고유값과 정확히 일치하기 때문에 위와 같은 평균장 근사를 보통 하트리-폭 근사라 부른다. 즉 교환 자체에너지는 운동량 분포함수를 페르미 분포함수로 가정하면

$$
\begin{aligned}
\Sigma_\sigma(\mathbf{k}) &= -{\sum_{\kappa}}' v(\boldsymbol{\kappa}) n_\sigma(\mathbf{k} + \boldsymbol{\kappa}) = -\sum_{\mathbf{q} < \mathbf{k}_F} v(\mathbf{k} - \mathbf{q}) \\
&= -\frac{2e^2}{\pi} k_F \, F(k/k_F), \qquad\qquad (5.2.11)
\end{aligned}
$$

$$
F(x) = \frac{1}{2} + \frac{1 - x^2}{4x} \ln \left| \frac{1 + x}{1 - x} \right| \qquad\qquad (5.2.12)
$$

로 주어진다. 하지만 이렇게 주어지는 교환 자체에너지는 $k = k_F$ 에서의 기울기가 무한대가 되어 $dk/d\epsilon_{\mathbf{k}}$ 에 비례하는 상태밀도가 페르미 준위에서 0 이 되는 결과를 준다.

보통의 금속에서는 이러한 현상이 나타나지 않으므로 하트리-폭 근사를 사용하여 구한 자체에너지는 물리적으로는 사실 틀린 것이며 이러한 원인은 전자 간 쿨롱 상호작용에 대한 다른 전자들의 가리기 (screening) 효과를 고려하지 않았기 때문이다. 이 가리기 효과는 하트리-폭 근사에서 교환 자체에너지를 구할 때 사용한 쿨롱 척력 항 대신 유카와 (Yukawa[5]) 형태의 척력 항 ($v(\boldsymbol{\kappa}) = 4\pi e^2/(\kappa^2 + \lambda^2)$) 을 사용하면 가장 간단한 근사로써 고려할 수 있다. 이러한 다른 전자들의 가리기 효과는 보통 상관 (correlation) 효과라 불리며 이를 체계적으로 기술하는 근사 방법을 무작위위상근사 (random phase approximation: RPA) 방법이라 하여 하트리-폭 근사보다 개선된 근사 방법이라 할 수 있다. 무작위위상근사 방법에 대해서는 나중에 다루기로 한다.

5.3 전자기체계

금속전자계는 아보가드로수 이상의 전자들이 상호작용을 하는 겹쳐진 (degenerate) 양자계라 할 수 있다. 또한 금속 전자는 이온격자의 격자진동과도 상호작용하

---

[5]H. Yukawa (1907 – 1981), Japanese theoretical physicist. 1949 Nobel Prize in Physics.

기 때문에 이러한 다체 양자계를 정확히 기술하기는 매우 어려운 일이다. 이러한 복잡계 (complex system)를 다루기 위하여 흔히 쓰이는 간단한 모델계가 바로 1 장에서 공부한 전자기체계이다. 전자기체계는 상당히 간단한 모형이지만 s, p 전자를 갖는 알칼리 금속과 같은 금속의 물성은 잘 기술하고 있다. 이는 이들의 물성을 결정하는 최외각 전자들인 s, p 전자와 이온 핵 사이의 상호작용이 내각 전자들에 의해 가려져서 그 크기가 상당히 작아지기 때문이다.

1 장에서도 다루었듯이 전자기체계의 물성은 보통 전자 간 평균거리에 해당하며 보어 r_s 에 직접적으로 관계된다. 일반적으로 매우 높은 전자밀도 극한, 즉 $r_s \to 0$ 인 경우에는 계의 평균 운동에너지 ($\sim \frac{1}{r_s^2}$) 의 크기가 평균 퍼텐셜 에너지 ($\sim \frac{1}{r_s}$) 의 크기에 비해 무척 커지게 되기 때문에 마치 자유전자계와 같이 행동하고, 그 반대의 극한 ($r_s \gg 1$) 에서는 평균 퍼텐셜 에너지가 중요해져서 전자들이 국소화 (localize)되는 위그너 (Wigner[6]) 격자가 된다고 믿어지고 있다 [Wigner 1938].

전자기체계 물성을 일반적으로 논하기 전에 먼저 그 공간적 차원 의존성에 대해 알아보자. 이를 위해 d 차원의 부피 $\Omega = L^d$ 안에서 쿨롱 퍼텐셜 e^2/r 로 상호작용 하는 N 개의 전자로 이루어진 전자기체계를 생각하자. 이때 온도는 $T = 0$ 이라 가정한다. 그러면 이 전자기체계는

$$H = \sum_{\mathbf{k}\sigma} \epsilon_{\mathbf{k}} \, c_{\mathbf{k}\sigma}^{\dagger} c_{\mathbf{k}\sigma} + \frac{1}{2} \sum_{\mathbf{k}\mathbf{k'}\mathbf{q}\sigma\sigma'}{}' v(\mathbf{q}) \, c_{\mathbf{k}\sigma}^{\dagger} c_{\mathbf{k'}\sigma'}^{\dagger} c_{\mathbf{k'}+\mathbf{q}\sigma'} c_{\mathbf{k}-\mathbf{q}\sigma} \qquad (5.3.1)$$

와 같은 해밀터니안으로 기술된다. 여기서 $\epsilon_{\mathbf{k}}$ 는 자유전자 에너지

$$\epsilon_{\mathbf{k}} = \frac{\hbar^2 k^2}{2m} \qquad (5.3.2)$$

이고, $\sum'$ 에서의 $'$ 은 앞에서와 마찬가지로 $\mathbf{q} = 0$ 인 경우는 고려하지 말라는 것을 의미한다. 그리고 $v(\mathbf{q})$ 는 쿨롱 퍼텐셜의 푸리에 변환이다.

1 장에서 기술하였듯이 전자 간 평균거리에 해당하는 무차원 매개변수 r_s 는 전자밀도 $n = N/\Omega$ 과 다음과 같은 관계식을 갖는다.

$$\Omega_d \left(r_s a_0 \right)^d = \frac{\Omega}{N} = \frac{1}{n} \quad . \qquad (5.3.3)$$

여기서 Ω_d 와 a_0 는 각각 d-차원 단위구 (unit sphere)의 부피와 보어 반지름이다 ($a_0 = \frac{\hbar^2}{me^2}$). 즉 위 식의 전자밀도는 차원 $d = 3$, 2, 1 에 따라 단위부피, 면적,

---

[6]E. P. Wigner (1902 – 1995), Hungarian-American theoretical physicist. 1963 Nobel Prize in Physics.

길이 당의 밀도를 나타낸다. 그러면 식 (5.3.3)은

$$
\begin{aligned}
\tfrac{4}{3}\pi \left(r_s a_0\right)^3 = n^{-1} &\quad : \quad d = 3, \\
\pi \left(r_s a_0\right)^2 = n^{-1} &\quad : \quad d = 2, \\
2 \left(r_s a_0\right) = n^{-1} &\quad : \quad d = 1
\end{aligned}
\tag{5.3.4}
$$

이 되고

$$
r_s a_0 = \begin{cases}
(4\pi n/3)^{-1/3} &: \quad d = 3, \\
(\pi n)^{-1/2} &: \quad d = 2, \\
(2n)^{-1} &: \quad d = 1
\end{cases}
\tag{5.3.5}
$$

를 얻는다.

페르미 파수 (wave number) q_F 는 페르미 구 안에 존재하는 총전자수 N 과

$$
2\,\frac{\Omega}{(2\pi)^d}\,\Omega_d\,q_F^d \;=\; N
\tag{5.3.6}
$$

의 관계식을 갖는다 (2는 스핀 합으로부터 나옴). 따라서 식 (5.3.6)은

$$
\begin{aligned}
2\,\frac{\Omega}{(2\pi)^3}\,\tfrac{4}{3}\pi q_F^3 \;=\; N &\quad : \quad d = 3, \\
2\,\frac{\Omega}{(2\pi)^2}\,\pi q_F^2 \;=\; N &\quad : \quad d = 2, \\
2\,\frac{\Omega}{2\pi}\,2q_F \;=\; N &\quad : \quad d = 1
\end{aligned}
\tag{5.3.7}
$$

과 같고

$$
q_F = \begin{cases}
\left(3\pi^2 n\right)^{1/3} &: \quad d = 3, \\
(2\pi n)^{1/2} &: \quad d = 2, \\
\pi n/2 &: \quad d = 1
\end{cases}
\tag{5.3.8}
$$

이 된다. 그러므로 q_F 와 r_s 는

$$
q_F = \frac{1}{\alpha r_s/a_0}
\tag{5.3.9}
$$

의 관계식을 갖는다. 여기서

$$
\alpha = \begin{cases}
(9\pi/4)^{-1/3} &: \quad d = 3, \\
2^{-1/2} &: \quad d = 2, \\
4/\pi &: \quad d = 1
\end{cases}
\tag{5.3.10}
$$

이다.

한편 쿨롱 퍼텐셜의 푸리에 성분 $v(\mathbf{q})$ 는

$$v(\mathbf{q}) = \int d^d r \; e^{-i\mathbf{q}\cdot\mathbf{r}} \; \frac{e^2}{r} \tag{5.3.11}$$

이므로

$$v(\mathbf{q}) = \begin{cases} 4\pi e^2/q^2 & : \quad d = 3, \\ 2\pi e^2/q & : \quad d = 2 \end{cases} \tag{5.3.12}$$

와 같이 주어진다.

5.3.1 재규격화 상수 (Renormalization Constant)

금속 전자들은 페르미 액체의 성질을 갖는데, 이는 그 운동량 분포가 페르미 운동량에서 불연속이라는 것으로 특징지어진다. 상호작용이 없는 페르미계의 경우 $T = 0$ 의 바닥상태에서의 운동량 분포는 물론 잘 알려진 페르미 분포함수의 형태를 갖는다 (그림 5.1의 점선). 그러나 상호작용하는 페르미계의 경우에는 상호작용의 영향으로 페르미 면 근처에서 전자의 이동이 발생하여 그림 5.1의 실선과 같이 페르미 운동량 아래 영역에 있던 전자들이 페르미 면 밖으로 나오게 된다. 따라서 운동량 분포에서 높은 운동량 쪽에 꼬리 모양이 생긴다. 이러한 상호작용의 영향으로 운동량 분포의 형태가 바뀌지만 주로 페르미 운동량 근처에서만 바뀌고 그 이외에서는 일반적인 모양이 거의 그대로 유지된다. 그렇기 때문에 페르미 운동량에서의 운동량 분포 불연속성으로 특징지어지는 페르미 액체의 성질은 그대로 유지된다. 이 페르미 운동량에서의 운동량 분포 불연속성의 크기를 재규격화 상수 (renormalization constant) Z_F 라 부른다. 불연속성의 크기는 상호작용이 강해질수록 작아지므로 Z_F 의 역수는 상호작용의 크기를 말해주는 척도라고 할 수 있다. Z_F 는 컴프턴 (Compton) 산란 실험에 의하여 실제적으로 측정할 수 있다 [Eeisenberger 1972].

재규격화 상수는 또 다른 물리적 의미를 갖고 있다. Z_F 는 페르미 준위 ϵ_F 에서의 준입자 (quasi-particle)의 스펙트럼 무게 (spectral weight)에 해당한다. 즉 Z_F 는 계의 입자성 들뜸 (particle-like excitation)들 중 단일입자 행태를 갖는 들뜸의 양에 해당하는 것이다. 상호작용하지 않는 전자기체의 경우 $Z_F = 1$ 인 사실은 계의 입자성 들뜸 모두가 단일입자 행태를 갖는다는 것을 의미하고, 상호작용하는 계의 경우 $Z_F < 1$ 이라는 사실은 입자성 들뜸에는 단일입자 들뜸 외에도 다중입자 (multi-particle) 들뜸 또는 집단들뜸 (collective excitation) 등이 존재함을 의미한다.

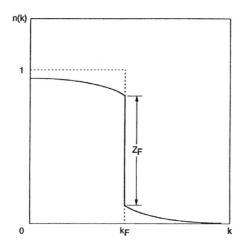

Figure 5.1: 상호작용이 없는 경우의 페르미계의 $T = 0$ 운동량 분포함수는 계단 함수 모양의 페르미 분포함수이다 (점선). 하지만 상호작용이 있는 경우의 운동량 분포함수는 $T = 0$ 인 경우에도 실선과 같은 꼴로 주어져 재규격화 상수 Z_F 가 1 보다 작아진다.

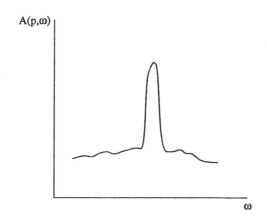

Figure 5.2: 주어진 p 에서 ω 에 따른 스펙트럼 함수 $A(p, \omega)$. 중심 봉우리가 준입 자에 해당하는 스펙트럼을 나타낸다 [Mahan 1990].

운동량 분포 $n\,(\mathbf{p})$ 는 스펙트럼 함수 (spectral function) $A(\mathbf{p},\omega)$ 와

$$n\,(\mathbf{p}) = \int_{-\infty}^{\infty} \frac{d\omega}{2\pi}\, n_F\,(\omega)\, A\,(\mathbf{p},\omega) \qquad (5.3.13)$$

의 관계식을 갖는다. 여기서 $n_F(\omega)$ 는 페르미 분포함수이다. 일반적으로 스펙트럼 함수 $A(\mathbf{p},\omega)$ 는 그림 5.2에서 보듯 매끄러운 배경 스펙트럼에 더하여 준입자에 해당하는 중심 봉우리를 가진 모양을 하고 있다. 스펙트럼 함수의 넓이가 1 이므로 $k = q_F$ 일 때의 중심 봉우리의 넓이에 해당하는 Z_F 는 1 보다 작은 값을 갖게 된다.

스펙트럼 함수 $A(\mathbf{p},\omega)$ 는 지연 그린 함수 $G_{ret}\,(\mathbf{p},\omega)$ 의 허수 값, 즉

$$A\,(\mathbf{p},\omega) = -\,2\,\Im\, G_{ret}\,(\mathbf{p},\omega) \qquad (5.3.14)$$

와 같이 주어진다 ($\Im$ 은 허수부를 나타냄). 또한 지연 그린 함수는 다이슨 방정식에 의하여 지연 자체에너지 (retarded self-energy)로부터 유도되기 때문에 재규격화 상수는 지연 그린 함수 $\Sigma_{ret}(k,\epsilon)$ 와

$$Z_F = \left[\, 1 - \frac{\partial}{\partial\epsilon}\Re\left\{\Sigma_{ret}\,(k,\epsilon)\right\} \,\right]^{-1}_{FS} \qquad (5.3.15)$$

과 같은 관계식을 가짐을 유도할 수 있다 [Mahan 1990]. 위에서 $\Re$ 은 실수부를 나타내며, FS는 페르미 면 상에서 계산이 되어야 함을 의미한다. 즉 재규격화 상수는 지연 자체에너지의 에너지 의존성으로부터 구할 수 있음을 알 수 있다.

5.3.2 유효질량 (Effective Mass)

재규격화 상수와 같이 상호작용의 크기를 주는 또 하나의 척도인 유효질량 m^* 를 유도하여 보자. 상호작용하는 전자기체계에서 단일입자 마츠바라 그린 함수 $G(\mathbf{k}, ik_n)$ 는

$$G\,(\mathbf{k}, ik_n) = G_0\,(\mathbf{k}, ik_n) + G_0\,(\mathbf{k}, ik_n)\,\Sigma\,(\mathbf{k}, ik_n)\,G\,(\mathbf{k}, ik_n) \qquad (5.3.16)$$

또는

$$G\,(\mathbf{k}, ik_n) = \frac{G_0\,(\mathbf{k}, ik_n)}{1 - G_0\,(\mathbf{k}, ik_n)\,\Sigma\,(\mathbf{k}, ik_n)} \qquad (5.3.17)$$

의 다이슨 (Dyson) 방정식을 만족한다. 여기서 $G_0(\mathbf{k}, ik_n)$ 은 상호작용이 없는 경우의 그린 함수, $\Sigma(\mathbf{k}, ik_n)$ 은 못줄이는 (irreducible) 전자 자체에너지, 그리고 $k_n = (2n+1)\pi/\beta$ 은 마츠바라 진동수 ($\beta = 1/k_B T$) 이다. 전자기체계에서 상호

작용이 없는 경우의 그린 함수는

$$G_0\left(\mathbf{k}, ik_n\right) = \frac{1}{ik_n - \xi_\mathbf{k}} \tag{5.3.18}$$

과 같이 주어진다. $\xi_\mathbf{k}$ 는 파수벡터 $\mathbf{k}$ 를 갖는 상호작용하지 않는 전자의 에너지로서

$$\xi_\mathbf{k} = \frac{\hbar^2 k^2}{2m} - \epsilon_F \tag{5.3.19}$$

와 같이 페르미 에너지 ϵ_F 를 기준으로 나타내었다. 그러면 식 (5.3.17)은 다이슨 방정식의 꼴로

$$G\left(\mathbf{k}, ik_n\right) = \frac{1}{ik_n - \xi_\mathbf{k} - \Sigma\left(\mathbf{k}, ik_n\right)} \tag{5.3.20}$$

과 같이 쓸 수 있다.

식 (5.1.57)에서와 같이 우리가 원하는 지연 그린 함수는 해석연속

$$ik_n \to \epsilon + i\delta \tag{5.3.21}$$

을 사용하여 마츠바라 그린 함수로부터 구할 수 있다. 따라서 식 (5.3.20)는

$$G_{ret}\left(\mathbf{k}, \epsilon\right) = \frac{1}{\epsilon + i\delta - \xi_\mathbf{k} - \Sigma_{ret}\left(\mathbf{k}, \epsilon\right)} \tag{5.3.22}$$

이 되고 지연 그린 함수의 극점으로부터 준입자 스펙트럼

$$\epsilon = \frac{\hbar^2 k^2}{2m} - E_F + \Re\Sigma_{ret}\left(\mathbf{k}, \epsilon\right) \tag{5.3.23}$$

을 얻을 수 있다. 페르미 면 상에서는 지연 자체에너지의 허수부는 무시할 수 있다. 이 절에서는 앞으로 $\Re\Sigma_{ret}$ 는 Σ 로 쓰기로 한다.

식 (5.3.23)으로부터

$$\frac{d\epsilon}{dk} = \frac{\hbar^2 k}{m} + \frac{\partial \Sigma}{\partial k} + \frac{\partial \Sigma}{\partial \epsilon}\frac{d\epsilon}{dk}, \tag{5.3.24}$$

$$\frac{d\epsilon}{dk} = \frac{\hbar^2 k}{m}\left(1 + \frac{m}{\hbar^2 k}\frac{\partial \Sigma}{\partial k}\right)\left(1 - \frac{\partial \Sigma}{\partial \epsilon}\right)^{-1} \tag{5.3.25}$$

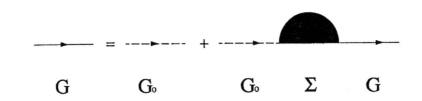

Figure 5.3: 그린 함수 다이슨 방정식의 파인만 도형법. 실선은 상호작용이 있을 때의 그린 함수 G, 점선은 상호작용이 없을 때의 그린 함수 G_0 를 표현한다. 반원은 못줄이는 (irreducible) 자체에너지 Σ 를 나타낸다.

을 유도할 수 있고 또한 유효질량 m^* 는

$$\frac{d\epsilon}{dk} = \frac{\hbar^2 k}{m^*} \tag{5.3.26}$$

과 같이 주어지므로

$$m^* = m \left(1 - \frac{\partial \Sigma}{\partial \epsilon}\right) \left(1 + \frac{m}{\hbar^2 k}\frac{\partial \Sigma}{\partial k}\right)^{-1} \tag{5.3.27}$$

와 같이 쓸 수 있다. 즉 유효질량 m^* 는 지연 자체에너지의 에너지와 운동량 의존성에 의해 결정되어진다.

5.4   자체에너지: GW 근사, RPA 근사

위에서 공부한 바와 같이 재규격화 상수 Z_F 와 유효질량 m^* 는 지연 자체에너지 $\Sigma(k, \epsilon)$ 의 에너지와 운동량 의존성에 의해 결정되어짐을 보았다. 사실 단일입자 물성에 관계되는 많은 중요한 양들이 자체에너지로부터 구하여진다. 자체에너지는 말 그대로 어떤 입자가 있을 때 그 자신과의 상호작용에 의한 에너지라 할 수 있다. 즉, 한 입자를 계에 집어넣었다고 하면 그 입자는 계 전체에 교란 (disturbance)을 주게 되고 그 교란의 영향이 다시 입자에게 전해지는 상호작용을 의미한다. 다체계에서는 자체에너지를 정확히 구하기는 불가능하므로 적절한 근사를 사용하여 되도록이면 정확한 값에 가까운 값을 구하는 것이 다체론의 중요한 주제라 할 수 있다.

자체에너지를 구하는 방법 중 하나는 그린 함수를 퍼뜨리개 (propagator)로 생각하여 구하는 파인만 도형법이다. 자체충족 (self-consistent) 방정식인 다이슨 방정식은 그림 5.3과 같이 표현할 수 있다. 여기서 실선은 상호작용이 있을 때의 그린 함수 G 를 나타내고 점선은 상호작용이 없을 때의 그린 함수 G_0 를 나타낸

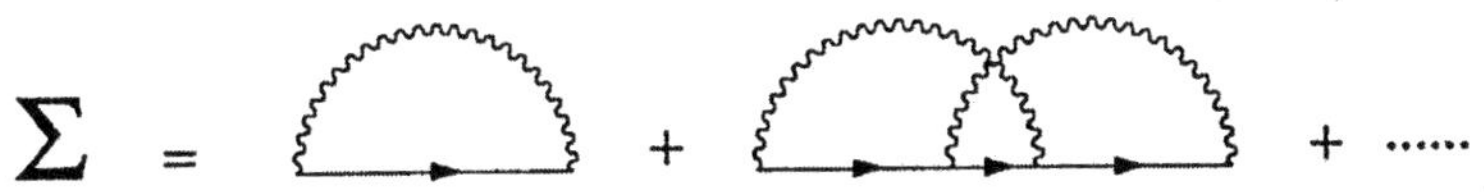

Figure 5.4: 자체에너지 파인만 도형법. 실선은 그린 함수를 나타내고 파동모양의 선 (wiggly curve)은 가려진 상호작용을 나타낸다.

다. 그리고 실선으로 나타낸 반원은 못줄이는 자체에너지 Σ 를 나타낸다 [Inkson 1984]. 마찬가지로 자체에너지는 그림 5.4와 같이 다시 그린 함수의 함수로 표현된다. 그림에서 실선은 그린 함수를 나타내고 파동모양의 선 (wiggly curve)은 가려진 상호작용을 나타낸다. 자체에너지는 이러한 모양을 가진 도형의 무한대 합으로 표현되기 때문에 적당한 근사를 취하여야만 자체에너지를 구할 수 있게 된다.

자체에너지를 구하는 유용한 한 가지 근사 방법으로 Hedin[7]이 보고한 GW 근사라는 것이 있는데 이 근사는 그림 5.4에서 첫 번째 도형만 취하는 근사 방법이다 [Hedin 1965]. GW 근사에서 자체에너지는 입혀진 (dressed) 그린 함수 G 와 가려진 쿨롱 상호작용 W 로 표현된다. 따라서 차원이 d 인 경우 자체에너지는

$$\Sigma\left(\mathbf{k}, ik_n\right) = -\frac{1}{\beta} \sum_{iq_n} \int \frac{d^d q}{(2\pi)^d} \; W\left(\mathbf{q}, iq_n\right) \; G\left(\mathbf{k} + \mathbf{q}, ik_n + iq_n\right) \qquad (5.4.1)$$

와 같이 주어진다. 여기서 k_n 과 q_n 은 마츠바라 진동수이고 $G(\mathbf{k} + \mathbf{q}, ik_n + iq_n)$ 는 상호작용이 있을 때의 마츠바라 그린 함수, $W(\mathbf{q}, iq_n)$ 은 가려진 쿨롱 상호작용이다. W 는 유전함수 (dielectric function) $\varepsilon(\mathbf{q}, iq_n)$ 에 의해

$$W\left(\mathbf{q}, iq_n\right) = \frac{v\left(\mathbf{q}\right)}{\varepsilon\left(\mathbf{q}, iq_n\right)} \qquad (5.4.2)$$

와 같이 구해진다 ($v(\mathbf{q})$: 쿨롱 퍼텐셜).

GW 근사를 도형으로 표현하면 그림 5.5와 같다. 그림에서 첫 번째 항은 교환 자체에너지에 해당하고 다음 항들은 상관 자체에너지에 해당하는데 빗금친 고리 (shaded ring (bubble))로 표현된 편극 (polarization) 연산자 $P(\mathbf{q}, iq_n)$ 를 포함하는 인자 $[v(\mathbf{q})P(\mathbf{q}, iq_n)]^n$ 의 급수 합으로 주어진다. 그러므로 $W(\mathbf{q}, iq_n)$ 는

$$\begin{aligned} W\left(\mathbf{q}, iq_n\right) \;=\;& v\left(\mathbf{q}\right) + v\left(\mathbf{q}\right)\left[v\left(\mathbf{q}\right) P\left(\mathbf{q}, iq_n\right)\right] \\ &+ v\left(\mathbf{q}\right)\left[v\left(\mathbf{q}\right) P\left(\mathbf{q}, iq_n\right)\right]^2 + \cdots \end{aligned} \qquad (5.4.3)$$

---

[7]L. Hedin (1930 - 2002), Swedish theoretical physicist.

이고, 이는 공비가 $[v(\mathbf{q})P(\mathbf{q}, iq_n)]$ 인 기하급수 (geometric series)이므로

$$W(\mathbf{q}, iq_n) = \frac{v(\mathbf{q})}{1 - v(\mathbf{q})P(\mathbf{q}, iq_n)} \tag{5.4.4}$$

와 같이 계산된다. 위 식으로부터 그 분모 항이 바로 유전함수에 해당함을 알 수 있다. 즉

$$\varepsilon(\mathbf{q}, iq_n) \equiv 1 - v(\mathbf{q})P(\mathbf{q}, iq_n) \tag{5.4.5}$$

이다.

5.4.1 유전함수 (Dielectric Function)

위에서 본 바와 같이 자체에너지를 구하려면 유전함수 $\varepsilon(q, \omega)$ 를 알아야 한다. 따라서 유전함수는 물성을 결정하는 매우 중요한 양이라 할 수 있다. 이 절에서는 유전함수를 구하는 방법에 대해 공부하여 보기로 하자.

다음과 같은 두 종류의 응답함수 (response function)를 도입하기로 한다. 하나는 외부 장 (external field) $\Phi_{ext}(q, \omega)$ 와 유도되는 전하밀도 $\rho(q, \omega)$ 와의 관계식

$$\rho(q, \omega) = \chi(q, \omega)\Phi_{ext}(q, \omega) \tag{5.4.6}$$

을 주는 응답함수 $\chi(q, \omega)$ 이고, 다른 하나는

$$\rho(q, \omega) = \chi_{sc}(q, \omega)\Phi_{sc}(q, \omega) \tag{5.4.7}$$

와 같이 주어지는 가려진 장 $\Phi_{sc}(q, \omega)$ 에 의한 가려진 응답함수 $\chi_{sc}(q, \omega)$ 이다. $\Phi_{sc}(q, \omega)$ 는

$$\Phi_{sc}(q, \omega) = \Phi_{ext}(q, \omega) + v(q)\rho(q, \omega) \tag{5.4.8}$$

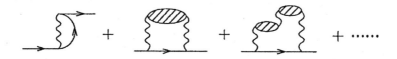

Figure 5.5: GW 근사로 표현된 자체에너지. 그림에서 첫 번째 항은 교환 자체에너지, 다음 항들은 상관 자체에너지에 해당한다. 파동선과 빗금친 고리는 각각 쿨롱 상호작용 $v(q)$ 와 편극연산자를 나타낸다.

와 같이 외부 장과 유도된 편극 장과의 합으로 정의할 수 있다 ($v(q)$: 상호작용 퍼텐셜). 유전함수 $\varepsilon(q,\omega)$ 는

$$\Phi_{sc}(q,\omega) = \frac{\Phi_{ext}(q,\omega)}{\varepsilon(q,\omega)} \tag{5.4.9}$$

와 같이 외부 퍼텐셜과 가려진 퍼텐셜의 비로 정의된다.

식 (5.4.6), (5.4.8), (5.4.9)로부터

$$\frac{\Phi_{sc}(q,\omega)}{\Phi_{ext}(q,\omega)} = \frac{1}{\varepsilon(q,\omega)} = 1 + v(q)\chi(q,\omega) \tag{5.4.10}$$

을 얻고 식 (5.4.6)과 (5.4.7)로부터

$$\rho(q,\omega) = \chi(q,\omega)\Phi_{ext}(q,\omega) = \chi_{sc}(q,\omega)\Phi_{sc}(q,\omega), \tag{5.4.11}$$

$$\frac{\Phi_{sc}(q,\omega)}{\Phi_{ext}(q,\omega)} = \frac{1}{\varepsilon(q,\omega)} = 1 + v(q)\chi(q,\omega) = \frac{\chi(q,\omega)}{\chi_{sc}(q,\omega)} \tag{5.4.12}$$

를 얻을 수 있다. 따라서 $\chi(q,\omega)$, $\chi_{sc}(q,\omega)$, $\varepsilon(q,\omega)$ 간에

$$\chi(q,\omega) = \frac{\chi_{sc}(q,\omega)}{1 - v(q)\chi_{sc}(q,\omega)}, \tag{5.4.13}$$

$$\varepsilon(q,\omega) = 1 - v(q)\chi_{sc}(q,\omega) \tag{5.4.14}$$

의 관계가 있음을 알 수 있다.

가려진 응답함수 $\chi_{sc}(q,\omega)$ 는 그림 5.6과 같이 적절한 고리 (proper ring) 도형의 합으로 표현된다 [Mahan 1990]. 고리도형근사 (ring diagram approximation)라고도 불리는 무작위위상근사 (RPA)란 바로 이들 적절한 고리도형 중 첫 번째 도형만 취하는 가장 간단한 근사에 해당한다. 즉

$$\chi_{sc}(q,\omega) = \chi_0(q,\omega), \tag{5.4.15}$$

$$\chi_{RPA}(q,\omega) = \frac{\chi_0(q,\omega)}{1 - v(q)\chi_0(q,\omega)}, \tag{5.4.16}$$

$$\varepsilon_{RPA}(q,\omega) = 1 - v(q)\chi_0(q,\omega). \tag{5.4.17}$$

여기서 $\chi_0(q,\omega)$ 는 상호작용이 없을 때의 응답함수인 린드하드 (Lindhard[8]) 함수

---

[8] J. Lindhard (1922 - 1997), Danish theoretical physicist.

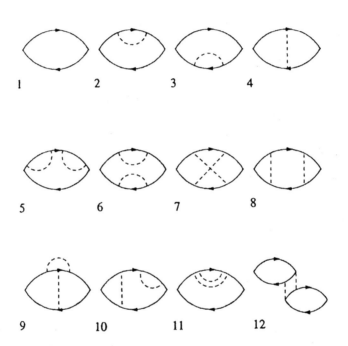

Figure 5.6: 적절한 고리도형의 합으로 표현된 가려진 응답함수 $\chi_{sc}(q,\omega)$.

로 다음과 같은 표현식을 갖는다 [Lindhard 1954, Mahan 1990]:

$$\chi_0(q,w) = \sum_k \frac{n_F(\epsilon_k) - n_F(\epsilon_{k+q})}{\omega - (\epsilon_{k+q} - \epsilon_k)}. \qquad (5.4.18)$$

$\varepsilon(q,\omega)$ 의 가장 간단한 형태를 주는 토마스-페르미 (Thomas-Fermi) 근사는 위의 $\varepsilon_{RPA}(q,\omega)$ 표현식 중 $q, \omega \to 0$ 인 $\chi_0(0,0)$ 를 사용하는 근사에 해당하는데, $\chi_0(0,0) = -N(E_F)$ ($N(E_F)$: 페르미 준위에서의 상태밀도)인 점을 고려하면 (그림 5.7참조)

$$\begin{aligned} \varepsilon_{TF}(q) &= 1 + \frac{4\pi e^2 N(E_F)}{q^2} \\ &= 1 + \frac{q_{TF}^2}{q^2} \end{aligned} \qquad (5.4.19)$$

와 같이 주어진다 (q_{TF}: 토마스-페르미 파수). 이렇게 주어지는 토마스-페르미 유전함수 $\varepsilon_{TF}(q)$ 는 전자 간 쿨롱 상호작용을 스크린하여 r-공간에서 $\frac{e^2}{r}e^{-q_{TF}r}$ 의 유카와 퍼텐셜 형태를 갖는 전자 간 상호작용을 유도한다.

RPA 근사는 정성적인 금속 물성을 잘 설명하여 준다. 하지만 RPA 근사에서는 긴 범위 쿨롱 상호작용은 고려하였지만 짧은 거리 교환상관 효과를 포함하지 않기 때문에 금속 밀도 영역에서는 그 물성을 정량적으로 맞추지 못하는 결점이 있다. 예를 들어 RPA 근사를 써서 계산한 짝분포함수 (pair distribution function) $g(r)$은 $r \to 0$ 일 때 음이 되는 비물리적 결과를 준다. RPA 근사를 개선하기 위한 연구가 많은 연구자들의 의해 다양한 방법으로 수행되어 왔다 [Mahan 1990].

그림 5.6에서 보듯 RPA를 개선할 수 있는 분명한 방법은 가려진 응답함수 $\chi_{sc}(q,\omega)$ 에 보다 많은 도형을 고려하는 것이라 하겠다. 하지만 $v(q)$ 의 1차 또는 2차 등 몇몇 도형만을 추가로 고려하는 방법은 충분하지 않다. 흔히 쓰이는 보편적인 방법으로는 그림 5.6에서의 (4),(8) 등의 교환 사다리 도형들과 같은 어떤 특정한 도형들의 모임 (diagram class)을 선택하여 이들을 무한차까지 고려하는 방법이다. 이러한 방법을 보통 부분 무한차 합 (partial infinite-summation) 방법이라 부른다.

5.4.2 국소장 보정인자 (Local-Field Correction Factor)

RPA 근사에서는 유도 전하밀도가 가려진 평균장에 대해 자유전자 응답함수로 반응함을 의미한다. 따라서 RPA를 개선하려면 교환 및 상관 효과를 포함한 좀 더 정확한 가려진 평균장과 응답함수를 도입하여야 한다. 즉

$$\rho(q,\omega) = \chi_{\text{eff}}(q,\omega)\, \Phi_{\text{eff}}(q,\omega) \qquad (5.4.20)$$

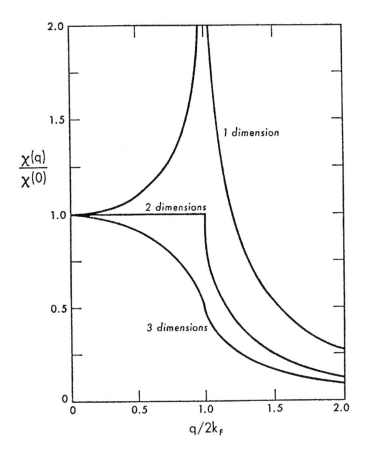

Figure 5.7: 차원에 따른 린드하드 (Lindhard) 함수 $\chi_0(q, 0)$. $\chi_0(0, 0) = -N(E_F)$ 에 주목하자 ($N(E_F)$: 페르미 준위에서의 상태밀도).

와 같이 유도 전하밀도가 교환 및 상관 효과가 포함된 유효장 $\Phi_{\text{eff}}(q,\omega)$ 와 유효 응답함수 $\chi_{\text{eff}}(q,\omega)$ 로 주어진다고 생각하자.

여기서 $\Phi_{\text{eff}}(q,\omega)$ 는 식 (5.4.8)과는 달리 다음과 같이 국소장 보정인자 $G(q,\omega)$ 로 기술되는 짧은 범위의 교환 및 상관 효과를 포함하는 유효장으로 정의된다.

$$\Phi_{\text{eff}}(q,\omega) = \Phi_{\text{ext}}(q,\omega) + v(q)\left[1 - G(q,\omega)\right]\rho(q,\omega) \quad . \tag{5.4.21}$$

식 (5.4.6)과 식 (5.4.20)으로부터

$$\rho(q,\omega) = \chi(q,\omega)\,\Phi_{\text{ext}}(q,\omega) = \chi_{\text{eff}}(q,\omega)\,\Phi_{\text{eff}}(q,\omega) \tag{5.4.22}$$

을 얻고 따라서

$$\frac{\Phi_{\text{eff}}(q,\omega)}{\Phi_{\text{ext}}(q,\omega)} = 1 + v(q)\left[1 - G(q,\omega)\right]\chi(q,\omega) = \frac{\chi(q,\omega)}{\chi_{eff}(q,\omega)} \tag{5.4.23}$$

을 얻는다.

위의 결과와 식 (5.4.13)으로부터

$$\chi(q,\omega) = \frac{\chi_{\text{eff}}(q,\omega)}{1 - v(q)\left[1 - G(q,\omega)\right]\chi_{\text{eff}}(q,\omega)} \quad , \tag{5.4.24}$$

$$\chi_{\text{sc}}(q,\omega) = \frac{\chi_{\text{eff}}(q,\omega)}{1 + v(q)\,G(q,\omega)\,\chi_{\text{eff}}(q,\omega)} \tag{5.4.25}$$

을 얻으므로 적절한 유효 응답함수 $\chi_{\text{eff}}(q,\omega)$ 를 구할 수 있으면 $\chi(q,\omega)$ 를 계산할 수 있는 것이다. 그러나 흔히 $\chi_{\text{eff}}(q,\omega)$ 는 상호작용 없는 응답함수 $\chi_0(q,\omega)$ 로 생각하고 상호작용 효과는 모두 $G(q,\omega)$ 에 포함된다고 생각하여

$$\chi(q,\omega) = \frac{\chi_0(q,\omega)}{1 - v(q)\left[1 - G(q,\omega)\right]\chi_0(q,\omega)}, \tag{5.4.26}$$

$$\chi_{\text{sc}}(q,\omega) = \frac{\chi_0(q,\omega)}{1 + v(q)\,G(q,\omega)\,\chi_0(q,\omega)} \tag{5.4.27}$$

와 같이 쓰고 따라서 유전함수도

$$\varepsilon(q,\omega) = 1 - \frac{v(q)\,\chi_0(q,\omega)}{1 + v(q)\,G(q,\omega)\,\chi_0(q,\omega)} \tag{5.4.28}$$

와 같이 표현한다.

위의 결과는 $G(q, \omega) = 0$ 일 때 RPA의 결과와 일치함을 알 수 있다. 즉 국소장 보정인자 $G(q, \omega)$ 는 RPA의 결과보다 개선된 짧은 범위 상관 효과가 포함된 결과를 주게 되며 이의 물리적 의미는 q, ω-공간에서 교환상관에 의한 전하 가리기 (screening)를 주는 양이라 생각할 수 있다. 즉 교환상관 효과는 각각의 전자 주위에 교환상관 구멍 (exchange-correlation hole)을 만들므로 교환상관 효과가 없을 때의 거시적인 하트리 평균장과는 다른 유효장을 느끼게 되는 것이다. 그러므로 일단 $G(q, \omega)$ 을 구할 수 있다면 다른 열역학적 양들은 유전함수를 사용하여 구할 수 있게 된다.

실제 계산에서는 $G(q, \omega)$ 대신 정적 $G(q)$ 가 많이 쓰이는데 대표적인 $G(q)$는 교환 효과를 포함한 전자-구멍 사다리 (electron-hole ladder) 도형의 계산으로부터 구한 허바드 (Hubbard[9]) [1957]의 정적 $G(q)$ 로 3차원 전자기체계의 경우

$$G_{\mathrm{HA}}(q) = \frac{1}{2} \frac{q^2}{q^2 + q_F^2} \tag{5.4.29}$$

의 형태를 갖고 있다. Rice [1965]는 허바드의 $G(q)$ 를 약간 수정하여

$$G_{\mathrm{MHA}}(q) = \frac{1}{2} \frac{q^2}{q^2 + q_F^2 + q_{TF}^2} \tag{5.4.30}$$

와 같은 $G(q)$ 를 제안하였다. G_{MHA} 에서 MHA 는 수정된 허바드 (modified-Hubbard: MHA) 근사를 의미하고 q_{TF} 는 토마스-페르미 파수벡터이다. 3차원 전자기체계의 토마스-페르미 파수벡터는

$$q_{TF}^2 = \frac{4\alpha r_s}{\pi} k_F^2 \tag{5.4.31}$$

와 같이 주어진다. $G_{\mathrm{MHA}}(q)$ 는 $G_{\mathrm{HA}}(q)$ 보다 상관 효과를 어느 정도 포함하고 있다고 생각할 수 있다. 보다 정확한 상관 효과를 포함한 $G(q)$ 는 Singwi[10] 등 [1968, 1970]에 의해 구하여졌다. 그들은 밀도 연산자에 대한 운동방정식과 요동소산 정리 (fluctuation-dissipation theorem) [부록 A.2 참조]를 사용하여 유전함수 $\varepsilon(\mathbf{q}, iq_n)$, 국소항 보정인자 $G(q)$, 정적 구조인자 $S(q)$ 에 관한 다음과 같은 자체 충족 관계식을 만들어 내고 이를 수치 해석적인 방법으로 풀어 $G(q)$ 를 구하였다:

$$G(q) = -\frac{1}{n} \int \frac{d^3k}{(2\pi)^3} \frac{\mathbf{q} \cdot \mathbf{k}}{k^2} [S(\mathbf{q} - \mathbf{k}) - 1] \quad, \tag{5.4.32}$$

$$S(q) = -\frac{1}{nv(q)} \int_0^\infty \frac{d\omega}{\pi} \Im\left[\frac{1}{\varepsilon(q, \omega)}\right] \quad, \tag{5.4.33}$$

---

[9]J. Hubbard (1931 – 1980), English theoretical physicist.
[10]K. S. Singwi (1919 - 1990), Indian theoretical physicist.

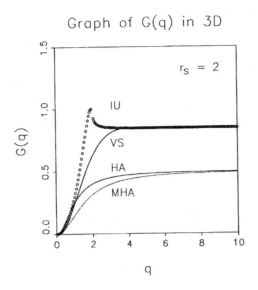

Figure 5.8: 3차원 전자기체계 (r_s = 2.0) 에서의 여러 정적 국소장 보정인자 $G(q)$. (HA: 허바드 근사, MHA: 수정된 허바드 근사, VS: Vashishta-Singwi, IU: Ichimaru-Utsumi) [장영록 1993].

$$\varepsilon\,(q,\omega) = 1 - \frac{v\,(q)\,\chi_0\,(q,\omega)}{1 + v\,(q)\,G\,(q)\,\chi_0\,(q,\omega)} \quad . \tag{5.4.34}$$

이러한 방법을 저자들의 이름 첫자를 따 STLS 방법이라 한다.

또한 Vashishta와 Singwi (VS) [1972]는 STLS 방법을 약간 수정하여 압축률 합규칙 (compressibility sum rule)을 더 잘 만족하는 $G(q)$ 를 제안하였다. Ichimaru 와 Utsumi (IU) [1981]는 Ceperley와 Alder [1980]에 의한 상관 에너지 자료를 기초로 봉우리 구조 (peak structure)를 갖고 있는 $G(q)$ 를 제안하였다. 하지만 하트리-폭 근사의 특징인 이 봉우리 구조가 고차 섭동이론에서도 그대로 존재하느냐 하는 점은 아직 풀리지 않은 문제이다.

그림 5.8에 지금까지 제안된 여러 $G(q)$ 들을 $r_s = 2.0$ 인 경우에 예시하였다. 그림에서 HA는 식 (5.4.29), MHA는 식 (5.4.30)을 나타내고 VS는 Singwi의 수정된 STLS 방법의 결과, 그리고 IU는 Ichimaru와 Utsumi의 $G(q)$ 를 나타낸다. $G_{IU}(q)$ 는 $q \simeq 2k_F$ 에서 봉우리 구조를 보이고 $G_{VS}(q)$ 와 $G_{IU}(q)$ 는 q 가 작은 영역에서 거의 같은 값을 가지며 압축률 합규칙을 만족한다. 이 영역에서 MHA가 HA보다 더 좋은 성질을 갖고 있음을 알 수 있다.

5.4.3   3차원 전자기체

위에서 공부한 GW 근사를 사용하여 3차원 전자기체계의 재규격화 상수 Z_F 와 유효질량 m^* 를 구하여 보자. 전자기체계의 Z_F 와 운동량 분포 $n(k)$ 의 성질에 관한 RPA 연구는 Daniel과 Vosko [1960]에 의해 가장 먼저 발표되었고 그 후 RPA 를 개선하는 많은 연구가 진행되어 왔다 [Rice 1965, Geldart 1965]. 이들 결과는 $r_s \simeq 4$ 인 Na의 경우 $Z_F = 0.45 \sim 0.66$ 으로 이는 X선 컴프턴 산란 실험 [Eisenberger 1972]에 의한 $Z_F = 0.55 \pm 0.15$ 와 잘 일치하고 있다.

$T = 0$ 일 때 GW 근사에서의 자체에너지는 다음과 같이 쓸 수 있다:

$$\Sigma\left(\mathbf{k}, ik_n\right) = -\int_{-\infty}^{\infty} \frac{d\omega}{2\pi} \int \frac{d^3q}{(2\pi)^3} \frac{v\left(\mathbf{q}\right)}{\varepsilon\left(\mathbf{q}, i\omega\right)} G\left(\mathbf{k} + \mathbf{q}, ik_n + i\omega\right). \quad (5.4.35)$$

즉 $T = 0$ 에서는 마츠바라 진동수에 대한 합이 다음과 같이

$$\lim_{T \to 0} \frac{1}{\beta} \sum_{iq_n} f\left(iq_n\right) \to \int_{-\infty}^{\infty} \frac{d\omega}{2\pi} f\left(i\omega\right) \quad (5.4.36)$$

연속 적분으로 바뀐 것이다. 여기서 그린 함수 G 는 다시 자체에너지의 함수이므로 위의 식은 자체충족적 식이라 할 수 있다. 계산상의 편의를 위하여 G 를 상호작용 없는 그린 함수 G_0 로 하는 근사를 한 번 더 취하여 보자. 그러면 상호작용의 효과는 유전함수에 다 포함되어 있다고 가정하는 것이다.

우리가 원하는 지연 자체에너지는 위 식에서 $ik_n \to \epsilon + i\delta$ 로 바꾸는 해석연속 방법으로 구할 수 있는데 이를 사용하면 다음과 같이 선부분 (line part) 자체에너지 $\Sigma^{(line)}(\mathbf{k}, \epsilon)$ 와 잉여부분 (residue part)의 자체에너지 $\Sigma^{(res)}(\mathbf{k}, \epsilon)$를 얻는다 [Mahan 1990]:

$$\Sigma_{ret}\left(\mathbf{k}, \epsilon\right) = \Sigma^{(line)}\left(\mathbf{k}, \epsilon\right) + \Sigma^{(res)}\left(\mathbf{k}, \epsilon\right),$$

$$(5.4.37)$$

$$\Sigma^{(line)}\left(\mathbf{k}, \epsilon\right) = -\int_{-\infty}^{\infty} \frac{d\omega}{2\pi} \int \frac{d^d q}{(2\pi)^d} \frac{v\left(\mathbf{q}\right)}{\varepsilon\left(\mathbf{q}, i\omega\right)} G_0\left(\mathbf{k} + \mathbf{q}, \epsilon + i\omega\right),$$

$$(5.4.38)$$

$$\Sigma^{(res)}\left(\mathbf{k}, \epsilon\right) = \int \frac{d^d q}{(2\pi)^d} \frac{v\left(\mathbf{q}\right)}{\varepsilon\left(\mathbf{q}, \xi_{\mathbf{k}+\mathbf{q}} - \epsilon\right)} \left[\theta\left(\epsilon - \xi_{\mathbf{k}+\mathbf{q}}\right) - \theta\left(-\xi_{\mathbf{k}+\mathbf{q}}\right)\right]$$

$$(5.4.39)$$

($\theta(x)$: 계단 함수). $\Sigma^{(line)}(\mathbf{k}, \epsilon)$ 은 실함수이기 때문에 $\Sigma_{ret}(\mathbf{k}, \epsilon)$ 의 허수부분 은 $\Sigma^{(res)}(\mathbf{k}, \epsilon)$ 에서만 존재한다. 하지만 페르미 면 상 ($k = q_F$, $\xi = 0$) 에서는 $\Im\Sigma^{(res)}(\mathbf{k}, \epsilon)$ 도 0 이 된다.

위 식을 이용하여 페르미 면 상에서 자체에너지의 에너지, 운동량에 대한 미분값을 구해보면 다음과 같다 [장영록 1993]. 먼저 $\Sigma^{(res)}(\mathbf{k}, \epsilon)$ 에 대하여

$$\frac{\partial}{\partial \epsilon} \Sigma^{(res)}(1,0) = \int_0^2 dq \, \frac{v(q)}{\varepsilon(q,0)} \, R_\epsilon(q), \tag{5.4.40}$$

$$R_\epsilon(q) = \frac{q}{4\pi^2}, \tag{5.4.41}$$

$$\frac{\partial}{\partial k} \Sigma^{(res)}(1,0) = 0 \tag{5.4.42}$$

를 얻는다 ($q_F = 1$인 단위를 사용하였음). 또 $\Sigma^{(line)}(\mathbf{k}, \epsilon)$ 에 대하여

$$\frac{\partial}{\partial \epsilon} \Sigma^{(line)}(1,0) = \int_0^\infty du \int_0^\infty dq \, \frac{v(q)}{\varepsilon(q,iqu)} \, L_\epsilon(q,u), \tag{5.4.43}$$

$$L_\epsilon(q,u) = -\frac{q}{2\pi^3} \left[\frac{q+2}{(q+2)^2 + 4u^2} - \frac{q-2}{(q-2)^2 + 4u^2} \right], \tag{5.4.44}$$

$$\frac{\partial}{\partial k} \Sigma^{(line)}(1,0) = \int_0^\infty du \int_0^\infty dq \, \frac{v(q)}{\varepsilon(q,iqu)} \, L_k(q,u), \tag{5.4.45}$$

$$L_k(q,u) = \frac{q^2}{(2\pi)^3} \left\{ \frac{4\pi^2}{q} \left[\frac{(q+2)(q+1)}{(q+2)^2 + u^2} \right. \right.$$
$$\left. \left. + \frac{(q-2)(q-1)}{(q-2)^2 + u^2} \right] + \ln \frac{(q+2)^2 + u^2}{(q-2)^2 + u^2} \right\} \tag{5.4.46}$$

등을 얻을 수 있다. 따라서 주어진 국소장 보정인자의 함수인 유전함수로부터 식 (5.4.40), (5.4.43)을 이용하여 Z_F 를 구할 수 있고 식 (5.4.40), (5.4.43), (5.4.45)을 이용하면 m^* 를 구할 수 있다.

그림 5.9는 3차원 전자기체계에서 GW 근사를 썼을 때 수치적으로 구한 Z_F 의 결과를 보여 준다. 위에서 소개한 여러 국소장 보정인자에 대한 Z_F 를 r_s의 함수로 나타냈다. 그림에서 보듯 r_s 가 증가할수록 Z_F 는 단조 감소하고 국소장 보정인자에 대한 의존성이 점점 커지는 것을 볼 수 있다. 따라서 교환상관 효과는 r_s 가 큰 영역 즉 전자밀도가 낮은 영역에서 현저하여지고 페르미 액체의 준입자 가중치도 점점 작아짐을 의미한다. 또한 $G(q) = 0$ 인 RPA 결과가 가장 큰 Z_F 를 주고 교환상관 효과가 잘 포함된 VS, IU의 경우 Z_F 가 작다는 사실을 알 수 있다. Na의 밀도에 해당하는 $r_s = 4$ 부근에서의 Z_F 는 0.6 정도가 되어 실험 측정값과 일치한다.

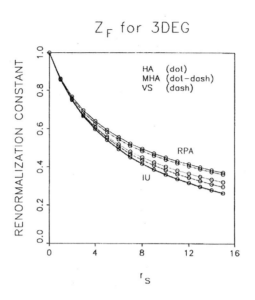

Figure 5.9: 3차원 전자기체계에 대하여 GW 근사를 사용하여 수치적으로 구한 Z_F 의 결과. 여러 국소장 보정인자에 대하여 Z_F 를 r_s 의 함수로 계산하였다 [장영록 1993].

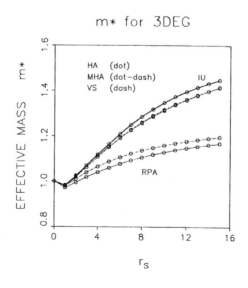

Figure 5.10: 3차원 전자기체계의 유효질량 $m^\star$ 의 계산 결과 [장영록 1993].

그림 5.10은 3차원 전자기체계의 유효질량 m^* 의 계산 결과를 보여 준다. 고밀도 영역 ($r_s \leq 2$) 에서의 m^* 는 1 보다 작은 값을 갖고 그 보다 큰 r_s 에서는 1 보다 커지며 증가하는 현상을 보인다. 따라서 보통 금속의 밀도 ($r_s = 2 \sim 6$) 영역에서는 m^* 가 1 보다 크다는 사실을 알 수 있다. 이 사실은 r_s 가 증가할수록 퍼텐셜 에너지의 기여도가 운동에너지보다 중요하여져서 전자계가 더욱 국소화되려는 경향과 일치한다고 볼 수 있다.

전자기체계는 저차원이 될수록 Z_F 는 작아지고 m^* 는 커지게 된다. 이는 상호작용 효과가 저차원에서 더 커진다는 것을 반영하는 것이다. 특히 1D 전자기 체계의 경우 $d > 1$ 인 경우와는 다른 성질을 갖게 되는데, 이때는 $Z_F=0$ 가 되어 통상적인 페르미 액체의 성질을 만족하지 않게 된다.

5.5 사영연산자 방법을 이용한 응답함수 계산

위크의 정리를 이용한 파인만 도형법을 써서 그린 함수를 구해내는 것은 비교적 잘 알려지고 널리 사용되는 방법이다 (예를 들어 Mahan [1990] 참조). 이 절에서는 파인만 도형법을 쓰지 않고 그린 함수에 사영연산자 (projection operator) 방법 [Zwanzig 1961, Mori 1965] 을 적용함으로써 그린 함수의 근사적인 값을 구하고자 한다. 이 방법의 큰 장점은 먼저 위크의 정리가 필요 없기 때문에 위크의 정리가 성립하지 않을 정도로 강한 상호작용을 갖는 계에서도 적용이 가능하다는 것과, 또한 체계적인 근사가 가능하다는 것이다. 또한 이 방법은 그린 함수의 운동방정식 방법에서 취하는 보통의 평균장 근사보다 더 우월하다는 것이 입증된 바 있다 [Ruckenstein 1989].

먼저 사영연산자 방법에 대해 간략히 소개한 후 강한 상호작용을 갖는 계의 예인 전자기체 모형에 이 방법을 적용시켜 그 결과를 논의하여 보기로 한다.

5.5.1 사영연산자 방법

여기서는 Zwanzig [1961], Mori [1965]의 사영연산자 방법을 이용하여 그린 함수를 계산하기로 한다. 한 물리계에는 여러 물리량들이 존재하고 이들 중에는 빠르게 운동하는 것과 느리게 운동하는 것 등 다양한 양들이 있을 수 있다. 그런데 보통 우리의 관심의 대상인 물리량은 느리게 운동하는 즉 느린 시간척도 (slow time scale)를 갖고 있는 양들이라 할 수 있다. 사영연산자 방법은 우리가 관측하고자 하는 이러한 느린 시간척도를 갖고 있는 물리량들 (느린 변수: slow variables) 을 적절히 선택하여 이들의 동역학적 성질을 벡터공간에서의 기하학적 개념을 사용하여 기술하는 방법이다. 빠른 시간척도 (fast time scale)를 갖는 빠른 변수 (fast variables) 들의 동역학은 자세히 기술할 필요는 없이 느린 변수들에 대하여 열원 역할을 한다고 생각한다. 사영연산자는 이러한 느린 변수들로 표현되며 어떤 물리량을 느린 변수들로 이루어진 공간에 사영하고자 할 때 이용한다. 이 방법에서는 느린 변수들의 선택이 중요한데 그 선택 방법에는 어떠한 규칙이 있는 것이 아니라 고찰하고자 하는 물리계에 따라 선택하면 된다.

먼저 주어진 계의 임의의 연산자 $\bar{A}$ 에 대해 그린 함수를 다음과 같이 정의한다.

$$\bar{R}(t) = -i\,\theta(t) \left\langle \left[\bar{A}(t),\ \bar{A}\right]_\zeta \right\rangle. \tag{5.5.1}$$

여기에서 $\bar{A}(t) = e^{i\mathcal{H}t}\bar{A}e^{-i\mathcal{H}t}$, $\mathcal{H}$ 는 계의 해밀터니안이고 $[\quad]_\zeta$, $\zeta = \pm 1$ 은 각각 연산자들의 교환, 반교환을 의미하며, θ 는 계단함수이다. $\langle \cdots \rangle$ 는 $T = 0$ 일 때에는 바닥상태에 대한 기댓값을 의미하고 $T \neq 0$ 일 때에는 열적 평균 (thermal average)을 뜻한다. 이 그린 함수는 앞 절에서 정의한 지연 그린 함수의 일반화된 형태라 생각할 수 있다. 여기서 $\bar{A}$ 는 다성분 변수 (multi-component variable)로의 일반화가 가능하다. 즉 $\bar{A} = (A_1, A_2, \cdots, A_m)$ 으로 쓸 수 있다. 이때 식 (5.5.1) 에서 정의된 그린 함수는 행렬 꼴로 나타내어진다.

여기에서 리우빌 (Liouville) 연산자 L 을

$$LX = [\mathcal{H}, X]_- \tag{5.5.2}$$

와 같이 정의하면,

$$\bar{A}(t) = e^{i\mathcal{H}t}\bar{A}e^{-i\mathcal{H}t} = e^{iLt}\bar{A} \tag{5.5.3}$$

와 같이 됨을 베이커-하우스도르프 보조정리 (Baker-Hausdorff Lemma) [Sakurai 1985]에 의해 보일 수 있다. 그러면 $\bar{R}(t)$ 는

$$\bar{R}(t) = -i\,\theta(t) \left\langle \left[\bar{A},\ e^{-iLt}\bar{A}\right]_\zeta \right\rangle \tag{5.5.4}$$

와 같이 쓰여지며, 그 푸리에 변환

$$\bar{R}(z) \equiv \int_{-\infty}^{\infty} e^{izt}\bar{R}(t)\,dt, \, (\ z = \omega + i\delta) \tag{5.5.5}$$

을 취하면

$$\bar{R}(z) \equiv \left\langle \left[\bar{A},\ \frac{1}{z-L}\bar{A}\right]_\zeta \right\rangle \tag{5.5.6}$$

와 같이 표현된다. 이때 사영연산자 P, Q 를

$$P\bar{X} \equiv \bar{A}\left\langle [\bar{A},\ \bar{B}]_\zeta \right\rangle^{-1} \left\langle [\bar{A},\ \bar{X}]_\zeta \right\rangle \tag{5.5.7}$$

$$Q \equiv 1 - P \tag{5.5.8}$$

와 같이 정의하면 $P\bar{A} = \bar{A}$ 이고 $P^2 = P$ 이므로 사영연산자로서의 성질을 만족한다.

사영연산자 P, Q 의 성질을 이용하면

$$\frac{1}{z-L} = \frac{1}{z-LQ-LP} = \frac{1}{z-LQ} + \frac{1}{z-LQ}LP\frac{1}{z-L} \tag{5.5.9}$$

이고, 이를 이용하여 그린 함수 식 (5.5.6)을 다시 쓰면

$$\begin{aligned}
\bar{R}(z) &= \left\langle \left[\bar{A},\ \frac{1}{z-LQ}\bar{A}\right]_\zeta \right\rangle + \left\langle \left[\bar{A},\ \frac{1}{z-LQ}LP\frac{1}{z-L}\bar{A}\right]_\zeta \right\rangle \\
&= \frac{1}{z}\left\langle [\bar{A},\ \bar{A}]_\zeta \right\rangle + \left\langle \left[\bar{A},\ \frac{1}{z-LQ}L\bar{A}\right]_\zeta \right\rangle \left\langle [\bar{A},\ \bar{A}]_\zeta \right\rangle^{-1} \bar{R}(z)
\end{aligned} \tag{5.5.10}$$

을 얻는다. 위 유도과정에서 식 (5.5.7)과 $Q\bar{A} = 0$ 임을 이용하였다. 다시 식 (5.5.10)은

$$\frac{z}{z-LQ} = 1 + LQ\frac{1}{z-LQ} \tag{5.5.11}$$

을 이용하면

$$\bar{R}(z) = \left[z\bar{\mathbf{1}} - \left(\bar{\mathcal{L}} + \bar{\mathcal{M}}(z)\right)\bar{\chi}^{-1}\right]^{-1}\bar{\chi} \tag{5.5.12}$$

와 같이 쓸 수 있는데, 여기서 $\bar{\mathbf{1}}$ 은 단위행렬 (unit matrix)이고, $\bar{\chi},\ \bar{\mathcal{L}},\ \bar{\mathcal{M}}(z)$ 는 각각 정적 응답함수, 진동수 항 (frequency term), 기억함수 (memory function)로서 다음과 같이 정의되는 양들이다:

$$\bar{\chi} = \left\langle [\bar{A},\ \bar{A}]_\zeta \right\rangle, \tag{5.5.13}$$

$$\bar{\mathcal{L}} = \left\langle [\bar{A},\ L\bar{A}]_\zeta \right\rangle, \tag{5.5.14}$$

$$\begin{aligned}
\bar{\mathcal{M}}(z) &= \left\langle \left[\bar{A},\ LQ\frac{1}{z-LQ}L\bar{A}\right]_\zeta \right\rangle, \\
&= \left\langle \left[\bar{A},\ LQ\frac{1}{z-QLQ}QL\bar{A}\right]_\zeta \right\rangle.
\end{aligned} \tag{5.5.15}$$

식 (5.5.15)의 마지막 단계에서는 $Q^2 = Q$ 임을 이용하였다.

따라서 사영연산자 방법에서는 주어진 해밀터니안에 대해 식 (5.5.13), (5.5.14), (5.5.15) 등으로 주어지는 $\bar{\chi}, \bar{\mathcal{L}}, \bar{\mathcal{M}}$ 항들을 구하면 그린 함수를 계산할 수 있다. 식 (5.5.15)의 기억함수는 축약된 리우빌 연산자 QLQ 의 작용하에서 $\bar{A}$ 에 수직인 변수 (빠른 변수)들의 그린 함수로 볼 수 있다. 사영연산자 방법의 개념은 기억함수는 정확히 구할 수 없지만 우리가 사용하는 근사에 그리 민감하지 않다는데 기초하고 있다. 한 단계 더 나아가 가장 적절한 느린 변수들을 선택하게 되면 대부분의 중요한 물리는 정적 응답함수 항 $\bar{\chi}$ 와 진동수 항 $\bar{\mathcal{L}}$ 에 포함되어 있다는 것을 말하여 준다.

5.5.2 전자기체 모델에 대한 적용

앞 절에서 기술한 사영연산자 방법을 이용하여 전자기체계에 외부장 (전기장 또는 자기장)이 걸렸을 때의 응답함수를 구하여 보자 [강기천 등 1993]. 전자기체계의 해밀터니안은 다음과 같이 주어진다.

$$
\begin{aligned}
\mathcal{H}_0 &= \mathcal{H}_k + V_c \\
\mathcal{H}_k &= \sum_{l\sigma} \epsilon_l \, c_{l\sigma}^\dagger c_{l\sigma} \\
V_c &= \frac{1}{2} \sum_{ll'\kappa\sigma\sigma'}{}' v(\kappa) \, c_{l\sigma}^\dagger c_{l'\sigma'}^\dagger c_{l'-\kappa\,\sigma} c_{l+\kappa\,\sigma}
\end{aligned}
\tag{5.5.16}
$$

$\mathcal{H}_k$ 는 전도전자들의 운동에너지에 해당하고 $c_{l\sigma}^\dagger (c_{l\sigma})$ 는 에너지 ϵ_l, 스핀 σ 를 갖는 전자를 생성(소멸)시키는 연산자이다. V_c 는 전자들 간의 쿨롱 상호작용이며 $v(\kappa) = 4\pi e^2/\kappa^2$ 로 주어진다. 이때 κ 의 합에서의 $'$ 기호는 $\kappa = 0$ 인 항을 제외하라는 뜻이다.

여기서 우리가 관심을 갖는 문제는 외부 전기장이나 자기장이 걸렸을 때 그 응답에 관한 것이다. 임의의 파수 q를 갖는 외부 자기장이나 전기장이 걸렸을 때 그에 해당하는 섭동 해밀터니안은 각각

$$
\mathcal{H}_m' = -\mu_B H(q) \sum_{l\sigma} \sigma c_{l\sigma}^\dagger c_{l-q\,\sigma}
\tag{5.5.17}
$$

$$
\mathcal{H}_e' = eU(q) \sum_{l\sigma} c_{l\sigma}^\dagger c_{l-q\,\sigma}
\tag{5.5.18}
$$

와 같이 나타낼 수 있다. 외부 자기장에 해당하는 섭동 해밀터니안 $\mathcal{H}_m{}'$ 에서 μ_B 는 보어 자자수 (Bohr magneton)이고 $H(q)$는 외부 자기장의 q-성분이다. 외부 전기장에 해당하는 $\mathcal{H}_e'$ 의 경우 e 는 전자의 전하 (< 0), $U(q)$ 는 전하 퍼텐셜의

q-성분이다. 식 (5.5.17), (5.5.18)을 한데 묶으면

$$\mathcal{H}'_\alpha = \sum_{l\sigma} W_\sigma^\alpha(q) c_{l\sigma}^\dagger c_{l-q\,\sigma} \tag{5.5.19}$$

$$W_\sigma^m = -\sigma\mu_B H(q), \qquad W_\sigma^e = eU(q)$$

와 같이 표현할 수 있다.

이 절에서 얻고자 하는 물리량은 다음과 같은 네 가지 응답함수이다. 즉,

$$\chi^{mm}(q) = \mu_B \frac{n_+^m(q)-n_-^m(q)}{H(q)}, \qquad \chi^{em}(q) = e\frac{n_+^m(q)+n_-^m(q)}{H(q)}$$

$$\chi^{me}(q) = \mu_B \frac{n_+^e(q)-n_-^e(q)}{-U(q)}, \qquad \chi^{ee}(q) = e\frac{n_+^e(q)+n_-^e(q)}{-U(q)}$$

$$\tag{5.5.20}$$

이다. $n_\sigma^\alpha(q)$ 는 외부 섭동 $\mathcal{H}'_\alpha$ 이 존재할 때의 전자의 수밀도 (number density) 이며 $q \neq 0$ 에 해당하는 외부 섭동이 없을 때 그 값은 0 이다. 여기서 계가 상자성 상태가 아니면 비대각 응답함수 (off-diagonal susceptibility), 즉 $\chi^{em}(q)$ 와 $\chi^{me}(q)$ 가 존재한다는 점이 주목할 만하다 [D.J. Kim 1973].

이러한 네 가지 응답함수를 얻기 위해 다음과 같이 지연 그린 함수를 사용하자:

$$G_{k\sigma}(q,t) \equiv -i\,\theta(t)\left\langle \left[c_{k+q\,\sigma}(t),\ c_{k\sigma}^\dagger \right]_+ \right\rangle. \tag{5.5.21}$$

식 (5.5.5)와 같이 식 (5.5.21)을 푸리에 변환하면

$$G_{k\sigma}(q,z) = \left\langle \left[c_{k+q\,\sigma},\ \frac{1}{z-L} c_{k\sigma}^\dagger \right]_+ \right\rangle \tag{5.5.22}$$

와 같이 표현할 수 있다. 그러면 여기에서 앞 절에서 기술한 사영연산자 방법을 이용할 수 있다. 사영연산자 P, Q 를

$$PX \equiv \sum_{ls} c_{ls}^\dagger \left\langle \left[c_{ls},\ c_{ls}^\dagger\right]_+ \right\rangle^{-1} \left\langle [c_{ls},\ X]_+ \right\rangle$$

$$= \sum_{ls} c_{ls}^\dagger \left\langle [c_{ls},\ X]_+ \right\rangle, \tag{5.5.23}$$

$$Q \equiv 1 - P$$

와 같이 정의하면 식 (5.5.22)의 그린 함수는

$$
\begin{aligned}
z G_{k\sigma}(q,z) \;=\;& \delta_{q,0} + \sum_{l s}\Bigg(\left\langle \left[c_{k+q\,\sigma},\, L\,c_{ls}^{\dagger}\right]_{+}\right\rangle \\
&+ \left\langle \left[c_{k+q\,\sigma},\, LQ\frac{1}{z-LQ}L\,c_{ls}^{\dagger}\right]_{+}\right\rangle \Bigg) \\
&\times \left\langle \left[c_{ls},\, \frac{1}{z-L}c_{k\sigma}^{\dagger}\right]_{+}\right\rangle
\end{aligned}
\tag{5.5.24}
$$

와 같이 된다. 식 (5.5.24)의 우변 맨 마지막에 나타나는 그린 함수는 $G_{k\sigma}(q,z)$ 와 $G_{k\sigma}(z)(\equiv G_{k\sigma}(0,z))$ 항만이 살아남기 때문에 다음과 같이 쓰여질 수 있다:

$$
\begin{aligned}
(z - \mathcal{L}_{k+q\,\sigma} - \mathcal{M}_{k+q\,\sigma}(z))\, G_{k\sigma}(q,z) = \\
\delta_{q,0} + (1-\delta_{q,0})\,(\mathcal{L}_{k\sigma}(q) + \mathcal{M}_{k\sigma}(q,z))\, G_{k\sigma}(z).
\end{aligned}
\tag{5.5.25}
$$

여기에서 $\mathcal{L}, \mathcal{M}$ 은 각각

$$
\begin{aligned}
\mathcal{L}_{k\sigma}(q) &\equiv \left\langle \left[c_{k+q\,\sigma},\, L\,c_{k\sigma}^{\dagger}\right]_{+}\right\rangle, \\
\mathcal{L}_{k\sigma} &\equiv \mathcal{L}_{k\sigma}(0)
\end{aligned}
\tag{5.5.26}
$$

$$
\begin{aligned}
\mathcal{M}_{k\sigma}(q,z) &\equiv \left\langle \left[c_{k+q\,\sigma},\, LQ\frac{1}{z-LQ}L\,c_{k\sigma}^{\dagger}\right]_{+}\right\rangle, \\
\mathcal{M}_{k\sigma}(z) &\equiv \mathcal{M}_{k\sigma}(0,z)
\end{aligned}
\tag{5.5.27}
$$

와 같이 정의된다.

외부의 섭동이 매우 작을 경우 식 (5.5.25)는 다음과 같이 쓸 수 있다. 즉,

$$
\begin{aligned}
(z - \mathcal{L}_{k+q\,\sigma}^{0} - \mathcal{M}_{k+q\,\sigma}^{0}(z))\, G_{k\sigma}(q,z) = \\
\delta_{q,0} + (1-\delta_{q,0})\,(\mathcal{L}_{k\sigma}(q) + \mathcal{M}_{k\sigma}(q,z))\, G_{k\sigma}^{0}(z)
\end{aligned}
\tag{5.5.28}
$$

이며 $G^0, \mathcal{L}^0, \mathcal{M}^0$ 등은 각각 외부 섭동이 없을 때의 그린 함수, 진동수 항, 그리고 기억함수에 해당한다. 다시 말하면 외부 섭동의 1차 항까지만 고려했다는 뜻이다.

실제로 문제를 풀기 위해서는 $\mathcal{L}, \mathcal{M}$ 값들을 구해내야 한다. 그런데 기억함수 $\mathcal{M}$ 은 정확히 구해낼 수 없는 항이다. 그러므로 일단 기억함수에 대한 논의는

접어두기로 하고 진동수 항 $\mathcal{L}$ 을 계산하면

$$
\begin{aligned}
\mathcal{L}_{k\sigma}(q) &= \mathcal{L}_{k\sigma}^0(q) + \mathcal{L}_{k\sigma}^\alpha(q), \\
\mathcal{L}_{k\sigma}^0(q) &= \left\langle \left[c_{k+q\,\sigma}, \, L_0 c_{k\sigma}^\dagger \right]_+ \right\rangle, \\
\mathcal{L}_{k\sigma}^\alpha(q) &= \left\langle \left[c_{k+q\,\sigma}, \, L_\alpha' c_{k\sigma}^\dagger \right]_+ \right\rangle
\end{aligned}
\tag{5.5.29}
$$

이 되는데, 여기서 L_0, L_α' 은 각각 $\mathcal{H}_0$, $\mathcal{H}_\alpha'$ 에 대응하는 리우빌 연산자이다.

식 (5.5.2)의 정의에 의해 계산하면

$$
\begin{aligned}
L_0 c_{k\sigma}^\dagger &= \epsilon_k \, c_{k\sigma}^\dagger + {\sum_{l's'\kappa}}' v(\kappa) \, c_{k-\kappa\,\sigma}^\dagger c_{l's'}^\dagger c_{l'-\kappa\,s'}, \\
L_\alpha' c_{k\sigma}^\dagger &= W_\sigma^\alpha(q) c_{k+q\,\sigma}^\dagger = W_\sigma^\alpha(q)
\end{aligned}
\tag{5.5.30}
$$

이므로

$$
\begin{aligned}
\mathcal{L}_{k\sigma}^0(q) &= \left\langle \left[c_{k+q\,\sigma}, \, \epsilon_k c_{k\sigma}^\dagger \right]_+ \right\rangle \\
&\quad + {\sum_{l'\kappa s'}}' v(\kappa) \left\langle \left[c_{k+q\,\sigma}, \, c_{k-\kappa\,\sigma}^\dagger c_{l's'}^\dagger c_{l'-\kappa s'} \right]_+ \right\rangle \\
&= \epsilon_k \delta_{q,0} + (1 - \delta_{q,0})v(q)n(q) - \tilde{V}(q)n_\sigma(q),
\end{aligned}
\tag{5.5.31}
$$

$$
\mathcal{L}_{k\sigma}^\alpha(q) = \left\langle \left[c_{k+q\,\sigma}, \, W_\sigma^\alpha(q) c_{k+q\,\sigma}^\dagger \right]_+ \right\rangle = W_\sigma^\alpha(q)
$$

이다. 여기에서 $n(q)$, $n_\sigma(q)$, $\tilde{V}(q)$ 는 각각

$$
n(q) = \sum_\sigma n_\sigma(q)
\tag{5.5.32}
$$

$$
n_\sigma(q) = \sum_k \left\langle c_{k\sigma}^\dagger c_{k+q\,\sigma} \right\rangle
\tag{5.5.33}
$$

$$
{\sum_\kappa}' v(\kappa) \left\langle c_{k-\kappa\,\sigma}^\dagger c_{k-\kappa+q\,\sigma} \right\rangle \simeq \tilde{V}(q) \, n_\sigma(q)
\tag{5.5.34}
$$

와 같이 정의되며 특히 식 (5.5.34)는 중간값 정리를 사용하여 근사한 결과이다 [D.J. Kim 1973].

그러면 식 (5.5.28) 로부터

$$
\begin{aligned}
G^0_{k\sigma}(z) &= \frac{1}{z - \mathcal{L}^0_{k\sigma} - \mathcal{M}^0_{k\sigma}(z)} \\
&= \frac{1}{z - \epsilon_{k\sigma} - \mathcal{M}^0_{k\sigma}(z)}, \quad\quad (5.5.35)
\end{aligned}
$$

$$
\epsilon_{k\sigma} = \epsilon_k - \tilde{V}(0)\, n_\sigma \quad\quad (5.5.36)
$$

라는 결과와

$$
\begin{aligned}
G_{k\sigma}(q,z) = \;& \frac{\delta_{q,0}}{z - \epsilon_{k+q\,\sigma} - \mathcal{M}^0_{k+q\,\sigma}(z)} \\
& + (1 - \delta_{q,0}) \\
& \quad \times \left[W^\alpha_\sigma(q) + v(q)\, n(q) - \tilde{V}(q)\, n_\sigma(q) + \mathcal{M}_{k\sigma}(q,z) \right] \\
& \times \left(\frac{1}{z - \epsilon_{k+q\,\sigma} - \mathcal{M}^0_{k+q\,\sigma}(z)} \right) \left(\frac{1}{z - \epsilon_{k\sigma} - \mathcal{M}^0_{k\sigma}(z)} \right)
\end{aligned}
$$
$$(5.5.37)$$

를 얻는다.

$q \neq 0$ 에 대해 전자수 밀도는 다음 관계식 (요동소산 정리: 부록 A.2)

$$
n_\sigma(q) = -\frac{1}{\pi} \sum_k \int_{-\infty}^{\infty} d\omega \, f(\omega)\, \Im\, G_{k\sigma}(q, \omega + i\delta), \quad\quad (5.5.38)
$$

$$
f(\omega) = \frac{1}{(e^{\beta\omega} - 1)}
$$

에 의해 구할 수 있으며 그 결과는

$$
n_\sigma(q) = \left[-W^\alpha_\sigma(q) - v(q)n(q) + \tilde{V}(q)n_\sigma(q) \right] F_\sigma(q) - E_\sigma(q), \quad (5.5.39)
$$

$$
F_\sigma(q) = \frac{1}{\pi} \sum_k \int_{-\infty}^{\infty} d\omega \, f(\omega)\, \Im\, G_{k\sigma}(q,z), \quad\quad (5.5.40)
$$

$$
\begin{aligned}
E_\sigma(q) = \;& \frac{1}{\pi} \sum_k \int_{-\infty}^{\infty} d\omega \, f(\omega) \\
& \times \Im \left[\mathcal{M}_{k\sigma}(q,z) \left(\frac{1}{z - \epsilon_{k+q\,\sigma} - \mathcal{M}^0_{k+q\,\sigma}(z)} \right) \right. \\
& \qquad\qquad \left. \times \left(\frac{1}{z - \epsilon_{k\sigma} - \mathcal{M}^0_{k\sigma}(z)} \right) \right]
\end{aligned}
$$
$$(5.5.41)$$

이다.

식 (5.5.39)는 $n_+(q)$ 와 $n_-(q)$ 에 대한 연립식이므로 그것을 풀면

$$
\begin{aligned}
n_\sigma(q) \;=\; & \frac{1}{1 + v(q)\left(\tilde{F}_\sigma(q) + \tilde{F}_{-\sigma}(q)\right)} \\
& \times \Bigg[-\tilde{F}_\sigma(q)\left(1 + v(q)\tilde{F}_{-\sigma}(q)\right) W_\sigma^\alpha(q) \\
& \qquad + v(q)\,\tilde{F}_\sigma(q)\tilde{F}_{-\sigma}(q)\,W_{-\sigma}^\alpha(q) - \frac{1 + v(q)\,\tilde{F}_{-\sigma}(q)}{1 - \tilde{V}(q)\,F_\sigma(q)} E_\sigma(q) \\
& \qquad + \frac{v(q)\,\tilde{F}_\sigma(q)}{1 - \tilde{V}(q)\,F_{-\sigma}(q)} E_{-\sigma}(q) \Bigg]
\end{aligned}
\tag{5.5.42}
$$

와 같이 되며 $\tilde{F}_\sigma(q)$ 는

$$
\tilde{F}_\sigma(q) = \frac{F_\sigma(q)}{1 - \tilde{V}(q)\,F_\sigma(q)}
\tag{5.5.43}
$$

로 정의한 함수이다.

응답함수를 실제로 계산하기 위해 가장 간단한 근사로 기억함수 $\mathcal{M}$ 을 무시하면 $E_\sigma = 0$ 이므로

$$
n_\sigma(q) = \frac{-\tilde{F}_\sigma(q)\left(1 + v(q)\,\tilde{F}_{-\sigma}(q)\right) W_\sigma^\alpha(q) + v(q)\,\tilde{F}_\sigma(q)\tilde{F}_{-\sigma}(q)W_{-\sigma}^\alpha(q)}{1 + v(q)\left(\tilde{F}_\sigma(q) + \tilde{F}_{-\sigma}(q)\right)}
\tag{5.5.44}
$$

이고 여기서 $F_\sigma(q)$는

$$
\begin{aligned}
F_\sigma(q) \;=\; & \frac{1}{\pi} \sum_k \int_{-\infty}^{\infty} d\omega\, f(\omega)\, \Im\left(\frac{1}{\omega - \epsilon_{k+q\,\sigma} + i\delta}\, \frac{1}{\omega - \epsilon_{k\sigma} + i\delta} \right) \\
\;=\; & \sum_k \int_{-\infty}^{\infty} d\omega\, f(\omega) \\
& \times \left(\delta(\omega - \epsilon_{k+q\,\sigma}) \frac{\mathcal{P}}{\omega - \epsilon_{k\sigma}} + \frac{\mathcal{P}}{\omega - \epsilon_{k+q\,\sigma}} \delta(\omega - \epsilon_{k\sigma}) \right) \\
\;=\; & -\sum_k \frac{f(\epsilon_{k\sigma}) - f(\epsilon_{k+q\,\sigma})}{\epsilon_{k\sigma} - \epsilon_{k+q\,\sigma}}
\end{aligned}
\tag{5.5.45}
$$

로 주어지는 스핀 의존도가 있는 린드하드 함수이다. 식 (5.5.44)의 결과는 D.J. Kim[11]이 일반화된 무작위위상근사 (generalized random phase approximation:

---

[11]김덕주 (D.J. Kim) (1934 - 1997), 한국인 이론물리 학자.

GRPA) 방법을 사용하여 산출한 결과 [D.J. Kim 1973]와 정확히 일치한다. 이로부터 네 가지 응답함수 (식 (5.5.20))를 산출해낼 수 있다. 만약 기억함수를 무시하지 않고 고차의 근사를 행하면 더 나은 해를 구할 수 있을 것이다.

여기서 한 가지 주목할 만한 점은 이 방법에서는 항상 전하보존 법칙 (charge conservation law)이 자동적으로 만족된다는 점이다. 즉, 식 (5.5.42), (5.5.43)와 식 (5.5.20)의 4번째 식으로부터

$$\lim_{q \to 0} \chi^{ee}(q) = 1/v(q) \tag{5.5.46}$$

임을 보일 수가 있는데 이것은

$$\int d^3r \, \frac{1}{V} \sum_q \chi^{ee}(q) \frac{4\pi Z}{q^2} e^{iq \cdot \vec{r}} = \lim_{q \to 0} \chi^{ee}(q) \frac{4\pi Z e^2}{q^2} = Z \tag{5.5.47}$$

라는 전하보존 법칙을 만족시킨다. 반면에 파인만 도형법을 이용하는 경우 GRPA로 구한 해에 다른 항을 더하면 전하보존 법칙이 깨진다는 것이 알려져 있다 [D.J. Kim 1988].

참고문헌

- 강기천, 장영록, 민병일, 성우경, 새물리 **33**, 507 (1993).

- 장영록, 박사학위 논문, 포항공대 (1993).

- Ceperley D. M. and B. J. Alder, Phys. Rev. Lett. **45**, 566 (1980).

- Daniel E. and S. H. Vosko, Phys. Rev. **120**, 2041 (1960).

- Eisenberger P., L. Lam, P. M. Platzman and P. Schmidt, Phys. Rev. B **6**, 3671 (1972).

- Geldart D. J. W. and S. H. Vosko, J. Phys. Soc. Jpn. **20**, 20 (1965).

- Green G., *An Essay on the Application of Mathematical Analysis to the Theories of Electricity and Magnetism* (1828).

- Hedin L., Phys. Rev. **139**, A 796 (1965).

- Hubbard J., Proc. Roy. Soc. (London), Ser. A **240**, 539 (1957); **243**, 336 (1957).

- Ichimaru S. and K. Utsumi, Phys. Rev. B **24**, 7385 (1981).

- Inkson J. C., *Many-Body Theory of Solids*, Plenum, New York (1984).

- Kim D. J., B. B. Schwartz and H. C. Praddaude, Phys. Rev. B **7**, 205 (1973).

- Kim D. J., Phys. Rep. **171**, 129-229 (1988).

- Lindhard L., K. Dans. Vidensk. Selsk. Mat. -Fys. Medd. **28**, 3 (1954).

- Mahan G. D., *Many-Particle Physics*, Plenum, New York (1990).

- Mattuck R. D., *A Guide to Feynman Diagrams in the Many-Body Problem*, McGraw-Hill, New York (1976).

- Mori H., Prog. Theor. Phys. **33**, 423 (1965).

- Rice T. M., Ann. Phys. **31**, 100 (1965).

- Ruckenstein A. E. and S. Schmitt-Rink, Int. J. Mod. Phys. B **3**, 1809 (1989).

- Sakurai J. J., *Modern Quantum Mechanics*, Benjamin Cummings (1985).

- Singwi K. S., M. P. Tosi, R. H. Land and A. Sjölander, Phys. Rev. **176**, 589 (1968).

- Singwi K. S., A. Sjölander, M. P. Tosi and R. H. Land, Phys. Rev. B **1**, 1044 (1970).

- Vashishta P. and K. S. Singwi, Phys. Rev. B **6**, 875 (1972).

- Wigner E. P., Trans. Faraday Soc. **34**, 678 (1938).

- Zwanzig R., In *Lectures in Theoretical Physics*, Vol. **3**, Interscience, New York (1961).

Chapter 6

전자-포논 (Electron-Phonon) 상호작용

금속에서 소리의 속도, 포논 분산 (phonon dispersion) 등의 성질은 전자-포논과의 상호작용에 의하여 결정된다. 또한 전자-포논 상호작용은 보통 금속에서 초전도 현상을 일으키는 중요한 상호작용이다. 이 장에서는 먼저 전자-포논 상호작용 해밀터니안을 정립하고 이로부터 포논 그린 함수, 포논 자체에너지 등에 대하여 공부하기로 한다.

6.1   전자-포논 해밀터니안

양자화된 형태의 전자-포논 상호작용 해밀터니안을 유도하여 보자. 포논의 운동을 포함한 고체 내 총 해밀터니안은 다음과 같은 Fröhlich[1] 모델 해밀터니안으로 주어진다 [Fröhlich 1950]:

---

[1]H. Fröhlich (1905 – 1991), German-English theoretical physicist.

$$\mathcal{H} = \mathcal{H}_e + \mathcal{H}_p + \mathcal{H}_{ei}, \tag{6.1.1}$$

$$\mathcal{H}_e = \sum_i \frac{\mathbf{p}_i^2}{2m} + \frac{1}{2} \sum_{i \neq j} \frac{e^2}{|\mathbf{r}_i - \mathbf{r}_j|}, \tag{6.1.2}$$

$$\mathcal{H}_p = \sum_{\mathbf{q}\lambda} \Omega_{\mathbf{q}\lambda} \, (a_{\mathbf{q}\lambda}^\dagger a_{\mathbf{q}\lambda} + \frac{1}{2}), \tag{6.1.3}$$

$$\mathcal{H}_{ei} = \sum_i v(\mathbf{r}_i) = \sum_{i,\mu} \frac{Ze^2}{|\mathbf{r}_i - \mathbf{R}_\mu|}$$

$$= \sum_i \sum_\mu V_{ei}(\mathbf{r}_i - \mathbf{R}_\mu). \tag{6.1.4}$$

여기서 $\mathcal{H}_e, \mathcal{H}_p, \mathcal{H}_{e-i}$ 는 각각 전자, 포논, 그리고 전자-이온 상호작용 해밀터니안에 해당한다. 포논 해밀터니안에서 $\Omega_{\mathbf{q}\lambda}$ 는 전자-포논 상호작용을 고려하지 않은 맨(bare) 포논 진동수이다 (λ: 분극 (polarization)).

$\mathbf{R}_\mu$ 는 시간에 따라 변하는 이온의 위치 벡터로서 평형상태에서의 위치를 $\mathbf{R}_\mu$, 변위벡터를 $\mathbf{Q}_\mu(t)$ 라 하면

$$\mathbf{R}_\mu(t) = \mathbf{R}_\mu + \mathbf{Q}_\mu(t) \tag{6.1.5}$$

와 같이 주어진다. 여기서 변위 벡터 $\mathbf{Q}_\mu(t)$ 를 아주 작은 양으로 생각할 수 있으므로 전자-이온 상호작용은

$$\sum_\mu V_{ei}(\mathbf{r}_i - \mathbf{R}_\mu(t)) = \sum_\mu V_{ei}(\mathbf{r}_i - \mathbf{R}_\mu - \mathbf{Q}_\mu(t))$$

$$\simeq \sum_\mu V_{ei}(\mathbf{r}_i - \mathbf{R}_\mu)$$

$$- \sum_\mu \mathbf{Q}_\mu(t) \cdot \nabla V_{ei}(\mathbf{r}_i - \mathbf{R}_\mu^0) + \cdots \tag{6.1.6}$$

와 같이 전개할 수 있다. 위 식의 첫째 항은 정지된 이온과 전자의 상호작용에 해당하고 둘째 항이 바로 전자와 포논의 상호작용 $\mathcal{H}_{e-p}$ 에 해당한다.

다음과 같이 포논의 소멸, 생성연산자, $a_{\mathbf{k}\lambda}, a_{\mathbf{k}\lambda}^\dagger$ 을 사용한 제 2 양자화된 변위

벡터 $\mathbf{Q}_\mu(t)$ 와 V_{ei} 의 푸리에 변환,

$$
\begin{aligned}
\mathbf{Q}_\mu(t) &= i\sum_{\mathbf{k},\lambda}\left(\frac{\hbar}{2NM\Omega_{\mathbf{k}\lambda}}\right)^{1/2}\\
&\quad\times \hat{\boldsymbol{\epsilon}}_{\mathbf{k}\lambda}\left(a_{\mathbf{k}\lambda}(t)+a^\dagger_{-\mathbf{k}\lambda}(t)\right)e^{i\mathbf{k}\cdot\mathbf{R}^o_\mu},
\end{aligned}\tag{6.1.7}
$$

$$
V_{ei}(\mathbf{r}_i-\mathbf{R}^o_\mu) = \frac{1}{\sqrt{\Omega}}\sum_{\mathbf{q}}V_{ei}(\mathbf{q})e^{i\mathbf{q}\cdot(\mathbf{r}_i-\mathbf{R}^o_\mu)}\tag{6.1.8}
$$

을 사용하면 (Ω: 부피), 식 (6.1.6)의 둘째 항은

$$
\sum_{\mathbf{q},\mathbf{G},\lambda}e^{i(\mathbf{q}+\mathbf{G})\cdot\mathbf{r}_i}g_\lambda(\mathbf{q}+\mathbf{G})(a_{\mathbf{q}\lambda}+a^\dagger_{-\mathbf{q}\lambda})\tag{6.1.9}
$$

와 같이 된다. 여기서 $g_\lambda(\mathbf{q}+\mathbf{G})$는

$$
g_\lambda(\mathbf{q}+\mathbf{G})=-V_{ei}(\mathbf{q}+\mathbf{G})(\mathbf{q}+\mathbf{G})\cdot\hat{\boldsymbol{\epsilon}}_{\mathbf{q}\lambda}\left(\frac{n_i\hbar}{2M\Omega_{\mathbf{q}\lambda}}\right)^{1/2}\tag{6.1.10}
$$

와 같이 정의하였으며 ($n_i=N/\Omega$: 이온 밀도), 위 유도과정에서

$$
\sum_\mu e^{i(\mathbf{k}-\mathbf{q})\cdot\mathbf{R}^o_\mu}=N\sum_{\mathbf{G}}\delta_{\mathbf{k}-\mathbf{q},\mathbf{G}}\tag{6.1.11}
$$

의 항등식을 이용하였다. 위 식에서 $g_\lambda(\mathbf{q}+\mathbf{G})$ 는 전자-포논 상호작용의 크기를 결정해주는 양이며 포논 진동수는 제 1 브릴루앙 (Brillouin) 영역 내에서 고려하므로 $\mathbf{q}$의 합은 제 1 브릴루앙 영역에서의 합에 해당한다.

위 식 (6.1.9)를 이용하여 제 2 양자화된 전자-포논 상호작용 해밀터니안을 구해보자. 장 연산자 $\psi(\mathbf{r})$ 을 사용하여

$$
\begin{aligned}
\mathcal{H}_{e-p} &= \int d^3r\,\psi^\dagger(\mathbf{r})\sum_\mu V_{ei}(\mathbf{r}-\mathbf{R}_\mu)\psi(\mathbf{r})\tag{6.1.12}\\
&= \int d^3r\,\psi^\dagger(\mathbf{r})\sum_{\mathbf{q},\mathbf{G},\lambda}e^{i(\mathbf{q}+\mathbf{G})\cdot\mathbf{r}}g_\lambda(\mathbf{q}+\mathbf{G})(a_{\mathbf{q}\lambda}+a^\dagger_{-\mathbf{q}\lambda})\psi(\mathbf{r})
\end{aligned}
$$

와 같이 나타내고, 이어서 $\psi(\mathbf{r})$ 을

$$
\psi(\mathbf{r})=\sum_m c_m\varphi_m(\mathbf{r})\tag{6.1.13}
$$

처럼 소멸연산자 c_m 과 완전직교기저 $\varphi_m(\mathbf{r})$ 로 전개하면 양자화된 전자-포논

상호작용 해밀터니안

$$\mathcal{H}_{e-p} = \sum_{n,m,\mathbf{q},\mathbf{G},\lambda} \langle \varphi_n | e^{i(\mathbf{q}+\mathbf{G})\cdot\mathbf{r}} | \varphi_m \rangle \, g_\lambda(\mathbf{q}+\mathbf{G})(a_{\mathbf{q}\lambda}+a^\dagger_{-\mathbf{q}\lambda})c_n^\dagger c_m$$

$$(6.1.14)$$

을 얻을 수 있다.

6.2   포논 그린 함수

전자를 기술하는 그린 함수의 극점이 전자의 에너지 고유값에 해당한다는 사실과 같이 포논 진동수는 포논 그린 함수의 극점으로부터 구할 수 있다. 이 절에서는 우선 전자와의 상호작용을 고려하지 않은 맨(bare) 포논 그린 함수를 구하여 보자.

식 (6.1.7)의 변위 벡터는

$$A_{\mathbf{q}\lambda}(t) = a_{\mathbf{q}\lambda}(t) + a^\dagger_{-\mathbf{q}\lambda}(t) \tag{6.2.1}$$

를 도입하면

$$\mathbf{Q}_\mu(t) = i \sum_{\mathbf{k},\lambda} \left(\frac{\hbar}{2NM\Omega_{\mathbf{k}\lambda}} \right)^{1/2} \hat{\epsilon}_{\mathbf{k}\lambda} \, A_{\mathbf{k}\lambda}(t) \, e^{i\mathbf{k}\cdot\mathbf{R}^\circ_\mu} \tag{6.2.2}$$

와 같이 쓸 수 있다. 포논 그린 함수 $D_\lambda(\mathbf{q},t)$ 는 $A_{\mathbf{q}\lambda}(t)$ 를 사용하여

$$D_\lambda(\mathbf{q},t) = -i\langle T\left(A_{\mathbf{q}\lambda}(t), A_{-\mathbf{q}\lambda}(0)\right)\rangle \tag{6.2.3}$$

와 같이 정의한다 [Mahan 1990]. 여기서 T 는 5장에서와 같이 시간정렬 연산자이다.

자유포논 해밀터니안

$$\mathcal{H}_p = \sum_{\mathbf{q},\lambda} \Omega_{\mathbf{q}\lambda} a^\dagger_{\mathbf{q}\lambda} a_{\mathbf{q}\lambda} \tag{6.2.4}$$

을 고려하면 $a_{\mathbf{q}\lambda}(t)$ 는 Heisenberg 운동 방정식 $i\hbar\dot{a}_{\mathbf{q}\lambda} = [a_{\mathbf{q}\lambda}, \mathcal{H}_p]$ 에 의해

$$a_{\mathbf{q}\lambda}(t) = e^{iHt} a_{\mathbf{q}\lambda} e^{-iHt} = a_{\mathbf{q}\lambda} e^{-i\Omega_{\mathbf{q}\lambda}t} \tag{6.2.5}$$

의 시간 의존성을 갖는다. 따라서

$$
\begin{aligned}
D(\mathbf{q}, t) &= -i\theta(t)\langle(a_{\mathbf{q}}e^{-i\Omega_{\mathbf{q}}t} + a_{-\mathbf{q}}^{\dagger}e^{i\Omega_{\mathbf{q}}t})(a_{-\mathbf{q}} + a_{\mathbf{q}}^{\dagger})\rangle \\
&\quad -i\theta(-t)\langle(a_{\mathbf{q}} + a_{-\mathbf{q}}^{\dagger})(a_{-\mathbf{q}}e^{-i\Omega_{\mathbf{q}}t} + a_{\mathbf{q}}^{\dagger}e^{i\Omega_{\mathbf{q}}t})\rangle
\end{aligned}
\tag{6.2.6}
$$

가 된다 (여기서 분극 λ 는 생략하였음). 온도 T 에서의 평균 포논 분포함수 $n_{\mathbf{q}}$ 를 사용하면

$$
\langle a_{\mathbf{q}}^{\dagger}a_{\mathbf{q}}\rangle = n_{\mathbf{q}} = \frac{1}{e^{\beta\Omega_{\mathbf{q}}} - 1}
\tag{6.2.7}
$$

$$
\langle a_{\mathbf{q}}a_{\mathbf{q}}^{\dagger}\rangle = 1 + n_{\mathbf{q}}
\tag{6.2.8}
$$

와 같이 되고, $D(\mathbf{q}, t)$ 는

$$
\begin{aligned}
D(\mathbf{q}, t) &= -i\theta(t)(1 + n_{\mathbf{q}})e^{-i\Omega_{\mathbf{q}}t} - i\theta(t)e^{i\Omega_{\mathbf{q}}t}\, n_{-\mathbf{q}} \\
&\quad -i\theta(-t)(1 + n_{-\mathbf{q}})e^{i\Omega_{\mathbf{q}}t} - i\theta(-t)e^{-i\Omega_{\mathbf{q}}t}\, n_{\mathbf{q}}
\end{aligned}
\tag{6.2.9}
$$

로 주어진다. 또 $T = 0$ 에서는 $n_{\mathbf{q}} = 0$ 이므로

$$
D(\mathbf{q}, t) = -i\theta(t)e^{-i\Omega_{\mathbf{q}}t} - i\theta(-t)e^{i\Omega_{\mathbf{q}}t}
\tag{6.2.10}
$$

와 같이 간단한 형태가 된다.

이를 진동수 공간으로 푸리에 변환하면

$$
\begin{aligned}
D(\mathbf{q}, \omega) &= \int_{-\infty}^{\infty} dt\, e^{i\omega t} D(\mathbf{q}, t) \\
&= \frac{1}{\omega - \Omega_{\mathbf{q}} + i\delta} - \frac{1}{\omega + \Omega_{\mathbf{q}} - i\delta} \\
&= \frac{2\Omega_{\mathbf{q}}}{\omega^2 - \Omega_{\mathbf{q}}^2 + i\delta}
\end{aligned}
\tag{6.2.11}
$$

의 맨 포논 (bare phonon) 그린 함수를 얻고, 이 함수의 극점이 자유포논 진동수에 해당함을 알 수 있다.

6.3   금속에서의 포논

지금까지 유도한 전자-포논 상호작용 해밀터니안과 포논 그린 함수를 사용하여 금속에서의 포논 진동수를 구하여 보자. 앞 절에서 구한 맨 포논 그린 함수가

금속에서의 전자-포논 상호작용에 의하여 어떻게 변화하는가를 결정하면 그 극점
으로부터 포논 진동수를 구할 수 있을 것이다.

우선 금속을 젤리움 모형으로 근사하여 전자의 장 연산자를 평면파 기저로
전개하면 총 해밀터니안은

$$\mathcal{H} = \sum_{\mathbf{k}} \varepsilon_{\mathbf{k}} \, c_{\mathbf{k}}^{\dagger} c_{\mathbf{k}} + \frac{1}{2} {\sum_{\mathbf{q},\mathbf{k},\mathbf{p},\sigma,\sigma'}}' \, v(\mathbf{q}) \, c_{\mathbf{k}+\mathbf{q}\sigma}^{\dagger} c_{\mathbf{p}-\mathbf{q}\sigma'}^{\dagger} c_{\mathbf{p}\sigma'} c_{\mathbf{k}\sigma}$$
$$+ \sum_{\mathbf{q}} \Omega_{\mathbf{q}\lambda} \left(a_{\mathbf{q}\lambda}^{\dagger} a_{\mathbf{q}\lambda} + \frac{1}{2} \right) + \sum_{\mathbf{k},\mathbf{q},\lambda} g_{\lambda}(\mathbf{q}) \, c_{\mathbf{k}+\mathbf{q}}^{\dagger} c_{\mathbf{k}} (a_{\mathbf{q}\lambda} + a_{-\mathbf{q}\lambda}^{\dagger})$$

$$(6.3.1)$$

와 같이 표현된다. 여기서 $v(\mathbf{q})$ 는 전자 간 쿨롱 퍼텐셜이며 $\Omega_{\mathbf{q}\lambda}$ 은 젤리움계의
맨 포논 진동수로 이온 플라즈마 진동수 ($\Omega_p = \sqrt{\frac{4\pi n_i Z^2 e^2}{M}}$, n_i: 이온 밀도, Z: 이
온의 원자가)에 해당한다. 만일 우리가 고찰하는 계가 단원자 금속계라 하면 이때
존재하는 포논은 $q \to 0$ 일 때 $\Omega_{\mathbf{q}\lambda} \to 0$ 인 음향 (acoustic) 포논이어야 한다. 따라
서 이온 플라즈마 진동수로 주어지는 젤리움계의 맨 포논은 광학 (optical) 포논
성질을 가지므로 물리적으로 맞지 않는 결과이다. 우리는 이 절에서 젤리움계에서
주어지는 맨 포논이 전자-포논 상호작용에 의해 어떻게 물리적인 음향 포논으로
변환되어지는가를 살펴보도록 하자.

이러한 형태의 전자-포논 상호작용 해밀터니안하에서 포논 그린 함수를 파인
만 (Feynman) 도형법으로 구하여 보자 [Mahan 1990]. 포논 그린 함수 $D(\mathbf{q},\omega)$
와 맨 포논 그린 함수 $D^0(\mathbf{q},\omega)$ 는 그림 6.1과 같은 다이슨 (Dyson) 방정식을
만족한다. 즉 우변의 첫째 항은 맨 포논 그린 함수에 해당하고 둘째 항은 포논
이 전자-포논 상호작용에 의하여 전자와 구멍 (hole)을 생성시키고 다시 이 전자
와 구멍이 소멸하며 포논을 생성하는 도형이다. 따라서 그림 중간의 전자-구멍
쌍 고리도형 (electron-hole-pair ring diagram)은 금속의 편극함수 (polarization
function) $\tilde{\pi}(\mathbf{q})$ 에 해당한다 (부록 A.3 참조). 그리고 마지막 항은 생성된 전자-구멍
쌍 (electron-hole pair)이 다른 전자-구멍쌍과 쿨롱 상호작용하는 것을 나타낸다.
이를 수식으로 표현하면

$$D(\mathbf{q},\omega) = D^0(\mathbf{q},\omega) + D^0(\mathbf{q},\omega) \, |g(\mathbf{q})|^2 \, \tilde{\pi}(\mathbf{q}) \, D(\mathbf{q},\omega)$$
$$+ D^0(\mathbf{q},\omega) \, |g(\mathbf{q})|^2 \, \tilde{\pi}(\mathbf{q}) \, v_{sc}(\mathbf{q}) \, \tilde{\pi}(\mathbf{q}) \, D(\mathbf{q},\omega)$$

$$(6.3.2)$$

이 된다. 여기서 $D^0(\mathbf{q},\omega) = 2\Omega_{\mathbf{q}}/(\omega^2 - \Omega_{\mathbf{q}}^2)$ 이고 $v_{sc}(\mathbf{q})$ 는 가려진 쿨롱 상호작
용을 의미한다. 위 식의 둘째, 셋째 항은 포논의 자체에너지에 의한 기여임을 알

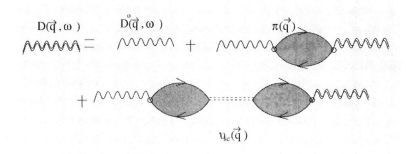

Figure 6.1: 전자-포논 상호작용을 고려한 포논 그린 함수 파인만 도형.

Figure 6.2: 가려진 쿨롱 상호작용 파인만 도형.

수 있다. 이 식으로부터

$$D(\mathbf{q}, \omega) = \frac{1}{D^0(\mathbf{q}, \omega)^{-1} - |g(\mathbf{q})|^2 \tilde{\pi}(\mathbf{q}) - |g(\mathbf{q})|^2 \tilde{\pi}(\mathbf{q}) v_{sc}(\mathbf{q}) \tilde{\pi}(\mathbf{q})} \tag{6.3.3}$$

을 얻을 수 있다. 한편 가려진 쿨롱 상호작용 $v_{sc}(\mathbf{q})$ 는 아래 그림 6.2와 같은 자체충족적인 방정식을 만족한다. 따라서 이를 수식으로 표현하여

$$
\begin{aligned}
v_{sc}(\mathbf{q}) &= v(\mathbf{q}) + v(\mathbf{q})\tilde{\pi}(\mathbf{q})v_{sc}(\mathbf{q}) \\
&= \frac{v(\mathbf{q})}{1 - v(\mathbf{q})\tilde{\pi}(\mathbf{q})}
\end{aligned} \tag{6.3.4}
$$

와 같이 된다.

두 식을 결합하면

$$
\begin{aligned}
D(\mathbf{q}, \omega) &= \cfrac{1}{D^0(\mathbf{q}, \omega)^{-1} - |g(\mathbf{q})|^2 \cfrac{\tilde{\pi}(\mathbf{q})}{1 - v(\mathbf{q})\tilde{\pi}(\mathbf{q})}} \\[2em]
&= \cfrac{2\Omega_{\mathbf{q}}}{\omega^2 - \Omega_{\mathbf{q}}^2 - 2\Omega_{\mathbf{q}}|g(\mathbf{q})|^2 \cfrac{\tilde{\pi}(\mathbf{q})}{1 - v(\mathbf{q})\tilde{\pi}(\mathbf{q})}}
\end{aligned}
\tag{6.3.5}
$$

가 되며 이로부터 포논 진동수 $\omega_{\mathbf{q}}$ 는

$$
\omega_{\mathbf{q}}^2 = \Omega_{\mathbf{q}}^2 + 2\Omega_{\mathbf{q}}|g(\mathbf{q})|^2 \frac{\tilde{\pi}(\mathbf{q})}{1 - v(\mathbf{q})\tilde{\pi}(\mathbf{q})}
\tag{6.3.6}
$$

에 의해 주어짐을 알 수 있다.

6.3.1   Bohm-Staver 음속

젤리움 모형계에서의 음속을 앞 절에서 구한 포논 진동수의 표현식으로부터 구하여 보자. 젤리움 모형에서의 맨 포논 진동수는 앞에서 언급하였듯이 이온 플라즈마 진동수에 해당한다. 젤리움 모형에서는 양전하를 띤 이온들은 균일한 배경전하를 이루고 있기 때문이다. 따라서 움클랍 과정 (Umklapp prcess)이 없어지고 $\mathbf{q} \to 0$ 일 때의 포논 종파 $\Omega_{\mathbf{q}_{||}}$ 와 횡파 $\Omega_{\mathbf{q}_{\perp}}$ 는 각각

$$
\Omega_{\mathbf{q}_{||}} = \Omega_p = \left(\frac{4\pi n_i Z^2 e^2}{M} \right)^{1/2} ;
\tag{6.3.7}
$$

$$
\Omega_{\mathbf{q}_{\perp}} = 0
\tag{6.3.8}
$$

의 값을 갖는다 [Pines 1963].

앞 절에서 구한 $g(\mathbf{q})$의 표현식 (식 (6.1.10))

$$
g(\mathbf{q}) = -V_{ei}(\mathbf{q})\mathbf{q} \cdot \hat{\varepsilon}_{\mathbf{q}} \left(\frac{n_i \hbar}{2M\Omega_{\mathbf{q}}} \right)^{1/2}
\tag{6.3.9}
$$

와

$$
V_{ei}(\mathbf{q}) = -\frac{4\pi Z e^2}{q^2}
\tag{6.3.10}
$$

로부터

$$g(\mathbf{q}) = -\frac{4\pi Z e^2}{q} \left(\frac{n_i \hbar}{2M\Omega_{\mathbf{q}}} \right)^{1/2} \tag{6.3.11}$$

을 얻고, 이를 식 (6.3.6)에 대입하면

$$
\begin{aligned}
\omega_{\mathbf{q}}^2 &= \Omega_{\mathbf{q}}^2 + 2\Omega_{\mathbf{q}} |g(\mathbf{q})|^2 \frac{\tilde{\pi}}{1 - v\tilde{\pi}} \\
&= \Omega_{\mathbf{q}}^2 + \frac{(4\pi Z e^2)^2}{q^2} \frac{n_i}{M} \frac{\tilde{\pi}}{1 - v\tilde{\pi}} \\
&= \Omega_{\mathbf{q}}^2 + \frac{4\pi n_i Z^2 e^2}{M} \frac{4\pi e^2}{q^2} \frac{\tilde{\pi}}{1 - v\tilde{\pi}} \\
&= \Omega_{\mathbf{q}}^2 \left(1 + \frac{v\tilde{\pi}}{1 - v\tilde{\pi}} \right) \\
&= \frac{\Omega_{\mathbf{q}}^2}{1 - v\tilde{\pi}}
\end{aligned}
\tag{6.3.12}
$$

을 얻는다. 한편 위 식 분모의 $1 - v\tilde{\pi}(\mathbf{q}, \omega)$ 는 바로 유전상수 $\varepsilon(\mathbf{q}, \omega)$ 이다. 위 식에서는 $\omega = \omega_{\mathbf{q}}$ 인 유전상수 $\varepsilon(\mathbf{q}, \omega_{\mathbf{q}})$ 를 고려하여야 하는데 이온의 운동이 전자의 운동에 비해 상당히 느리다는 준정적 근사를 사용하면 이 경우는 거의 정적 유전상수인 $\varepsilon(\mathbf{q})$ 로 생각하여도 되겠다 ($\omega_{\mathbf{q}} \to 0$).

$\varepsilon(\mathbf{q})$ 의 가장 간단한 형태인 토마스-페르미 (Thomas-Fermi) 유전상수 ($\varepsilon(\mathbf{q}) = 1 + q_{TF}^2 / q^2$: 식 (5.4.19))를 가정하면

$$\omega_{\mathbf{q}}^2 = \frac{\Omega_{\mathbf{q}}^2}{\varepsilon(\mathbf{q})} = \frac{4\pi n_i Z^2 e^2}{M\varepsilon(\mathbf{q})} \Big|_{q \to 0} = \frac{(4\pi n_i Z^2 e^2)}{M q_{TF}^2} q^2 \tag{6.3.13}$$

의 표현식을 얻는다. 여기서 토마스- 페르미 파수 벡터

$$q_{TF}^2 = \frac{6\pi n_e e^2}{E_F} = \frac{6\pi n_e e^2}{\frac{1}{2} m v_F^2} = \frac{3\omega_p^2}{v_F^2} \tag{6.3.14}$$

임을 고려하면 ($n_e = Z n_i$: 전자밀도), q 의 1 차에 비례하는 음향 포논 진동수

$$\omega_{\mathbf{q}} = \left(\frac{Z}{3} \frac{m}{M} \right)^{1/2} v_F q \tag{6.3.15}$$

를 얻는다. 이로부터 Bohm[2]-Staver 음속, $s_{BS} = \left(\frac{Z}{3} \frac{m}{M} \right)^{1/2} v_F$ 가 주어진다 [Bohm-Staver 1951]. s_{BS}는 $v_F \sim 10^6$ m/sec 정도이므로 $m/M \sim 10^{-4}$ 일 때 약 10^4 m/s 로 주어져 보통의 금속에서 관측되는 실험값과 거의 일치하는 결과를 준다.

---

[2]D. J. Bohm (1917 – 1992), American-English theoretical physicist.

6.3.2 Kohn 비정상성 (Kohn Anomaly): 포논 무름 (Phonon Softening)

위 절에서 보았듯이 고체계에서의 포논 진동수는 맨 포논 진동수를 유전상수 $\varepsilon(\mathbf{q})$ 로 스크린한 것에 해당한다 (식 (6.3.13)). 따라서 유전상수 $\varepsilon(\mathbf{q})$ 에 비정상 현상 (anomaly)이 있다면 포논 분산에 그 비정상 현상이 반영될 것이 예상된다. 한편 $\varepsilon(\mathbf{q})$ 의 비정상 현상은 $\varepsilon(\mathbf{q}) = 1 - v\tilde{\pi}(\mathbf{q})$ 에서 $\tilde{\pi}(\mathbf{q})$ 의 비정상 현상에 기인하기 때문에 포논 분산에 전자계의 편극함수 $\tilde{\pi}(\mathbf{q})$ 가 직접적으로 관련되어 있다는 것을 시사한다. 즉 어떤 고체계의 $\tilde{\pi}(\mathbf{q})$ 가 한 $\mathbf{q}$ 에서 큰 값을 갖게 되면 $\omega_{\mathbf{q}}$ 는 그 $\mathbf{q}$ 에서 크기가 갑자기 줄어들게 된다. 이러한 포논 무름 (phonon softening) 현상을 Kohn 비정상성 (Kohn anomaly)이라 부르며 [Kohn 1959], 실제 포논 분산 실험에서 관측되고 있다. 실제 고체계에서 보이는 Kohn 비정상성에 대한 자세한 논의는 7 장에서 다시 다루기로 한다.

이러한 단적인 예로 일차원 금속에서 일어나는 Peierls[3] 불안정성 (Peierls instability)을 들 수 있다. 즉 상호작용이 없는 일차원 금속계의 $\tilde{\pi}(\mathbf{q})$ 는 린드하드 함수 $\chi^0(\mathbf{q})$ 로 주어지는데, 일차원에서 $\chi^0(\mathbf{q})$ 는 그림 5.8 에서와 같이 $q = 2k_F$ (k_F: 페르미 파수벡터)에서 발산하는 함수로 주어진다. 그러면 식 (6.3.12)에서 보듯이 $\omega_{\mathbf{q}}$ 가 $q = 2k_F$ 에서 0 이 되면서, 격자가 불안정해지고 구조 상전이가 일어나게 된다. 이 $q = 2k_F$ 구조 상전이는 격자상수 a 를 갖는 격자가 이합체 (dimer)가 되면서 격자상수 $2a$ 인 격자로 상전이 하는 것으로서, 일차원 금속계의 불안정성을 잘 설명하고 있다. 이러한 구조 상전이는 꼭 일차원계가 아닌 2차원 및 3차원 계에서도 일어날 수 있고, 이렇게 전자계의 불안정성이 격자계의 구조 불안정성을 유도하는 상전이를 통상 전하밀도파 (charge density wave: CDW) 상전이라 부른다.

6.4 포논의 전자 자체에너지에의 기여

지금까지 전자-포논 상호작용에 의한 포논의 변화, 즉 포논 자체에너지를 유도하였는데 이 절에서는 역으로 전자-포논 상호작용에 의한 전자의 자체에너지를 구하여 보자.

우선 전자-포논 상호작용에 의한 전자의 그린 함수의 변화를 살펴보자. 포논에 의한 자체에너지 $\sum_p$ 의 영향으로 전자의 그린 함수 G 는 자유전자 그린 함수 G_0 와 다음과 같은 관계식을 갖는다.

$$G^{-1} = G_0^{-1} - \Sigma_p. \tag{6.4.1}$$

---

[3]R. E. Peierls (1907 – 1995), German-born English theoretical physicist.

즉

$$G = \frac{1}{i\omega_n - \varepsilon_n - \Sigma_p} \tag{6.4.2}$$

이다. 따라서 전자의 그린 함수 G 를 구하려면 포논에 의한 자체에너지 Σ_p 를 구하여야 하는데 여기서는 그림 6.3과 같이 가장 차수가 낮은 ($g(\mathbf{q})$ 의 2차) 파인만 도형을 생각하여 보자. 그림에서 직선은 자유전자 그린 함수 G_0 를 의미하고 파동 모양선은 포논 그린 함수 D^0 를 의미하는데 이 그림은 한 전자가 어떤 시각에 포논을 발생하고 그 후 다른 시각에 그 포논을 다시 흡수하는 양상으로 해석할 수 있다.

이를 수식으로 표현하면

$$\Sigma_p(\mathbf{k}, ik_n) = -\frac{1}{\beta} \sum_{\lambda, \mathbf{q}, i\omega_n} G_0(\mathbf{k} + \mathbf{q}, ik_n + i\omega_n) D^0_\lambda(\mathbf{q}, i\omega_n) \, |g_\lambda(\mathbf{q})|^2 \tag{6.4.3}$$

이 되는데, $\mathbf{q}$ 에 대한 합을 적분 형식으로 바꾸면

$$\begin{aligned}
\Sigma_p(\mathbf{k}, ik_n) &= -\frac{1}{\beta} \sum_\lambda \int \frac{d^3q}{(2\pi)^3} |g_\lambda(\mathbf{q})|^2 \\
&\quad \times \sum_{i\omega_n} \left(\frac{1}{ik_n + i\omega_n - \varepsilon_{\mathbf{k+q}}} \right) \frac{2\omega_{\mathbf{q}\lambda}}{(i\omega_n)^2 - \omega_{\mathbf{q}\lambda}^2}
\end{aligned} \tag{6.4.4}$$

와 같이 된다. 위 식 우변에서 ω_n 에 대한 합은 부록 식 (A.3.5)의 관계식을 사용

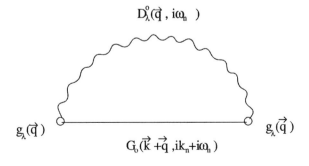

Figure 6.3: 포논에 의한 전자 자체에너지 파인만 도형.

하여 진동수 적분으로 바꾸어 경로적분을 하면,

$$-\frac{1}{\beta}\sum_{i\omega_n}\left(\frac{1}{ik_n+i\omega_n-\varepsilon_{\mathbf{k+q}}}\right)\frac{2\omega_{\mathbf{q}\lambda}}{(i\omega_n)^2-\omega_{\mathbf{q}\lambda}^2}$$

$$=\ -\int_C\frac{d\omega}{2\pi i}n_B(\omega)\left(\frac{1}{ik_n+\omega-\varepsilon_{\mathbf{k+q}}}\right)\frac{2\omega_{\mathbf{q}\lambda}}{\omega^2-\omega_{\mathbf{q}\lambda}^2}$$

$$=\ \frac{n_B(\omega_{\mathbf{q}\lambda})}{ik_n+\omega_{\mathbf{q}\lambda}-\varepsilon_{\mathbf{k+q}}}-\frac{n_B(-\omega_{\mathbf{q}\lambda})}{ik_n+\omega_{\mathbf{q}\lambda}-\varepsilon_{\mathbf{k+q}}}$$

$$+\frac{n_B(\varepsilon_{\mathbf{k+q}}-ik_n)2\omega_{\mathbf{q}\lambda}}{(\varepsilon_{\mathbf{k+q}}-ik_n-\omega_{\mathbf{q}\lambda})(\varepsilon_{\mathbf{k+q}}-ik_n+\omega_{\mathbf{q}\lambda})}$$

$$=\ \frac{n_B(\omega_{\mathbf{q}\lambda})+n_F(\varepsilon_{\mathbf{k+q}})}{ik_n+\omega_{\mathbf{q}\lambda}-\varepsilon_{\mathbf{k+q}}}+\frac{1+n_B(\omega_{\mathbf{q}\lambda})-n_F(\varepsilon_{\mathbf{k+q}})}{ik_n-\omega_{\mathbf{q}\lambda}-\varepsilon_{\mathbf{k+q}}}$$

$$\text{(6.4.5)}$$

가 된다. 여기서 $n_B(\omega)$ 와 $n_F(\varepsilon)$ 는 각각 보존 (boson), 퍼미온 (fermion) 분포함수이다.

따라서 자체에너지,

$$\Sigma_p(\mathbf{k},ik_n)\ =\ \int\frac{d^3q}{(2\pi)^3}\sum_\lambda|g_\lambda(\mathbf{q})|^2$$

$$\times\left(\frac{n_B(\omega_{\mathbf{q}\lambda})+n_F(\varepsilon_{\mathbf{k+q}})}{ik_n+\omega_{\mathbf{q}\lambda}-\varepsilon_{\mathbf{k+q}}}+\frac{n_B(\omega_{\mathbf{q}\lambda})+1-n_F(\varepsilon_{\mathbf{k+q}})}{ik_n-\omega_{\mathbf{q}\lambda}-\varepsilon_{\mathbf{k+q}}}\right)$$

$$\text{(6.4.6)}$$

를 얻는다.

$T=0$ 인 경우에 자체에너지 Σ_p 를 계산하여 보자. $T=0$ 이면 $n_B(\omega_{\mathbf{q}\lambda})=0$ 이 되고, 해석연속 (analytic continuation)에 의하여 $ik_n\to\omega+i\delta$ 로 치환하면

$$\Sigma_p(\mathbf{k},\omega)\ =\ \sum_\lambda\int\frac{d^3q}{(2\pi)^3}|g_\lambda(\mathbf{q})|^2$$

$$\times\left(\frac{n_F(\varepsilon_{\mathbf{k+q}})}{\omega+\omega_{\mathbf{q}\lambda}-\varepsilon_{\mathbf{k+q}}+i\delta}+\frac{1-n_F(\varepsilon_{\mathbf{k+q}})}{\omega-\omega_{\mathbf{q}\lambda}-\varepsilon_{\mathbf{k+q}}+i\delta}\right)$$

$$\text{(6.4.7)}$$

를 얻는다. 이때 q 에 대한 적분은 다음과 같이 계산한다 [김덕주 1986]:

$$\int d^3q\to\int q^2dq\int d(cos\theta)\int d\varphi.$$

$$\text{(6.4.8)}$$

여기서 θ 는 $\mathbf{k}$ 와 $\mathbf{q}$ 사이의 각도이다. 이제 다음과 같은 $\mathbf{k}'$ 를 도입하면

$$
\begin{aligned}
\mathbf{k}' &= (\mathbf{k} + \mathbf{q}), \\
k'^2 &= k^2 + q^2 + 2kq\cos\theta, \\
2k'dk' &= 2kq\,d(cos\theta)
\end{aligned}
\tag{6.4.9}
$$

가 되고 따라서

$$
\begin{aligned}
\int d^3q &\rightarrow \int_0^\infty q^2 dq \int_{|k-q|}^{|k+q|} \frac{k'}{kq} dk' \int d\varphi \\
&= \int_0^\infty q\,dq\, \frac{1}{k} \int_{|k-q|}^{|k+q|} k'dk' \int d\varphi
\end{aligned}
\tag{6.4.10}
$$

가 된다. k' 에 대한 적분을

$$
\begin{aligned}
\frac{k'^2}{2m} &= \xi'_k, \\
\frac{1}{m} k'dk' &= d\xi'_k
\end{aligned}
\tag{6.4.11}
$$

를 이용하여 ξ'_k 의 적분으로 바꾸면

$$
\int_0^\infty q\,dq\, \frac{m}{k} \int_{-\infty}^\infty d\xi'_k \int d\varphi
\tag{6.4.12}
$$

이 된다. ξ'_k 의 적분에서 중요한 영역은 페르미 면 근처 ($|\xi'_k - E_F| < \hbar\omega_D$, ω_D: Debye[4] 진동수) 이고 $|\xi'_k - E_F| \gg \hbar\omega_D$ 의 영역이 적분에 기여하는 정도는 무시할 수 있으므로, 위 식에서 ξ'_k 의 적분 영역을 $(-\infty, \infty)$ 로 확장하였다. 또한 고려하고 있는 전자가 페르미 면 근처에 있는 전자라고 하면 $k = k_F$ 라 가정할 수 있어서 위의 적분은 다시

$$
\frac{1}{v_F} \int d^2q \int_{-\infty}^\infty d\xi'_k
\tag{6.4.13}
$$

와 같이 바뀐다. 이러한 적분 관계식을 사용하면

$$
\begin{aligned}
\Sigma_p(\mathbf{k}, \omega) = \sum_\lambda \int_{-\infty}^\infty d\xi'_k \int \frac{d^2q}{(2\pi)^3 v_F} |g_\lambda(\mathbf{q})|^2 \\
\times \left(\frac{n_F(\xi'_k)}{\omega + \omega_{\mathbf{q}\lambda} - \xi'_k + i\delta} + \frac{1 - n_F(\xi'_k)}{\omega - \omega_{\mathbf{q}\lambda} - \xi'_k + i\delta} \right)
\end{aligned}
\tag{6.4.14}
$$

---

[4]P. J. W. Debye (1884 – 1966), Dutch-American theoretical physicist. 1936 Nobel Prize in Chemistry.

이 된다.

이를 페르미 분포함수의 성질 $(n_F(\xi'_k) = \theta(-\xi'_k))$ 과 δ 함수를 도입하여 다시 변형하면

$$\sum_\lambda \int_0^\infty d\xi'_k \int_0^\infty d\Omega \int \frac{d^2q}{(2\pi)^3 v_F} |g_\lambda(\mathbf{q})|^2 \delta(\Omega - \omega_{\mathbf{q}\lambda})$$
$$\times \left(\frac{1}{\omega + \Omega + \xi'_k + i\delta} + \frac{1}{\omega - \Omega - \xi'_k + i\delta} \right)$$

$$(6.4.15)$$

이 된다. 이어서

$$\alpha^2(\Omega)F(\Omega) \equiv \sum_\lambda \int \frac{d^2q}{(2\pi)^3} \frac{1}{v_F} |g_\lambda(\mathbf{q})|^2 \delta(\Omega - \omega_{\mathbf{q}\lambda}) \tag{6.4.16}$$

와 같은 함수를 새로 정의하면

$$\begin{aligned} \Sigma_p(\mathbf{k}, \omega) &= \int_0^\infty d\xi'_k \int_0^\infty d\Omega \alpha^2(\Omega)F(\Omega) \\ &\quad \times \left(\frac{1}{\omega + \Omega + \xi'_k + i\delta} + \frac{1}{\omega - \Omega - \xi'_k + i\delta} \right) \end{aligned} \tag{6.4.17}$$

와 같이 쓸 수 있다. 여기서 $F(\Omega)$ 는

$$F(\Omega) = \sum_\lambda \int \frac{d^3q}{(2\pi)^3} \delta(\Omega - \omega_{\mathbf{q}\lambda}) \tag{6.4.18}$$

로 주어지는 포논의 상태밀도에 해당하고 $\alpha^2(\Omega)$ 는 전자-포논 상호작용의 크기에 의존하는 양이다.

포논 분산에 관한 가장 간단한 근사인 아인슈타인 (Einstein[5]) 근사를 사용하여 $\Sigma_p(k, \omega)$ 의 실수값과 허수값을 구하여 보자. 아인슈타인 근사에서 $F(\Omega)$ 는

$$F(\Omega) = 3N\delta(\Omega - \omega_0) \tag{6.4.19}$$

로 주어지므로

$$\Sigma_p(k, \omega) = 3N \int_0^\infty d\xi'_k \, \alpha^2(\omega_0) \left(\frac{1}{\omega + \omega_0 + \xi'_k + i\delta} + \frac{1}{\omega - \omega_0 - \xi'_k + i\delta} \right)$$

$$(6.4.20)$$

---

[5]A. Einstein (1879 – 1955), German-born theoretical physicist. 1921 Nobel Prize in Physics.

이 되고 그 실수값은

$$
\begin{aligned}
\Re\Sigma_p(k,\omega) &= 3N\alpha^2(\omega_0)\left(\ln(\omega+\omega_0+\xi'_k)\Big|_0^\infty - \ln(\omega-\omega_0-\xi')\Big|_0^\infty\right)\\
&= -3N\alpha^2(\omega_0)\ln\left|\frac{\omega+\omega_0}{\omega-\omega_0}\right| \qquad\qquad (6.4.21)
\end{aligned}
$$

이다. 만일 $\omega \ll \omega_0$ 라면

$$
\ln\left|\frac{\omega+\omega_0}{\omega-\omega_0}\right| \sim 2\frac{\omega}{\omega_0} \qquad\qquad (6.4.22)
$$

이므로 $\Re\Sigma_p(k,\omega)$는

$$
\begin{aligned}
\Re\Sigma_p(k_F,\omega) &= -\lambda\omega, \qquad\qquad (6.4.23)\\
\lambda &= \frac{6N}{\omega_0}\alpha^2(\omega_0) \qquad\qquad (6.4.24)
\end{aligned}
$$

와 같이 ω 에 비례하게 된다. 아인슈타인 근사에서 얻은 이러한 비례 관계는 보다 복잡한 포논 분산의 경우에도 성립한다 [Grimvall 1981].

한편 $\Sigma_p(k,\omega)$ 의 허수값은

$$
\begin{aligned}
\Im\Sigma_p(k,\omega) &= 3N\alpha^2(\omega_0)\int_0^\infty d\xi'\ (-\pi\delta(\omega+\omega_0+\xi')\\
&\qquad -\pi\delta(\omega-\omega_0-\xi'))\\
&= \begin{cases} -3N\pi\alpha^2(\omega_0) &: \omega>\omega_0,\ \omega<-\omega_0\\ 0 &: |\omega|<\omega_0 \end{cases}
\end{aligned}
$$
$$(6.4.25)$$

이 된다. $\Sigma_p(k,\omega)$ 의 허수값은 전자의 생존 시간 (life time)에 관계되는 양이다.

$\Sigma_p(k,\omega)$ 의 실수값은 포논에 의한 전자 질량의 증가량을 결정한다. 즉 전자 그린 함수의 극점으로부터

$$
\omega = \varepsilon_k + \Sigma_p(k_F,\omega) \qquad\qquad (6.4.26)
$$

이므로

$$
\begin{aligned}
\omega &= \varepsilon_k - \lambda\omega, \qquad\qquad (6.4.27)\\
\omega &= \frac{\varepsilon_k}{1+\lambda} \qquad\qquad (6.4.28)
\end{aligned}
$$

이고 유효질량 m^* 를 도입하면

$$\frac{k^2}{2m^*} = \left(\frac{1}{1+\lambda}\right)\frac{k^2}{2m}, \tag{6.4.29}$$

$$\frac{m^*}{m} = 1+\lambda \tag{6.4.30}$$

를 얻는다. 즉 λ 는 포논에 의한 전자 질량의 증가량에 해당한다.

λ 에 대한 McMillan의 관계식 또한 다음에서 보이는 바와 같이 위 식으로부터 유도할 수 있다 [McMillan 1968]. 식 (6.4.23)으로부터

$$\begin{aligned}
\lambda &= -\frac{\partial \Sigma_p(\omega)}{\partial \omega}\Big|_{\omega=0} \\
&= -\int_0^\infty d\xi_k' \int_0^\infty d\Omega\, \alpha^2(\Omega)F(\Omega)\left(-\frac{1}{(\Omega+\xi_k')^2} - \frac{1}{(-\Omega-\xi_k')^2}\right) \\
&= \int_0^\infty d\Omega\, \alpha^2(\Omega)F(\Omega)\int_0^\infty d\xi_k'\, \frac{2}{(\xi_k'+\Omega)^2} \\
&= 2\int_0^\infty d\Omega\, \frac{\alpha^2(\Omega)F(\Omega)}{\Omega}
\end{aligned} \tag{6.4.31}$$

와 같은 λ 와 $\alpha^2(\Omega)F(\Omega)$ 와의 관계식을 얻는다. 한편 $F(\Omega)$ 의 정의로부터

$$\int d\Omega\, \Omega\alpha^2(\Omega)F(\Omega) = \sum_\lambda \int \frac{d^2q}{(2\pi)^3}\frac{1}{v_F}\int d\Omega\, \Omega|g_\lambda(\mathbf{q})|^2\delta(\Omega-\omega_{\mathbf{q}\lambda}) \tag{6.4.32}$$

가 되는데, 이 식을

$$\int d\Omega\, \Omega\alpha^2(\Omega)F(\Omega) \equiv \frac{N(E_F)\langle I^2\rangle}{2M} \equiv \frac{\eta}{2M} \tag{6.4.33}$$

와 같이 정의하기로 한다 (보통 η 를 McMillan-Hopfield 파라미터라 부른다). 위 식 중 $N(E_F)$ 는 전자의 상태밀도로

$$N(E_F) = \frac{1}{(2\pi)^3}\int \frac{d^2k}{v_F} \tag{6.4.34}$$

와 같이 주어지는 양이다. 식 (6.3.9)를 이용하여 식 (6.4.32)의 $g_\lambda(q)$ 를 풀어 쓰면 $\langle I^2\rangle$ 는

$$\langle I^2\rangle = \frac{\sum_\lambda \int \frac{d^2q}{v_F}\, n_i|\mathbf{q}\cdot\hat{\varepsilon}_{\mathbf{q}\lambda}V_{ei}(\mathbf{q})|^2}{\int \frac{d^2q}{v_F}} \tag{6.4.35}$$

로 주어지는데 이 양은 페르미 면 위에서 평균한 전자-포논 상호작용에 해당하는 양이다. 강체이온 모형 (rigid ion model)을 이용하여 전자-이온 간의 상호작용 행렬요소 $\langle I^2 \rangle$ 를 계산할 수 있다 [Gaspari-Gyorffy 1972].

평균 포논 진동수를 다음과 같이

$$\langle \Omega^2 \rangle = \frac{\int d\Omega \, \Omega \alpha^2(\Omega) F(\Omega)}{\int d\Omega \, \frac{\alpha^2(\Omega) F(\Omega)}{\Omega}} \equiv \frac{\frac{N(E_F)}{2M} \langle I^2 \rangle}{\frac{\lambda}{2}} \tag{6.4.36}$$

로 정의하면

$$\lambda = \frac{N(E_F) \langle I^2 \rangle}{M \langle \Omega^2 \rangle} \tag{6.4.37}$$

와 같은 McMillan 관계식을 얻게 된다. 즉 λ 는 분자 항인 전자구조 정보로부터 구할 수 있는 양과 분모 항인 포논 정보로부터 구할 수 있는 양으로 결정될 수 있음을 알 수 있다. $\langle \Omega^2 \rangle$ 는 보통 $\langle \Omega^2 \rangle = \frac{\omega_D^2}{2}$ (ω_D: 실험치 Debye 진동수)의 근사식을 사용하여 λ 를 구하게 된다. 주목할 점은 위에서 구한 λ 는 전자-포논 결합상수라고도 불리며 초전도체인 경우 초전도 상전이 온도를 결정하는 중요한 물리량이다. 이에 대한 토의는 9 장에서 다시 다루기로 한다.

참고문헌

- 김덕주, 금속전자계의 다체이론, 민음사 (1986).

- Bohm D. and I. Staver, Phys. Rev. **84**, 836 (1951).

- Fröhlich H., Phys. Rev. **79**, 845 (1950).

- Mahan G. D., *Many Particle Physics*, Plenum, New York (1990).

- McMillan W. L., Phys. Rev. **167**, 331 (1968).

- Gaspari G. D. and B. L. Gyorffy, Phys. Rev. Lett. **28**, 801 (1972).

- Grimvall G., *The Electron-Phonon Interaction in Metals*, North-Holland, Amsterdam (1981).

- Kohn W., Phys. Rev. Lett. **2**, 393 (1959).

- Pines D., *Elementary Excitations in Solids*, Frontiers in physics series, Benjamin (1963).

Chapter 7

격자 진동

격자 진동은 물질의 열역학적, 탄성적, 광학적, 전기적 등 다양한 물리적 성질을 이해하는 기본이 된다. 따라서 고체물리학에서 격자 진동은 이론적으로나 실험적으로 지속적인 관심사가 되어 왔다. 격자 진동에 관한 이론은 이미 1910년대에 Debye[1] [1912] 와 von Karman[2] [1912] 등에 의하여 개발되기 시작하였고, 1970년대 들어서는 현상론적인 이론 대신에 제일원리에 의한 미시적 이론이 제시되었다. 격자 진동을 계산하는데 있어 현실적으로 필수 불가결한 근사는 Born-Oppenheimer 근사 [1927] 로 불리는 준정적 근사 (quasi-static 또는 adiabatic approximation) 와 조화근사 (harmonic approximation)이다.

여기서는 먼저 준정적 근사를 소개하고, 조화근사 내에서 격자 진동을 고전적으로 기술하는 방법을 소개한다. 그 후 제일원리에 의해 포논 분산관계를 구하는 방법으로 언 포논 (frozen phonon) 방법과 섭동 방법을 소개한다. 마지막으로 유전함수 방법에 의해 계산한 알칼리 금속의 포논 분산관계 계산 결과를 제시하고 Kohn 비정상성 (Kohn anomaly)을 논의한다.

7.1 Born-Oppenheimer (준정적) 근사

금속 결정의 경우 이온들은 가전자들로 이루어진 배경 속에 규칙적으로 배열되어 있다고 볼 수 있다. 핵심전자들은 핵에 단단히 붙어 핵과 함께 움직이고 있다. 핵과 핵심전자로 이루어진 원자 핵이온이 진동할 때 그 진동으로 인해 생성된 국소적 전하 요동에 가전자들은 순간적으로 반응하기 때문에 이 과정은 거의 정적이라 할 수 있다. 다시 말해 전자의 고유함수는 변위된 핵의 위치에 따라 순간적으로 조정된다. 전자들은 한 상태에서 다른 상태로 전이하는 것이 아니라 핵의 변위에

---

[1]P. J. W. Debye (1884 – 1966), Dutch-American theoretical physicist. 1936 Nobel Prize in Chemistry.
[2]T. von Karman (1881 – 1963), Hungarian-American scientist.

따라 전자상태가 변형되는 것이다. 이러한 상황을 적용하는 근사를 준정적 근사라 하는데, 이 근사를 이용하면 전도전자와 이온의 운동을 따로 따로 분리할 수 있다.

금속의 정확한 해밀터니안은

$$
\begin{aligned}
H \;=\; & -\sum_i \frac{\hbar^2}{2m}\frac{\partial^2}{\partial \mathbf{r}_i^2} + \sum_{i,l} U_b\left(\mathbf{r}_i - \mathbf{R}_l\right) + \sum_{i>j} \frac{e^2}{\left|\mathbf{r}_i - \mathbf{r}_j\right|} \\
& -\sum_l \frac{\hbar^2}{2M}\frac{\partial^2}{\partial \mathbf{R}_l^2} + \sum_{l>l'} U_I\left(\mathbf{R}_l - \mathbf{R}_{l'}\right)
\end{aligned}
\tag{7.1.1}
$$

로 쓸 수 있다. 여기서 m 과 M 은 각기 전자와 이온의 질량이고 $\mathbf{r}_i$ 와 $\mathbf{R}_l$ 은 전자와 이온의 위치를 나타낸다. 위 식에서 우변 처음 세 항은 전자의 해밀터니안으로 첫 항은 운동에너지, 둘째 항은 전자-이온 퍼텐셜, 셋째 항은 전자-전자 상호작용 퍼텐셜이다. 둘째 항 전자-이온 퍼텐셜 $\sum_{i,l} U_b\left(\mathbf{r}_i - \mathbf{R}_l\right)$ 에는 가전자와 핵심전자 사이의 교환 상호작용이 포함되어 있다. 마지막 두 항은 이온의 운동에너지 부분과 이온-이온 사이의 전기적 상호작용 퍼텐셜이다. 위와 같은 해밀터니안의 해를 바로 구한다는 것은 현실적으로 불가능하다. 따라서 준정적 근사를 써서 전자와 이온의 방정식을 분리함으로써 문제를 간단히 만든다.

식 (7.1.1) 의 해밀터니안은

$$
\begin{aligned}
H \;=\;& H_e + H_I \\
H_e \;=\;& -\sum_i \frac{\hbar^2}{2m}\frac{\partial^2}{\partial \mathbf{r}_i^2} + \sum_{i,l} U_b\left(\mathbf{r}_i - \mathbf{R}_l\right) + \sum_{i>j} \frac{e^2}{\left|\mathbf{r}_i - \mathbf{r}_j\right|}
\end{aligned}
\tag{7.1.2}
$$

$$
H_I \;=\; -\sum_l \frac{\hbar^2}{2M}\frac{\partial^2}{\partial \mathbf{R}_l^2} + \sum_{l>l'} U_I\left(\mathbf{R}_l - \mathbf{R}_{l'}\right)
\tag{7.1.3}
$$

로 쓸 수 있다. 이때 이온들의 위치가 고정되어 있다고 하면 전자에 대한 슈뢰딩거 방정식은

$$
H_e\left(\mathbf{r},\mathbf{R}\right)\phi_n\left(\mathbf{r},\mathbf{R}\right) = E_n(\mathbf{R})\phi_n\left(\mathbf{r},\mathbf{R}\right)
\tag{7.1.4}
$$

가 된다. 위에서와 같이 전자의 파동함수 $\phi_n\left(\mathbf{r},\mathbf{R}\right)$ 과 고유값 E_n 은 이온의 위치 $\mathbf{R}$ 에 의존한다. 이온과 전자의 총파동함수 Ψ_q 는 총해밀터니안의 고유함수로서

$$
H\Psi_q = \mathcal{E}_q\Psi_q
\tag{7.1.5}
$$

의 해이다. 총파동함수 Ψ_q 는 전자의 파동함수 $\phi_n\,(\mathbf{r}, \mathbf{R})$ 을 기저로 하여

$$\Psi_q\,(\mathbf{r}, \mathbf{R}) = \sum_n \chi_{qn}(\mathbf{R})\phi_n\,(\mathbf{r}, \mathbf{R}) \tag{7.1.6}$$

와 같이 전개할 수 있다. 식 (7.1.6)을 (7.1.5)에 대입하고 양변에 ϕ_n^* 을 곱하여 전자 좌표계에 대해 적분하면 χ_{qn} 에 대해

$$[H_I\,(\mathbf{R}) + E_n\,(\mathbf{R}) + A_{nn} + B_{nn}]\,\chi_{qn}(\mathbf{R}) + \sum_{n' \neq n} C_{nn'}\chi_{qn'}(\mathbf{R}) = \mathcal{E}_q\chi_{qn}(\mathbf{R}) \tag{7.1.7}$$

와 같은 식을 얻는다. 위에서 $C_{nn'}$ 은

$$
\begin{aligned}
C_{nn'} &= A_{nn'} + B_{nn'} \\
A_{nn'} &= -\frac{\hbar^2}{M}\sum_l \int \phi_n^* \nabla_{(l)}\phi_{n'} d^3r \cdot \nabla_{(l)} \\
B_{nn'} &= -\frac{\hbar^2}{2M}\sum_l \phi_n^* \nabla_{(l)}^2 \phi_{n'} d^3r
\end{aligned}
\tag{7.1.8}
$$

이다.

준정적 근사에서는 에너지띠 간 전이는 무시할 수 있기에 식 (7.1.7)의 좌변에서 둘째 항을 무시하면 식 (7.1.7)의 방정식은 이온의 고유함수 $\chi_{qn}\,(\mathbf{R})$ 에 대한 슈뢰딩거 방정식을 준다. 위 식을 보면 이온들이 받는 퍼텐셜에는 전자에 의한 유효 퍼텐셜 $E_n + A_{nn} + B_{nn}$ 이 더해짐을 알 수 있다. 앞서 0 장에서 논의 하였듯이 A_{nn} 항은 베리 퍼텐셜 (Berry potential) $(\mathbf{A}(\mathbf{R}) = \mathbf{i}\langle \phi | \nabla_{\mathbf{R}} \phi \rangle)$ 을 포함하고 있다. 일반적으로 E_n 에 비해 $A_{nn} + B_{nn}$ 은 무시할 만 하므로 식 (7.1.7)은 최종적으로

$$[H_I\,(\mathbf{R}) + E_n\,(\mathbf{R})]\,\chi_{qn}\,(\mathbf{R}) = \mathcal{E}_q\chi_{qn}\,(\mathbf{R}) \tag{7.1.9}$$

로 쓸 수 있다. 위 식에서 알 수 있듯이 이온계의 퍼텐셜 에너지의 일부는 전자계의 총에너지가 되며 따라서 이온계의 에너지는 전자상태에 의존하게 된다.

7.2 조화근사에서의 격자 진동에 대한 고전이론

앞 절에서 논의한 준정적 근사를 적용하면 이온의 해밀터니안은

$$H_I = -\frac{\hbar^2}{2M}\sum_l \frac{\partial^2}{\partial \mathbf{R}_l^2} + \sum_{l > l'} U_I\,(\mathbf{R}_l - \mathbf{R}_{l'}) + E_n\,(\mathbf{R}) \tag{7.2.1}$$

이 되며, 이 중 퍼텐셜 에너지 항은

$$\Phi\left(\mathbf{R}\right) = \sum_{l>l'} U_I\left(\mathbf{R}_l - \mathbf{R}_{l'}\right) + E_n\left(\mathbf{R}\right) \tag{7.2.2}$$

이 된다. 이 퍼텐셜 에너지는 이온들이 완전한 결정격자 위치

$$\mathbf{R}_l^0 = l_1\mathbf{a}_1 + l_2\mathbf{a}_2 + l_3\mathbf{a}_3 \tag{7.2.3}$$

에 배열되어 있을 때 최소가 된다. 위에서 $\mathbf{a}_i$ 는 병진 기본벡터이고 l_i 는 정수이다. 이때 l 번째 원자가 평형위치 $\mathbf{R}_l^0$ 로부터 $\mathbf{u}_l$ 만큼 변위하였다고 하면 그 위치벡터는 $\mathbf{R}_l = \mathbf{R}_l^0 + \mathbf{u}_l$ 가 된다.

먼저 이를 고전적으로 다루면 총운동에너지는

$$T_{\text{ion}} = \frac{1}{2}\sum_l \sum_\alpha M\dot{\mathbf{u}}_l^\alpha \dot{\mathbf{u}}_l^\alpha \tag{7.2.4}$$

가 된다. 또 이온이 받는 퍼텐셜 Φ 는 $\mathbf{u}_l$ 의 멱급수로

$$\begin{aligned}
\Phi \;=\;& \Phi_0 + \sum_l \sum_\alpha \Phi_\alpha\left(\mathbf{R}_l^0\right)\mathbf{u}_l^\alpha \\
& + \frac{1}{2}\sum_{ll'}\sum_{\alpha\beta}\Phi_{\alpha\beta}\left(\mathbf{R}_l^0, \mathbf{R}_{l'}^0\right)\mathbf{u}_l^\alpha \mathbf{u}_{l'}^\beta + \ldots
\end{aligned} \tag{7.2.5}$$

와 같이 전개할 수 있다. 위에서 Φ_0 는 평형위치에서의 값이고, Φ_α, $\Phi_{\alpha,\beta}$ 는

$$\Phi_\alpha\left(\mathbf{R}_l\right) = \left(\frac{\partial\Phi}{\partial\mathbf{u}_l^\alpha}\right)_0, \quad \Phi_{\alpha\beta}\left(\mathbf{R}_l, \mathbf{R}_{l'}\right) = \left(\frac{\partial^2\Phi}{\partial\mathbf{u}_l^\alpha \partial\mathbf{u}_{l'}^\beta}\right)_0 \tag{7.2.6}$$

이다. 위에서 아래 첨자 0 는 평형배열에서 미분을 취한다는 것을 뜻한다. 그런데 평형위치에서는 (7.2.5) 식 우변의 둘째 항은 0 이 되고 $\Phi_{\alpha\beta}$ 에 병진 대칭성을 적용하면

$$\Phi_{\beta\alpha}\left(\mathbf{R}_{l'}, \mathbf{R}_l\right) = \Phi_{\alpha\beta}\left(\mathbf{R}_l, \mathbf{R}_{l'}\right) = \Phi_{\alpha\beta}\left(\mathbf{R}_l - \mathbf{R}_{l'}\right) \tag{7.2.7}$$

과

$$\sum_{l'}\Phi_{\alpha\beta}\left(\mathbf{R}_l, \mathbf{R}_{l'}\right) = 0 \tag{7.2.8}$$

가 된다. 식 (7.2.5)의 우변에서 3차항 이상의 항을 무시하는 조화근사를 쓰면 운

동방정식은

$$M\ddot{u}_l^\alpha = -\sum_{l'}\sum_\beta \Phi_{\alpha\beta}\left(\mathbf{R}_l - \mathbf{R}_{l'}\right)\mathbf{u}_{l'}^\beta \tag{7.2.9}$$

가 된다.

위 방정식의 해는 정상해 방법으로 구할 수 있다. 이를 위해 위 식에

$$\mathbf{u}_l = \frac{1}{\sqrt{MN}}\hat{\epsilon}_\mathbf{q} a_\mathbf{q}\exp\left(i\mathbf{q}\cdot\mathbf{R}_l\right) \tag{7.2.10}$$

를 대입한다. 여기서 N 은 결정 내의 전체 단위세포수이며, M 은 이온의 질량이다. $\mathbf{q}$ 는 파수벡터이고 $\hat{\epsilon}_\mathbf{q}$ 은 분극 단위벡터이다. $\mathbf{u}_l$ 의 시간 의존성은 $a_\mathbf{q}(t) = a_{\mathbf{q}_0}\exp\left(i\omega(\mathbf{q})t\right)$ 에 포함되어 있다. 이렇게 하면 운동방정식은 행렬식의 꼴로

$$\left(\mathbb{D} - \omega^2\mathbb{I}\right)\hat{\epsilon}_\mathbf{q} = 0 \tag{7.2.11}$$

와 같이 분극벡터 $\hat{\epsilon}_\mathbf{q}$ 의 고유방정식으로 바뀐다. 여기서 $\mathbb{D}$ 는 동역학 행렬이라 불리는 헤르미션 행렬이다. $\mathbb{D}$ 의 성분요소는

$$D_{\alpha\beta}(\mathbf{q}) = \frac{1}{M}\sum_{l'}\Phi_{\alpha\beta}\left(\mathbf{R}_l - \mathbf{R}_{l'}\right)\exp\left[-i\mathbf{q}\cdot\left(\mathbf{R}_l - \mathbf{R}_l'\right)\right] \tag{7.2.12}$$

와 같이 표현된다.

식 (7.2.11)은 세 개의 미지수 $\hat{\epsilon}_\mathbf{q}^\beta$ 에 대한 3 개의 선형 방정식을 나타낸다. 각 $\mathbf{q}$ 에 대한 세 개의 해 $\omega_\lambda(\mathbf{q})$ ($\lambda = 1, 2, 3$) 은

$$\det\left|\mathbb{D} - \omega^2\mathbb{I}\right| = 0 \tag{7.2.13}$$

식의 근을 구함으로써 얻어진다. 진동수 ω 와 $\mathbf{q}$ 와의 관계를 분산관계라고 한다. 여기에 해당하는 고유벡터는 $\omega_\lambda(\mathbf{q})$ 의 값을 식 (7.2.11) 에 대입하여 얻는다. 세 개의 분극벡터 $\hat{\epsilon}_{\mathbf{q}\lambda}$ 는 직교관계

$$\hat{\epsilon}_{\mathbf{q}\lambda}\cdot\hat{\epsilon}_{\mathbf{q}\lambda'} = \delta_{\lambda\lambda'}, \quad \sum_\lambda \hat{\epsilon}_{\mathbf{q}\lambda}^\alpha\cdot\hat{\epsilon}_{\mathbf{q}\lambda}^\beta = \delta_{\alpha\beta} \tag{7.2.14}$$

를 만족한다. 따라서 식 (7.2.11)에 ϵ 를 곱하고 α 에 대해 합하면

$$\omega_\lambda^2(\mathbf{q}) = \sum_{\alpha\beta} D_{\alpha\beta}(\mathbf{q})\hat{\epsilon}_{\mathbf{q}\lambda}^\alpha\cdot\hat{\epsilon}_{\mathbf{q}\lambda}^\beta \tag{7.2.15}$$

의 식을 얻는다. 진동의 분극벡터가 $\mathbf{q}$ 에 평행하면 종파, 수직하면 횡파라 한다. 실제 결정에서 [100], [110], 또는 [111] 방향을 따라서는 순수한 종파나 횡파가 있을 수 있으나 다른 방향으로는 이 둘이 섞여 있다. (7.2.13) 방정식의 해에서 장파장 극한은 연속 매질에서의 탄성파에 해당하기 때문에 이를 이용하여 탄성 상수 (elastic constant)와 힘상수 (force constant)를 연관시킬 수 있다.

7.3 언 포논 (Frozen Phonon) 방법

'언 포논' 방법은 고체 내 원자핵을 평형위치로부터 변화시켜 변형된 결정과 평형 상태 때의 결정의 총에너지를 계산하고 이로부터 포논 분산관계를 구하는 '직접적' 방법이다.

직접적 방법에서는 총에너지 중에서 전자 부분 E_{el} 의 계산은 전자에 대한 슈뢰딩거 방정식의 해로부터 알게 된다. 총에너지 계산은 실공간에서 할 수도 있고 운동량 공간 방식을 이용하여 하기도 한다. 고체의 총에너지를 실공간에서 계산하자면 Hartee-Fock 근사, 밀도범함수 이론, 또는 모형적인 퍼텐셜 근사를 써서 슈뢰딩거 방정식의 해를 우선 구하여야 한다. 이들 계산에서 어려운 문제는 총에너지 표현에서 발산하는 항을 다루는 것이다. 이러한 어려움 때문에 전자의 전하밀도에 대해 소위 형태근사, 예를 들어 머핀틴 (muffin-tin) 이나 세포 (Cel-lular) 근사를 쓰기도 한다.

운동량 공간 방식을 쓰면서 슈뢰딩거 방정식의 자체충족적 해로부터 총에너지를 직접적으로 계산할 수 있는 방식이 제안되었는데, 이 방식에서는 전자 전하밀도에 대해서 형태근사를 쓰지 않는다 [Ihm 등 1979]. 이 방법은 원래 평면파를 기저함수로 쓰는 수도퍼텐셜 방식에 적용할 수 있도록 개발되었지만 혼합 기저 방식 (예를 들면 평면파 더하기 가우스 함수)으로도 확장이 가능하다. 여기서는 먼저 수도퍼텐셜 형식하에서 국소밀도근사를 써서 고체의 총에너지를 계산하는 방법을 소개한다.

고체계의 총에너지 E_{tot} 는 이온-이온 상호작용 항 E_{I-I} 와 이온 퍼텐셜 V_{ext} 의 영향을 받는 전자의 바닥상태 에너지의 합으로, $E_{tot} = E_{I-I} + E_{el}$ 로 표현된다. 따라서, 수도퍼텐셜 방식하에서 고체의 총결정에너지는 가전자의 총바닥상태에너지와 이온-이온 에너지의 합이 된다. 이온이 구형 대칭이고 서로 중첩하지 않는다고 가정하면 이온-이온 상호작용은 점이온 사이의 상호작용으로 나타낼 수

있어서, 총에너지는

$$
\begin{aligned}
E_{tot} &= E_{I-I} + E_{el}\left[V_{ext}, \rho\right] \\
&= N_0 \frac{e^2}{2} \sideset{}{'}\sum_{\mathbf{R},l,l'} \frac{z_l z_{l'}}{|\mathbf{R} + \mathbf{R}_l - \mathbf{R}_{l'}|} + T_0\left[\rho\right] + \int d\mathbf{r}\, v_{ps}(\mathbf{r})\rho(\mathbf{r}) \\
&\quad + \frac{e^2}{2} \int\int d\mathbf{r} d\mathbf{r}'\, \frac{\rho(\mathbf{r})\rho(\mathbf{r}')}{|\mathbf{r}-\mathbf{r}'|} + \int d\mathbf{r}\, \rho(\mathbf{r})\varepsilon_{xc}\left[\rho(\mathbf{r})\right] \\
&= E_{I-I} + E_{kin}^0 + E_{el-ion} + E_H + E_{xc}
\end{aligned}
\tag{7.3.1}
$$

처럼 표현할 수 있다. 위에서 N_0 는 단위세포의 수이고 $\mathbf{R}$ 은 브라베 격자벡터이며, $z_l e$ 와 $\mathbf{R}_l$ 은 각기 l 번째 원자의 이온 전하와 위치벡터이다. (7.3.1)에서의 프라임은 합에서 $\mathbf{R} + \mathbf{R}_l - \mathbf{R}_{l'} = 0$ 인 항을 제외함을 나타낸다. v_{ps} 는 격자이온의 수도퍼텐셜로서 핵의 퍼텐셜과 핵을 둘러싼 핵심전자의 가리기를 고려한 것이다.

이제 E_{tot}는 Kohn-Sham 방정식을 풀어 전자의 분포 $\rho(\mathbf{r})$ 을 얻게 되면 계산할 수 있으며, 총결정에너지를 알면 이로부터 Hellman[3]-Feynman 정리 [Feynman 1939]를 이용하여 포논 분산관계를 계산하기 위해 필요한 힘을 계산할 수 있다. 이 힘에 대한 양자역학적 표현은 식 (7.3.1)의 총에너지를 위치에 대해 미분하면 다음과 같이 얻어진다.

$$
\begin{aligned}
\mathbf{F}^l &= -\frac{dE_{tot}}{d\mathbf{R}_l} \\
&= e^2 \sum_{\mathbf{R},l\neq l'} \frac{z_l z_{l'}(\mathbf{R}+\mathbf{R}_l-\mathbf{R}_{l'})}{|\mathbf{R}+\mathbf{R}_l-\mathbf{R}_{l'}|^3} - \int d\mathbf{r}\, \frac{d}{d\mathbf{R}_l}\left[v_{ext}(\mathbf{r},\mathbf{R})\rho(\mathbf{r},\mathbf{R})\right] \\
&= \mathbf{F}_{ion}^l + \mathbf{F}_{el}^l.
\end{aligned}
\tag{7.3.2}
$$

우변의 첫째 항은 Ewald[4] 방법을 써서 직접적으로 계산할 수 있으나 [Ewald 1921], 둘째 항의 계산을 위해서는 약간의 주의가 필요하다. $V_{ext}(\mathbf{r})$ 은 핵의 위치 $\mathbf{R} = [\mathbf{R}_l]$ 에 직접적으로 의존하기 때문에 결정 구조가 주어지면 그 값이 정해지고 따라서 위치 $\mathbf{R}$ 에 따른 전자 전하분포를 준다. 이렇게 하여 식 (7.3.2)의 우변의 둘째 항은 다음과 같이 표현할 수 있다.

$$
\begin{aligned}
\mathbf{F}_{el}^l &= -\int d\mathbf{r}\, \frac{\partial V_{ext}(\mathbf{r},\mathbf{R})}{\partial \mathbf{R}_l}\rho(\mathbf{r},\mathbf{R}) - \int d\mathbf{r}\, V_{ext}(\mathbf{r},\mathbf{R})\frac{\partial \rho(\mathbf{r},\mathbf{R})}{\partial \mathbf{R}_l} \\
&= -\int d\mathbf{r}\, \frac{\partial V_{ext}(\mathbf{r},\mathbf{R})}{\partial \mathbf{R}_l}\rho(\mathbf{r},\mathbf{R}) - \int d\mathbf{r}\, \frac{\delta E_{el}}{\delta \rho}\frac{\partial \rho(\mathbf{r},\mathbf{R})}{\partial \mathbf{R}_l} \\
&= \mathbf{F}_{el(1)}^l + \mathbf{F}_{el(2)}^l.
\end{aligned}
\tag{7.3.3}
$$

---

[3]H. G. A. Hellmann (1903 – 1938), German theoretical physicist.
[4]P. P. Ewald (1888 - 1985), German crystallographer and physicist.

식 (7.3.2)과 (7.3.3)를 결합하면

$$\mathbf{F}^l = \mathbf{F}^l_{ion} + \mathbf{F}^l_{el(1)} + \mathbf{F}^l_{el(2)} = \mathbf{F}^l_{HF} + \mathbf{F}^l_{el(2)} \tag{7.3.4}$$

를 얻는다. 위에서 $\mathbf{F}^l_{HF}$ 는 Hellman-Feynman 힘 [Feynman 1939] 으로서, 모든 양전하 (이온)와 양자역학적 전자 전하밀도에 의해 생기는 고전적 정전기 퍼텐셜의 그래디언트의 음의 값과 같다. 또한 $\mathbf{F}^l_{el(2)}$ 항은 계산된 전하밀도의 부정확성 즉 Kohn-Sham 방정식을 풀 때의 부정확성에 기인하는 항이다. 따라서 $\mathbf{F}^l_{el(2)}$ 항은 변분적 힘이라고 할 수 있는데, 자제충족적인 계산을 완벽히 하면 0 이 된다 [Bendt and Zunger 1983, Scheffler et al 1985, Srivastava and Weaire 1987].

총에너지와 원자에 작용하는 힘을 알았으므로 이로부터 격자 진동 분산관계를 구할 수 있다. 이제 언 포논 모드에 해당하는 격자 진동수를 계산하는 방법을 논의하기로 한다. 결정 속에서 특정한 파수벡터 $\mathbf{q}$ 를 가지고 진행하는 파동을 생각하자. 이때 결정 이온들이 유한한 변위를 가지고 진동한다고 하면 준정적 근사에서는 전자 구름이 그러한 변위에 재빠르게 반응하게 된다. 이온들의 변위가 일어나 변형된 결정 구조는 원래 변형되지 않은 구조에 비해 낮은 대칭성을 가지며 총에너지가 높다.

$E_{tot}(0)$ 와 $E_{tot}(\mathbf{u})$ 를 각기 변형되지 않은 경우와 변형된 경우의 총에너지라 하면 언 포논의 진동수 ω 는

$$\frac{1}{2}\omega^2 \sum_l m_l \left| \mathbf{u}_l \right|^2 = E^{harm}_{tot}(u) - E_{tot}(0) \tag{7.3.5}$$

처럼 정의된다. 위에서 E^{harm}_{tot} 은 총에너지의 조화 항이며 u 는 변형진폭이고 $\mathbf{u}_l$ 는 단위세포 안에서 질량 m_l 을 가진 l 번째 원자의 변위벡터이다. 변형이 작을 때는 E_{tot} 에 제곱이나 네제곱의 비조화 항이 있을 것이다. 세제곱이나 네제곱의 비조화 항을 제거한 다음 E^{harm}_{tot} 항을 얻기 위해서는 u, $-u$ 와 $2u$ 에 대한 계산이 필요하다.

(7.3.5)식 에서 주어진 포논의 진동수는 다음의 힘방정식으로부터도 얻을 수 있다.

$$F^{l,harm}_{HF} = - \sum_l \mathcal{K}(l, l')\, u(l') \tag{7.3.6}$$

위 식의 좌변은 원자 l 에 작용하는 Hellman-Feynman 힘의 조화부분을 나타내며, $\mathcal{K}$ 는 원자 간 힘상수 행렬이다. 일단 힘상수 행렬 $\mathcal{K}$ 또는 그 푸리에 변환을 알면 정상모드의 진동수를 곧 계산할 수 있다. 총에너지 방법이나 힘 방법 모두 $\omega_\Gamma(\mathrm{TO})$ 에 대해 수치 오차 한계 내에서 같은 결과를 준다.

Table 7.1: 국소밀도근사하에서 수도퍼텐셜 방법으로 구한 격자 진동수 (단위: THz). 괄호 안은 실험값을 나타낸다.

Material	Reference	$\nu_\Gamma(\text{TO})$	$\nu_X(\text{LO})$	$\nu_X(\text{TO})$	$\nu_X(\text{LA})$	$\nu_X(\text{TA})$
Si	1	15.16	12.16	13.48		4.45
		(15.13)	(12.32)	(13.90)		(4.49)
Ge	1	8.90	7.01	7.75		2.44
		(9.12)	(7.21)	(8.26)		(2.40)
GaAs	2	8.29	7.55	7.94	7.20	1.87
		(8.19)	(7.22)	(7.56)	(6.89)	(2.41)
NaCl	3	3.09	3.48	3.26	3.58	1.53
		(3.25)	(3.26)	(3.39)	(2.67)	
Al	4				6.11	3.72
					(6.08)	(3.65)

References: (1) Yin and Cohen [1982]; (2) Kunc and Martin [1982]; (3) Froyen and Cohen [1984]; (4) Lam and Cohen [1982].

표 7.1에 Si, Ge, GaAs, NaCl 그리고 Al 에서 TO(Γ) 의 진동수뿐만 아니라 LO(X), LA(X), TO(X), 그리고 TA(X) 와 같은 영역 경계에서의 포논 모드가 주어져 있다. 여기서 보듯이 제일원리에 의한 계산값과 실험값이 잘 일치한다.

언 포논 모드는 원칙적으로 총에너지 방법이나 힘 방법에 의해 구할 수 있지만 에너지 방법에 비해 힘 방법이 약간의 장점이 있다. 먼저 N 을 자유도라 할 때 힘 방법에서는 1 개의 자체충족적 방정식으로부터 1 개의 총에너지 값 대신 $3N_f$ 개의 힘상수를 얻는다. 이는 Hellman-Feynman 힘을 계산할 때 유한 에너지 차 방법에서는 동역학 행렬식을 알기 위해 많은 수 (N_f^2) 의 변형된 구조를 고려하여야 하나 힘 방법에서는 상대적으로 작은 수 (N_f) 의 변형된 구조만을 생각해도 된다. 두 번째로 에너지 차 $\Delta E = E(u) - E(0)$ 는 총에너지에 비해 보통 매우 작은 부분이어서 포논 계산을 위해 $E(u)$ 와 $E(0)$ 에 대해 수치 계산이 정확하여야 한다. 반면에 힘의 변화는 힘 자체와 크기가 거의 비슷하기 때문에 그래디언트 방법으로 정확히 계산할 수 있다.

7.4 선형반응 이론

언 포논 방법에 의해 물리적으로 타당하고 정확한 포논 진동수를 계산할 수 있지만 포논 변형에 따른 총에너지나 힘의 계산을 위해서는 일반적으로 적절한 수퍼셀 (supercell) 구조를 생각하여야 한다. 예를 들면 다이아몬드나 zinc-blende 구조를 가진 반도체에서 Γ, X, 그리고 $\mathbf{q} = \frac{1}{2}X$ 점에서의 포논을 연구하기 위해서는 각기 단위세포 당 2 개, 4 개, 8 개의 원자를 가진 단위세포를 생각하여야 한다. 이들 보다 대칭성이 약한 $\mathbf{q}$ 점에 대해서는 8 개 보다 더 많은 원자를 가진 단위세포를 생각하여야 한다.

선형반응 방법에서는 포논 진동수를 계산할 때 수퍼셀을 쓸 필요가 없다. 이 방법에서는 전자 선형반응에 대해 근사를 쓰게 되는데 그 과정에는 서로 다른 접근 방법이 있다. 하나는 자체충족적 에너지띠 계산으로부터 시작하여 총에너지나 Hellman-Feynman 힘의 관점에서 이 방법을 쓰는 것이고, 다른 하나는 에너지띠의 계산 없이 균일한 전자기체 이론에다 섭동론적 방식을 쓰는 것이다. 첫 번째 방식을 유전행렬 방식이라 부르며 두 번째 방식을 섭동 방식이라 부른다. 이 두 가지 방식을 아래에 소개하기로 한다.

7.4.1 유전행렬 방법

먼저 전자의 총에너지 $E_{el}(\mathbf{R})$ 을 이온 변위 u 에 대해 Taylor 전개를 하면

$$E_{el}(\mathbf{R}) = E_{el}(\mathbf{r}_0) + E_{el}^l(u, \delta\rho) \tag{7.4.1}$$

가 된다. 선형반응 이론에서는 유도 전하밀도 $\delta\rho$ 는 외부에서 가해진 퍼텐셜의 변화 δV_{ext} 와

$$\delta\rho = \chi \, \delta V_{ext} \tag{7.4.2}$$

의 관계가 있다. 위에서 χ 는 밀도 반응 행렬이다. 이와 비슷하게 분극행렬 $\tilde{\chi}$ 는

$$\delta\rho = \tilde{\chi} \, \delta V^{ind} \tag{7.4.3}$$

에 의해 정의된다. 위에서 δV^{ind} 는 외부 퍼텐셜 δV_{ext} 에 의해 유도된 퍼텐셜로서

$$\delta V^{ind} = \varepsilon^{-1} \, \delta V_{ext} \tag{7.4.4}$$

의 관계가 있다. 식 (7.4.2)–(7.4.4)로부터 역유전행렬 ε^{-1} 는 χ 그리고 $\tilde{\chi}$ 와 다음의 관계가 있다.

$$\chi = \tilde{\chi} \, \varepsilon^{-1} \tag{7.4.5}$$

또한 국소밀도근사하에서 유전행렬은

$$\varepsilon = 1 - \tilde{\chi} \, V_H = 1 - \tilde{\chi}_0 \left(1 - V_{xc}\tilde{\chi}_0\right)^{-1} V_H \tag{7.4.6}$$

$$\varepsilon^{-1} = 1 + \chi \, V_H \tag{7.4.7}$$

의 관계가 있다 [Sham and Kohn 1966, Martin and Kunc 1983]. 여기서 V_H 과 V_{xc} 는 각기 쿨롱 (하트리) 퍼텐셜과 교환상관 퍼텐셜을 나타낸다. $\tilde{\chi}_0$ 는 무작위 위상근사 (RPA)에서의 분극행렬로서 그 요소들은

$$
\begin{aligned}
\tilde{\chi}_0\left(\mathbf{q}+\mathbf{G}, \mathbf{q}+\mathbf{G}'\right) &= \frac{1}{N_0 \Omega} \sum_{n, n'; n \neq n'} \sum_{\mathbf{k}}^{BZ} \frac{f_{n'}(\mathbf{k}+\mathbf{q})-f_n(\mathbf{k})}{E_{n'}(\mathbf{k}+\mathbf{q})-E_n(\mathbf{k})} \\
&\times \langle n, \mathbf{k}| \exp\left[-i(\mathbf{q}+\mathbf{G}) \cdot \mathbf{r}\right] |n', \mathbf{k}+\mathbf{q}\rangle \\
&\times \langle n', \mathbf{k}+\mathbf{q}| \exp\left[i(\mathbf{q}+\mathbf{G}') \cdot \mathbf{r}\right] |n, \mathbf{k}\rangle
\end{aligned}
$$

$$(7.4.8)$$

으로 주어진다 [Adler 1962]. 위에서 $|n, \mathbf{k}\rangle$ 는 파수벡터 $\mathbf{k}$, 띠지표 n, 그리고 에너지 $E_n(\mathbf{k})$ 를 갖는 한 입자 블로흐 상태를 나타내며, 차지수 $f_n(\mathbf{k})$ 는 페르미-디락 분포이다. 띠지표 n 은 모든 전도띠와 가전자띠를 포함하며, $\mathbf{G}$ 와 $\mathbf{G}'$ 은 역격자 벡터이고, $\mathbf{q}$ 는 포논의 파수벡터이다.

식 (7.4.6)–(7.4.8)에 의해 ε 과 χ 의 행렬요소를 구성하기 위해 브릴루앙 영역 내의 여러 $\mathbf{k}$ 점에 대한 에너지띠로부터 V_H, V_{xc} 그리고 $\tilde{\chi}_0$ 를 계산하여야 한다. 이 때 ε 과 χ 의 계산은 많은 시간을 소요한다. 이들 행렬요소를 계산할 때 군대칭성을 고려하거나 브릴루앙 영역 합에서 특별 $\mathbf{k}$ 점을 쓰면 계산량을 상당히 줄일 수 있다.

파수벡터 $\mathbf{q}$ 를 가진 격자 진동의 정규모드는 다음과 같은 동역학 행렬

$$
D_{\alpha\beta}(\mathbf{q}) = \sum_{\mathbf{R}} \Phi_{\alpha\beta}(\mathbf{R}_l, \mathbf{R}_{l'}) \exp(i\mathbf{q} \cdot \mathbf{R}) \tag{7.4.9}
$$

로부터 결정된다. 위에서 Φ 는 힘상수 행렬이며 $\mathbf{R}$ 은 격자 벡터이다. 행렬 D 는 이온-이온과 전자-이온 부분을 포함한다. 행렬에서 이온-이온 부분은 Ewald 방법을 이용하여 쉽게 계산이 되며 [Kellerman 1940] 전자-이온 부분은

$$
D_{\alpha\beta}^{el-ion} = \frac{1}{\sqrt{M_l M_{l'}}} \left[X_{\alpha\beta}(ll'; \mathbf{q}) - \delta_{ll'} \sum_{l'} X_{\alpha\beta}(ll'; 0) \right] \tag{7.4.10}
$$

처럼 표현된다 [Sham 1969]. 위에서 $X_{\alpha\beta}$ 는

$$
\begin{aligned}
X_{\alpha\beta}(ll'; \mathbf{q}) &= \frac{1}{\Omega} \sum_{\mathbf{G}, \mathbf{G}'} (\mathbf{q}+\mathbf{G})_\alpha \exp\left[i(\mathbf{q}+\mathbf{G}) \cdot \mathbf{R}_l\right] \\
&\times v_l(|\mathbf{q}+\mathbf{G}|) \chi(\mathbf{q}, \mathbf{G}, \mathbf{G}') v_{l'}(|\mathbf{q}+\mathbf{G}'|) \\
&\times \exp\left[-i(\mathbf{q}+\mathbf{G}) \cdot \mathbf{R}_{l'}\right] (\mathbf{q}+\mathbf{G}')_\beta
\end{aligned}
$$

$$(7.4.11)$$

이며, M_l 은 단위세포에서 l 번째 원자의 질량, v_l 은 격자이온의 수도퍼텐셜이다.
또한 위 식에서 χ 는 식 (7.4.2)에 의해 정해진 응답함수이다.

7.4.2   섭동 방법

여기서는 에너지띠를 직접 계산하지 않고 수도퍼텐셜 방법하에서 섭동론에 의해
격자 진동을 계산하는 방법 [Morita 등 1972, Soma and Morita 1972, Soma 1976,
1978]을 소개한다. 이 방법은 금속의 경우뿐만 아니라 반도체 등 공유결합 결정에
도 잘 적용이 된다.

준자유전자 모형에서는 결정의 총에너지를

$$E_{tot} = E_{I-I} + E_{el}' \tag{7.4.12}$$

와 같이 표현할 수 있는데, 위에서

$$E_{el}' = E_0^0 + E_1 + E_2 + \gamma_c E_{cov} \tag{7.4.13}$$

이다. 여기서 E_{I-I} 는 Ewald 에너지이며, E_0^0 는 전자기체계의 총운동에너지와
교환상관 에너지를 합한 것이고, E_1 과 E_2 는 각기 전자기체계에서 이온의 수도퍼
텐셜에 의한 1차 및 2차 섭동에너지이다. 또한 E_{cov} 는 결정에너지 중에서 고차의
섭동에 대한 보정 에너지이다. γ_c 는 E_{cov} 의 기여를 조정하는 매개변수이다.

단위원자 당 E_0^0 의 값은

$$\frac{E_0^0}{z} = \frac{2.21}{r_s^2} - \frac{0.916}{r_s} + E_{corr} \tag{7.4.14}$$

으로 주어지는데, r_s 는 전자 간 평균거리이고 E_{corr} 은 전자의 상관 에너지이다.
또한 단위원자 당 1차 섭동에너지 E_1 는

$$\frac{E_1}{z} = \frac{1}{n} \left[\lim_{\boldsymbol{\kappa} \to 0} \left(\sum_l^n v_l \left(|\kappa| \right) \right) + \frac{4\pi Z e^2}{\Omega_{at} \kappa^2} \right] \tag{7.4.15}$$

이다. 즉 이 항은 쿨롱 퍼텐셜 $\frac{4\pi Z e^2}{\Omega_{at}\kappa^2}$ 에 이온 수도퍼텐셜 $v_l(|\chi|)$ 을 더한 형태이다.
위에서 Ω_{at} 는 원자 부피이고 n 은 단위세포 당 원자수이며, $z = \sum_l z_l$ 이다. 2차
섭동에너지 E_2 는 띠구조 에너지로 불리는데,

$$E_2 = \frac{\Omega_{at}}{8\pi e^2} \sum_{x \neq 0} \frac{\kappa^2}{1 - G(\boldsymbol{\kappa})} \left[\frac{1}{\varepsilon(\boldsymbol{\kappa})} - 1 \right] |W(\boldsymbol{\kappa})|^2 \tag{7.4.16}$$

로 주어진다 [Harrison 1966]. 위에서 $W(\boldsymbol{\kappa}) = \sum_l S_l(\boldsymbol{\kappa}) v_l(|\boldsymbol{\kappa}|)$ 는 결정이온의 국소 수도퍼텐셜이고, $S_l(\boldsymbol{\kappa})$ 는 l 번째 원자의 구조인자이며, $\varepsilon(\boldsymbol{\kappa})$ 는 균일한 전자 기체의 유전함수로서

$$\varepsilon(\boldsymbol{\kappa}) = 1 + \frac{4\pi e^2 z}{\Omega_{at}\kappa^2}\big(1 - G(\boldsymbol{\kappa})\big)\frac{1}{\frac{2}{3}E_F}\left(\frac{1}{2} + \frac{1 - y^2}{4y}\ln\left|\frac{1 + y}{1 - y}\right|\right) \tag{7.4.17}$$

로 주어진다. 위에서 $y = \kappa/2k_F$ (k_F 는 Fermi 파수벡터)이고 $G(\kappa)$ 는 5 장에서 다루었던 국소장 보정인자이다. 만약 이를 Hubbard의 교환식을 이용하면

$$G(\kappa) = \frac{1}{2}\frac{\kappa^2}{\kappa^2 + \kappa_F^2} \tag{7.4.18}$$

이다. $G = 0$ 일 때는 식 (7.4.17)은 5 장에서 유도한 Lindhard 유전함수가 된다 (식 (5.4.17)).

유전함수에 대한 위 표현은 식 (7.4.6)에 주어진 유전행렬에서 대각성분만 취한 간단한 형태이다. 이 근사는 단순 금속의 격자 진동에는 잘 적용되지만 [Joshi and Rajagopal 1968], 반도체나 부도체와 같이 국소화된 가전자를 가진 결정에는 잘 들어맞지 않는다. 공유결합 반도체에서는 이러한 효과를 추가 항 E_{cov} 에 반영하여 계산한다. Morita 등 [1972]은 다이아몬드 구조나 zinc-blende 구조를 가진 반도체에서 Heine and Jones [1969]의 등방 에너지띠 간격 모형을 써서 E_{cov} 를 계산하였다.

포논 분산관계를 계산하기 위하여 필요한 동역학 행렬에 대한 힘상수는

$$\mathcal{K}_{\alpha\beta}(\mathbf{R}_l, \mathbf{R}_{l'}) = \mathcal{K}^0_{\alpha\beta}(\mathbf{R}_l, \mathbf{R}_{l'}) + \gamma_c \Delta\mathcal{K}_{\alpha\beta}(\mathbf{R}_l, \mathbf{R}_{l'}) \tag{7.4.19}$$

으로 표현된다. $\mathcal{K}^0$ 는 단순 금속에 대한 2차 섭동이론에서 2체 힘에 해당하는 것으로

$$
\begin{aligned}
\mathcal{K}^0_{\alpha\beta}(\mathbf{R}_l, \mathbf{R}_{l'}) = {} & \frac{1}{n}\sum_{q\neq 0}\left[\frac{4\pi z^2 e^2}{\Omega_{at}q^2} - |v_l(q)|^2\left(1 - \frac{1}{\varepsilon(q)}\right)\right. \\
& \left. \times \frac{\Omega_{at}q^2}{1 - G(q)4\pi ze^2}\, q_\alpha q_\beta \exp\left(i\mathbf{q}\cdot(\mathbf{R}_l - \mathbf{R}_{l'})\right)\right]\delta_{ll'}
\end{aligned}
\tag{7.4.20}
$$

로 주어진다. 위에서 첫째 항은 직접 쿨롱 힘상수를 나타내고 둘째 항은 직접적이지 않은 2체 힘상수를 나타낸다. $\Delta\Phi$ 는 3차와 4차 섭동에너지에 해당하는 짝지어지지 않은 3체, 4체 힘으로서 E_{cov} 와 관계되는 항이다.

Soma [1978] , Soma 등 [1981]은 이 방법을 Si, Ge, 그리고 α-Sn의 격자진동 연구에 적용하였다. Soma 그룹은 또한 이 방법을 확장하여 이온성 반도체 즉 III-V 와 II-VI 화합물의 격자 진동도 연구하였다.

7.4.3   알칼리 금속의 포논 분산관계와 콘 비정상성 (Kohn Anomaly)

이 절에서는 선형반응 이론하에서 수도퍼텐셜과 일반적인 RPA 감수율 식을 이용하여 알칼리 금속의 포논 분산관계를 구하고 Kohn 비정상성에 대해 논의한 내용을 소개한다.

격자 진동을 다루기 위하여, 핵심전자들은 핵에 고정된 것으로 취급하여 격자계에 포함시키고 전자계에는 가전자들만이 포함되었다고 하면, 금속의 해밀터니안은 전자계와 격자계를 구분하여

$$H = H_e + H_p \tag{7.4.21}$$

$$H_e = -\frac{\hbar^2}{2m}\sum_i \nabla_i^2 + \frac{1}{2}\sum_{i,j} v(\mathbf{r}_i - \mathbf{r}_j)$$
$$+ \sum_{i,l} v_b(\mathbf{r}_i - \mathbf{R}_l^0) \tag{7.4.22}$$

$$H_p = H_p^0 + H_{e-p} \tag{7.4.23}$$

와 같이 표현된다. 여기서 H_p^0 와 H_{e-p}는 각각

$$H_p^0 = -\frac{\hbar^2}{2M}\sum_l \nabla_l^2 + \frac{1}{2}\sum_{l,n} V_{I-I}(\mathbf{R}_l - \mathbf{R}_n) \tag{7.4.24}$$

$$H_{e-p} = \sum_{i,l}\left\{ v_{ps}(\mathbf{r}_i - \mathbf{R}_l) - v_{ps}(\mathbf{r}_i - \mathbf{R}_l^0) \right\} \tag{7.4.25}$$

를 나타낸다. 위 식들에서 i 와 j 는 가전자의 지수이며, l 과 n 은 격자지수이고, m 과 M 은 각각 전자와 격자이온의 질량이다. 또 $\mathbf{R}_l$ 은 l 번째 격자이온의 위치이고, $\mathbf{R}_l^0$ 는 그 이온의 평형위치를 나타낸다. 그리고 v 는 가전자 간의, V_{I-I} 는 격자이온 간의 상호작용 퍼텐셜이다. 또한 v_{ps} 는 격자이온-가전자 간 퍼텐셜로서 핵에 의한 쿨롱 퍼텐셜, 핵심전자에 의한 직접 쿨롱 및 교환상관 퍼텐셜 그리고 가전자 상태가 핵심전자 상태와 직교화되게 하는 척력이 포괄적으로 포함된 수도 퍼텐셜을 나타낸다.

이 해밀터니안에 준정적 근사를 취하면, 조화근사 내에서 격자 진동은 다음과

같은 해밀터니안으로 기술된다.

$$H_p = \sum_{l,\alpha} \frac{(P_l^\alpha)^2}{2M} + \frac{1}{2} \sum_{l,n,\alpha,\beta} \frac{\partial^2 \Phi}{\partial u_l^\alpha \partial u_n^\beta} \, u_l^\alpha u_n^\beta \tag{7.4.26}$$

$$\Phi = \sum_{l,n} V_{I-I}(\mathbf{R}_l - \mathbf{R}_n) + \frac{1}{2} \langle H_{e-p} \rangle. \tag{7.4.27}$$

여기서 u_l^α 와 P_l^α 는 l 번째 이온의 변위와 운동량의 직교좌표 성분을 나타내고, Φ 는 격자계의 유효 퍼텐셜에 해당하며, $\langle H_{e-p} \rangle$ 은 전자-격자 간 상호작용 에너지를 열평균한 것으로

$$\langle H_{e-p} \rangle = \sum_{q,k,\sigma} U^I(\mathbf{k}+\mathbf{q},\mathbf{k}) \left\langle a_{\mathbf{k}+\mathbf{q},\sigma}^\dagger a_{\mathbf{k},\sigma} \right\rangle \tag{7.4.28}$$

$$\begin{aligned} U^I(\mathbf{k}+\mathbf{q},\mathbf{k}) =& \frac{1}{\Omega} \int d^3 r e^{-i(\mathbf{k}+\mathbf{q})\cdot\mathbf{r}} \\ & \times \sum_i \left\{ v_{ps}(\mathbf{r}-\mathbf{R}_l) - v_{ps}(\mathbf{r}-\mathbf{R}_l^0) \right\} e^{-i\mathbf{k}\cdot\mathbf{r}} \end{aligned}$$
$$\tag{7.4.29}$$

를 나타낸다. 위에서 Ω 는 금속계의 부피이다.

전자-격자 간 상호작용이 없고 전자가 균일한 배경으로만 존재하고 있는 경우에 맨 이온만의 포논 분산관계는 Ewald 방법을 이용하여 계산할 수 있으므로 여기서는 전자의 가리기효과에 의한 부분을 구하는 과정만을 소개하기로 한다. 전자-격자 상호작용이 포논 분산관계에 미치는 기여를 구하기 위하여, H_e 에 섭동항 H_{e-p} 가 선형반응하에서 포함된 해밀터니안 H_e' 를 차지수 표시로 나타내면 다음과 같다.

$$\begin{aligned} H_e' =& H_e + H_{e-p} \\ =& \sum_{\mathbf{k},\sigma} E_{\mathbf{k},\sigma} a_{\mathbf{k},\sigma}^\dagger a_{\mathbf{k},\sigma} + \sum_{\mathbf{k},\mathbf{k}',\sigma} \langle \mathbf{k}' | - v_H(\mathbf{r}) | \mathbf{k} \rangle a_{\mathbf{k}',\sigma}^\dagger a_{\mathbf{k},\sigma} \\ & + \frac{1}{2} \sum_{\mathbf{k}_1,\mathbf{k}_2,\mathbf{k}_1',\mathbf{k}_2',\sigma,\sigma'} \langle \mathbf{k}_1', \mathbf{k}_2' | v(\mathbf{r}-\mathbf{r}') | \mathbf{k}_1, \mathbf{k}_2 \rangle \\ & \times a_{\mathbf{k}_1',\sigma'}^\dagger a_{\mathbf{k}_2',\sigma'}^\dagger a_{\mathbf{k}_2,\sigma} a_{\mathbf{k}_1,\sigma} \\ & + \sum_{\mathbf{k},\sigma} U_I(\mathbf{k}+\mathbf{q},\mathbf{k}) a_{\mathbf{k}+\mathbf{q},\sigma}^\dagger a_{\mathbf{k},\sigma}. \end{aligned} \tag{7.4.30}$$

위에서 V_H 는 Hartree 퍼텐셜을 나타낸다.

그런데 이 식은 통상적인 전자기체계에 대한 다체이론 방식이나 에너지띠 이론 방식에서의 표현식과 다른데, 그것은 위 식에서 단입자 에너지 $E_{\mathbf{k}\sigma}$ 에는 전자들

사이의 다체 퍼텐셜 중 직접 쿨롱 상호작용만 포함돼 있고 교환상관 상호작용 부분은 국소장 보정인자로 별도 취급하며, 기저함수도 이 단입자 에너지에 해당하는 파동함수를 이용한다는 것이다. 다시 말해 전자기체의 다체이론 방식에서는 단입자 에너지에 전자의 운동에너지만 포함시키고 기저함수로는 평면파를 쓰는데 반해 에너지띠 이론 방식에서는 전자 간 다체 상호작용을 국소밀도근사를 써서 단입자 에너지에 포함시키고 기저함수로는 블로흐 함수를 쓴다. 이러한 점에서 위 방식은 전자기체 다체이론과 에너지띠 방식의 중간적 형식이라 할 수 있어서 이를 "띠기저 다체이론 방식" 이라 부르기로 한다 [현정인 등 1991]. 이 방식의 장점은 실제 금속전자계에 대해 교환상관 상호작용을 에너지띠 이론 방식에서처럼 국소밀도근사하에서 취급하지 않고 다체이론적 취급을 함으로써 비교적 정확하게 다체적 상호작용을 다룰 수 있다는 것이다.

이제 포논 분산관계를 구하기 위해서는 식 (7.4.26)과 (7.4.27)의 유효 퍼텐셜 식에서 $\langle H_{e-p} \rangle$ 의 구체적 표현을 얻어야 하는데 이를 위해 전자밀도 $\left\langle a_{\mathbf{k+q},\sigma}^{\dagger} a_{\mathbf{k},\sigma} \right\rangle$ 을 동역학적 방법을 이용하여 구하게 된다. 그렇게 하면, 전자-격자 상호작용 에너지의 평균값은

$$
\begin{aligned}
\langle H_{e-p} \rangle \;=\; \sum_{\mathbf{q}} \Bigg\{ & A_2(\mathbf{q}) - v(\mathbf{q}) \left\langle a_{\mathbf{k+q},\sigma}^{\dagger} a_{\mathbf{k},\sigma} \right\rangle A_1(\mathbf{q}) \\
& + {}^{\#}\!\left\langle a_{\mathbf{k+q},\sigma}^{\dagger} a_{\mathbf{k},\sigma} \right\rangle G_1(\mathbf{q}) v(\mathbf{q}) \chi_0(\mathbf{q}) \Bigg\}
\end{aligned}
\tag{7.4.31}
$$

와 같이 주어진다. 여기서 A_1 , A_2, 그리고 G_1 은

$$
A_1(\mathbf{q}) \;=\; \sum_{\mathbf{k},\sigma} \frac{U_I(\mathbf{k+q},\mathbf{k})\,(f_{\mathbf{k+q},\sigma} - f_{\mathbf{k},\sigma})}{\hbar\omega - (E_{\mathbf{k+q},\sigma} - E_{\mathbf{k},\sigma})},
\tag{7.4.32}
$$

$$
A_2(\mathbf{q}) \;=\; \sum_{\mathbf{k},\sigma} \frac{|U_I(\mathbf{k+q},\mathbf{k})|^2\,(f_{\mathbf{k+q},\sigma} - f_{\mathbf{k},\sigma})}{\hbar\omega - (E_{\mathbf{k+q},\sigma} - E_{\mathbf{k},\sigma})},
\tag{7.4.33}
$$

$$
\begin{aligned}
G_1(\mathbf{q}) \;=\; \frac{2}{v(\mathbf{q})\chi_0(\mathbf{q})} \\
\times \sum_{\mathbf{k'k}} \Bigg[& v(\mathbf{k'-k}) \left\{ 1 - \frac{\hbar\omega - (E_{\mathbf{k'+q},\sigma} - E_{\mathbf{k},\sigma})}{\hbar\omega - (E_{\mathbf{k+q},\sigma} - E_{\mathbf{k},\sigma})} \right\} \\
& \times \frac{U_I(\mathbf{k+q},\mathbf{k})(f_{\mathbf{k+q},\sigma} - f_{\mathbf{k},\sigma})}{\hbar\omega - (E_{\mathbf{k+q},\sigma} - E_{\mathbf{k},\sigma})} \\
& \times \frac{f_{\mathbf{k+q},\sigma} - f_{\mathbf{k'},\sigma}}{\hbar\omega - (E_{\mathbf{k'+q},\sigma} - E_{\mathbf{k'},\sigma})} \Bigg]
\end{aligned}
\tag{7.4.34}
$$

를 나타낸다. 특히 국소 수도퍼텐셜의 경우에는 전자-격자 상호작용 에너지의 평균값이

$$\langle H_{e-p} \rangle = \sum_{\mathbf{q}} |U_I(\mathbf{q})|^2 \, \tilde{\chi}_e(\mathbf{q}) \tag{7.4.35}$$

로 간단하게 표현된다. 위에서 $\tilde{\chi}_e(q)$ 는 전기적 감수율이다.

위 식을 (7.4.28)에 대입하여 격자계의 유효 퍼텐셜 에너지를 구한 다음 동역학 행렬식

$$D_{\alpha\beta}(\mathbf{q}) = \sum_{\mathbf{K} \neq 0} \{W_{\alpha\beta}(\mathbf{K} + \mathbf{q}) - W_{\alpha\beta}(\mathbf{K})\} + W_{\alpha\beta}(\mathbf{q}), \tag{7.4.36}$$

$$W_{\alpha\beta}(\mathbf{k}) = \omega_{\text{pl}}^2 \, \hat{k}_\alpha \hat{k}_\beta J(\mathbf{k}) \tag{7.4.37}$$

을 구한다. 위에서 $\mathbf{K}$ 는 역격자벡터를 ω_{pl} 은 이온의 플라즈마 진동수를 각각 나타내며, $\hat{k}_\alpha$ 와 $\hat{k}_\beta$ 는 단위벡터의 성분을 각각 나타낸다. $J(\mathbf{k})$ 는 국소 수도퍼텐셜을 이용하는 경우에 $\Lambda(\mathbf{k})^2 v(\mathbf{k}) \chi_e(\mathbf{k})$ 이며, $\Lambda(\mathbf{k}) = \frac{V_{ps}(\mathbf{k})}{4\pi Z e^2 / \Omega_0 k^2}$ 이다. 또한 $V_v(\mathbf{k})$ 는 수도퍼텐셜 $V_{ps}(\mathbf{r})$ 의 공간에 대한 푸리에 성분이고, Z 는 가전자의 수이며, Ω_0 는 원시세포의 부피이다.

동역학 행렬이 구해지면 식 (7.2.13)의 고유값 문제를 풀어 포논 분산관계를 구하게 된다. 따라서 식 (7.2.13)으로 주어진 동역학 행렬로부터 포논 진동수에서 전자-격자 상호작용 부분에 의한 것은

$$\omega_{\text{e-p}}(\mathbf{q}, \lambda)^2 = \sum_{\mathbf{K} \neq 0} \{Y_{\text{e-p}}(\mathbf{q} + \mathbf{K}) - Y_{\text{e-p}}(\mathbf{K})\} + Y_{\text{e-p}}(\mathbf{q}),$$

$$\tag{7.4.38}$$

$$Y_{\text{e-p}}(\mathbf{k}) = \omega_{pl}^2 \frac{|\mathbf{k} \cdot \hat{\epsilon}(\mathbf{q}, \lambda)|^2}{k^2} J(\mathbf{k}) \tag{7.4.39}$$

와 같이 얻을 수 있다. 여기서 $\hat{\epsilon}(\mathbf{q}, \lambda)$ 는 파동벡터가 $\mathbf{q}$ 이고 모드가 λ 인 포논의 편극 벡터를 나타낸다.

수도퍼텐셜로서는 국소적이며 에너지에 독립적인 Heine-Abarenkov 꼴의 국소 수도퍼텐셜 [Heine and Abarenkov 1964]을 택하였다. 이러한 형태의 모델 수도퍼텐셜을 채택한 이유는 단일 매개변수를 갖는 모델 수도퍼텐셜보다는 좀 더 미세하게 수도퍼텐셜을 변화시킬 수 있다는 장점이 있을 뿐만 아니라 비국소 모델 수도퍼텐셜보다는 다루기가 수월하기 때문이다. 이 수도퍼텐셜의 실공간에서의

Table 7.2: 수도퍼텐셜 파라미터 (단위: $A_0[R_M]$, $R_M[\mathrm{a.u.}]$)와 구면 에너지띠 계수 [현정인 등 1991]

	Li	Na	K	Rb
A_0	−0.774	−0.620	−0.471	−0.435
R_M	3.282	3.990	5.160	5.485
a_2	0.98	0.98	0.98	0.99
a_4	0.01	0.01	0.02	0.02
a_6	0.005	0.005	0.005	0.005

형태는

$$V_b(r) = \begin{cases} A_0 & : \quad r < R_M, \\[2mm] -\dfrac{Ze^2}{r} & : \quad r > R_M \end{cases} \tag{7.4.40}$$

이며, 이것을 푸리에 변환하면

$$V_b(q) = -\frac{4\pi Ze^2}{\Omega_0 q^2}\left[(1+\xi)\cos(qR_M) - \xi\frac{\sin(qR_M)}{qR_M}\right], \quad \xi = \frac{A_0 R_M}{Ze^2} \tag{7.4.41}$$

로 주어진다. 많은 연구자들이 위와 같은 모델 수도퍼텐셜을 채택하여 단순 금속에 관한 연구를 수행하였고, 다양한 방법에 의하여 수도퍼텐셜 계수를 선택하였다. 또한 계산에 필요한 감수율에 전자 간 교환상관 효과를 포함시켜 주는 역할을 하는 국소장 보정인자도 여러 가지 다양한 형태로 고려해 주고 있다.

여기서는 띠기저 다체이론 방식에 의하여 얻어진 감수율과 표 7.2에 제시된 수도퍼텐셜을 이용하여 알칼리 금속의 포논 분산관계를 구하였다. 계산 과정에 나오는 에너지띠는 계산의 편의상 실제 에너지띠를

$$E(k) = a_2 k^2 + a_4 k^4 + a_6 k^6 \tag{7.4.42}$$

꼴에 맞추었다. 계산된 Li, Na, K, Rb의 포논 분산관계와 관계되는 실험치를 각각 그림 7.1(a)부터 그림 7.1(d)에 나타냈다. 이 그림들에서 수직축은 이온 플라즈마 진동수로 축척된 포논 진동수를 나타내고, 수평축은 축척된 파동벡터 ζ 를 나타내는데 [100] 방향의 경우에는 파동벡터가 $\mathbf{q} = 2\pi/a(\zeta,0,0)$ 이고 [111] 방향으로는 파동벡터가 $\mathbf{q} = 2\pi/a(\zeta,\zeta,\zeta)$ 이며, [110] 방향으로는 $\mathbf{q} = 2\pi/a(\zeta,\zeta,0)$ 이다. 여기서 제시된 포논의 실험치는 각각 293 K, 90 K, 9 K, 12 K에서 행해진 실험결과이다 [Beg 등 1976, Woods 등 1962, Cowley 등 1966, Copley 등 1973].

그림에서 보듯이 계산된 포논관계는 각각의 실험치와 잘 일치하고 있다. 포논 분산관계 곡선을 잘 보면 부드럽지 못하게 연결된 부분이 있는데 이를 Kohn 비정상성이라고 한다. 금속 내에서 이온의 격자 진동은 앞서 유도과정에서 알 수 있듯이 전자들의 가리기에 의하여 영향을 받는다. 이 가리기의 정도를 나타내는 유전함수의 미분값이 파동벡터의 어떤 표면에서는 급격하게 변화하고 이것이 포논 진동수에 영향을 미쳐 작은 꺾임 (kink)을 만들게 되어 Kohn 비정상성이 나타나는 것이다. Kohn 비정상성을 보이는 전형적인 물질로는 Pb 가 있는데, Brockhouse (1962)에 의하여 실험적으로 관측되었다. 알칼리 금속에 대하여도 Kohn 비정상성을 찾으려는 시도들이 있었다. Woods 등 (1962) 은 Na 에서 Kohn 비정상성을 찾으려 시도했으나 [100] 방향의 종모드에서 약간의 미심쩍은 부분을 발견했을 뿐이었고, Cowley 등 (1966) 은 K 에서 찾아보았으나 [100] 방향의 $\zeta = 0.75$ 에서 종모드와 횡모드가 교차하고 있을 뿐 이 부분을 제외하고는 곡선의 모양이 부드러워서 Kohn 비정상성의 징후가 보이지 않는다는 결론을 내렸다. 그런데 페르미 면이 구면이라 가정하면 $|\mathbf{q} + \mathbf{k}| = 2k_F$ 를 만족하는 파동벡터에서 Kohn 비정상성이 나타날 것으로 예측된다. 구체적으로 [100] 축을 따라서는 역격자 벡터 $-\mathbf{K}$ 가 $\frac{2\pi}{a}[1, \pm 1, 0]$ 이거나 $\frac{2\pi}{a}[1, 0, \pm 1]$ 일 때는 $\zeta = 0.27$ 지점에서, 역격자 벡터 $-\mathbf{K}$ 가 $\frac{2\pi}{a}[2, 0, 0]$ 일 때 $\zeta = 0.75$ 에서 Kohn 비정상성이 생긴다. [111] 방향의 경우에는 역격자 벡터 $-\mathbf{K}$ 가 $\frac{2\pi}{a}[1, 1, 0]$ 이거나 $\frac{2\pi}{a}[1, 0, 1]$ 또는 $\frac{2\pi}{a}[1, 1, 0]$ 일 때 $\zeta = 0.13$ 에서, 역격자 벡터 $-\mathbf{K}$ 가 $\frac{2\pi}{a}[1, 1, 2]$ 이거나 $\frac{2\pi}{a}[1, 2, 1]$ 또는 $\frac{2\pi}{a}[2, 1, 1]$ 일 때 $\zeta = 0.79$ 에서 Kohn 비정상성이 생긴다. 그리고 [110] 방향의 경우에는 역격자 벡터 $-\mathbf{K}$ 가 $\frac{2\pi}{a}[1, 1, 0]$ 일 때 $\zeta = 0.12$ 에서, 역격자 벡터 $-\mathbf{K}$ 가 $\frac{2\pi}{a}[1, 0, \pm 1]$ 이거나 $\frac{2\pi}{a}[0, 1, 1]$ 일 때 $\zeta = 0.36$ 에서 Kohn 비정상성이 생긴다.

이 예측치를 가지고, 계산된 포논 분산관계를 살펴보면 K 와 Rb 에 경우에 [100] 방향의 $\zeta = 0.75$ 에서 종모드가 약간의 작은 흔적을 보이며 [100] 방향의 $\zeta = 0.27$ 근방에서는 횡모드와 종모드 모두에서 이러한 흔적이 나타나고 있다. 또한 [111] 방향에서도 $\zeta = 0.13$ 부근과 $\zeta = 0.79$ 부근에서 종모드와 횡모드가 공히 이러한 흔적을 보인다. [110] 방향에서는 $\zeta = 0.36$ 근방에서 약간의 흔적을 발견할 수 있다. 그런데 이와 같이 Kohn 비정상성의 위치가 물질에 무관하게 나타나는 이유는 파동벡터가 $(2\pi/a)$ 로 축척되었기 때문이다. 그리고 Harrison (1966) 이 상호작용이 없는 전자계의 가리기 상수를 $q = 2k_F$ 의 근처에서 조사해 본 결과 동일한 족에 속하는 알칼리 금속의 경우에는 가리기 상수의 파동벡터에 대한 변화율이 페르미 파동벡터의 크기에 반비례하게 된다는 것을 도출한 바 있다. 따라서 페르미 파동벡터가 작은 Rb에서 큰 Kohn 비정상성이 생기고 페르미 파동벡터가 큰 Li 에서는 작은 Kohn 비정상성이 생기리라고 예상되는데 이러한 경향은 계산된 값들과 일치한다. 특히 Rb의 경우에 매우 큰 Kohn 비정상성이 보이는데 보다 정밀한 실험을 하면 측정이 가능하리라 여겨진다.

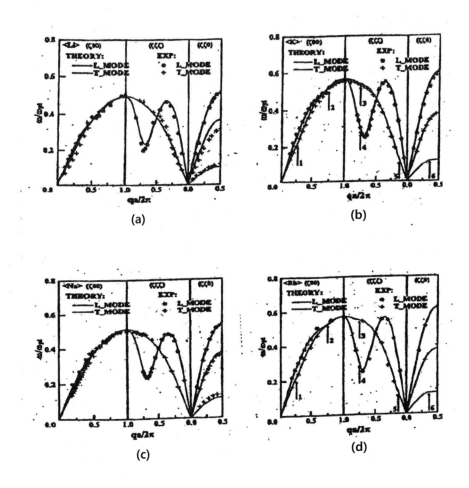

Figure 7.1: (a) Li, (b) Na, (c) K, (d) Rb 의 포논 분산관계. 실선과 점선은 종파 및 횡파의 이론치를 각각 나타내고, * 표와 + 표는 종파 및 횡파의 실험치를 각각 나타낸다 [현정인 등 1991, Lee 등 1995].

참고문헌

- 현정인, 최안성, 장회익, 이재일, 이기영, 민병일, 새물리 **31**, 684 (1991).

- Adler S. L., Phys. Rev. **126**, 413 (1962).

- Beg M. M. and M. Nielsen, Phys. Rev B **14**, 4266 (1976).

- Bendt P. and A. Zunger, Phys. Rev. Lett. **50**, 1684 (1983).

- Born M. and Th. von Karman, Physik Z. **13**, 297 (1912).

- Born M. and J. R. Oppenheimer, Ann. Physik **84**, 457 (1927).

- Copley J. R. D. and B. N. Brockhouse, Can. J. Phys. **51**, 657 (1973).

- Cowley R. A., A. D. B. Woods and G. Dolling, Phys. Rev. **150**, 487 (1966).

- Debye P. P., Ann. Physik **39**, 789 (1912).

- Ewald, P., Ann. Phys. **369**, 253 (1921).

- Feynman R. P., Phys. Rev. **56**, 340 (1939).

- Froyen S. and M. L. Cohen, Phys. Rev. B **29**, 3770 (1984).

- Harrison W. A., *Pseudopotentials in the Theory of Metals*, W. A. Benjamin Inc., New York (1966).

- Heine V. and V. Abarenkov, Phil. Mag. **9**, 451 (1964).

- Heine V. and R. O. Jones, J. Phys. C: Solid State Phys. **2**, 719 (1969).

- Ihm J., A. Zunger and M. L. Cohen, J. Phys. C: Sold State Phys. **12**, 4409 (1979).

- Joshi S. K. and A. K. Rajagopal, *Solid State Physics* Vol. **22**, Academic, New York (1968) p. 159.

- Kellermann E. W., Phil. Trans. R. Soc. A **238**, 513 (1940).

- Kunc K. and R. M. Martin, Phys. Rev. Lett. **48**, 406 (1982).

- Lam P. K. and M. L. Cohen, Phys. Rev. B **25**, 6139 (1982).

- Lee J. I., K. Lee, J. I. Hyeon, H. J. Yang and H. I. Zhang, J. Korean Phys. Soc. **28**, S273 (1995).

- Martin R. M. and K. Kunc, *Ab Initio Calculation of Phonon Spectra*, ed. by J. T. Devereese, V. E. van Doren and P. E. van Camp, Plenum, New York (1983) p. 49.

- Mizuki J. and C. Stassis, Phys. Rev. B **34**, 5890 (1986).

- Morita A., T. Soma and T. Takeda, J. Phys. Soc. Jpn. **32**, 29 (1972).

- Scheffler M., J. P. Vigneron and G. B. Bachelet, Phys. Rev. B **32**, 6541 (1985).

- Sham L. J. and W. Kohn, Phys. Rev. **145**, 561 (1966).

- Soma T., Phys. Status Solidi b **76**, 753 (1976).

- Soma T., Phys. Status Solidi b **87**, 345 (1978).

- Soma T., H. Matsuo and Y. Saitoh, Solid State Commun. **39**, 1193 (1981).

- Soma T. and A. Morita, J. Phys. Soc. Jpn. **32**, 38 (1972).

- Woods A. D. B., B. N. Brockhouse, R. H. March and A. T. Stewart, Phys. Rev. **128**, 1112 (1962).

- Yin M. T. and M. L. Cohen, Phys. Rev. B **26**, 5668 (1982).

Chapter 8

자성 (Magnetism)

자성 현상의 근본 원리 규명에 대한 연구는 재료과학 또는 고체물성 연구 주제 중에서 가장 오랜 역사를 지닌 주제라 할 수 있다. 자연계에 존재하는 자석은 기원전 7세기경부터 인간에게 알려진 것으로 기록되어 있고 그 후 오랫동안 나침반으로 사용되어 왔다. 하지만 자석의 원리에 대한 규명은 양자역학이 생기고 전자의 스핀 개념이 도입된 20세기 초에서야 시작되었다. 따라서 여러 과정을 거쳐 많은 연구의 진전이 있었으나 금속, 부도체 또는 화합물 등에서 다양하게 일어나는 자성 현상들을 일관성 있게 설명하는 완전한 이론의 정립은 현재까지 이루어지지 않은 상태이다. 국소화된 전자를 갖고 있는 부도체에서 보이는 자성 현상은 보통 하이젠베르크 (Heisenberg[1]) 모델 해밀터니안으로 기술되고 Fe, Co, Ni 등과 같이 유동(itinerant) 전자들을 갖는 금속에서의 자성 현상은 허바드 (Hubbard[2]) 모델 해밀터니안으로 기술될 수 있는데, 이들 중간에 위치하는 물질, 즉 적당히 국소화된 성질과 전도성을 공유한 전자들을 갖는 물질들—예를 들어 무거운 퍼미온, 고온 초전도체 등의 강상관계 (strongly correlated systems)—의 자성 현상에 대한 이해는 매우 부족한 편이다.

주기율표에서 자성을 띠고 있는 물질은 Cr, Mn, Fe, Co, Ni 등의 $3d$ 전자를 갖는 전이금속과 $4f$, $5f$ 전자들을 갖는 희토류와 악티나이드 (actinides) 물질들, 또는 이들의 화합물에서만 관측된다. 따라서 자성이 왜 $3d$ 나 f 전자들에서만 존재하는가를 이해하는 것이 자성 현상 원리 규명의 첫 걸음이 된다. 이들 전자들의 큰 특징은 한마디로 다른 전자들에 비하여 국소화되어 있다는 것이다. 즉 전하밀도가 핵 근처에 분포되어 있고 주위 원자로의 이동확률 (hopping probability)이 s, p 전자나 $4d$, $5d$ 전자들에 비하여 작다. 그러므로 이들 물질은 상대적으로 좁은 에너지띠를 갖고 있다. 전이금속에서는 $3d$ 전자의 스핀이 정렬하여 자성을

---

[1] W. K. Heisenberg (1901 – 1976), German theoretical physicist. 1932 Nobel Prize in Physics.
[2] J. Hubbard (1931 – 1980), English theoretical physicist.

띠게 되지만 희토류, 악티나이드 물질들에서는 전자의 스핀뿐만 아니라 궤도 각
운동량에 의한 자기모멘트도 중요하여져 이들의 상호작용 (스핀-궤도 상호작용)
도 고려하여야 하기 때문에 문제가 더욱 복잡하게 된다.

이 장에서 우리는 자성의 기초적인 원리만을 다루기로 한다. 우선 자성 현상
을 기술하는 모형 해밀터니안들인 허바드 해밀터니안 (8.1 절)과 하이젠베르크
해밀터니안 (8.2 절) 등을 유도하고 이들로부터 그린 (Green) 함수 방법을 사용
하여 자기감수율을 계산하여 본다. 또한 반강자성과 강자성을 기술하는 초교환
(super-exchange) (8.3 절), RKKY (8.4 절), 이중교환 (double exchange) (8.5
절) 상호작용 등을 공부하고, 스핀파 (spin wave) (8.6 절)와 스토너 (Stoner[3])
불안정성 (8.7 절)에 대하여 고찰해 본다. 그리고 반자성 현상을 기술하는 스핀밀
도파 (spin-density-wave: SDW) (8.8 절)에 대하여 알아보고, 자성을 띤 미량의
불순물이 금속 내에 존재할 때의 현상을 기술하는 앤더슨 (Anderson[4]) 모형 (8.9
절), 콘도 (Kondo) 효과 (8.10 절) 등에 대해 공부하기로 한다.

8.1   허바드 (Hubbard) 해밀터니안

자성 현상은 스핀이나 각운동량에 의한 자기모멘트들이 정렬하기 때문에 발생
한다고 하였는데, 이러한 정렬은 자기모멘트 간의 상호작용이 존재하기 때문에
일어난다. 사실 이러한 상호작용은 전자 간의 쿨롱 (Coulomb) 상호작용에 기인
하는 것이다. Fe, Co, Ni 등의 $3d$ 전자는 대체로 유동성을 가지며 이러한 금속에
서의 자성 현상은 허바드 모델 해밀터니안의 평균장 해로 간단히 이해할 수 있다.
허바드 모델은 고체 내의 복잡한 다체 해밀터니안을 간략하게 나타내어 전자의
건너뛰기 (hopping)에 해당하는 운동에너지와, 같은 원자위치에 두 개의 전자가
존재할 때 생기는 쿨롱 에너지의 두 매개변수만으로 표현하는 모델 해밀터니안이
다 [Hubbard 1963,1964]. 바니어 (Wannier[5]) 기저함수 (basis)를 도입하여 허바드
해밀터니안을 정량적으로 유도하여 보자 [Jones-March 1973].

먼저 다음과 같은 고체 내의 해밀터니안을 생각하자.

$$\mathcal{H} = \sum_i h(\mathbf{r}_i) + \frac{1}{2}\sum_{i\neq j} v_{ij} + \mathcal{H}_{II}$$
$$= \sum_i \left[\frac{\mathbf{p}_i^2}{2m} + v(\mathbf{r}_i)\right] + \frac{1}{2}\sum_{i\neq j}\frac{e^2}{|\mathbf{r}_i - \mathbf{r}_j|} + \mathcal{H}_{II} \tag{8.1.1}$$

첫째 항은 이온 퍼텐셜하에서의 전자의 운동에너지, 둘째 항은 전자 간 쿨롱 퍼텐

[3]E. C. Stoner (1899 – 1968), English theoretical physicist.
[4]P. W. Anderson (1923 – 2020), American theoretical physicist. 1977 Nobel Prize in Physics.
[5]G. H. Wannier (1911–1983), Swiss theoretical physicist.

셜, 그리고 마지막 항은 이온들 사이의 퍼텐셜 에너지를 나타낸다.

위 식 중 전자의 자유도가 포함된 첫째, 둘째 항을 제 2 양자화 형식으로 표현하면

$$\mathcal{H} = \int \psi^\dagger(\mathbf{r})h(\mathbf{r})\psi(\mathbf{r})\,d\mathbf{r} + \frac{1}{2}\int \psi^\dagger(\mathbf{r})\psi^\dagger(\mathbf{r}')v(\mathbf{r}-\mathbf{r}')\psi(\mathbf{r}')\psi(\mathbf{r})\,d\mathbf{r}d\mathbf{r}' \quad (8.1.2)$$

이 되고, 장 연산자 $\psi(\mathbf{r})$을

$$\psi(\mathbf{r}) = \sum_\mu a_\mu \varphi_\mu(\mathbf{r}) \quad (8.1.3)$$

와 같이 완전기저 집합 $\{\mathbf{p}\}$로 전개하면

$$\mathcal{H} = \sum_{\mu\nu}\int \varphi_\mu^*(\mathbf{r})h(\mathbf{r})\varphi_\nu(\mathbf{r})d\mathbf{r}\,a_\mu^\dagger a_\nu + \frac{1}{2}\sum_{\mu\nu\sigma\tau}\langle\mu\nu|v|\sigma\tau\rangle\,a_\mu^\dagger a_\nu^\dagger a_\tau a_\sigma \quad (8.1.4)$$

이 된다. 여기서

$$\langle\mu\nu|v|\sigma\tau\rangle = \int \varphi_\mu^*(\mathbf{r})\varphi_\nu^*(\mathbf{r}')v(\mathbf{r}-\mathbf{r}')\varphi_\sigma(\mathbf{r})\varphi_\tau(\mathbf{r}')\,d\mathbf{r}d\mathbf{r}' \quad (8.1.5)$$

이고, 퍼미온 (Fermion) 연산자, a 와 $a^\dagger$ 는

$$\{a_\mu, a_\nu^\dagger\} = \delta_{\mu\nu} \quad (8.1.6)$$

의 반교환 관계를 만족한다.

이어서 완전기저 φ 로 다음과 같은 블로흐 (Bloch) 함수, $\psi_{kn\sigma}$ 를 취하면

$$h\psi_{kn\sigma} = \varepsilon_{kn}\psi_{kn\sigma} \quad (8.1.7)$$
$$\psi(\mathbf{r}) = \sum_{kn\sigma} a_{kn\sigma}\psi_{kn\sigma} \quad (8.1.8)$$

이 되고, 식 (8.1.4)의 해밀터니안은

$$\begin{aligned}\mathcal{H} =\ & \sum_{kn\sigma}\varepsilon_{kn}a_{kn\sigma}^\dagger a_{kn\sigma} \\ & + \frac{1}{2}\sum_{\substack{k_1k_2\\k_1'k_2'}}\sum_{\substack{n_1n_2\\n_1'n_2'}}\sum_{\sigma\sigma'}\langle k_1n_1\,k_2n_2|v|k_1'n_1'\,k_2'n_2'\rangle \\ & \times a_{k_1n_1\sigma}^\dagger a_{k_2n_2\sigma'}^\dagger a_{k_2'n_2'\sigma'}a_{k_1'n_1'\sigma}\end{aligned} \quad (8.1.9)$$

와 같이 우리가 많이 보아온 식으로 쓸 수 있다. 단일 띠 (single band, $n=1$) 인

경우에는

$$\mathcal{H} = \sum_{k\sigma} \varepsilon_k \, a_{k\sigma}^\dagger a_{k\sigma} + \frac{1}{2} \sum_{\substack{k_1 k_2 \\ k_1' k_2'}} \sum_{\sigma\sigma'} \langle k_1 k_2 | v | k_1' k_2' \rangle \, a_{k_1\sigma}^\dagger a_{k_2\sigma'}^\dagger a_{k_2'\sigma'} a_{k_1'\sigma} \qquad (8.1.10)$$

로 간단해진다.

그러면 완전기저 φ 를 다음과 같은 바니어 (Wannier) 함수를 사용하여 표현하여 보자. 바니어 기저함수 $\omega_n(\mathbf{r} - \mathbf{R}_\mu)$ 는 블로흐 기저함수와

$$\psi_{kn}(\mathbf{r}) = \frac{1}{\sqrt{N}} \sum_\mu \omega_n(\mathbf{r} - \mathbf{R}_\mu) e^{i\mathbf{k}\cdot\mathbf{R}_\mu} \qquad (8.1.11)$$

의 관계식을 가져 이들 사이는 마치 푸리에 변환 관계식을 갖고 있다. 이와 같이 정의되는 바니어 기저함수는 원자위치 $\mathbf{R}_\mu$ 에 국소화되어 있는 것과 같은 파동함수의 형태를 띠며,

$$\int \omega_n^*(\mathbf{r} - \mathbf{R}_\mu) \omega_l^*(\mathbf{r} - \mathbf{R}_\nu) d\mathbf{r} = \delta_{nl} \, \delta_{\mu\nu} \qquad (8.1.12)$$

의 직교규격 관계를 갖는다. 또한

$$\sum_k e^{i\mathbf{k}\cdot(\mathbf{R}_\mu - \mathbf{R}_\nu)} = N\delta_{\mu\nu} \qquad (8.1.13)$$

을 이용하면

$$\omega_n(\mathbf{r} - \mathbf{R}_\mu) = \frac{1}{\sqrt{N}} \sum_k \psi_{kn}(\mathbf{r}) e^{-i\mathbf{k}\cdot\mathbf{R}_\mu} \qquad (8.1.14)$$

의 변환식을 얻게 된다. 위의 변환식을 이용하면 블로흐 기저함수에서의 소멸연산자 $a_{kn\sigma}$ 와 바니어 기저함수에서의 소멸연산자 $a_{\mu n\sigma}$ 와는

$$a_{\mu n\sigma} = \frac{1}{\sqrt{N}} \sum_k a_{kn\sigma} e^{i\mathbf{k}\cdot\mathbf{R}_\mu} \qquad (8.1.15)$$

의 관계가 있음을 알 수 있다.

단일 띠의 경우 이와 같이 정의되는 바니어 기저함수를 사용하면 해밀터니안은

$$\mathcal{H} = \sum_{ij} \sum_\sigma t_{ij} \, a_{i\sigma}^\dagger a_{j\sigma} + \frac{1}{2} \sum_{ijkl} \sum_{\sigma\sigma'} \langle ij | v | kl \rangle \, a_{i\sigma}^\dagger a_{j\sigma'}^\dagger a_{l\sigma'} a_{k\sigma} \qquad (8.1.16)$$

로 되는데, 여기서

$$t_{ij} = \int \omega^*(\mathbf{r} - \mathbf{R}_i) h(\mathbf{r}) \omega(\mathbf{r} - \mathbf{R}_j) \, d\mathbf{r}, \tag{8.1.17}$$

$$\langle ij|v|kl \rangle = e^2 \int \frac{\omega^*(\mathbf{r} - \mathbf{R}_i)\omega^*(\mathbf{r}' - \mathbf{R}_j)\omega(\mathbf{r} - \mathbf{R}_k)\omega(\mathbf{r}' - \mathbf{R}_l)}{|\mathbf{r} - \mathbf{r}'|} \, d\mathbf{r}d\mathbf{r}' \tag{8.1.18}$$

이다.

식 (8.1.16)에서 첫째 항은 한 전자가 원자위치 j 에서 i 로 이동할 때의 운동에너지에 해당한다. 따라서 t_{ij} 를 건너뛰기 매개변수 (hopping parameter)라 부른다. 건너뛰기 매개변수의 크기는 에너지띠의 폭을 결정하여 준다. 둘째 항은 전자 간 쿨롱 상호작용에 해당하는데, 4개의 원자 중심에 위치하는 바니어 기저 함수 간의 적분식 [4 중심 (4-center) 적분식]으로 꽤 복잡한 형태를 갖고 있다. 앞에서 언급하였듯이 바니어 함수는 어떤 원자위치를 중심으로 국소화되어 있는 형태를 갖고 있으므로 4 중심의 위치가 모두 다른 경우에는 위의 적분값이 매우 작을 것으로 예상된다. 그러므로 보통의 근사에서는 4 중심 적분을 $i = j = k = l$ 인 1 중심 적분과 다음과 같은 2 중심 적분까지만 고려하게 된다:

$$\langle ij|v|kl \rangle \longrightarrow$$
(1 중심) $\langle ii|v|ii \rangle,$
(2 중심) $\langle ij|v|ij \rangle, \langle ij|v|ji \rangle, \langle ii|v|jj \rangle.$

그러면

$$\mathcal{H} = \sum_{ij} \sum_{\sigma} t_{ij} a_{i\sigma}^\dagger a_{j\sigma} + \frac{U}{2} \sum_{i\sigma} n_{i\sigma} n_{i-\sigma}$$
$$+ \frac{1}{2} \sum_{ij}' \langle ij|v|ij \rangle n_i n_j + \frac{1}{2} \sum_{ij}' \sum_{\sigma\sigma'} J_{ij} a_{i\sigma}^\dagger a_{j\sigma'}^\dagger a_{i\sigma'} a_{j\sigma}$$
$$+ \frac{1}{2} \sum_{ij}' \sum_{\sigma\sigma'} \langle ii|v|jj \rangle a_{i\sigma}^\dagger a_{i\sigma'}^\dagger a_{j\sigma'} a_{j\sigma} \tag{8.1.19}$$

와 같은 형태로 만들 수 있다 (합의 기호에서의 $'$ 은 $i \neq j$ 임을 표시한다).

여기서 둘째 항은

$$U = \langle ii|v|ii \rangle = e^2 \int \frac{|\omega(\mathbf{r} - \mathbf{R}_i)|^2 |\omega(\mathbf{r}' - \mathbf{R}_i)|^2}{|\mathbf{r} - \mathbf{r}'|} \, d\mathbf{r}d\mathbf{r}' \tag{8.1.20}$$

로 주어지는, 원자위치 i 에서의 스핀 ↑,↓ 전자쌍이 존재할 때의 쿨롱 상호작용을 나타낸다. 단일 띠인 경우를 생각하고 있으므로 한 원자위치에는 스핀 ↑,↓ 두 개까지 전자가 들어갈 수 있다. 셋째 항은 i 위치의 전자와 j 위치의 전자 사이의 쿨롱 상호작용을 나타내며, 넷째 항은

$$
\begin{aligned}
J_{ij} &= \langle ij|v|ji\rangle \\
&= e^2 \int \frac{\omega^*(\mathbf{r}-\mathbf{R}_i)\omega^*(\mathbf{r}'-\mathbf{R}_j)\omega(\mathbf{r}-\mathbf{R}_j)\omega(\mathbf{r}'-\mathbf{R}_i)}{|\mathbf{r}-\mathbf{r}'|}d\mathbf{r}d\mathbf{r}'
\end{aligned}
$$

$$(8.1.21)$$

로 주어지는 i 위치의 전자와 j 위치의 전자 사이의 교환 상호작용을 나타낸다. 그리고 마지막 항은 스핀쌍 건너뛰기에 해당한다.

상호작용 항 중에서는 1 중심 적분 항이 가장 큰 기여를 하는데 U (~ 10 eV)를 보통 같은 위치 (on-site) 쿨롱상관 매개변수라 부른다. 넷째 항의 J_{ij} 는 교환 상호작용 매개변수에 해당한다. 한편 셋째 항은 스핀 의존성이 없으므로 자기 현상에는 역할을 하지 않고 마지막 항도 스핀 ↑,↓ 전자쌍이 함께 움직이는 양상이므로 이 또한 자기 현상에는 중요하지 않은 항이라 할 수 있다.

첫째 항의 건너뛰기와 상호작용 항 중 가장 큰 기여를 하는 둘째 항의 1 중심 적분 항만을 고려하는 모델이 바로 허바드 해밀터니안이다. 이 허바드 해밀터니안을 이용하여 금속 자성을 다루는 내용은 뒤에서 다시 공부하기로 하자.

8.2   하이젠베르크 (Heisenberg) 해밀터니안

앞에서 언급하였듯이 부도체에서의 자성은 하이젠베르크 모델 해밀터니안으로 보통 기술할 수 있다. 이 하이젠베르크 해밀터니안을 앞 절의 바니어 기저를 사용하여 얻은 해밀터니안 식 (8.1.19)으로부터 유도하여 보기로 한다 [Jones and March 1973]. 이 해밀터니안 중 셋째 항과 다섯째 항은 자성 현상을 기술할 때 고려하지 않아도 됨은 앞 절에서 언급하였다.

부도체라 함은 전자의 이동이 없는 상태로서 쿨롱상관 U 가 매우 커서 ($U = \infty$) 건너뛰기 매개변수가 $t_{ij} \longrightarrow t_{ii}\delta_{ij} = t_0\delta_{ij}$ 인 경우에 해당한다. 전자의 개수가 원자의 개수와 같은 경우인 절반이 찬 (half-filled)계인 경우에는 한 원자에 전자가 하나씩만 존재하기 때문에 이러한 상황에 해당한다고 볼 수 있다. 따라서 바니어 기저 해밀터니안 중 둘째 항의 기여도 없어진다.

원자 하나에 전자가 하나 있는 일반적인 상태는

$$
|\Psi\rangle = \sum_{\{\sigma\}} C(\{\sigma\})|\sigma_1\sigma_2\cdots\sigma_N\rangle, \tag{8.2.1}
$$

$$|\sigma_1 \sigma_2 \cdots \sigma_N\rangle = a_1^\dagger(\sigma_1) a_2^\dagger(\sigma_2) \cdots a_N^\dagger(\sigma_N)|0\rangle \tag{8.2.2}$$

와 같이 스핀 기저의 선형결합 (linear combination)으로 표현할 수 있다. 이 스핀 기저를 사용하여 해밀터니안의 행렬요소를 계산하여 보면

$$\langle \sigma_1' \cdots \sigma_N' | \mathcal{H} | \sigma_1 \cdots \sigma_N\rangle = \tag{8.2.3}$$

$$\prod_i^N \delta_{\sigma_i' \sigma_i} [\sum_i t_0] - \frac{1}{2} \sum_{ij}' \sum_{\sigma\sigma'} J_{ij} \langle \sigma_1' \cdots \sigma_N' | a_{i\sigma}^\dagger a_{i\sigma'} a_{j\sigma'}^\dagger a_{j\sigma} | \sigma_1 \cdots \sigma_N\rangle$$

이 된다. 스핀 기저의 표현으로

$$|\sigma_i\rangle = \begin{pmatrix} 1 \\ 0 \end{pmatrix} ; \begin{pmatrix} 0 \\ 1 \end{pmatrix} \tag{8.2.4}$$

를 사용하면

$$
\begin{aligned}
\sum_{\sigma\sigma'} a_{i\sigma}^\dagger a_{i\sigma'} a_{j\sigma'}^\dagger a_{j\sigma} &= a_{i\uparrow}^\dagger a_{i\uparrow} a_{j\uparrow}^\dagger a_{j\uparrow} + a_{i\uparrow}^\dagger a_{i\downarrow} a_{j\downarrow}^\dagger a_{j\uparrow} \\
&\quad + a_{i\downarrow}^\dagger a_{i\uparrow} a_{j\uparrow}^\dagger a_{j\downarrow} + a_{i\downarrow}^\dagger a_{i\downarrow} a_{j\downarrow}^\dagger a_{j\downarrow} \\
&= \frac{1}{2}(1 + \boldsymbol{\tau}_i \cdot \boldsymbol{\tau}_j) \tag{8.2.5}
\end{aligned}
$$

와 같은 행렬표현을 얻을 수 있다. 여기서 $\boldsymbol{\tau}$ 는 파울리 (Pauli) 행렬로서

$$\tau_x = \begin{pmatrix} 0 & 1 \\ 1 & 0 \end{pmatrix}, \tau_y = \begin{pmatrix} 0 & -i \\ i & 0 \end{pmatrix}, \tau_z = \begin{pmatrix} 1 & 0 \\ 0 & -1 \end{pmatrix} \tag{8.2.6}$$

이고, 위의 유도과정에서

$$
\begin{aligned}
a_\uparrow^\dagger a_\uparrow &= \begin{pmatrix} 1 & 0 \\ 0 & 0 \end{pmatrix} = \frac{1}{2}(1 + \tau_z), \quad a_\uparrow^\dagger a_\downarrow = \begin{pmatrix} 0 & 1 \\ 0 & 0 \end{pmatrix} = \tfrac{1}{2}(\tau_x + i\tau_y), \\
a_\downarrow^\dagger a_\downarrow &= \begin{pmatrix} 0 & 0 \\ 0 & 1 \end{pmatrix} = \frac{1}{2}(1 - \tau_z), \quad a_\downarrow^\dagger a_\uparrow = \begin{pmatrix} 0 & 0 \\ 1 & 0 \end{pmatrix} = \tfrac{1}{2}(\tau_x - i\tau_y)
\end{aligned}
\tag{8.2.7}
$$

의 성질을 이용하였다.

이렇게 구한 행렬요소 중 대각 항을 무시하면

$$
\begin{aligned}
\mathcal{H} &\Rightarrow -\frac{1}{4} \sum_{ij}' J_{ij} \, \boldsymbol{\tau}_i \cdot \boldsymbol{\tau}_j \\
&= -\sum_{ij}' J_{ij} \, \mathbf{S}_i \cdot \mathbf{S}_j \tag{8.2.8}
\end{aligned}
$$

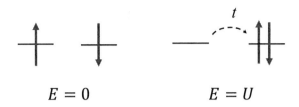

Figure 8.1: 운동 초교환 상호작용: 두 국소스핀의 바닥상태와 들뜬 상태. 반강자성 스핀배열인 경우에만 바닥상태로부터 들뜬 상태로의 건너뛰기가 가능하다.

와 같이 우리가 잘 알고 있는 하이젠베르크 해밀터니안을 얻게 된다 ($\mathbf{S}_i$ 는 i-원자에 위치한 전자의 스핀연산자, $\mathbf{S}_i = \frac{1}{2}\boldsymbol{\tau}_i$). 여기서 하이젠베르크 스핀 간 교환 상호작용이 전자 간 쿨롱 상호작용 J_{ij} 에 기인한다는 점을 유의하자. 하이젠베르크 모형에 의하면 온도가 낮아지면서 스핀들의 열적요동이 줄어들게 되고, 전자의 스핀들 사이의 쿨롱교환 상호작용이 열적요동 효과보다 커지게 되어 스핀들이 정렬되고 자성을 띠게 된다. $J_{ij} > 0$ 인 경우 하이젠베르크 해밀터니안은 스핀들이 같은 방향으로 정렬할 때가 반대 방향일 때 보다 낮은 에너지를 갖게 되므로 강자성 효과를 기술하게 된다.

8.3   운동 초교환 상호작용 (Kinetic Superexchange Interaction)

하이젠베르크 해밀터니안을 유도할 때 사용한 $U = \infty$ 조건을 완화하여 U 가 크긴 하지만 유한한 경우를 생각하여 보자. 이때는 건너뛰기가 가능하여 t_{ij} 의 효과를 생각하여야 한다. 이 운동에너지 효과를 고려할 때 생기는 해밀터니안이 바로 운동 초교환 상호작용이다 [Anderson 1963]. 이를 유도하기 위하여 해밀터니안의 첫째 항인 건너뛰기 적분 항

$$\mathcal{H}_h = \sum_{ij}' t_{ij} \sum_{\sigma} a_{i\sigma}^{\dagger} a_{j\sigma} \tag{8.3.1}$$

를 섭동으로 취급하여 보자.

앞 절에서와 같이 스핀 기저로 표현한 이때의 바닥상태를 $|\Phi_0\rangle$ 라 하면 섭동에 의한 1차 에너지 변환은

$$E^{(1)} = \langle\Phi_0|\mathcal{H}_h|\Phi_0\rangle = 0 \tag{8.3.2}$$

가 되고, 2차 에너지 변환은

$$E^{(2)} = \sum_n \frac{\langle \Phi_0 | \mathcal{H}_h | \Phi_n \rangle \langle \Phi_n | \mathcal{H}_h | \Phi_0 \rangle}{E_0 - E_n} \tag{8.3.3}$$

이 된다. 여기서 $|\Phi_n\rangle$ 은 들뜬 상태로서 건너뛰기 항으로 인해 어떤 한 원자에 스핀 $\uparrow, \downarrow$ 전자 두개가 존재하는 상태함수이다 (그림 8.1 참조). 따라서 $E_0 - E_n = -U$ 가 되어

$$\begin{aligned} E^{(2)} &= -\sum_n \frac{\langle \Phi_0 | H_h | \Phi_n \rangle \langle \Phi_n | H_h | \Phi_0 \rangle}{U} \\ &= -\frac{\langle \Phi_0 | H_h^2 | \Phi_0 \rangle}{U} \end{aligned} \tag{8.3.4}$$

이 된다. 그러므로

$$\begin{aligned} \mathcal{H}_s = -\frac{\mathcal{H}_h^2}{U} &= -\frac{1}{U} \sideset{}{'}\sum_{ij} t_{ij} t_{ji} \sum_{\sigma\sigma'} a_{i\sigma}^\dagger a_{j\sigma} a_{j\sigma'}^\dagger a_{i\sigma'} \\ &= -\frac{1}{U} \sideset{}{'}\sum_{ij} (t_{ij})^2 \sum_{\sigma\sigma'} a_{i\sigma}^\dagger a_{i\sigma'} a_{j\sigma} a_{j\sigma'}^\dagger \\ &\Rightarrow \frac{1}{2} \sideset{}{'}\sum_{ij} \frac{|t_{ij}|^2}{U} (\boldsymbol{\tau}_i \cdot \boldsymbol{\tau}_j - 1) \end{aligned} \tag{8.3.5}$$

의 운동 초교환 해밀터니안 $\mathcal{H}_s$ 를 얻게 된다.

초교환 상호작용은 하이젠베르크 해밀터니안의 직접 교환 상호작용에 비하여 간접적인 교환 상호작용이라 할 수 있다. 또한 상호작용 파라미터 ($J_{ij} = -\frac{2|t_{ij}|^2}{U}$) 가 음수가 되어 스핀 방향이 서로 반대로 정렬되어 있는 반강자성의 경우가 더 낮은 에너지를 가짐에 유의하자. MnO 나 MnF_2 와 같이 이온 결합이 큰 부도체 전이금속 화합물에서의 반강자성은 이 해밀터니안으로 기술된다고 일반적으로 믿어진다. 초교환 상호작용은 고온 초전도체의 자성과 초전도 현상을 기술할 때 많이 언급되는 t-J 모델에서의 J 해밀터니안 항에 해당한다.

8.4 RKKY 상호작용

희토류 합금이나 화합물에서 국소스핀 간의 자기 상호작용은 흔히 RKKY 상호작용으로 기술한다 [Ruderman-Kittel[6] 1954, Kasuya 1956, Yosida 1957]. RKKY 상호작용은 국소스핀들 간의 거리가 멀어 하이젠베르크 모델에서의 직접적인 교환 상호작용은 없으나 국소스핀들 사이에 존재하는 전도전자들을 매개로 하는 간접적인 교환 상호작용이 가능할 때 일어난다. 즉 한 스핀이 전도전자들을 분극시키고

---

[6]C. Kittel (1916 – 2019), American theoretical physicist.

이 전자들이 멀리 떨어져 있는 다른 스핀에 영향을 미친다고 하면 간접적으로 두 국소스핀 간에 상호작용이 존재하게 되는 것이다.

전이 원소나 희토류 원소와 같이 국소스핀을 갖는 불순물들이 s, p-전도전자를 갖는 금속 내부에 존재할 때의 상황을 생각하자. 이때의 해밀터니안은

$$\mathcal{H} = \sum_{k\sigma} \varepsilon_k c_{k\sigma}^{\dagger} c_{k\sigma} + \mathcal{H}_{s-d} \tag{8.4.1}$$

와 같이 쓸 수 있는 데 우변의 첫째 항은 모금속의 전도전자의 운동에너지 항이고 둘째 항은 국소스핀 (보통 d 나 f 전자)과 전도전자 (보통 s 전자) 간의 교환 상호작용 항으로 다음과 같이 주어진다.

$$\mathcal{H}_{s-d} = -J \sum_i \mathbf{S}_i \cdot \boldsymbol{\sigma}(\mathbf{R}_i). \tag{8.4.2}$$

여기서 $\mathbf{S}_i$ 는 i-원자에 위치하는 불순물의 국소스핀을 나타내고 $\boldsymbol{\sigma}$ 는 전도전자의 스핀을 나타낸다. 위의 형태는 $\mathbf{R}_i$ 의 위치에 크기가 $J\mathbf{S}_i$ 인 자기장이 걸려 있어 전도전자의 스핀에 영향을 주는 형태를 띠고 있다.

이 자기장의 푸리에 변환

$$\mathbf{H}(q) = J\,\mathbf{S}_i e^{-iqR_i} \tag{8.4.3}$$

을 생각하자. 그러면 이 자기장에 의해 전도전자의 스핀밀도, 즉 자기모멘트는

$$\mathbf{M}(r) = \sum_q \mathbf{M}(q) e^{iqr} = \frac{1}{V} \sum_q \chi_0(q) \mathbf{H}(q) e^{iqr} = \frac{J\mathbf{S}_i}{V} \sum_q \chi_0(q) e^{iq(r-R_i)} \tag{8.4.4}$$

와 같이 분극된다. 여기서 $\chi_0(q)$ 는 앞 절에서 구한 상호작용이 없는 경우의 전도전자의 스핀감수율이다. 모금속의 전도전자는 상호작용이 없다고 가정하였으므로 이는 타당하다 하겠다. 위 식을 보면 전도전자의 스핀 자기모멘트의 크기는 스핀감수율 $\chi_0(q)$ 의 푸리에 변환으로 주어짐을 알 수 있다.

$\chi_0(q)$ 의 푸리에 변환식 $F(r)$ 을 계산하면

$$F(r) = \frac{1}{V} \sum_q \chi_0(q) e^{iqr} = \frac{6\pi N}{V} N(E_F) \frac{\sin(2k_F r) - 2k_F r \cos(2k_F r)}{(2k_F r)^4} \tag{8.4.5}$$

와 같이 된다 [Kittel 1968]. 여기서 k_F 는 전도전자의 페르미 운동량 (Fermi momentum)이며 스핀밀도의 진동 주기를 결정하게 된다. 따라서 $\vec{R}_i$ 에 국소스핀이 있을 때 s, p 전도전자들의 스핀밀도는 불순물에서의 거리에 따라 진동하는 형태

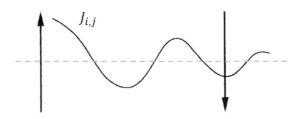

Figure 8.2: 전도전자를 통한 간접적인 RKKY 상호작용. 두 국소스핀 간의 거리에 따라 강자성, 반강자성 스핀배열이 결정되는데, 위의 경우 오른 쪽 국소스핀이 $J_{ij} < 0$ 인 위치에 있으므로 반강자성 스핀배열을 갖는다.

를 갖는다. 이러한 진동 형태는 Ruderman-Kittel [1954], Kasuya [1956], Yosida [1957] 등에 의하여 유도되었기 때문에 이를 RKKY 진동이라 부른다. RKKY 진동은 금속에 전하를 가진 불순물이 존재할 때 그 주위에 불순물 전하를 가리기 위하여 모여드는 전자밀도의 진동을 나타내는 Friedel[7] 진동 [Friedel 1958]과 같은 형태를 갖고 있다.

만일 위치 $\mathbf{R}_j$ 에 다른 국소스핀이 존재하면 이 전도전자들의 진동이 그 국소스핀에 영향을 줄 것이다. 즉

$$\mathcal{H}_{d-d} = -J^2 F(\mathbf{R}_i - \mathbf{R}_j) \, \mathbf{S}_i \cdot \mathbf{S}_j \qquad (8.4.6)$$

와 같이 되어 그림 8.2와 같이 두 국소스핀 간에 전도전자들이 간접적으로 상호작용하게 만드는 효과를 주게 되는데 이러한 상호작용이 바로 RKKY 상호작용이다. RKKY 상호작용은 거리 $(\mathbf{R}_i - \mathbf{R}_j)$ 에 따라 주기적으로 진동하는 것에 유의하자.

최근 자기학 분야에서 관심의 초점이 되고 있는 자성/비자성 전이금속 간 거대자기저항 (giant magnetoresistance: GMR)이나 다층박막에서 보이는 진동 교환 상호작용 (oscillatory exchange interaction) 현상도 이러한 RKKY 상호작용에 기인할 것으로 생각된다. 하지만 다층박막의 복잡한 전자구조와 그에 따른 다양한 페르미 면, 2차원적 결정구조 등이 교환 상호작용에 미치는 효과에 대해 보다 심도 있는 고찰이 필요한 상황이다.

---

[7]J. Friedel (1921 – 2014), French theoretical physicist.

8.5 이중교환 (Double Exchange) 상호작용

이중교환 상호작용은 RKKY 상호작용과 같이 금속에서 전도전자와 자성을 가진 이온들의 교환 상호작용에 의해 강자성이 나타나는 현상이다. RKKY 상호작용은 이온들의 거리에 따라 강자성이나 반강자성의 성질을 주는데 반해 이중교환 상호 작용은 항상 강자성을 일으키게 된다. 이중교환 상호작용의 가장 중요한 특성은 전도도와 자성이 직접적인 관계를 가진다는 것이다. 이것은 최근 산화망간 계열 의 화합물에서 관측되는 초거대 자기저항 (colossal magnetoresistance: CMR)과 관련하여 많은 관심을 모으고 있다 [Jin 1994]. 이 절에서 우리는 이중교환 상호작 용이 무엇인지를 알아보기로 하자.

Zener[8] [1951]는 $La_{1-x}X_xMnO_3$ (LXMO) 화합물이 $0.2 < x < 0.4$ 에서 강한 전도도와 강자성을 함께 나타내는 것을 설명하기 위해 이중교환 상호작용을 도입 하였다. 여기서 X 는 Ca, Ba, Sr, Pb 등 II족 원소들이다. 1950년 Jonker와 Van Santen [1950]에 의해 연구된 페로브스카이트 (Perovskite) 구조의 LXMO 화합물 은 $x = 0$ 이거나 $x = 1$ 인 경우 반강자성의 절연체인데 반해 x 가 $0.2 < x < 0.4$ 에서는 강자성과 함께 높은 전기 전도도를 보인다. 이 물질은, 산소가 음의 2가 이온이 되려는 경향이 매우 강하므로 $La_{1-x}^{3+}X_x^{2+}Mn_{1-x}^{3+}Mn_x^{4+}O_3^{2-}$ 와 같이 생각할 수 있다. 즉 La 와 X 의 양을 바꿈으로써 Mn^{3+} 와 Mn^{4+} 의 비율을 임의로 조정할 수 있는 것이다. LXMO 화합물에서 자성을 일으키는 전자는 망간의 d 전자들이 다. Mn^{3+} 는 4개의 d 전자를, Mn^{4+} 는 3개의 d 전자들을 갖는다. 그리고 세 개의 d 전자들은 t_{2g} 궤도상태에 존재하고 나머지 전자들은 e_g 궤도상태에 존재한다. 전도전자로 기능하는 것은 Mn^{3+} 의 e_g 전자들이고 나머지 전자들은 이온전자로 기능한다.

Zener는 LXMO 화합물이 $0.2 < x < 0.4$ 에서 전기 전도도와 강자성이 함께 나타나는 현상을 설명하기 위해서 다음의 가정들을 세웠다. (i) LXMO의 전기 전도도는 Mn^{3+} 의 전자가 Mn^{4+} 로 전이함으로써 생긴다. (ii) 전도전자는 전이 중에 스핀의 방향을 바꾸지 않는다. (iii) 망간 내에서 d 전자들의 스핀은 강한 훈 트 (Hund[9]) 결합으로 인해 같은 방향으로 정렬한다. 위의 가정들을 받아들인다면, 전자의 전이는 망간 원자들의 스핀 방향이 같을 경우에만 일어날 수 있으므로, 전 자의 전이를 통하여 전체 에너지를 낮추기 위해 망간 원자들은 같은 스핀 방향을 유지하려고 할 것이다. 이것이 바로 강자성을 일으키는 근원이다. 이처럼 Mn^{3+} 와 Mn^{4+} 와 같이 혼합 원자가를 갖는 금속에서, 전도전자를 매개로 하는 강한 훈트 상호작용에 의한 이온들 간의 상호작용을 이중교환 상호작용 (double exchange interaction)이라고 한다 (그림 8.3 참조).

LXMO 화합물에서 망간 원자들은 산소를 중간에 두고 떨어져 존재한다. 그러

---

[8]C. M. Zener (1905 – 1993), American theoretical physicist.
[9]F. H. Hund (1896 – 1997), German theoretical physicist.

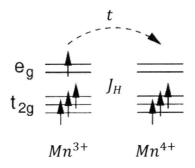

Figure 8.3: 훈트 상호작용 J_H 가 큰 경우에는 e_g 전도전자의 건너뛰기가 Mn^{3+} 와 Mn^{4+} 의 스핀배열이 강자성 배열일 때만 가능하여 반강자성 배열일 때보다 에너지가 낮아진다.

므로 전자의 전이는 산소를 통해서 혹은 산소를 지나서 일어날 수밖에 없다. 이것은 앞에서 공부한 초교환 (superexchange) 상호작용을 상기시킨다. 실제로 $x = 0$ 인 경우와 $x = 1$ 인 경우의 반강자성은 초교환 상호작용에 의한 것이라고 생각된다. 이중교환 작용이 초교환 작용과 근본적으로 다른 것은 바닥상태에서 에너지의 겹침 (degeneracy)을 가진다는 것이다. 초교환 작용의 경우 바닥상태에서는 전이가 불가능하고, 들뜬 상태가 되어 산소의 p 전자가 이웃의 자성을 가진 이온으로 전이할 때에만 상호작용이 생긴다 [Kramers[10] 1934]. 그렇기 때문에 전도성에 제약을 받고 절연체 성질을 갖는다. 또한 이중교환 작용은 강자성을 이루려는 경향이지만, 초교환 작용은 반강자성을 이루려는 경향이 있다.

이중교환 작용은 전도전자와 국소전자 간의 스핀-스핀 상호작용으로 표현할 수 있다.

$$H = -\sum_{\langle ij \rangle} t_{ij}\, c_i^+ c_j - J_H \sum_i \boldsymbol{\sigma}_i \cdot \mathbf{S}_i \tag{8.5.1}$$

위의 해밀터니안은 바니어 표현법으로 표현한 것으로, i 와 j 는 각 망간 이온을 나타낸다. $\langle ij \rangle$ 는 이웃하는 이온들 간의 관계만을 고려하라는 뜻이다. c_i^+ 는 i 이온에 전자를 하나 만들라는 생성연산자이고, c_j 는 j 이온에 전자를 하나 없애라는 소멸연산자이다. 즉 첫째 항은 j 이온에서 i 이온으로의 전자의 이동을 나타내고 있다. 둘째 항은 전도전자와 이온전자 간의 훈트 결합을 표현하고 있으며 J_H 는 훈트 결합상수이다 ($J_H > 0$). 만일 $J_H < 0$ 라면 위 식 (8.5.1)의 해밀터니안은 콘도 격자 모델 (Kondo lattice model)에 해당한다.

이중교환 작용의 경우 Zener의 가정에 의하여 $J_H \gg |t|$ 이다. 반대로 $J_H \ll |t|$

---

[10]H. A. Kramers (1894 – 1952), Dutch theoretical physicist.

인 경우에는 RKKY 상호작용이 나타난다. 즉 RKKY 상호작용은 이중교환 작용의 반대쪽 극한이라고 할 수 있다. 앞에서 언급하였듯이 RKKY 상호작용은 희토류 금속에서 주로 나타나는데, 전도전자의 스핀이 이온의 스핀에 의해 분극되어 그 이온의 스핀의 영향을 다른 이온에 전해줌으로써 자성을 일으키는 현상이다. 이 경우에는 전도전자의 이동, 즉 전도성이 이온의 자성에 크게 영향을 받지는 않는다.

이중교환 작용에 관한 정량적인 분석은 앤더슨과 하세가와 [Anderson-Hasegawa 1955]에 의해 이루어졌다. 앤더슨과 하세가와는 Zener의 세 번째 가정인 $J_H \gg |t|$ 인 극한에서 식 (8.5.1)의 해밀터니안이 다음과 같은 간단한 해밀터니안으로 바뀌어짐을 유도하였다.

$$H = \sum_{\langle ij \rangle} t_{ij} \cos(\theta_{ij}/2) \, c_i^+ c_j. \tag{8.5.2}$$

여기서 θ_{ij} 는 두 망간 이온 스핀 사이의 각이다. 즉 전자의 전이확률은, 두 망간 이온의 스핀 사이각의 함수인 $\cos(\theta/2)$ 에 비례하게 되어 스핀 방향이 같은 강자성인 경우는 최대가 되고 스핀 방향이 반대인 반강자성인 경우는 최소가 되는 것이다. 따라서 이 식은 전도성과 자성의 관련성을 명료하게 보여 준다. 위 식의 유도 과정은 10 장에서 다시 다루기로 한다.

8.6 부도체에서의 스핀파 (Spin Wave)

앞 절에서 구한 하이젠베르크 해밀터니안을 사용하여 부도체에서의 기본 들뜸 중의 하나인 스핀파에 대해 공부하기로 하자 [Doniach-Sondheimer 1974]. 이를 위하여 최근접 스핀 사이에만 상호작용이 있고 강자성을 기술하는 $J_{ij} > 0$ 인 하이젠베르크 해밀터니안

$$\mathcal{H} = -\frac{1}{2} \sum_{ij} J_{ij} \mathbf{S}_i \cdot \mathbf{S}_j \tag{8.6.1}$$

을 생각하자. 앞 절에서와 같이 상태함수 $|\Psi\rangle$ 를

$$\begin{cases} S_i^z |m\rangle_i = m|m\rangle_i & : \quad -S \le m \le S, \\ S_i^+ |m\rangle_i = |m+1\rangle_i & : \quad S_i^+ = S_i^x + iS_i^y, \\ S_i^- |m\rangle_i = |m-1\rangle_i & : \quad S_i^- = S_i^x - iS_i^y \end{cases} \tag{8.6.2}$$

인 S_i^z 의 고유상태 기저 $|m\rangle_i$ 로 표현하면

$$|\Psi\rangle = |m_1 m_2 \cdots m_N\rangle \tag{8.6.3}$$

로 쓸 수 있다. 앞 절에서는 스핀 $\frac{1}{2}$ 인 경우를 생각하였는데 지금은 일반적인 스핀 S 의 경우를 고려하고 있음을 주의하자. 그러면 온도 $T = 0$ 일 때의 바닥상태 함수는 모든 원자에서의 스핀이 정렬하여

$$|\Psi_G\rangle = |S_1 S_2 \cdots S_N\rangle; \qquad S_i^+ |S_i\rangle = 0 \tag{8.6.4}$$

이 된다. 따라서 z-방향의 총스핀의 값은 NS 이다.

위의 하이젠베르크 해밀터니안은 다시

$$\mathcal{H} = -\frac{1}{2}\sum_{ij} J_{ij}\{S_i^z S_j^z + \frac{1}{2}(S_i^+ S_j^- + S_i^- S_j^+)\} \tag{8.6.5}$$

와 같이 쓸 수 있고, 이를 바닥상태에 작용하면

$$\mathcal{H}\,|\Psi_G\rangle = -\frac{1}{2}\sum_{ij} J_{ij} S^2 \,|\Psi_G\rangle \tag{8.6.6}$$

이 된다. 그런데 바닥상태는 스핀 정렬의 방향이 꼭 z-방향이 될 필요가 없다. 따라서 총스핀 NS 인 경우의 서로 다른 자기 양자수를 갖는 $2NS + 1$ 개의 상태 ($-NS \leq m \leq NS$) 가 모두 같은 에너지를 가져 $2NS + 1$ 의 에너지 겹침이 있다. 이는 해밀터니안 자체가 회전에 대하여 대칭적이라는 사실과 일치한다. 그러나 실제의 자석을 생각하면 어떤 한쪽 방향으로만 스핀 정렬이 일어난다는 것을 우리는 알고 있다. 즉 실제적인 바닥상태는 스핀이 어떤 한쪽 방향 (예를 들어 z-방향)으로 정렬된 형태를 갖고 있어 회전에 대하여 대칭적이지 않게 된다. 이와 같이 해밀터니안의 대칭성 (연속적인 대칭성)과 바닥상태의 대칭성이 다른 경우를 자발대칭깨짐 (spontaneous symmetry breaking)이라고 한다. 이러한 때에는 $\omega = 0$ 인 들뜸이 존재하는데 이는 양자장론에서 나타나는 질량이 없는 Goldstone 보존에 해당하고, 우리가 고찰하고 있는 강자성의 경우 스핀파가 바로 Goldstone 보존에 해당한다.

스핀파에 대하여 보다 자세히 알아보기 위해 다음과 같은 지연 가로 스핀감수율 (retarded transverse-spin susceptibility)을 도입하자:

$$\chi_{ij}^{-+}(t) = i\theta(t)\langle[S_i^-(t), S_j^+(0)]\rangle. \tag{8.6.7}$$

여기서 $S(t) = e^{i\mathcal{H}t} S e^{-i\mathcal{H}t}$ 는 하이젠베르크 표현이다. 스핀감수율은 스핀-스핀 (2 스핀) 그린 함수와 같이 생각할 수 있으므로, 앞에서 배운 그린 함수에 대한

하이젠베르크 운동방정식을 사용하면

$$
\begin{aligned}
i\frac{\partial \chi_{ij}^{-+}(t)}{\partial t} &= -\delta(t)\langle[S_i^-, S_j^+]\rangle + i\theta(t)\langle[[S_i^-, \mathcal{H}], S_j^+(0)]\rangle \\
&= 2\delta(t)\delta_{ij}\langle S_i^z\rangle + i\theta(t)\sum_l J_{il}\langle[(S_l^- S_i^z - S_l^z S_i^-), S_j^+(0)]\rangle
\end{aligned}
$$

$$(8.6.8)$$

를 얻을 수 있다. 이를 유도하는데 다음과 같은 교환관계

$$
\begin{aligned}
&[S_i^x, S_j^y] = i\delta_{ij}S_i^z \quad ; \quad [S_i^z, S_j^-] = -\delta_{ij}S_i^-, \\
&[S_i^z, S_j^+] = \delta_{ij}S_i^+ \quad ; \quad [S_i^-, S_j^+] = -2\delta_{ij}S_i^z
\end{aligned}
$$

$$(8.6.9)$$

를 이용하였다.

식 (8.6.8)의 마지막 항은 다시 3-스핀 그린 함수가 되어 이 식은 계층적인 형식을 띠고 있다. 따라서 어딘가에서 연쇄를 끊어야 한다. 여기서 $S_i^z \longrightarrow \langle S^z\rangle$ 의 평균장 근사를 사용하면

$$
i\frac{\partial}{\partial t}\chi_{ij}^{-+}(t) = 2\delta(t)\delta_{ij}\langle S^z\rangle + \langle S^z\rangle \sum_l J_{il}(\chi_{lj}^{-+}(t) - \chi_{ij}^{-+}(t))
$$

$$(8.6.10)$$

가 되어, 연쇄가 끊긴 닫힌 방정식을 얻게 된다. 이 식을

$$
\begin{aligned}
J(q) &= \sum_i J_{il}e^{-iq(R_i - R_l)}, \\
\end{aligned}
$$

$$(8.6.11)$$

$$
\begin{aligned}
\chi_{ij}(t) &= \frac{1}{N}\sum_q \chi(q, t)e^{iq(R_i - R_j)}
\end{aligned}
$$

$$(8.6.12)$$

의 관계를 이용하여 q-공간으로 푸리에 변환하면

$$
i\frac{\partial}{\partial t}\chi^{-+}(q, t) = 2\delta(t)\langle S^z\rangle + \langle S^z\rangle[J(q) - J(0)]\chi^{-+}(q, t)
$$

$$(8.6.13)$$

가 되고, 이것을 다시 ω-공간으로 푸리에 변환하면 최종적으로

$$
\omega\chi^{-+}(q, \omega) = 2\langle S^z\rangle + \langle S^z\rangle[J(q) - J(0)]\chi^{-+}(q, \omega)
$$

$$(8.6.14)$$

을 얻는다.

따라서

$$
\begin{aligned}
\chi^{-+}(q, \omega) &= \frac{2\langle S^z\rangle}{\omega + \omega(q)},
\end{aligned}
$$

$$(8.6.15)$$

$$
\begin{aligned}
\omega(q) &= \langle S^z\rangle[J(0) - J(q)]
\end{aligned}
$$

$$(8.6.16)$$

이다. 이렇게 구한 스핀감수율의 극점이 스핀파 진동수가 된다. 이를 다시 쓰면

$$\omega(q) = J\langle S_z \rangle \sum_a (1 - \cos q \cdot a) \tag{8.6.17}$$

$$\approx \frac{1}{2} J S \sum_a (q \cdot a)^2 \tag{8.6.18}$$

이 되어 q^2 에 비례하는 분산식이 된다. 식 (8.6.17)에서 $J(q) = \cos q \cdot a$ 를 이용하였고, 식 (8.6.18)의 분산식 표현은 $T \approx 0$ 이고 긴 파장 극한 ($q \to 0$) 인 경우를 고려하여 얻었다. 이 결과는 긴 파장 극한에서 스핀파의 들뜸에너지가 0이 된다는 것이고, 이것이 바로 연속 대칭성이 자발적으로 깨질 때 생기는 질량이 없는 Goldstone 보존에 해당함을 알 수 있다.

$T \neq 0$ 일 때 $\chi^{-+}(q,\omega)$ 를 구하려면 $\langle S^z \rangle$ 의 T 의존성 등을 알아야 한다. 그런데 $\langle S^z \rangle$ 는

$$\lim_{t \to 0^+} \sum_{ij} \chi_{ij}^{-+}(t) = i \sum_{ij} \langle [S_i^-, S_j^+] \rangle$$

$$= -2i \sum_i \langle S_i^z \rangle = -2iM \tag{8.6.19}$$

에서와 같이 다시 $\chi^{-+}(q,\omega)$ 로부터 구하여진다. 즉 $\langle S^z \rangle$ 와 $\chi^{-+}(q,\omega)$ 는 자체충족적 (self-consistent) 방법으로 구하게 되는 것이다.

위에서 구한 식들로부터 전이온도 T_c 를 구해 보자. $\langle S_i^-(t) S_j^+(0) \rangle$ 와 $\chi^{-+}(t)(= i\theta(t)\langle [S_i^-(t), S_j(0)] \rangle)$ 는 부록 (A.2)에서 소개한 요동소산 (fluctuation-dissipation) 정리 (식 (A.2.1))에 의해

$$S(q,\omega) = \frac{2}{1 - e^{-\beta\omega}} \Im(\chi^{-+}(q,\omega)) \tag{8.6.20}$$

$$= -\frac{4\pi}{1 - e^{-\beta\omega}} \langle S_z \rangle \delta(\omega + \omega(q)) \tag{8.6.21}$$

의 관계식을 만족한다. 여기서 $S(q,\omega)$ 는 $\langle S_i^-(t) S_j^+(0) \rangle$ 의 푸리에 변환으로

$$\langle S_i^-(t) S_j^+(0) \rangle = \frac{1}{N} \sum_q \int \frac{d\omega}{2\pi} S(q,\omega) e^{ik(x_i - x_j) - i\omega t} \tag{8.6.22}$$

이다. 이 식은 $t = 0$, $i = j$ 일 때 (8.6.21)을 사용하면

$$\langle S_i^- S_i^+ \rangle = \frac{2}{N} \langle S_z \rangle \sum_q \frac{1}{e^{\beta\omega(q)} - 1} \tag{8.6.23}$$

이 된다. 한편

$$S_i^- S_i^+ = S^2 - (S_i^z)^2 - S_i^z = S(S+1) - S_i^z(S_i^z+1) \tag{8.6.24}$$

의 관계식과 고온에서의 근사식 $\langle (S^z)^2 \rangle = \frac{1}{3}\langle S^2 \rangle = \frac{1}{3}S(S+1)$ 을 이용하면

$$\langle S_i^- S_i^+ \rangle = S(S+1) - \frac{S(S+1)}{3} - \langle S^z \rangle \tag{8.6.25}$$

를 얻는다. 위의 두 식 (8.6.23)와 (8.6.25)로부터

$$\frac{2}{3}S(S+1) - \langle S^z \rangle = \frac{2}{N}\langle S_z \rangle \sum_q \frac{1}{e^{\beta \omega(q)} - 1} \tag{8.6.26}$$

을 얻을 수 있다.

$T = T_c$ 근처에서는 $\langle S_z \rangle \to 0$ 이고, 식 (8.6.16)에 따라 $\omega(q) \to 0$ 이므로 위 식은

$$\frac{1}{3}S(S+1) = \frac{1}{N}\langle S_z \rangle \sum_q \frac{1}{\beta_c \omega(q)} = \frac{1}{N} \sum_q \frac{kT_c}{J(0) - J(q)} \tag{8.6.27}$$

이 되며 $(\beta_c = 1/kT_c)$, 따라서 전이온도 T_c 는

$$kT_c = \frac{\frac{1}{3}S(S+1)J}{\frac{1}{N}\sum_q \dfrac{1}{\sum_a(1 - \cos qa)}} \tag{8.6.28}$$

로 주어진다. 위 식에서 만일 $\cos qa = 0$ 이라면 $kT_c = \frac{1}{3}JZS(S+1)$ (Z: 이웃 원자수)가 되어 평균장 근사의 결과와 같은 값의 전이온도를 얻게 된다.

8.7 스토너 불안정성 (Stoner Instability)

앞에서 언급한 대로 금속에서의 자성 현상은 허바드 모델 해밀터니안으로부터 스핀감수율 (spin susceptibility)을 구하여 쉽게 이해할 수 있다. 즉 어떤 금속의 스핀감수율이 발산하면 이 금속은 자기 불안정성이 있다고 할 수 있는데, 이러한 성질은 스토너 (Stoner) 등에 의하여 연구되었다 [Stoner 1938].

다음과 같은 바니어 기저함수로 표현된 허바드 해밀터니안을 생각하자.

$$\mathcal{H} = \sum_{ij\sigma} t_{ij} a_{i\sigma}^\dagger a_{j\sigma} + U \sum_i n_{i\uparrow} n_{i\downarrow} \tag{8.7.1}$$

이를 바니어 기저함수와 블로흐 기저함수와의 관계식

$$\begin{cases} \psi_k(r) = \dfrac{1}{\sqrt{N}} \sum_\mu \omega(r - R_\mu)e^{ikR_\mu}, \\[2mm] a_{\mu\sigma} = \dfrac{1}{\sqrt{N}} \sum_k a_{k\sigma}e^{ikR_\mu} \end{cases} \tag{8.7.2}$$

와

$$\varepsilon_p = \frac{1}{N} \sum_{ij} t_{ij} e^{ik(R_i - R_j)} \tag{8.7.3}$$

를 사용하면

$$\mathcal{H} = \sum_{p\sigma} \varepsilon_p a_{p\sigma}^\dagger a_{p\sigma} + \frac{U}{N} \sum_{kk'q} a_{k+q\uparrow}^\dagger a_{k\uparrow} a_{k'-q\downarrow}^\dagger a_{k'\downarrow} \tag{8.7.4}$$

의 블로흐 기저함수로 표현된 허바드 해밀터니안을 얻을 수 있다.

스핀감수율은 Kubo 공식 (부록 A1 참조)을 사용하면

$$\chi^{\alpha\beta}(x,t) = i\theta(t) \left\langle [\sigma^\alpha(x,t), \sigma^\beta(0,0)] \right\rangle \tag{8.7.5}$$

$$\begin{bmatrix} \vec{\sigma}(x) = \psi^\dagger(x)\vec{\sigma}\psi(x), \\[2mm] \psi(x) = \dfrac{1}{\sqrt{V}} \sum_{k\sigma} a_{k\sigma}e^{ikx}|\chi_\sigma\rangle \end{bmatrix}$$

와 같이 주어진다. 여기서 $\vec{\sigma}(x)$ 는 제 2 양자화된 스핀밀도함수이고 $\vec{\sigma}$ 는 파울리 행렬, χ_σ 는 스핀 (spinor) 기저이다 ($\alpha, \beta = x, y, z$). 이를

$$\begin{aligned} \vec{\sigma}(x) &= \frac{1}{V} \sum_{kk'\sigma\sigma'} e^{ik'x} a_{k\sigma}^\dagger a_{k+k'\sigma'} \left\langle \chi_\sigma|\vec{\sigma}|\chi_\sigma' \right\rangle \\ &= \frac{1}{V} \sum_{k'} e^{ik'x} \vec{\sigma}(k') \end{aligned} \tag{8.7.6}$$

을 이용하여 k-공간으로 푸리에 변환하면

$$\chi^{\alpha\beta}(x,t) = \frac{1}{V} \sum_{kq} e^{iqx} \chi^{\alpha\beta}(k,q,t), \tag{8.7.7}$$

$$\chi^{\alpha\beta}(k,q,t) = i\theta(t) \sum_{\sigma\sigma'} \left\langle [a_{k\sigma}^\dagger a_{k+q\sigma'} \sigma_{\sigma\sigma'}^\alpha, \sigma^\beta(0,0)] \right\rangle \tag{8.7.8}$$

를 얻는다. 위 식으로부터 가로 (transverse) 감수율은

$$\chi^{-+}(k,q,t) = i\theta(t)\left\langle [a_{k\downarrow}^\dagger(t)a_{k+q\uparrow}(t), \sigma^+(0,0)]\right\rangle \tag{8.7.9}$$

와 같이 주어진다 ($\sigma^\pm = \frac{1}{2}(\sigma^x \pm i\sigma^y)$).

가로 감수율을 구하기 위해 그린 함수에 대한 하이젠베르크 운동방정식을 사용하자.

$$
\begin{aligned}
i\frac{\partial}{\partial t}\chi^{-+}(k,q,t) &= -\delta(t)\left\langle \left[a_{k\downarrow}^\dagger(t)a_{k+q\uparrow}(t), \sigma^+(0,0)\right]\right\rangle \\
&\quad +i\theta(t)\left\langle \left[\left[a_{k\downarrow}^\dagger a_{k+q\uparrow}, \mathcal{H}\right], \sigma^+(0,0)\right]\right\rangle.
\end{aligned} \tag{8.7.10}
$$

우변의 첫째 항은

$$\sigma^+(0,0) = \sum_{pp'} a_{p\uparrow}^\dagger a_{p-p'\downarrow} \tag{8.7.11}$$

임을 이용하면

$$
\begin{aligned}
\left\langle \left[a_{k\downarrow}^\dagger a_{k+q\uparrow}, \sum_{pp'} a_{p\uparrow}^\dagger a_{p-p'\downarrow}\right]\right\rangle &= \langle a_{k\downarrow}^\dagger a_{k\downarrow}\rangle - \langle a_{k+q\uparrow}^\dagger a_{k+q\uparrow}\rangle \\
&= \langle n_{k\downarrow}\rangle - \langle n_{k+q\uparrow}\rangle
\end{aligned} \tag{8.7.12}
$$

와 같이 바꾸어 쓸 수 있다. $\langle n_k\rangle$ 는 k-상태의 차지수 (occupation number)로 페르미 분포함수로 주어진다.

우변의 둘째 항을 계산하기 위하여 허바드 해밀터니안 중 우선 건너뛰기 항만 생각하면

$$\left[a_{k\downarrow}^\dagger a_{k+q\uparrow}, \sum_{p\sigma} \varepsilon_p a_{p\sigma}^\dagger a_{p\sigma}\right] = (\varepsilon_{k+q} - \varepsilon_k)\, a_{k\downarrow}^\dagger a_{k+q\uparrow} \tag{8.7.13}$$

이 된다. 따라서

$$
\begin{aligned}
i\frac{\partial}{\partial t}\chi^{-+}(k,q,t) &= -\delta(t)\left[\langle n_{k\downarrow}\rangle - \langle n_{k+q\uparrow}\rangle\right] \\
&\quad +i\theta(t)(\varepsilon_{k+q} - \varepsilon_k)\left\langle \left[a_{k\downarrow}^\dagger(t)a_{k+q\uparrow}(t), \sigma^+(0,0)\right]\right\rangle
\end{aligned} \tag{8.7.14}
$$

이 된다. 여기서 $\chi^{-+}(k, q, t)$ 의 시간 의존성을

$$\chi^{-+}(k, q, t) = \chi^{-+}(k, q, \omega)e^{-i\omega t} \tag{8.7.15}$$

와 같이 가정하면

$$\begin{aligned} \omega\chi^{-+}(k, q, w) &= \langle n_{k+q\uparrow}\rangle - \langle n_{k\downarrow}\rangle \\ &+ (\varepsilon_{k+q} - \varepsilon_k)\,\chi^{-+}(k, q, \omega) \end{aligned} \tag{8.7.16}$$

이 되고, 이를 정리하면

$$\chi^{-+}(k, q, \omega) = \frac{\langle n_{k+q\uparrow}\rangle - \langle n_{k\downarrow}\rangle}{\omega - (\varepsilon_{k+q} - \varepsilon_k)} \tag{8.7.17}$$

를 얻게 된다. 따라서 상호작용이 없을 때의 스핀감수율은 최종적으로

$$\begin{aligned} \chi_0^{-+}(q, w) &= \sum_k \chi^{-+}(k, q, \omega) \\ &= \sum_k \frac{\langle n_{k+q\uparrow}\rangle - \langle n_{k\downarrow}\rangle}{\omega - (\varepsilon_{k+q} - \varepsilon_k)} \end{aligned} \tag{8.7.18}$$

이 된다 (상호작용이 없을 때의 스핀감수율을 나타내기 위하여 χ_0^{-+} 를 사용하였다).

그러면 $\chi^{-+}(k, q, t)$ 에 대한 운동방정식에서 우변의 둘째 항 중 상호작용에 의한 기여를 살펴보자. 상호작용 해밀터니안과의 교환 연산자를 계산하면

$$\left[a_{k\downarrow}^{\dagger}a_{k+q\uparrow}, \frac{U}{N}\sum_{pp's} a_{p+s\uparrow}^{\dagger}a_{p\uparrow}a_{p'-s\downarrow}^{\dagger}a_{p'\downarrow} \right] = \tag{8.7.19}$$

$$\frac{U}{N}\sum_{ps}\left(-a_{p+s\uparrow}^{\dagger}a_{p\uparrow}a_{k-s\downarrow}^{\dagger}a_{k+q\uparrow} + a_{k\downarrow}^{\dagger}a_{k+q-s\uparrow}a_{p-s\downarrow}^{\dagger}a_{p\downarrow} \right)$$

이 되고 예상하였듯이 더욱 높은 차의 그린 함수를 얻게 된다. 따라서 닫힌 방정식 (closed equation)을 얻으려면 평균장 근사 (mean-field approximation)를 통한 분리 (decoupling)가 불가피하다. 즉

$$\langle a_{p\sigma}^{\dagger}a_{p'\sigma'}\rangle \longrightarrow \delta_{pp'}\delta_{\sigma\sigma'}\langle n_{p\sigma}\rangle \tag{8.7.20}$$

를 사용하면 식 (8.7.19)는

$$\frac{U}{N}\left(a_{k\downarrow}^{\dagger}a_{k+q\uparrow}\sum_p \left(\langle n_{p\downarrow}\rangle - \langle n_{p\uparrow}\rangle\right) + \left(\langle n_{k+q\uparrow}\rangle - \langle n_{k\downarrow}\rangle\right)\sum_{p'} a_{p'\downarrow}^{\dagger}a_{p'+q\uparrow} \right)$$

이 된다.

위의 결과들을 종합하여 $\chi^{-+}(k,q,t)$ 에 대한 모든 기여를 고려하면

$$
\begin{aligned}
i\frac{\partial}{\partial t}\chi^{-+}(k,q,t) = \ & -\delta(t)\big(\langle n_{k\downarrow}\rangle - \langle n_{k+q\uparrow}\rangle\big) \\
& +i\theta(t)(\varepsilon_{k+q} - \varepsilon_k)\chi^{-+}(k,q,t) \\
& +\frac{U}{N}\left(\sum_p \langle n_{p\downarrow}\rangle - \sum_p \langle n_{p\uparrow}\rangle\right)\chi(k,q,t) \\
& +\frac{U}{N}\big(\langle n_{k+q\uparrow}\rangle - \langle n_{k\downarrow}\rangle\big)\sum_{p'}\chi(p',q,t)
\end{aligned}
\tag{8.7.21}
$$

의 닫힌 방정식을 얻게 된다. 앞에서와 같이 시간 의존성을 고려하면

$$
\begin{aligned}
\omega\chi^{-+}(k,q,\omega) = \ & \langle n_{k+q\uparrow}\rangle - \langle n_{k\downarrow}\rangle \\
& +(\varepsilon_{k+q} - \varepsilon_k)\chi^{-+}(k,q,\omega) \\
& +\frac{U}{N}\sum_p (\langle n_{p\downarrow}\rangle - \langle n_{p\uparrow}\rangle)\chi^{-+}(k,q,\omega) \\
& +\frac{U}{N}\big(\langle n_{k+q\uparrow}\rangle - \langle n_{k\downarrow}\rangle\big)\chi^{-+}(q,\omega)
\end{aligned}
\tag{8.7.22}
$$

이 되고, 여기서

$$
\begin{cases}
\varepsilon_{k+q\uparrow} = \varepsilon_{k+q} + \frac{U}{N}\sum_p n_{p\downarrow}, \\
\varepsilon_{k\downarrow} = \varepsilon_k + \frac{U}{N}\sum_p n_{p\uparrow}
\end{cases}
\tag{8.7.23}
$$

로 정의하면

$$
\begin{aligned}
\omega\chi^{-+}(k,q,\omega) = \ & (\varepsilon_{k+q\uparrow} - \varepsilon_{k\downarrow})\chi^{-+}(k,q,\omega) \\
& +(\langle n_{k+q\uparrow}\rangle - \langle n_{k\downarrow}\rangle)\left(1 + \frac{U}{N}\chi^{-+}(q,\omega)\right)
\end{aligned}
\tag{8.7.24}
$$

의 간단한 형태를 얻을 수 있다. 따라서

$$
\chi^{-+}(k,q,\omega) = \frac{\langle n_{k+q\uparrow}\rangle - \langle n_{k\downarrow}\rangle}{\omega - (\varepsilon_{k+q\uparrow} - \varepsilon_{k\downarrow})}\left(1 + \frac{U}{N}\chi^{-+}(q,\omega)\right)
\tag{8.7.25}
$$

이 되고

$$
\chi^{-+}(q,\omega) = \sum_k \chi^{-+}(k,q,\omega)
\tag{8.7.26}
$$

로부터

$$\chi^{-+}(q,\omega) = \sum_k \frac{\langle n_{k+q\uparrow}\rangle - \langle n_{k\downarrow}\rangle}{\omega - (\varepsilon_{k+q\uparrow} - \varepsilon_{k\downarrow})}\left(1 + \frac{U}{N}\chi^{-+}(q,\omega)\right) \tag{8.7.27}$$

이 된다.

우변의 첫째 항은 바로 상호작용이 없을 때의 스핀감수율 $\chi_0^{-+}(q,\omega)$ 이므로

$$\chi^{-+}(q,\omega) = \chi_0^{-+}(q,\omega)\left(1 + \frac{U}{N}\chi^{-+}(q,\omega)\right) \tag{8.7.28}$$

이고

$$\chi^{-+}(q,\omega) = \frac{\chi_0^{-+}(q,\omega)}{1 - \frac{U}{N}\chi_0^{-+}(q,\omega)} \tag{8.7.29}$$

이 된다.

상호작용이 없을 때의 스핀감수율, $\chi_0^{-+}(q,\omega)$ 의 성질을 살펴보자. 상호작용이 없을 때는 가로 (transverse) 감수율이나 세로 (longitudinal) 감수율의 값이 같을 것이다. 실제로 측정되는 원자 당 스핀감수율은

$$\chi_0(q,\omega) = \mu_B^2 \Gamma(q,\omega), \tag{8.7.30}$$

$$\Gamma(q,\omega) = \frac{1}{N}\sum_k \frac{n_{k+q} - n_k}{\omega - \varepsilon_{k+q} + \varepsilon_k} \tag{8.7.31}$$

와 같이 주어진다 (μ_B: 보어 자자수 (Bohr magneton)). $\Gamma(q,\omega)$ 는 린드하드 (Lindhard) 함수로 5 장에서 전하감수율을 구할 때 보던 식과 같은 형태로 주어진다. $\omega = 0$ 일 때 린드하드 함수는

$$\Gamma(q,0) = N(\varepsilon_F)\left[\frac{1}{2} + \frac{1-x^2}{4x}\ln\left|\frac{1+x}{1-x}\right|\right], \qquad x = q/2k_F \tag{8.7.32}$$

와 같이 주어지고 특히 $q = 0$ 일 때

$$\lim_{q\to 0}\Gamma(q,0) = N(\varepsilon_F) \tag{8.7.33}$$

이다 (여기서 $N(\varepsilon_F)$ 는 페르미 준위에서의 상태밀도). 이와 같이 상호작용이 없을 때의 상자성 스핀감수율

$$\chi_0(0,0) = \mu_B^2 N(\varepsilon_F) \tag{8.7.34}$$

를 파울리 (Pauli[11]) 스핀감수율이라 부른다. 파울리 스핀감수율은 강자성체에서 보이는 큐리 (Curie[12]) 스핀감수율에 비해 온도 의존성이 약하다. 이러한 파울리 스핀감수율은 전자 간 쿨롱상관 상호작용이 비교적 약한 s, p 전자를 갖는 금속의 스핀감수율을 잘 설명한다.

그러면 전자 간 상호작용을 고려했을 때의 스핀감수율의 성질을 살펴보자. 먼저 $\omega = 0$ 일 때를 생각하면 원자 당 스핀감수율은

$$\chi^{-+}(q, 0) = \frac{1}{N} \frac{\chi_0^{-+}(q, 0)}{1 - \frac{U}{N} \chi_0^{-+}(q, 0)} \tag{8.7.35}$$

로 주어진다. 상자성 상태일 때는 스핀감수율은 등방성을 가지므로

$$\chi(q, \omega) = \frac{\Gamma(q, \omega)}{1 - U\Gamma(q, \omega)} \tag{8.7.36}$$

와 같이 된다. 어떤 계의 $\chi(q, 0)$ 가 어떤 특정한 $q = q_c$ 에서 발산할 때 우리는 자기적 불안정성 (magnetic instability)이 있다고 한다. 즉 $\chi(q = 0, 0)$ 가 발산하면 강자성 (ferromagnetic) 불안정성이 있고 $\chi(q \neq 0, 0)$ 가 발산하면 스핀밀도파 (spin density wave)의 불안정성이 있다. 특히 $\chi(q = 0, 0)$ 가 $q = \frac{G}{2}$ (G: 역격자 벡터)에서 발산하면 반강자성 (antiferromagnetic) 상태로의 불안정성에 해당한다.

식 (8.7.36)의 $\chi(q, \omega)$ 는 $\omega = 0, q = 0$ 일 때

$$\chi(0, 0) = \frac{N(\varepsilon_F)}{1 - UN(\varepsilon_F)} \tag{8.7.37}$$

와 같이 주어지며, 만일

$$UN(\varepsilon_F) \geq 1 \tag{8.7.38}$$

이면 강자성 불안정성이 있음을 알 수 있다. 이러한 조건을 스토너 기준 (Stoner criterion)이라 한다. 예를 들어 강자성 물질인 Fe, Co, Ni 등은 $UN(\varepsilon_F) \geq 1$ 의 조건을 만족하여 강자성을 띠게 되는 것이다. 즉 모델 해밀터니안에 대한 스토너 이론은 금속에서의 자성을 정성적으로 잘 설명해 주고 있음을 알 수 있다.

이론적으로 구한 스핀감수율로부터 여러 실험 사실을 예측할 수 있다. 예를

---

[11]W. E. Pauli (1900 – 1958), Austrian theoretical physicist. 1945 Nobel Prize in Physics.
[12]P. Curie (1859 – 1906), French physicist. 1903 Nobel Prize in Physics.

들어 요동소산 정리 (부록 A.2 참조)

$$S(q,\omega) = \frac{-2}{1 - e^{-\beta\omega}}\Im\chi(q,\omega) \tag{8.7.39}$$

에 의하여 스핀감수율로부터 스핀 상관함수를 구할 수 있고, 이 스핀 상관함수는 다음과 같이 중성자 산란으로 직접 관측할 수 있다.

$$\frac{d^2\sigma}{d\Omega d\omega} \sim S(q,\omega) = \int \langle \sigma^-(q,t)\sigma^+(-q,0)\rangle e^{i\omega t}dt. \tag{8.7.40}$$

즉 자성체에 대한 중성자 산란으로 관측되는 스핀파나 스핀요동의 현상을 스핀감수율의 이론적 표현식으로부터 이해할 수 있는 것이다.

지금까지 설명한 스토너 모델로 Fe, Co, Ni 등 금속의 기저상태 ($T = 0$) 에서의 자기특성은 어느 정도 파악할 수 있다. 그러나 스토너 모델은 몇 가지 큰 단점들을 갖고 있다. 예를 들어 스토너 모델에서 구한 스핀감수율의 발산으로 얻어지는 자성 전이온도 즉 큐리 온도가 실험치에 비해 10배 이상 크다는 점과, 스토너 모델에서 구한 스핀감수율이나 자기모멘트의 온도 의존성이 실험 사실과 잘 일치하지 않는다는 점 등을 들 수 있다. 이들 물성은 모두 금속 자성의 유한온도 ($T \neq 0$) 에서의 물성에 해당하는 것으로 이들을 제대로 기술하려면 들뜬 상태에서의 모든 자유도를 고려하여야 한다. 즉 유한온도에서는 전자 간 상관 상호작용을 보다 정확하게 취급하여야 한다. 이를 위하여 많은 노력이 기울어져 왔으나 이론적으로는 아직 미해결의 문제이다 [Fulde 1991]. 자성에 대한 스핀요동 효과를 자체충족적인 방법으로 고려하여야 한다는 이론 [Moriya 1985]으로부터 포논 등의 영향을 고려하여야 한다는 이론 [Kim 1988] 등 아직도 정밀한 고찰이 필요한 상황이라 하겠다.

8.8   스핀밀도파 (Spin Density Wave: SDW)

앞 절에서 우리는 스핀감수율 $\chi(q,0)$ 가 어떤 특정한 $q = q_c$ ($\neq 0$) 에서 발산하면 스핀밀도파 (spin density wave) 불안정의 가능성이 있다고 하였다. 이 절에서는 이 스핀밀도파에 대해 좀 더 자세히 공부하기로 한다.

허바드 해밀터니안의 상호작용 항은 평균장 근사를 사용하면

$$n_{i\uparrow}n_{i\downarrow} = n_{i\uparrow}\langle n_{i\downarrow}\rangle + \langle n_{i\uparrow}\rangle n_{i\downarrow} - \langle n_{i\uparrow}\rangle\langle n_{i\downarrow}\rangle \tag{8.8.1}$$

와 같이 근사할 수 있다. 다음 관계식 $\langle n_\sigma \rangle = \frac{1}{2}n + \sigma S^z$ 를 만족하는 변수 n, S^z

를 도입하자. 즉 n 과 S^z 는

$$
\begin{aligned}
\langle n_{i\uparrow} + n_{i\downarrow} \rangle &= n, \\
\langle n_{i\uparrow} - n_{i\downarrow} \rangle &= S_i^z
\end{aligned}
\tag{8.8.2}
$$

를 만족하며 각각 i 원자위치에서의 전자의 개수와 자기모멘트에 해당한다. 이 n 과 S^z 을 사용하면 위 식은

$$
n_{i\uparrow} n_{i\downarrow} = (\frac{n}{2} - \sigma S_i^z) n_{i\sigma} - (\frac{n^2}{4} - S_i^{z\,2})
\tag{8.8.3}
$$

이 된다. 그러면 허바드 해밀터니안은

$$
\begin{aligned}
\mathcal{H} &= \sum_{ij\sigma} t_{ij\sigma} a_{i\sigma}^\dagger a_{j\sigma} + U \sum_i n_{i\uparrow} n_{i\downarrow} \\
&= \sum_{ij\sigma} t_{ij\sigma} a_{i\sigma}^\dagger a_{j\sigma} + U \sum_{i\sigma} (\frac{n}{2} - \sigma S_i^z) n_{i\sigma} - U \sum_i (\frac{n^2}{4} - S_i^{z\,2})
\end{aligned}
\tag{8.8.4}
$$

와 같이 변형된다. 위 식에서 마지막 항은 상수값이므로 앞으로 이 항은 무시하기로 한다.

이제 푸리에 변환

$$
S_i^z = \sum_q S_q^z \, e^{iqR_i}
\tag{8.8.5}
$$

을 도입하자. 이 식을 잘 보면 모든 원자위치에서 S_i^z 의 값이 같다면 즉 강자성 상태일 때는 $q = 0$ 성분만이 존재한다. 만일 S_i^z 의 값이 ↑,↓ 으로 반복되는 반강자성 상태의 경우에는 $q = \frac{G}{2}$ 성분만이 존재하게 된다. 이와 같이 위의 식에서 어떤 특정한 $q = q_c$ 성분이 중요해질 때 파수 q_c 의 스핀밀도파가 형성되었다고 할 수 있다.

위 식과 식 (8.1.15)를 이용하면

$$
\begin{aligned}
U \sum_{i\sigma} \sigma S_i^z a_{i\sigma}^\dagger a_{i\sigma} &= \frac{U}{N} \sum_{i\sigma} \sigma \sum_q S_q^z e^{iqR_i} \sum_k a_{k\sigma}^\dagger e^{-ikR_i} \sum_p a_{p\sigma} e^{ipR_i} \\
&= U \sum_{pq\sigma} \sigma S_q^z a_{p+q\sigma}^\dagger a_{q\sigma}
\end{aligned}
\tag{8.8.6}
$$

이 되고 또한

$$
\sum_{i\sigma} a_{i\sigma}^\dagger a_{i\sigma} = \frac{1}{N} \sum_{i\sigma} \sum_{kp} a_{k\sigma}^\dagger a_{p\sigma} e^{-i(k-p)R_i} = \sum_{k\sigma} a_{k\sigma}^\dagger a_{k\sigma}
\tag{8.8.7}
$$

이므로

$$\mathcal{H} = \sum_{k\sigma}(\varepsilon_k + \frac{1}{2}Un)a_{k\sigma}^\dagger a_{k\sigma} - U\sum_{kq\sigma}\sigma S_q^z a_{k+q\sigma}^\dagger a_{k\sigma} \tag{8.8.8}$$

의 해밀터니안 형태를 얻는다. 첫째 항은 상수의 양 $\frac{1}{2}Un$ 만큼 이동한 에너지띠 ε_k 를 나타내고 둘째 항은 $U \neq 0$ 일 때 주어진 k-지수에 대해 해밀터니안이 비대각 (non-diagonal) 성분을 갖게 됨을 의미한다.

앞에서 언급하였듯이 스핀밀도파는 $q \neq 0$ 인 어떤 특정한 q_c 성분이 중요한 상태라 할 수 있다. 만일 $q = \frac{G}{2}$ 인 반강자성 상태를 생각하면 격자주기는 $U = 0$ 일 때보다 2배가 되고 따라서 브릴루앙 영역 (Brillouin zone)의 크기는 반으로 줄어들게 된다. 따라서 위 식의 둘째 항은 줄어든 브릴루앙 영역 안의 벡터성분을 갖는 전자 ($a_{k\sigma}$) 와 이 브릴루앙 영역 밖의 벡터성분을 갖는 전자 ($a_{k+\frac{G}{2}\sigma}^\dagger$) 와의 산란 퍼텐셜 형태 ($V(q) = -U\sigma S_q^z$) 를 갖고 있다. 이러한 형태의 퍼텐셜은 브릴루앙 영역의 경계에서 이온 퍼텐셜에 의한 에너지띠 간격 (gap)이 생길 때의 퍼텐셜 형태와 비슷하다는 것을 짐작할 수 있으며, 실제로 이 경우에도 스핀밀도파의 형성으로 인하여 에너지 간격이 생기게 된다.

위의 해밀터니안을 사용하여 연산자 $a_{k\sigma}$ 에 대한 운동방정식을 구하여 보자.

$$i\frac{\partial}{\partial t}a_{k\sigma} = [a_{k\sigma}, \mathcal{H}] = (\varepsilon_k + \frac{1}{2}Un)a_{k\sigma} + \sum_q V(q)a_{k-q\sigma}. \tag{8.8.9}$$

여기에서 $q_c = \pm Q$ 인 스핀밀도파가 형성된 경우를 생각하면

$$(\varepsilon_k + \frac{1}{2}Un - \omega)a_{k\sigma} + V(Q)a_{k-Q\sigma} + V(-Q)a_{k+Q\sigma} = 0 \tag{8.8.10}$$

이 되고 $k = k - Q$ 일 때 위 식은

$$(\varepsilon_{k-Q} + \frac{1}{2}Un - \omega)a_{k-Q\sigma} + V(Q)a_{k-2Q\sigma} + V(-Q)a_{k\sigma} = 0 \tag{8.8.11}$$

와 같이 된다 (위의 유도에서 t 공간을 ω 공간으로 푸리에 변환하였다). 위 식에서 산란 퍼텐셜 $V(q) = -U\sigma S_q^z$ 는 일반적인 경우 $V(Q) = V^\star(-Q)$ 이고 반전대칭 (inversion symmetry)이 있는 경우에는 $V(Q) = V(-Q)$ 가 된다.

$k = Q/2$ 근처에서는 $\varepsilon_k \sim \varepsilon_{k-Q}$ 이고 따라서 $a_{k\sigma}$ 와 $a_{k-Q\sigma}$ 의 혼합이 크게

된다. 즉

$$(\varepsilon_k + \frac{1}{2}Un - \omega)a_{k\sigma} + V(Q)a_{k-Q\sigma} = 0$$

$$(\varepsilon_{k-Q} + \frac{1}{2}Un - \omega)a_{k-Q\sigma} + V(-Q)a_{k\sigma} = 0 \qquad (8.8.12)$$

의 연립 방정식을 만족한다. 이 식에서 $a_{k\sigma}$ 와 $a_{k-Q\sigma}$ 가 0 이 아닌 해를 가지려면

$$\begin{vmatrix} \varepsilon_k + \frac{1}{2}Un - \omega & V(Q) \\ V(-Q) & \varepsilon_{k-Q} + \frac{1}{2}Un - \omega \end{vmatrix} = 0$$

이어야 한다. 따라서

$$(\varepsilon_k + \frac{1}{2}Un - \omega)(\varepsilon_{k-Q} + \frac{1}{2}Un - \omega)^2 - |V(Q)|^2 = 0 \qquad (8.8.13)$$

이고

$$\omega = \frac{(\varepsilon_k + \varepsilon_{k-Q} + Un) \pm \sqrt{(\varepsilon_k - \varepsilon_{k-Q})^2 + |2US_Q^z|^2}}{2} \qquad (8.8.14)$$

을 얻는다. 즉 새로운 브릴루앙 영역 경계 (zone-boundary)인 $k = Q/2$ 에서 $\Delta = |2US_Q^z|$ 의 에너지 간격이 생기게 된다. 에너지 간격의 크기가 쿨롱상관 상호작용 U 와 스핀밀도파의 자기모멘트 S_Q^z 에 비례함을 주목하자. 즉 스핀밀도파의 형성과 함께 에너지띠에 간격이 생기게 되어 금속 비금속 상전이가 수반된다.

8.9 앤더슨 모델 (Anderson Model)

최근 물성물리 분야에서 관심의 초점이 되고 있는 고온 초전도체를 비롯하여 혼합원자가, 무거운 퍼미온 물질계들을 보통 강상관계라고 부르는데, 이러한 물질들은 국소적 성질을 갖는 d 또는 f 전자들을 갖고 있다. d 또는 f 전자들은 핵 근처에 국소화되어 있어 인근 원자에 위치한 전자들과의 파동함수 중첩(overlap)이 작고 따라서 에너지띠 폭이 좁은 (narrow energy band) 특성을 갖고 있다. 좁은 띠 폭을 갖는 계들의 자기특성을 기술하기 위하여 1960년대에 허바드 해밀터니안과 앤더슨 해밀터니안 모형계 등이 도입되었는데 최근 고온 초전도 현상을 기술하기 위해 이러한 강상관 모형계에 대한 연구가 활발히 진행되고 있다.

이 절에서 우리는 앤더슨 해밀터니안의 해와 성질에 대하여 공부하기로 한다. 앤더슨 해밀터니안의 해는 특별한 조건하에서 베테 가설 (Bethe[13] ansatz) 방법으로 얻을 수 있지만, 일반적으로 정확한 해는 아직 풀지 못한 문제이다. 따라서

---

[13]H. A. Bethe (1906 – 2005), German-American theoretical physicist. 1967 Nobel Prize in Physics.

지금까지 여러 종류의 근사 방법이 고안되어 왔다. 이러한 근사 방법들에 대하여는 참고문헌 [Krishna-murthy 등 1980, Wiegmann-Tsvelick 1983]을 참조하기 바라며, 이 절에서는 모델 해밀터니안을 소개하고 수치해석 방법인 양자 몬테-카를로 시늉 방법을 이용하여 앤더슨 해밀터니안의 해를 구하는 방법을 알아보기로 한다 [Blankenbecler 등 1981, Hirsch 1986].

8.9.1 모델 해밀터니안

비자성체인 모금속, 즉 s 또는 p 전자들로 이루어져 비교적 넓은 에너지띠 폭을 갖는 금속 (예를 들어 Cu, Au 등)에 자성 불순물 (예를 들어 Fe, Co, Ni 등과 같이 띠 폭이 좁은 d 전자들을 갖는 물질들)을 첨가할 때 일어나는 물리 현상을 기술하기 위하여 앤더슨은 약 60년 전에 다음과 같이 간단한 모델 해밀터니안을 제안하였다 [Anderson 1961].

$$
\begin{aligned}
H \;=\; & \sum_{\mathbf{k},\sigma} \epsilon_{\mathbf{k}} n_{\mathbf{k}\sigma} + \sum_{\mathbf{k},\sigma} (V_{\mathbf{k}d} c_{\mathbf{k}\sigma}^{\dagger} c_{d\sigma} + V_{d\mathbf{k}} c_{d\sigma}^{\dagger} c_{\mathbf{k}\sigma}) \\
& + \epsilon_d \sum_{\sigma} n_{d\sigma} + U n_{d\uparrow} n_{d\downarrow}.
\end{aligned}
\tag{8.9.1}
$$

여기서 첫째 항은 에너지 상태 $\epsilon_{\mathbf{k}}$ 를 갖는 모금속 전도전자들의 운동에너지 항을 나타내며 둘째 항은 모금속 전도전자와 불순물 국소전자 간의 혼성 상호작용 V_{kd} 를 표현하며, 셋째와 넷째 항은 각각 불순물 국소전자의 에너지 상태 ϵ_d 와 불순물 국소전자 간 쿨롱 상호작용 U 를 표현한다. $c_{\mathbf{k}\sigma}^{\dagger}$, $c_{\mathbf{k}\sigma}$, $n_{\mathbf{k}\sigma}$ 는 각각 파동벡터 $\mathbf{k}$ 와 스핀 σ 를 갖는 모금속 전도전자들의 생성, 소멸, 수 (number) 연산자를 나타내며 $c_{d\sigma}^{\dagger}$, $c_{d\sigma}$, $n_{d\sigma}$ 등은 불순물 국소전자들에 대한 연산자에 해당한다. 이와 같이 앤더슨 모델은 전도전자와 국소전자의 두 종류 전자의 자유도를 고려한다는 점에서 허바드 모델과 대비된다. 그리고 전도전자들 간의 쿨롱 상호작용은 무시하는 반면, 불순물 국소전자 간 쿨롱 상호작용은 허바드 모델에서와 같이 스핀 양자수가 다른 두 전자 간에만 존재한다는 점에 유의하자.

사실 이 쿨롱 항으로부터 흥미 있는 여러 현상이 발생하며 또한 앤더슨 해밀터니안의 정확한 해를 못 구하는 이유도 이 항 때문이다. 만일 쿨롱 항이 없다면 앤더슨 해밀터니안은 해석적으로 정확히 풀 수 있는데 이러한 해밀터니안을 특히 Fano[14]-Anderson [Fano 1961, Anderson 1961] 해밀터니안이라고도 부른다. 이러한 경우에는 전도전자와 국소전자 간의 혼성 상호작용으로 인한 국소전자의 자체에너지를 정확히 구할 수 있다. 즉 자체에너지는

$$
\Sigma_d(\epsilon) = \sum_{\mathbf{k}} \frac{|V_{\mathbf{k}d}|^2}{\epsilon - \epsilon_{\mathbf{k}} + i\delta}
\tag{8.9.2}
$$

---

[14]U. Fano (1912 – 2001), Italian-American theoretical physicist.

와 같이 주어져 국소전자의 에너지 위치가 $\Re(\Sigma_d(\epsilon))$ 만큼 이동하고 에너지 준위의 폭이 $\Im(\Sigma_d(\epsilon))$ 만큼 넓어진 공명 (resonance) 상태를 갖게 된다. 이는 국소전자와 전도전자가 서로 바뀌면서 각각의 수명 (life time)이 줄어들고 따라서 불확정성 원리 (uncertainty principle)에 의하여 불순물 에너지 준위의 넓어짐 (broadening)이 일어나기 때문이다.

$U \neq 0$ 인 경우의 앤더슨 모델은 불순물 자기모멘트의 형성 여부 문제 때문에 많은 관심의 대상이 되고 있으나 아직까지 정확한 해를 구하지 못한 상황이다. 앤더슨에 의한 Hartree-Fock 근사해에 의하면 U, V_{kd}, ϵ_d 등의 파라미터 크기에 따라 자기모멘트의 형성 여부가 결정됨을 알 수 있다. 즉 U 가 V_{kd} 보다 클수록, 그리고 국소전자의 에너지 준위 ϵ_d 와 $\epsilon_d + U$ 가 페르미 준위 아래, 위로 대칭적으로 위치할수록 자기모멘트의 형성이 쉽게 된다는 사실을 보여 준다. 하지만 하트리-폭 근사에는 전자 간 상관 (correlation) 효과가 고려되지 않았기 때문에 온도 $T \rightarrow 0$ 일 때 일어나는 전도전자의 가리기에 의한 국소 자기모멘트의 보정 (compensation) 효과 즉 콘도 효과를 기술하지 못하는 단점이 있다. 이러한 단점을 극복하기 위한 한 가지 방법이 양자 몬테-카를로 방법을 이용한 수치해석적 접근인데 이 장에서 우리는 양자 몬테-카를로 방법의 적용에 대해 공부하기로 하자. 이러한 목적을 위하여 앞으로 불순물의 개수가 하나인 1차원 계에서의 간단한 앤더슨 해밀터니안을 생각하기로 한다.

식 (8.9.1)로 주어진 해밀터니안은 수치계산의 편의를 위하여 다음과 같이 바꿔 쓸 수 있다.

$$H \;\; = \;\; \sum_{\mathbf{k},\sigma} \epsilon_{\mathbf{k}} n_{\mathbf{k}\sigma} + \sum_{\mathbf{k},\sigma} (V_{\mathbf{k}d} c_{\mathbf{k}\sigma}^{\dagger} c_{d\sigma} + V_{d\mathbf{k}} c_{d\sigma}^{\dagger} c_{\mathbf{k}\sigma})$$
$$+ (\epsilon_d + \frac{U}{2}) \sum_{\sigma} n_{d\sigma} - \frac{1}{2} U (n_{d\uparrow} - n_{d\downarrow})^2. \tag{8.9.3}$$

모금속 전자들의 띠 에너지 $\epsilon_{\mathbf{k}}$ 는 1차원 밀접결합 띠 (tight-binding band) 인

$$\epsilon_{\mathbf{k}} = -2t \cos k, \qquad (-\pi < k < +\pi) \tag{8.9.4}$$

로 주어진다 생각하고 혼성 상호작용의 표현식은 파라미터 V 를 도입하여

$$V_{\mathbf{k}d} = V/\sqrt{N}, \tag{8.9.5}$$

와 같이 정의하자. 여기서 N 은 계산에서 사용한 파동벡터 $\mathbf{k}$ 의 총수이다. 따라서 식 (8.9.4) 와 (8.9.5)로 주어지는 모델계는 N 개의 격자로 구성된 격자 사이를 모금속 전자들이 건너뛰기 파라미터 t 를 가지고 이동하는 전자계를 나타내며 그 중의 한 격자에 불순물 격자가 존재하여 파라미터 V 의 크기를 갖고 모금속 전자와 불순물 전자 간의 혼성 상호작용이 존재하는 계에 해당한다.

식 (8.9.4), (8.9.5)를 사용하면 식 (8.9.3)은

$$H = H_0 + H_1, \tag{8.9.6}$$

$$H_0 = -t \sum_{\langle ij \rangle \sigma} (c_{i\sigma}^\dagger c_{j\sigma} + c_{j\sigma}^\dagger c_{i\sigma}) + V \sum_\sigma (c_{I\sigma}^\dagger c_{d\sigma} + c_{d\sigma}^\dagger c_{I\sigma})$$

$$+ (\epsilon_d + \frac{U}{2}) \sum_\sigma n_{d\sigma}, \tag{8.9.7}$$

$$H_1 = -\frac{1}{2} U (n_{d\uparrow} - n_{d\downarrow})^2 \tag{8.9.8}$$

와 같이 쓸 수 있다. 여기서 H_0 와 H_1 은 각각 전자 간 상호작용이 없는 해밀터니안과 상호작용이 있는 해밀터니안을 나타낸다. $\langle ij \rangle$ 는 최인접 원자 간의 격자쌍을 표현하고 $c_{i\sigma}$ 와 $c_{i\sigma}^\dagger$ 는 i 격자 ($i = 1, 2, .., N$) 에 위치하고 스핀의 z 성분이 σ 인 모금속 전자의 생성, 소멸연산자이다. 지수 I 는 불순물 상태가 있는 격자위치를 나타낸다.

8.9.2 양자 몬테-카를로 시늉법: Hubbard–Stratonovich 변환

어떤 해밀터니안이 주어졌을 때 구하고자 하는 물리량 A 는

$$\langle A \rangle = \frac{\text{tr} \left(e^{-\beta H} A \right)}{\text{tr} \, e^{-\beta H}} \tag{8.9.9}$$

와 같이 온도 T 에서의 열적 평균값으로 주어진다 ($\beta = \frac{1}{k_B T}$ 이고 H 는 해밀터니안). 이러한 열적 평균값을 구할 때 많이 쓰이는 방법 중 하나가 온도의 역수인 β 를 허수 시간 (imaginary time)으로 생각하여 경로적분 방법 (path-integral formalism)을 사용하는 것이다. 양자장 경로적분론에서는 반대칭 성질을 만족하는 페르미 전자들의 연산자를 Grassman 대수 (algebra)의 복소수 변수로 표현한다 [Negele-Orland 1987]. 하지만 반대칭 성질을 갖는 복소수 변수를 수치적으로 처리해야 하는 문제가 있어서 퍼미온 경로적분을 직접적으로 계산하기는 매우 어렵다. 이러한 어려움을 극복할 수 있는 한 가지 방법은 수치계산을 하기 전에 페르미 변수에 대해 해석적 적분을 수행하여 퍼미온의 자유도를 없애주는 것이다.

퍼미온 변수에 대한 해석적분은 해밀터니안이 생성, 소멸연산자의 2차식으로 표현될 때는 가능하지만 보통 전자 간 상호작용이 존재하여 생성, 소멸연산자의 4차식 항을 포함하는 해밀터니안에서는 불가능하다. 이때 Hubbard–Stratonovich (HS) 변환 방법을 사용하면 생성, 소멸연산자에 대한 4차식 항을 2차식으로 줄일 수 있다. 이러한 과정에서 보조 변수인 HS 변수가 등장하게 된다.

그러면 좀 더 자세하게 HS 변환에 대하여 공부하여 보자. 앞에서 설명하였듯

이 식 (8.9.9)를 구하려면 수치계산을 하기 전에 페르미 자유도에 대한 적분을 수행하여야 한다. 우선 식 (8.9.9)의 분모 항인 분배함수 (partition function)를 생각하여 보자.

$$Z = \operatorname{tr} e^{-\beta H}. \tag{8.9.10}$$

위 식에서의 연산자 $\exp(-\beta H)$ 와 양자역학에서의 시간변화 (time evolution) 연산자 $\exp(-itH/\hbar)$ 가 비슷하다는 것으로부터 역수 온도인 β 가 허수 시간 변수 (it) 와 같은 모양을 하고 있다는 것을 알 수 있다. 따라서 양자역학에서 배운 경로 적분 방법을 응용하여 $0 \le \tau \le \beta$ 인 허수시간 간격을 L 개의 스텝으로 나누면 (즉 $\beta = L\Delta\tau$) (8.9.10)식을

$$\begin{aligned} Z &= \operatorname{tr}\left(e^{-\Delta\tau H}\right)^L \\ &= \operatorname{tr}\prod_{l=1}^{L} e^{-\Delta\tau H}, \end{aligned} \tag{8.9.11}$$

와 같이 쓸 수 있다. 해밀터니안 중 H_0 와 H_1 은 서로 교환 가능하지 않으나 $\Delta\tau = 0$ 극한에서의 트로터 (Trotter) 근사 [Negele-Orland 1987]를 사용하면 위 식을

$$Z \simeq \operatorname{tr}\left(e^{-\Delta\tau H_1} e^{-\Delta\tau H_0}\right)^L \tag{8.9.12}$$

와 같이 근사할 수 있다. 트로터 근사의 목적은 상호작용 항인 H_1 을 따로 떼어 생각하기 위함이다. 트로터 근사는 $\Delta\tau^2$ 크기의 오차를 주며 이 근사가 HS 변환법에 존재하는 유일한 체계적인 오차라 할 수 있다. 즉 충분히 작은 $\Delta\tau$ 를 사용하여 바깥늘린 (extrapolate) 값을 취하면 통계적인 오차보다 트로터 근사에서의 오차를 더 작게 만들 수 있다.

앤더슨 해밀터니안으로 다시 돌아와서 생성, 소멸연산자의 4차식 항을 2차식 항으로 만드는 HS 변환에 대해 알아보자. HS 변환은

$$exp(\tfrac{1}{2}A^2) = \sqrt{2\pi}\int dx\; exp(-\tfrac{1}{2}x^2 - xA) \tag{8.9.13}$$

의 항등식을 이용하여 A 에 대한 2차식을 A 의 1차식으로 바꾸는 변환이다. 우리의 경우 A 는 퍼미온 양자역학적 연산자에 해당하고 x 는 보존 연산자에 해당한다. 그런데 위와 같은 연속 (continuous) HS 변환보다 다음과 같은 띄엄띄엄 (discrete) HS 변환이 몬테-카를로 계산에 더 편리하다는 것이 알려져 있다 [Hirsh 1986, Negele-Orland 1987]. 즉 띄엄띄엄 HS 변환을 이용하면

$$\begin{aligned} e^{-\Delta\tau H_1} &= e^{\frac{1}{2}\Delta\tau U(n_{d\uparrow} - n_{d\downarrow})^2} \\ &= \frac{1}{2}\sum_{s_l=\pm 1} e^{-\Delta\tau \lambda s_l(n_{d\uparrow} - n_{d\downarrow})} \end{aligned} \tag{8.9.14}$$

와 같이 변환되고 주어진 허수시간 l 에서 HS 보조 변수 s_l 이 도입된다 (s_l 은 보존 연산자). 여기서 λ 는 $\cosh(\Delta\tau\lambda) = \exp(\Delta\tau U/2)$ 를 만족한다. 보조 변수 s_l 은 ± 1 의 값을 가지므로 흔히 HS "스핀"이라고도 불린다.

따라서 트로터 근사와 HS 변환에 의하여 분배함수는

$$Z = \left(\frac{1}{2}\right)^L \operatorname{tr}_s \operatorname{tr}\left(T \prod_{l=1}^{L}(e^{-\Delta\tau H_{1,l}}e^{-\Delta\tau H_0})\right) \tag{8.9.15}$$

와 같이 쓸 수 있다. 여기서 $H_{1,l}$ 은

$$H_{1,l} \equiv \lambda s_l(n_{d\uparrow} - n_{d\downarrow}) = \sum_\sigma \sigma\lambda s_l n_{d\sigma} \tag{8.9.16}$$

와 같이 정의되며 T 는 허수시간 정렬 연산자이고 tr_s 은 HS 스핀에 대한 대각 합 (trace)을 의미한다. 스핀이 서로 다른 해밀터니안 항은 서로 교환 가능하므로 스핀 ↑, 스핀 ↓ 항을 따로 생각하면 분배함수는 다시

$$\begin{aligned}
Z &= \left(\frac{1}{2}\right)^L \operatorname{tr}_s\left(\operatorname{tr}\left(T\prod_{l=1}^{L}u_l^\uparrow\right)\operatorname{tr}\left(T\prod_{l=1}^{L}u_l^\downarrow\right)\right) \\
&= \left(\frac{1}{2}\right)^L \operatorname{tr}_s z^\uparrow(s)z^\downarrow(s)
\end{aligned} \tag{8.9.17}$$

와 같이 쓸 수 있다. 여기서 u_l^σ 과 $z^\sigma(s)$ 은

$$u_l^\sigma = e^{-\Delta\tau H_{1,l}^\sigma}e^{-\Delta\tau H_0^\sigma}, \tag{8.9.18}$$

$$z^\sigma(s) = \operatorname{tr}\left(T\prod_{l=1}^{L}u_l^\sigma\right) \tag{8.9.19}$$

와 같이 정의되며 H_0^σ 와 $H_{1,l}^\sigma$ 은

$$\begin{aligned}
H_0^\sigma &= -t\sum_{\langle ij\rangle}(c_{i\sigma}^\dagger c_{j\sigma} + c_{j\sigma}^\dagger c_{i\sigma}) + V(c_{I\sigma}^\dagger c_{d\sigma} + c_{d\sigma}^\dagger c_{I\sigma}) \\
&\quad + (\epsilon_d + \frac{U}{2})n_{d\sigma},
\end{aligned} \tag{8.9.20}$$

$$H_{1,l}^\sigma = \sigma\lambda s_l n_{d\sigma} \tag{8.9.21}$$

와 같이 정의하였다. 식 (8.9.19)의 모양을 보면 $z^\sigma(s)$ 는 HS 스핀 s_l 이 마치 외부 자기장과 같이 작용하는 상황에서 스핀 σ 를 갖는 전자들의 분배함수에 해당한다고 생각할 수 있다.

HS 변환에 의하여 H_0^σ 와 $H_{1,l}^\sigma$ 해밀터니안 중 생성, 소멸연산자는 2차식 항만

으로 주어져 분배함수 $z^\sigma(s)$ 의 해석적인 적분이 가능하게 되었다. 그 적분 결과는

$$
\begin{aligned}
z^\sigma(s) &= \det M^\sigma \\
&= \det[I + T\prod_{l=1}^{L} e^{-\Delta\tau h_{1,l}^\sigma} e^{-\Delta\tau h_0}] \\
&= \det[I + B_L^\sigma B_{L-1}^\sigma \cdots B_1^\sigma]
\end{aligned}
\tag{8.9.22}
$$

와 같이 주어진다 [Blankenbecler 등 1981]. 여기서

$$
B_l^\sigma = e^{-\Delta\tau h_{1,l}^\sigma} e^{-\Delta\tau h_0},
\tag{8.9.23}
$$

$$
(h_{1,l}^\sigma)_{i,j} = \begin{cases} \sigma\lambda s_l & : \text{ if } i = j = d, \\ 0 & : \text{ otherwise,} \end{cases}
\tag{8.9.24}
$$

$$
(h_0)_{i,j} = \begin{cases} -t & : \text{ if } i \text{ and } j \text{ are nearest neighbors,} \\ V & : \text{ if } i = I, j = d \text{ or } i = d, j = I, \\ \epsilon_d + \frac{U}{2} & : \text{ if } i = j = d, \\ 0 & : \text{ otherwise} \end{cases}
\tag{8.9.25}
$$

으로 주어지며 $\det M^\sigma$ 를 퍼미온 행렬식 (Fermion determinant)이라 부른다. 식 (8.9.22) 중 I 는 단위행렬 (identity matrix)이고 식 (8.9.23)의 B_l^σ 는 l 번째 미소시간 간격에서의 단일입자 시간변화 연산자 (time-evolution operator)에 해당한다.

지금까지 우리는 식 (8.9.9)의 분모 항인 분배함수에 대해 고찰하였는데 분자 항에 대하여도 같은 방법을 적용할 수 있다. 유도 과정은 생략하고 그 결과만을 쓰면 식 (8.9.9)는

$$
\begin{aligned}
\text{tr}\,(e^{-\beta H} A) &= \text{tr}_s \det M^\uparrow(s) \det M^\downarrow(s) \tilde{A}(s) \\
&= \text{tr}_s z^\uparrow(s) z^\downarrow(s) \tilde{A}(s)
\end{aligned}
\tag{8.9.26}
$$

와 같이 표현되며 여기서 $\tilde{A}(s)$ 는 일반적으로 B_l^σ 행렬들로 표현되는 양이다.

위의 결과로부터 물리량 A 의 기댓값은

$$
\langle A \rangle = \frac{\text{tr}_s \det M^\uparrow(s) \det M^\downarrow(s) \tilde{A}(s)}{\text{tr}_{s'} \det M^\uparrow(s') \det M^\downarrow(s')}
\tag{8.9.27}
$$

와 같이 HS 스핀장에 대한 대각합으로 표현된다는 것을 알았다. 위의 표현식은 통계물리에서 흔히 볼 수 있는 아이징 (Ising[15]) 스핀 모델에서의 물리량 기댓값과 매우 흡사한 것을 알 수 있으며 이러한 점 때문에 스핀 모델에서 많이 쓰이는

---

[15]E. Ising (1900 – 1998), German theoretical physicist.

몬테-카를로 시늉 방법을 적용하고자 하는 것이다. 즉

$$P(s) = \frac{\det M^\uparrow(s) \det M^\downarrow(s)}{\mathrm{tr}_{s'} \det M^\uparrow(s') \det M^\downarrow(s')} \tag{8.9.28}$$

와 같이 확률 분포 (probability distribution)를 정의하면 식 (8.9.27)은

$$\langle A \rangle = \mathrm{tr}_s P(s) \tilde{A}(s) \tag{8.9.29}$$

와 같이 쓸 수 있다. 따라서 중요표본잡기 (standard importance sampling)에 기초한 몬테-카를로 시늉 알고리즘 (Metropolis 또는 heat bath 알고리즘)을 사용하여 식 (8.9.28)을 만족하는 평형 상태 HS 스핀배열을 만들면 우리가 원하는 물리량의 기댓값을 구할 수 있다.

위에서 기술한 양자 몬테-카를로 방법론에서 한 가지 유의할 사항은 식 (8.9.29) 의 통계적 이론이 성립하려면 식 (8.9.28)로 주어진 확률분포가 양수이어야만 하는데, 경로적분을 이용한 양자 몬테-카를로 계산에서 모델 해밀터니안 또는 다루는 기저함수에 따라 확률 분포가 음이 되는 경우가 있다는 것이다. 이러한 현상은 퍼미온 다체계에서 일어나기에 퍼미온 부호 문제 (Fermion-sign problem)라 불리며 아직 완전한 해결책이 없는 상황이다. 다행히 우리가 다룬 앤더슨 모델에서는 이러한 부호 문제가 없는 것으로 알려져 있다 [Yoo 2005]. 실제적 계산 방법과 결과에 대한 사항은 참고 문헌을 참조하기 바란다 [Blankenbecler 1981, Gubernatis 1987].

8.10 콘도 효과 (Kondo Effect)

콘도 현상은 비자성 물질에 국소스핀을 가진 전이금속이나 희토류 원소의 불순물이 미량으로 존재하는 계 (예를 들어 CuMn, AuFe, LaCe 등) 에서 보이는 기이한 현상이다. 즉 $T = 0$ 근방에서 전체적으로 페르미 액체 (Fermi liquid)의 성질을 보이며, 저항의 온도 의존성에 최소점 (minimum)이 존재하고, 비열에서는 봉우리 (peak)가 존재하며, 자기감수율에서는 $T \rightarrow 0$ 일 때 포화된 값을 가진다. 이 현상은 국소스핀과 모금속의 전도전자 간의 상호작용에 기인한 것으로 오랫동안 고체물리의 주된 연구 대상이었다 [Kondo[16] 1964]. 콘도 현상을 기술하는 해밀터니안은 앤더슨 모델에서 d 전자 간의 쿨롱 상호작용 U 가 s-d 혼성 상호작용 $V_{\mathbf{k}d}$ 보다 매우 클 때 슈리퍼-울프 [Schrieffer[17]-Wolff 1966] 변환으로부터 유도할 수 있다. 그 형태는 앞에서 보았던 RKKY 상호작용을 기술할 때의 해밀터니안 (식 (8.4.1))과 비슷한데 콘도 모델에서는 모금속에 불순물의 국소스핀이 하나만 존재한다는 점이 다르다. 이 절에서는 콘도 해밀터니안을 사용하여 저항에서 최솟값이

---

[16]J. Kondo (1930 – 2022), Japanese theoretical physicist.

[17]J. R. Schrieffer (1931 – 2019), American theoretical physicist. 1972 Nobel Prize in Physics.

존재하게 되는 메커니즘을 간단하게 살펴보기로 한다.

콘도 현상을 기술하는 해밀터니안은 다음과 같이 쓸 수 있다.

$$\mathcal{H} = \sum_{k\sigma} \varepsilon_k c^{\dagger}_{k\sigma} c_{k\sigma} + \mathcal{H}_{s-d}. \tag{8.10.1}$$

우변의 첫째 항은 주인물질의 전도전자의 운동에너지 항이고, 둘째 항은 국소스핀 (보통 d 전자)과 전도전자(보통 s 전자) 간의 교환 상호작용 항으로 다음과 같이 주어진다 :

$$
\begin{aligned}
\mathcal{H}_{s-d} &= -J\vec{S} \cdot \vec{\sigma} = -\frac{J}{N} \sum_{kk'\sigma\sigma'} c^{\dagger}_{k'\sigma'} [S^z_d \sigma^z + \frac{1}{2}(S^+_d \sigma^- + S^-_d \sigma^+)] c_{k\sigma} \\
&= -\frac{J}{2N} \sum_{kk'} [(c^{\dagger}_{k'\uparrow} c_{k\uparrow} - c^{\dagger}_{k'\downarrow} c_{k\downarrow}) S^z_d + c^{\dagger}_{k'\downarrow} c_{k\uparrow} S^+_d + c^{\dagger}_{k'\uparrow} c_{k\downarrow} S^-_d].
\end{aligned}
$$
$$\tag{8.10.2}$$

여기서 $\vec{S}$ 는 불순물의 국소스핀을 나타내고 $\vec{\sigma}$ 는 전도전자의 스핀을 나타내며, 콘도 현상은 $J < 0$ 인 경우 발현하게 된다. 따라서 위 식의 첫째 항은 국소스핀과 전도전자의 스핀 값이 모두 보존되는 항이며 둘째, 셋째 항은 국소스핀과 전도전자의 스핀 방향이 바뀌는 스핀 바뀜 (spin-flip) 항이다. 이러한 교환 상호작용 해밀터니안은 앤더슨 모델에서 s-d 혼성 상호작용이 d 전자 간의 쿨롱 상호작용 U 보다 매우 작을 때 슈리퍼-울프 변환으로부터 구할 수 있다.

교환 상호작용 $\mathcal{H}_{s-d}$ 가 있을 때의 저항은 초기상태 $|k \uparrow; M\rangle$ 이 섭동 상호작용에 의해 $|k' \uparrow; M'\rangle$ 로 전이할 확률에 비례한다. $|k \uparrow\rangle$, $|M\rangle$ 은 각각 전도전자와 국소스핀의 상태를 나타낸다. 이 전이확률을 J 가 작다고 생각하여 상호작용의 2차 보른 (Born) 근사까지 생각하여 보자.

$$\langle k' \uparrow; M' | t | k \uparrow; M\rangle = \langle k' \uparrow; M' | \, H_{s-d} + \sum_i \frac{H_{s-d} |i\rangle \langle i| H_{s-d}}{E_0 - E_i} \, |k \uparrow; M\rangle \tag{8.10.3}$$

여기서 E_0 는 초기상태 전도전자의 에너지 $\varepsilon(k)$ 이고 E_i 와 i 는 전도전자의 중간상태 $|k''\sigma''\rangle$ 와 에너지 $\varepsilon(k'')$ 을 표현한다. 초기와 마지막 상태에서 전도전자 스핀과 국소스핀의 변화가 없으므로 상호작용의 1차 항에서는 $S^z_d \sigma^z$ 항만이 기여하게 되고 그 값은 $-\frac{J}{2N} \langle S^z_d \rangle \, \delta(\varepsilon(k) - \varepsilon(k'))$ 이 된다.

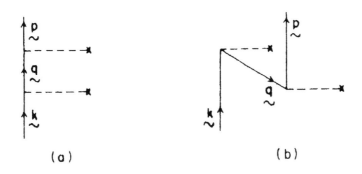

Figure 8.4: Kondo 현상을 주는 J 의 2차 보른 (Born) 근사 도형.

2차 항의 기여는 그림 8.4와 같이 두 가지 경우를 생각할 수 있다. 즉

$$\sum_i \frac{H_{s-d}|i\rangle\langle i|H_{s-d}}{E_0 - E_i} =$$

$$\frac{J^2}{N^2} \sum_{k''\sigma''} \left[\frac{c^\dagger_{k'\uparrow}\vec{S}_d \cdot \vec{\sigma} c_{k''\sigma''} c^\dagger_{k''\sigma''}\vec{S}_d \cdot \vec{\sigma} c_{k\uparrow}}{\varepsilon_k - \varepsilon_{k''}} \right.$$

$$\left. + \frac{c^\dagger_{k''\sigma''}\vec{S}_d \cdot \vec{\sigma} c_{k\uparrow} c^\dagger_{k'\uparrow}\vec{S}_d \cdot \vec{\sigma} c_{k''\sigma''}}{\varepsilon_k - (\varepsilon_k + \varepsilon_{k'} - \varepsilon_{k''})} \right] \tag{8.10.4}$$

와 같이 되며 σ'' 에 따라 다음과 같은 두 가지 값이 나온다 :
i) $\sigma'' = \ \uparrow$ 일 때 $S_d^z \cdot \sigma^z$ 만 기여

$$\frac{J^2}{4N^2} \sum_{k''} \frac{S_d^z S_d^z}{\varepsilon_k - \varepsilon_{k''}} (c_{k''\uparrow}c^\dagger_{k''\uparrow} + c^\dagger_{k''\uparrow}c_{k''\uparrow}) c^\dagger_{k'\uparrow} c_{k\uparrow} \tag{8.10.5}$$

ii) $\sigma'' = \ \downarrow$ 일 때 $\frac{1}{2}S_d^+\sigma^-$ 와 $\frac{1}{2}S_d^-\sigma^+$ 가 기여

$$\frac{1}{4}\frac{J^2}{N^2} \sum_{k''} \frac{1}{\varepsilon_k - \varepsilon_{k''}} (S_d^- S_d^+ c_{k''\downarrow}c^\dagger_{k''\downarrow} + S_d^+ S_d^- c^\dagger_{k''\downarrow}c_{k''\downarrow}) c^\dagger_{k'\uparrow} c_{k\uparrow}. \tag{8.10.6}$$

위의 두 항을

$$S_d^- S_d^+ = \frac{1}{2}(S_d^- S_d^+ + S_d^+ S_d^-) - S_d^z, \tag{8.10.7}$$

$$S_d^+ S_d^- = \frac{1}{2}(S_d^- S_d^+ + S_d^+ S_d^-) + S_d^z \tag{8.10.8}$$

를 이용하여 합하면

$$\frac{1}{4}\frac{J^2}{N^2}\sum_{k''}\frac{1}{\varepsilon_k - \varepsilon_{k''}} \tag{8.10.9}$$

$$\times \left(\frac{(S_d^+ S_d^- + S_d^- S_d^+)}{2} + S_d^z\left(c_{k''\downarrow}^\dagger c_{k''\downarrow} - c_{k''\downarrow}c_{k''\downarrow}^\dagger\right)\right)c_{k'\uparrow}^\dagger c_{k\uparrow}$$

을 얻게 된다. 따라서 2차 보른 근사까지의 총 기여는

$$\langle k'\uparrow; M'|t|k\uparrow; M\rangle =$$

$$\left(-\frac{J}{2N}\langle S_d^z\rangle + \frac{1}{4}\frac{J^2}{N^2}\sum_{k''}\frac{\langle S_d^2\rangle + \langle S_d^z\rangle(2f(k'') - 1)}{\varepsilon_k - \varepsilon_{k''}}\right)\delta(\varepsilon_k - \varepsilon_{k'})\delta_{MM'}$$

$$\tag{8.10.10}$$

이 된다. 여기서 $\langle S_d^2\rangle$ 항은 국소전자의 총스핀량 $S(S+1)$ 로 주어지고 따라서 온도 의존성이 없으므로 콘도 현상을 기술할 때는 고려하지 않아도 된다.

그러면 전이확률은

$$|\langle k'\uparrow; M'|t|k\uparrow; M\rangle|^2 = \left(\frac{J}{2N}\right)^2\langle S_d^z\rangle^2\left(1 - \frac{J}{2N}\sum_{k''}\frac{2f(k'') - 1}{\varepsilon_k - \varepsilon_{k''}}\right)^2 \tag{8.10.11}$$

이 된다. 한편 둘째 항에서 k'' 에 대한 합을 폭이 $-D \leq \varepsilon \leq D$ 인 직사각형 꼴의 상태밀도를 사용하여 적분식으로 바꾸면

$$-\frac{J}{2}N(E_F)\int d\varepsilon''\frac{2f(\varepsilon'') - 1}{\varepsilon_k - \varepsilon''}$$

$$= -\frac{JN(E_F)}{2}\left[\int_{E_F-D}^{E_F}d\varepsilon''\frac{1}{\varepsilon_k - \varepsilon''} - \int_{E_F}^{E_F+D}d\varepsilon''\frac{1}{\varepsilon_k - \varepsilon''}\right]$$

$$\simeq -JN(E_F)\ln\left|\frac{D}{kT}\right| \tag{8.10.12}$$

을 얻는다. 위의 유도에서 전도에 관여하는 전자를 페르미 면 근처의 전도전자로 생각하여 온도 T 일 때

$$\varepsilon_k - E_F = \delta\varepsilon \sim kT \ll D \tag{8.10.13}$$

의 관계식을 사용하였다.

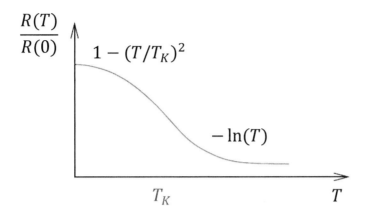

Figure 8.5: Kondo 물질계에서의 온도에 따른 저항 변화. $T < T_K$ 인 경우 저항의 발산 현상이 없어지며 페르미 액체의 성질을 갖게 된다.

그러므로 총 전이확률에 의한 저항값은

$$R \simeq R_0 \left[1 + 2JN(E_F)\ln\left(\frac{kT}{D}\right) \right] \tag{8.10.14}$$

와 같이 주어진다. 즉 전도전자와 국소스핀 간의 교환 상호작용 J 가 0 보다 작을 때는 온도가 감소함에 따라 저항값이 점점 커져서 $T = 0$ 에서 발산함을 알 수 있다. 이러한 이유로 콘도계에서는 저항의 온도 의존성에서 최소점이 나타난다. 이러한 저항 증가 현상은 국소스핀의 스핀 바뀜 (spin-flip)에 의하여 전도전자의 산란 효과가 커지기 때문이다. 하지만 실제 콘도계에서 $T = 0$ 일 때 저항값이 발산하지는 않는다. 그 이유는 $T = 0$ 근처에서는 위 유도과정에서 사용한 2차 보른 근사가 성립하지 않기 때문이다 (그림 8.5 참조).

식 (8.10.11)에서 우리는 유효 교환 상호작용 파라미터 $\tilde{J}$ 를

$$
\begin{aligned}
\tilde{J} &= J\left(1 - \frac{J}{2N}\sum_{k''}\frac{2f(k'')-1}{\varepsilon_k - \varepsilon_{k''}} \right) \\
&= J\left(1 - JN(E_F)\ln\left|\frac{D}{kT}\right| \right)
\end{aligned} \tag{8.10.15}
$$

와 같이 정의할 수 있다. 이 식을 보면 $T \to 0$ 일 때 $\tilde{J}$ 가 점점 증가함을 알 수 있다. 그런데 이 식을 얻을 때 사용한 보른 근사는 $J \ll 1$ 인 경우에만 맞는 식이므로

온도가 낮아져

$$-JN(E_F)\ln\left|\frac{D}{kT}\right| \sim 1 \tag{8.10.16}$$

이 되는 상황에서는 맞지 않게 된다. 즉 온도가

$$T_K = D\exp\left(\frac{-1}{|J|N(E_F)}\right) \tag{8.10.17}$$

로 주어지는 콘도 온도 T_K 보다 낮을 때는 위의 유도가 성립하지 않는다는 것을 의미한다. $T < T_K$ 일 때는 전도전자와 국소스핀 간의 반강자성 상호작용이 증가하여 전도전자의 스핀이 국소스핀을 보정 (compensate)하는 스핀일중항 (spin singlet) 속박상태를 이룬다. 이리하여 전도전자와 국소전자의 구별이 없어지고 $T < T_K$ 인 경우 페르미 준위에 Kondo 공명 (Kondo resonance)이라고 불리는 새로운 상태밀도 봉우리가 생기며 전체적으로 페르미 액체의 성질을 갖게 된다. 이러한 이유로 $T = 0$ 근처의 자기감수율, 비열 등에서 페르미 액체의 특성이 관찰되는 것이다. Kondo 공명상태는 Ce, Sm, Yb, U 등 f 전자 Kondo 물질계의 광전자분광법 (photoemission spectroscopy) 실험에서 실제로 관측되고 있다 [Allen 2005].

참고 문헌

- Allen J. W., J. Phys. Soc. Jpn. **74**, 34 (2005).

- Anderson P. W. and H. Hasegawa, Phys. Rev. **100**, 675 (1955).

- Anderson P. W., Phys. Rev. **124**, 41 (1961).

- Anderson P. W., In *Magnetism* Vol. **I**, ed. by G.T. Rado and H. Suhl, Academic, New York (1963).

- Blankenbecler R., D. J. Scalapino and R. L. Sugar, Phys. Rev. D **24**, 2278 (1981).

- Doniach S. and E. H. Sondheimer, *Green Functions for Solid State Physics*, Frontiers in physics series, Benjamin (1974).

- Fano U., Phys. Rev. **124**, 1866 (1961).

- Friedel J., Nuovo Cimento Suppl. **2**, 287 (1958).

- Fulde P., *Electron Correlations in Molecules and Solids*, Springer Ser. Solid-State Sci. Vol. **100**, Springer-Verlag, Berlin, Heidelberg (1991).

- Gubernatis J. E., J. E. Hirsch and D. J. Scalapino, Phys. Rev. B **35**, 8478 (1987).

- Hubbard J., Proc. Roy. Soc. London A**276**, 238 (1963); *ibid.* A**277**, 237 (1964); *ibid.* A**281**, 401 (1964).

- Hirsch J. E., in *Quantum Monte Carlo Methods in Equilibrium and Nonequilibrium Systems*, edited by M. Suzuki, Springer–Verlag (1986) Vol. **74**.

- Izuyama T., D. J. Kim and R. Kubo, J. Phys. Soc. Jpn. **18**, 1025 (1963).

- Jin S., T. H. Tiefel, M. McCormack, R. A. Fastnacht, R. Ramesh and L. H. Chen, Science **264**, 413 (1994).

- Jones W. and N. H. March, *Theoretical Solid State Physics*, Dover (1973).

- Jonker G. H. and J. H. Van Santen, Physica **16**, 337 (1950).

- Kasuya T., Prog. Theor. Phys. **16**, 45 (1956).

- Kim D. J., Phys. Rep. **171**, 129 (1988).

- Kittel C., in *Solid State Physics*, ed. by F. Seitz, D. Turnbull and H. Ehrenreich, Academic, New York (1968) Vol. **22**.

- Kondo J., Prog. Theor. Phys. **32**, 37 (1964).

- Kramers H. A., Physica **1**, 182 (1934).

- Krishna-murthy H. R., J. W. Wilkins and K. G. Wilson, Phys. Rev. B **21**, 1044 (1980).

- Moriya T., *Spin Fluctuations in Itinerant Electron Magnetism*, Springer Ser. Solid-State Sci. Vol. **56**, Springer-Verlag, Berlin, Heidelberg (1985).

- Negele J. W. and H. Orland, *Quantum Many–Particle Systems*, Addison–Wesley (1987).

- Ruderman M. A. and C. Kittel, Phys. Rev. **96**, 99 (1954).

- Schrieffer J. R. and P. A. Wolff, Phys. Rev. **149**, 491 (1966).

- Stoner E. C., Proc. Roy. Soc. London A**165**, 372 (1938).

- Wiegmann P. B. and A. M. Tsvelick, J. Phys. C **16**, 2281(1983); *ibid.* **16**, 2321 (1983).

- Yoo Jaebeom, S. Chandrasekharan, R. K. Kaul, D. Ullmo and H. U. Baranger, J. Phys. A: Math. Gen. **38**, 10307 (2005).

- Yosida K., Phys. Rev. **106**, 893 (1957).

- Zener C., Phys. Rev. **82**, 403 (1951).

Chapter 9

초전도 현상 (Superconductivity)

많은 금속들에서 보이는 초전도 현상은 잘 알려져 있듯이 금속 내에서 포논에 의해 매개되는 전자 간 인력 상호작용에 의한 것이다. 최근 발견된 고온 초전도체의 경우 이러한 포논에 의한 상호작용만으로는 그렇게 높은 전이온도가 불가능하다는 이론이 제시되었지만, 저온 초전도체와 몇몇의 고온 초전도체에서 관측되는 동위원소 효과는 포논의 역할이 매우 중요하다는 것을 말해준다.

우리는 이장에서 먼저 전자-포논 상호작용에 대하여 간략히 공부한 후, Bardeen[1], Cooper[2], Schrieffer[3] (BCS) [1956] 에 의하여 정립된 BCS 이론을 살펴보기로 하자. BCS 이론은 전자와 포논과의 상호작용이 미약한 보통 금속에서의 초전도 현상을 잘 기술하여 흔히 약결합 이론 (weak coupling theory)으로도 불린다. 이에 비하여 전자와 포논과의 상호작용이 상대적으로 큰 물질들, 예를 들어 Pb (T_c = 7.2 K), Nb (T_c = 9.3 K), 전이금속 A15 화합물 Nb_3Sn (T_c = 18.1 K) 등에서 보이는 초전도 현상은 약결합 이론으로는 잘 기술이 되지 않고 Eliashberg [1960]에 의해 개발된 강결합 이론 (strong coupling theory)을 적용하여야 하는데 이 이론에 대하여도 간단히 살펴보기로 한다.

BCS 이론이 만들어지자마자 Hebel-Slichter [1959]는 NMR 실험 등 여러 실험 사실로 이론의 정당함이 확인 되었으며, 또한 이론 방면으로도 Gor'kov[4], Nambu[5],

---

[1] J. Bardeen (1908 – 1991), American theoretical physicist. 1956 and 1972 Nobel Prize in Physics.

[2] L. N. Cooper (1930 -), American theoretical physicist. 1972 Nobel Prize in Physics.

[3] J. R. Schrieffer (1931 – 2019), American theoretical physicist. 1972 Nobel Prize in Physics.

[4] L. P. Gor'kov (1929 – 2016), Russian-American theoretical physicist.

[5] Y. Nambu (1921 – 2015), Japanese-American theoretical physicist. 2008 Nobel Prize in

Eliashberg, Anderson[6], Abrikosov[7], Rickayzen 등 많은 이론 학자들에 의해 다듬어지고 발전되어 BCS 이론은 응집물질물리이론 중 가장 완벽한 이론으로 간주되고 있다. 주목할 점은 BCS 이론의 요체인 전자쌍 (pairing) 개념은 보통의 초전도체에서뿐만 아니라 초유체 (He^3), 핵, 중성자별 등에 까지 적용되고 있다는 것이다 [Schrieffer 1992].

9.1 전자-포논 상호작용

초전도 현상에 관한 미시적 이론은 1957년에 BCS에 의하여 정립되었다. BCS 이론은 기본적으로 전자가 격자 주위를 움직일 때 이 움직이는 전자를 가리기 (screen)위하여 반응하는 격자와 전자 간 상호작용에 의해 초전도 현상이 일어난 다는 것이다. 즉 포논을 매개로 하여 두 전자 간에 인력 상호작용이 생기고 이로 인하여 전자 두 개가 속박된 쌍들이 금속 내에 생긴다는 것이다. 따라서 고체 내의 초전도 현상을 기술하려면 전자와 포논의 두 기본 입자를 해밀터니안에 도입하여 이들의 운동과 상호작용을 살펴보아야 한다. 전자와 포논의 상호작용을 고려한 해밀터니안에 대하여는 BCS 이전에 Frölich [1950]에 의해 이미 연구된 바 있다.

6 장에서 공부한 다음의 Frölich 해밀터니안을 다시 생각하여 보자.

$$H = T_e + V_{ee} + T_p + V_{ep} \tag{9.1.1}$$

$$T_e = \sum_{\mathbf{k}\sigma} \epsilon_{\mathbf{k}} c_{\mathbf{k}\sigma}^{\dagger} c_{\mathbf{k}\sigma} \tag{9.1.2}$$

$$V_{ee} = \frac{1}{2} \sum_{\mathbf{qkp},\sigma\sigma'} v(q)\, c_{\mathbf{k}+\mathbf{q}\sigma}^{\dagger} c_{\mathbf{p}-\mathbf{q}\sigma'}^{\dagger} c_{\mathbf{p}\sigma'} c_{\mathbf{k}\sigma} \tag{9.1.3}$$

$$T_p = \sum_{\mathbf{q}\lambda} \hbar\Omega_{\mathbf{q}\lambda}\left(a_{\mathbf{q}\lambda}^{\dagger} a_{\mathbf{q}\lambda} + \frac{1}{2}\right) \tag{9.1.4}$$

$$V_{ep} = \sum_{\mathbf{k}\mathbf{q},\sigma\lambda} g_{\lambda}(\mathbf{q})\, c_{\mathbf{k}+\mathbf{q}\sigma}^{\dagger} c_{\mathbf{k}\sigma}(a_{\mathbf{q}\lambda} + a_{-\mathbf{q}\lambda}^{\dagger}). \tag{9.1.5}$$

여기서 T_e 와 V_{ee} 는 전자의 운동을 기술하는 해밀터니안 ($v(q) = 4\pi e^2/q^2$) 이고 T_p는 포논 해밀터니안 ($\Omega_{\mathbf{q}\lambda}$: 포논 진동수), 그리고 V_{ep} 는 전자와 포논 간의 상호작용을 나타내는 해밀터니안이다. 그리고 $g_{\lambda}(\mathbf{q})$ 는 전자와 λ 편극(polarization)을 갖는 포논 간의 상호작용의 크기를 나타내는 매개변수에 해당한다.

이 해밀터니안은 표준 변환 (canonical transform) 방법을 이용하여 V_{ep} 항을

Physics.

[6]P. W. Anderson (1923 – 2020), American theoretical physicist. 1977 Nobel Prize in Physics.

[7]A. A. Abrikosov (1928 – 2017), Russian-American theoretical physicist. 2003 Nobel Prize in Physics.

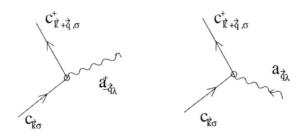

Figure 9.1: 전자-포논 상호작용을 나타내는 파인만 도형.

소거하면, 포논을 매개로 하는 전자 간의 유효 상호작용 (effective interaction) V_{e-p-e} 를 구할 수 있다 [Madelung 1978]. 우리는 이 방법 대신 포논의 Greeen 함수를 도입하여 전자 간의 유효 상호작용을 유도하여 보기로 하자.

V_{ep} 항을 파인만 도형으로 표현하면 그림 9.1과 같이 $c_{\mathbf{k}\sigma}$ 의 전자가 $a^\dagger_{-\mathbf{q}\lambda}$ 의 포논을 방출하거나 $a_{\mathbf{q}\lambda}$의 포논을 흡수하며 $c^\dagger_{\mathbf{k}+\mathbf{q}\sigma}$ 전자로 산란하는 모양을 띠고 있다. 이렇게 방출 또는 흡수된 포논은 다른 전자 $c_{\mathbf{k}'\sigma'}$ 과 상호작용을 하게 되어 그림 9.2와 같이 두 전자 간을 맺어주는 역할을 하고 있다. 그림 9.2의 주름진 선은 6 장에서 소개한 포논 Green 함수에 해당하며 포논 Greeen 함수를 사용하여 이 상호작용을 표현하면

$$V_{e-p-e} = |g_\lambda|^2 D_\lambda(\mathbf{q}, \omega) = |g_\lambda|^2 \frac{2\Omega_{\mathbf{q}\lambda}}{\omega^2 - {\Omega_{\mathbf{q}\lambda}}^2} \tag{9.1.6}$$

와 같이 된다. 따라서 V_{e-p-e} 는 경우에 따라 (즉 $\omega < \Omega_q$ 인 경우) 음수가 되어 인력 상호작용으로 작용하는데 이 크기가 전자 간 쿨롱 척력 상호작용보다 커지게 되면 전체적으로 전자 간에 인력 상호작용이 생기게 되고 따라서 두 전자 간의

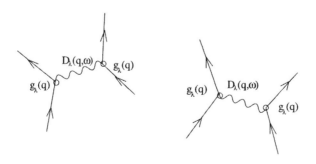

Figure 9.2: 포논을 매개로 한 전자 사이의 상호작용.

Figure 9.3: 쿨롱 상호작용과 포논을 매개로 한 전자 사이의 총 유효 상호작용.

속박상태인 쿠퍼쌍 (Cooper pair)이 만들어질 수 있다.

실제계에서는 전자 간의 상호작용으로 인한 가리기 (screening) 효과가 중요하게 되어 전자-포논 간, 또한 전자-전자 간의 상호작용이 가려지고, 또한 포논의 진동수도 재규격화 (renormalize) 된다. 이 효과를 보기 위한 간단한 예로 5 장에서 공부한 젤리움 모델을 생각하고 전자 간의 가리기 효과를 토마스-페르미 유전상수 $\left(\varepsilon(q, \omega) = 1 + q_{TF}^2/q^2\right)$ 로 고려하면 그림 9.3과 같이 전자 간 쿨롱 척력 상호작용과 포논을 매개로 한 V_{e-p-e} 를 합한 전자 간의 총 유효 상호작용 V_{eff} 는

$$V_{eff} = \frac{4\pi e^2}{q^2 \varepsilon(q)} + |\frac{g(q)}{\varepsilon(q)}|^2 \frac{2\Omega_{\mathbf{q}\lambda}}{\omega^2 - \Omega_{\mathbf{q}\lambda}^2/\varepsilon(q)} \tag{9.1.7}$$

$$= \frac{4\pi e^2}{q^2 + q_{TF}^2}\left[1 + \frac{\omega_{\mathbf{q}}^2}{\omega^2 - \omega_{\mathbf{q}}^2}\right] = \frac{4\pi e^2}{q^2 + q_{TF}^2}\frac{\omega^2}{\omega^2 - \omega_{\mathbf{q}}^2} \tag{9.1.8}$$

와 같이 주어진다 (여기서 포논의 편극 λ 는 생략하였음). 위 식에서 우리는 젤리움 모델의 성질 $|g(q)|^2 2\Omega_{\mathbf{q}} = v(q)\Omega_p^2$ (Ω_p: 플라즈마 진동수) 와 $\omega_{\mathbf{q}}^2 = \Omega_{\mathbf{q}\lambda}^2/\varepsilon(q)$ 의 관계식을 사용하였다 (6 장 참조). 따라서 총 유효 상호작용 V_{eff} 는 $\omega < \omega_q$ 인 경우 음수가 되고 결과적으로 전자 간에 인력 상호작용이 유도되게 된다. 여기서 주목할 점은, 첫째 $\omega = \epsilon_{\mathbf{k+q}} - \epsilon_{\mathbf{k}}$ 에 해당하고 $\omega_q \sim \omega_D$ (Debye 진동수) 이므로 전자 간의 인력 상호작용은 페르미 면 근방 ($E_F \pm \omega_D$) 에 존재하는 전자들의 운동이 중요하다는 점과, 둘째 포논에 의한 유효 상호작용은 진동수의 함수이고 따라서 시간에 의존하는 지연 (retarded) 상호작용이라는 점이다. 이러한 진동수 의존 상호작용은 다음 절에서 논의할 BCS 이론에서는 보통 무시하나, 3절에서 논의할 전자와 포논 간의 상호작용이 큰 강결합 이론 (strong coupling theory) 에서는 중요한 인자로 작용한다.

9.2 BCS 이론

앞 절에서 논의한 바와 같이 우리는 전자 간에 포논을 매개로 한 인력 상호작용이 존재할 수 있다는 것을 알았다. 이 절에서 우리는 이러한 전자 간의 상호작용을 총운동량과 총스핀의 값이 0 인 쿠퍼쌍에서의 인력 상호작용을 나타내는 상수 매

개변수 $V_{eff} = -V$ 로 표현하여 다음과 같은 간단한 모델 해밀터니안을 생각하여 보자.

$$H = \sum_{\mathbf{k}\sigma} \epsilon_{\mathbf{k}} c_{\mathbf{k}\sigma}^\dagger c_{\mathbf{k}\sigma} + \frac{1}{2} \sum_{\mathbf{qkp},\sigma\sigma'} V_{eff}(\mathbf{q}) c_{\mathbf{k+q}\sigma}^\dagger c_{\mathbf{p-q}\sigma'}^\dagger c_{\mathbf{p}\sigma'} c_{\mathbf{k}\sigma} \quad (9.2.1)$$

$$\Rightarrow \sum_{\mathbf{k}\sigma} \epsilon_{\mathbf{k}} c_{\mathbf{k}\sigma}^\dagger c_{\mathbf{k}\sigma} - V \sum_{\mathbf{pp'}} c_{\mathbf{p}\uparrow}^\dagger c_{-\mathbf{p}\downarrow}^\dagger c_{-\mathbf{p'}\downarrow} c_{\mathbf{p'}\uparrow}. \quad (9.2.2)$$

전자 간 인력 상호작용은 페르미 면 근방에 존재하는 전자들 사이에만 작용하므로 위 식에서 $\mathbf{p}, \mathbf{p'}$ 합은 $|\epsilon_{\mathbf{p}}|, |\epsilon_{\mathbf{p'}}| \leq \omega_D$ 의 조건을 만족하고, 매개변수 V 도 이러한 영역에서만 유한한 값을 갖는다.

위의 해밀터니안은 전자들의 총개수를 보존한다. 즉 H 와 N 연산자는 서로 교환 가능하다. 그런데 BCS 등은 해밀터니안 자체는 전자들의 총개수를 보존하지만 초전도 바닥상태는 전자들의 개수가 보존되지 않는다는 아이디어를 사용하여 초전도 이론을 완성하였다. 이는 자성 현상에서 자기모멘트 간의 상호작용을 표현하는 해밀터니안은 회전 대칭성을 갖고 있어 자기모멘트의 방향은 모든 방향을 가질 수 있지만 일단 상전이가 일어나면 바닥상태의 자기모멘트 방향이 한 방향으로 고정되어 대칭성이 깨지게 된다는 사실과 일치한다. 8 장에서 이를 자발대칭깨짐 (spontaneous symmetry breaking)이라 한 것을 기억하자. 초전도의 경우 식 (9.2.2)의 해밀터니안이 갖고 있는 대칭성은 전자들의 총개수를 보존하는 게이지 대칭성 (gauge symmetry) 인데 초전도 전이가 일어나면서 이 게이지 대칭성이 자발적으로 깨져 BCS 바닥상태에서는 전자의 개수가 보존되지 않는다. 따라서 BCS 초전도 바닥상태 $|\Psi_{BCS}\rangle$ 에서는 정상 상태 (normal state) 에서와는 달리 두 개의 생성연산자에 해당하는 쿠퍼쌍의 기댓값이 0 이 되지 않는다. 즉

$$\langle \Psi_{BCS} | c_{\mathbf{p}\uparrow}^\dagger c_{-\mathbf{p}\downarrow}^\dagger | \Psi_{BCS} \rangle \neq 0 \quad (9.2.3)$$

이 되고, 이 양은 초전도의 질서도 (order parameter)를 결정하는 양이다.

평균장 이론을 사용하여 식 (9.2.2)의 해밀터니안의 4차식 상호작용 항을 2차식으로 줄여 BCS 초전도 바닥상태에서의 그린 함수의 성질을 고찰하여 보자. 우선 쌍연산자 $b_p = c_{-\mathbf{p}\downarrow} c_{\mathbf{p}\uparrow}$ 를 정의하고, 다음과 같이 표현하여 보자.

$$b_p = \langle b_p \rangle + (b_p - \langle b_p \rangle) \quad (9.2.4)$$

여기서 $\langle b_p \rangle$ 는 b_p 의 BCS 초전도 바닥상태 $|\Psi_{BCS}\rangle$ 에 대한 기댓값 ($\langle \Psi_{BCS} | b_p | \Psi_{BCS} \rangle$) 으로, 둘째 항인 요동 (fluctuation) 항의 크기가 작다고 가정하자. 이를

사용하여 식 (9.2.2)의 해밀터니안을 바꿔 쓰면

$$H = \sum_{\mathbf{k}\sigma} \epsilon_{\mathbf{k}} c_{\mathbf{k}\sigma}^{\dagger} c_{\mathbf{k}\sigma} - \sum_{\mathbf{p}} (\Delta c_{\mathbf{p}\uparrow}^{\dagger} c_{-\mathbf{p}\downarrow}^{\dagger} + \Delta^{\star} c_{-\mathbf{p}\downarrow} c_{\mathbf{p}\uparrow}) + \frac{|\Delta|^2}{V} \tag{9.2.5}$$

와 같이 쓸 수 있다. 이 유도에서 우리는 요동 항의 1차 항까지만 취하였다. 위 식에서 Δ 는

$$\Delta = V \sum_p \langle b_p \rangle = V \sum_{\mathbf{p}'} \langle c_{-\mathbf{p}'\downarrow} c_{\mathbf{p}'\uparrow} \rangle \tag{9.2.6}$$

로 정의한 양으로 초전도 질서도라 불리는데 아래 논의에서 보듯이 초전도 상태 에서의 에너지 간격 (energy gap)에 해당한다.

5 장에서와 같이 유한온도 (finite temperature) 그린 함수

$$G_{\uparrow\uparrow}(\mathbf{k}, \tau) = -\langle T(c_{\mathbf{k}\uparrow}(\tau) c_{\mathbf{k}\uparrow}^{\dagger}(0)) \rangle \tag{9.2.7}$$

를 도입하고 (T : 시간 순서매김 (time ordering) 연산자), 이 함수의 운동방정식을 구하여 보자. 하이젠베르크 운동방정식과 식 (9.2.6)으로부터

$$\frac{\partial c_{\mathbf{k}\uparrow}}{\partial \tau} = [H, c_{\mathbf{k}\uparrow}] = -\epsilon_{\mathbf{k}} c_{\mathbf{k}\uparrow}(\tau) + \Delta c_{-\mathbf{k}\downarrow}^{\dagger}(\tau) \tag{9.2.8}$$

를 얻고, 이를 이용하여

$$\begin{aligned}
\frac{\partial G_{\uparrow\uparrow}(\mathbf{k}, \tau)}{\partial \tau} &= -\frac{\partial}{\partial \tau} \left[\Theta(\tau) \langle c_{\mathbf{k}\uparrow}(\tau) c_{\mathbf{k}\uparrow}^{\dagger}(0) \rangle - \Theta(-\tau) \langle c_{\mathbf{k}\uparrow}^{\dagger}(0) c_{\mathbf{k}\uparrow}(\tau) \rangle \right] \\
&= -\left[\delta(\tau) \langle c_{\mathbf{k}\uparrow} c_{\mathbf{k}\uparrow}^{\dagger} \rangle + \delta(\tau) \langle c_{\mathbf{k}\uparrow}^{\dagger} c_{\mathbf{k}\uparrow} \rangle \right] \\
&\quad - \left\langle T \left(\frac{\partial c_{\mathbf{k}\uparrow}(\tau)}{\partial \tau} c_{\mathbf{k}\uparrow}^{\dagger}(0) \right) \right\rangle \\
&= -\delta(\tau) + \epsilon_{\mathbf{k}} \langle T(c_{\mathbf{k}\uparrow}(\tau) c_{\mathbf{k}\uparrow}^{\dagger}(0)) \rangle - \Delta \langle T(c_{-\mathbf{k}\downarrow}^{\dagger}(\tau) c_{\mathbf{k}\uparrow}^{\dagger}(0)) \rangle
\end{aligned} \tag{9.2.9}$$

를 얻는다. 식 (9.2.9) 우변의 둘째 항은 원래의 그린 함수 $G_{\uparrow\uparrow}(\mathbf{k}, \tau)$ 모양을 갖고 있 으나 마지막 항은 우리가 처음 접하는 그린 함수이다. 이 새로운 함수를 기술하기 위하여 새로운 그린 함수인

$$F_{\downarrow\uparrow}^{\dagger}(\mathbf{k}, \tau) = -\langle T(c_{-\mathbf{k}\downarrow}^{\dagger}(\tau) c_{\mathbf{k}\uparrow}^{\dagger}(0)) \rangle \tag{9.2.10}$$

를 도입하자. 이 그린 함수는 두 개의 생성연산자의 기댓값에 해당하므로 전자 개수를 보존하지 않는 BCS 초전도 바닥상태에서만 의미 있는 함수이다. 흔히 이

그린 함수를 기이한 (anomalous) 그린 함수라 부른다. 그러면 식 (9.2.9)는

$$\frac{\partial G_{\uparrow\uparrow}(\mathbf{k}, \tau)}{\partial \tau} = -\delta(\tau) - \epsilon_{\mathbf{k}} \, G_{\uparrow\uparrow}(\mathbf{k}, \tau) + \Delta \, F^{\dagger}_{\downarrow\uparrow}(\mathbf{k}, \tau) \tag{9.2.11}$$

가 된다.

식 (9.2.11)이 의미하는 것은 그린 함수 $G_{\uparrow\uparrow}$ 을 구하려면 기이한 그린 함수 $F^{\dagger}_{\downarrow\uparrow}$ 를 알아야 된다는 것이다. 그러므로 우리는 다시 $F^{\dagger}_{\downarrow\uparrow}$ 에 대한 운동방정식을 살펴보자.

$$\frac{\partial F^{\dagger}_{\downarrow\uparrow}(\mathbf{k}, \tau)}{\partial \tau} = - \left\langle T \left(\frac{\partial c^{\dagger}_{-\mathbf{k}\downarrow}(\tau)}{\partial \tau} c^{\dagger}_{\mathbf{k}\uparrow}(0) \right) \right\rangle. \tag{9.2.12}$$

여기서

$$\frac{\partial c^{\dagger}_{-\mathbf{k}\downarrow}}{\partial \tau} = \epsilon_{\mathbf{k}} \, c^{\dagger}_{-\mathbf{k}\downarrow}(\tau) + \Delta^{\star} \, c_{\mathbf{k}\uparrow}(\tau) \tag{9.2.13}$$

이므로

$$\begin{aligned}
\frac{\partial F^{\dagger}_{\downarrow\uparrow}(\mathbf{k}, \tau)}{\partial \tau} &= \epsilon_{\mathbf{k}} \, F^{\dagger}_{\downarrow\uparrow}(\mathbf{k}, \tau) - \Delta^{\star} \, \langle T(c_{\mathbf{k}\uparrow}(\tau) c^{\dagger}_{\mathbf{k}\uparrow}(0)) \rangle \\
&= \epsilon_{\mathbf{k}} \, F^{\dagger}_{\downarrow\uparrow}(\mathbf{k}, \tau) + \Delta^{\star} \, G_{\uparrow\uparrow}(\mathbf{k}, \tau) \tag{9.2.14}
\end{aligned}$$

이다. 식 (9.2.11)과 (9.2.14)는 $G_{\uparrow\uparrow}$, $F^{\dagger}_{\downarrow\uparrow}$ 에 대한 연립방정식 형태를 띠고 있다. 5 장에서 기술한 식 (5.1.52)을 사용하여 진동수 공간 ($\omega_n = \frac{(2n+1)\pi}{\beta} : \beta = \frac{1}{kT}$) 으로 이들을 푸리에 변환하면

$$\begin{aligned}
-i\omega_n \, G_{\uparrow\uparrow}(\mathbf{k}, i\omega_n) &= -1 - \epsilon_{\mathbf{k}} \, G_{\uparrow\uparrow}(\mathbf{k}, i\omega_n) + \Delta \, F^{\dagger}_{\downarrow\uparrow}(\mathbf{k}, i\omega_n), \tag{9.2.15} \\
-i\omega_n \, F^{\dagger}_{\downarrow\uparrow}(\mathbf{k}, i\omega_n) &= \epsilon_{\mathbf{k}} \, F^{\dagger}_{\downarrow\uparrow}(\mathbf{k}, i\omega_n) + \Delta^{\star} \, G_{\uparrow\uparrow}(\mathbf{k}, i\omega_n) \tag{9.2.16}
\end{aligned}$$

이 된다.

마찬가지로 다음과 같이 정의된 그린 함수 $G_{\downarrow\downarrow}$ 와 또 하나의 기이한 그린 함수 $F_{\uparrow\downarrow}$,

$$\begin{aligned}
G_{\downarrow\downarrow}(\mathbf{k}, \tau) &= -\langle T(c^{\dagger}_{-\mathbf{k}\downarrow}(\tau) c_{-\mathbf{k}\downarrow}(0)) \rangle, \tag{9.2.17} \\
F_{\uparrow\downarrow}(\mathbf{k}, \tau) &= -\langle T(c_{\mathbf{k}\uparrow}(\tau) c_{-\mathbf{k}\downarrow}(0)) \rangle \tag{9.2.18}
\end{aligned}$$

에 대하여 같은 방법으로 운동방정식을 구하여 식 (9.2.15), (9.2.16)과 함께 고려

하면, 다음과 같은 행렬 방정식을 얻게 된다.

$$\begin{pmatrix} i\omega_n - \epsilon_{\mathbf{k}} & \Delta \\ \Delta^\star & i\omega_n + \epsilon_{\mathbf{k}} \end{pmatrix} \begin{pmatrix} G_{\uparrow\uparrow}(\mathbf{k}, i\omega_n) & F_{\uparrow\downarrow}(\mathbf{k}, i\omega_n) \\ F_{\downarrow\uparrow}^\dagger(\mathbf{k}, i\omega_n) & G_{\downarrow\downarrow}(\mathbf{k}, i\omega_n) \end{pmatrix} = \begin{pmatrix} 1 & 0 \\ 0 & 1 \end{pmatrix}. \quad (9.2.19)$$

이 행렬 방정식을 행렬 뒤집힘 (matrix inversion)을 통하여 풀면

$$\begin{pmatrix} G_{\uparrow\uparrow}(\mathbf{k}, i\omega_n) & F_{\uparrow\downarrow}(\mathbf{k}, i\omega_n) \\ F_{\downarrow\uparrow}^\dagger(\mathbf{k}, i\omega_n) & G_{\downarrow\downarrow}(\mathbf{k}, i\omega_n) \end{pmatrix} = \frac{\begin{pmatrix} i\omega_n + \epsilon_{\mathbf{k}} & -\Delta \\ -\Delta^\star & i\omega_n - \epsilon_{\mathbf{k}} \end{pmatrix}}{(i\omega_n)^2 - \epsilon_{\mathbf{k}}^2 - |\Delta|^2} \quad (9.2.20)$$

와 같이 되어 행렬 형태의 그린 함수를 얻는다. 이 식에서 보면 기이한 그린 함수들은 행렬 그린 함수의 비대각 성분 (off-diagonal element) 으로 주어진다. 만일 질서도 Δ 가 0 이면 기이한 그린 함수들도 0 이 된다는 점을 주목하자.

이제 그린 함수를 구하였으므로 우리는 평균장으로 근사한 질서도 Δ 를 자체 충족조건 (self-consistent condition)을 사용하여 구할 수 있다. 즉

$$\Delta = V \sum_{\mathbf{k}} \langle c_{-\mathbf{k}\downarrow} c_{\mathbf{k}\uparrow} \rangle = V \sum_{\mathbf{k}} \lim_{\tau \to 0^-} F_{\uparrow\downarrow}(\mathbf{k}, \tau) \quad (9.2.21)$$

임에 착안하면

$$\begin{aligned} \Delta &= V \sum_{\mathbf{k}} \lim_{\tau \to 0^-} \left(\frac{1}{\beta} \sum_n F_{\uparrow\downarrow}(\mathbf{k}, i\omega_n) e^{-i\omega_n \tau} \right) \quad (9.2.22) \\ &= V \sum_{\mathbf{k}} \frac{1}{\beta} \sum_n F_{\uparrow\downarrow}(\mathbf{k}, i\omega_n) \\ &= \frac{1}{\beta} V \sum_{\mathbf{k}} \sum_n \frac{-\Delta}{(i\omega_n)^2 - \epsilon_{\mathbf{k}}^2 - |\Delta|^2} \end{aligned}$$

이 된다. 실수인 Δ 를 가정하면

$$\Delta = \frac{1}{\beta} V \sum_{\mathbf{k}} \sum_n \frac{-\Delta}{(i\omega_n)^2 - E_{\mathbf{k}}^2} \quad (9.2.23)$$

와 같이 표현된다 ($E_{\mathbf{k}}^2 \equiv \epsilon_{\mathbf{k}}^2 + \Delta^2$). 위 식에서 진동수에 대한 합은 다음 관계식을 사용하여 적분식으로 변환할 수 있다 (부록 A.3 참조).

$$\begin{aligned} -\frac{1}{\beta} \sum_n F(i\omega_n) &\Rightarrow \frac{1}{2\pi i} \int_C f(\omega) F(\omega) d\omega \quad (9.2.24) \\ &= \frac{1}{2\pi i} \int_C \frac{F(\omega)}{e^{\beta\omega} + 1} d\omega. \end{aligned}$$

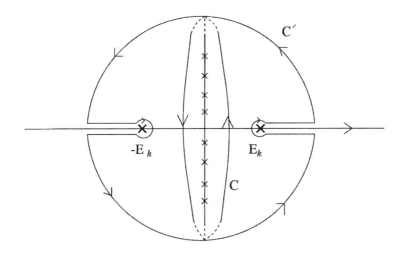

Figure 9.4: 경로(contour) 적분 (식 (9.2.25)).

여기서 $f(\omega)$ 는 페르미 분포함수이고 적분경로 (contour) C 는 그림 9.4와 같이 주어진다.

　　따라서 식 (9.2.23)은 코시 (Cauchy[8]) 적분공식을 사용하여 그림 9.4의 C 를 C' 으로 변형하여 적분하면

$$
\begin{aligned}
\Delta &= V\sum_{\mathbf{k}}\int_{C'}\frac{d\omega}{2\pi i}\,\frac{1}{e^{\beta\omega}+1}\,\frac{\Delta}{\omega^2-E_{\mathbf{k}}^2} \\
&= -V\Delta\sum_{\mathbf{k}}\left(\frac{f(E_{\mathbf{k}})}{2E_{\mathbf{k}}}+\frac{f(-E_{\mathbf{k}})}{-2E_{\mathbf{k}}}\right)
\end{aligned}
\tag{9.2.25}
$$

와 같이 되고, 여기서

$$
f(-E_{\mathbf{k}}) = \frac{1}{e^{-\beta E_{\mathbf{k}}}+1} = 1 - f(E_{\mathbf{k}})
\tag{9.2.26}
$$

이므로

$$
\begin{aligned}
\Delta &= -V\Delta\sum_{\mathbf{k}}\left(\frac{f(E_{\mathbf{k}})}{2E_{\mathbf{k}}}+\frac{1-f(E_{\mathbf{k}})}{-2E_{\mathbf{k}}}\right) \\
&= -\frac{V}{2}\Delta\sum_{\mathbf{k}}\frac{2f(E_{\mathbf{k}})-1}{E_{\mathbf{k}}} = \frac{V}{2}\Delta\sum_{\mathbf{k}}\frac{\tanh(\frac{\beta}{2}E_{\mathbf{k}})}{E_{\mathbf{k}}}
\end{aligned}
\tag{9.2.27}
$$

---

[8]B. A.-L. Cauchy (1789 – 1857), French mathematician.

와 같이 Δ 에 대한 자체충족 방정식을 얻는다. $|\epsilon_\mathbf{k}| < \omega_D$ ($\hbar = 1$ 로 생각)인 것을 고려하여 위 식의 합을 다시 적분으로 바꾸면

$$
\begin{aligned}
\Delta &= \frac{V\Delta}{2} \int_{-\omega_D}^{\omega_D} d\epsilon_\mathbf{k}\, N(\epsilon_\mathbf{k}) \frac{\tanh(\frac{\beta}{2}E_\mathbf{k})}{E_\mathbf{k}} \\
&= \frac{V\Delta}{2} N(\epsilon_F) \int_{-\omega_D}^{\omega_D} d\epsilon_\mathbf{k}\, \frac{\tanh(\frac{\beta}{2}E_\mathbf{k})}{E_\mathbf{k}}
\end{aligned}
\tag{9.2.28}
$$

의 식을 얻을 수 있다. $N(\epsilon_F)$ 는 페르미 준위에서의 상태밀도로 $|\epsilon_\mathbf{k}| < \omega_D$ 에서 $N(\epsilon_\mathbf{k})$ 는 $N(\epsilon_F)$ 와 거의 같다는 근사를 사용하였다.

식 (9.2.28)로부터 온도의 함수인 $\Delta(T)$ 와 전이온도 T_c 를 구할 수 있다. 먼저 $T = 0$ ($\beta = \infty$) 인 경우를 살펴보면

$$
1 = \frac{N(\epsilon_F)V}{2} \int_{-\omega_D}^{\omega_D} \frac{1}{\sqrt{\epsilon_\mathbf{k}^2 + \Delta^2}} d\epsilon_\mathbf{k} = N(\epsilon_F)V \sinh^{-1}(\frac{\omega_D}{\Delta}),
\tag{9.2.29}
$$

$$
\Delta = 2\omega_D e^{-\frac{1}{N(\epsilon_F)V}}
\tag{9.2.30}
$$

로부터 $\Delta(T = 0)$ 를 얻는다. 위의 유도에서 $N(\epsilon_F)V \ll 1$ 인 약결합 경우를 가정하였다.

한편 $T \to T_c$ 인 경우에는 $\Delta = 0$ 이 되고 따라서 T_c 에 대한 방정식은

$$
\begin{aligned}
1 &= \frac{N(\epsilon_F)V}{2} \int_{-\omega_D}^{\omega_D} \frac{\tanh(\frac{\beta_c}{2}\epsilon_\mathbf{k})}{\epsilon_\mathbf{k}} d\epsilon_\mathbf{k} \\
&= N(\epsilon_F)V \left(\ln(\frac{\beta_c\omega_D}{2}) \tanh(\frac{\beta_c\omega_D}{2}) - \int_0^\infty \ln(x)\mathrm{sech}^2(x)dx \right) \\
&= N(\epsilon_F)V \left(\ln(\frac{\beta_c\omega_D}{2}) - \ln(\frac{4e^\gamma}{\pi}) \right) = N(\epsilon_F)V \ln(\frac{2\beta_c\omega_D e^\gamma}{\pi})
\end{aligned}
\tag{9.2.31}
$$

와 같이 주어지고, 이로부터 잘 알려진 BCS 전이온도

$$
T_c = \frac{2e^\gamma \omega_D}{\pi} e^{-\frac{1}{N(\epsilon_F)V}} = 1.13\omega_D e^{-\frac{1}{N(\epsilon_F)V}}
\tag{9.2.32}
$$

를 얻는다. 여기서 γ 는 Euler-Mascheroni 상수 (0.5772)이고 $e^\gamma = 1.781$ 이다 [Fetter-Walecka 1971]. 위 식의 유도에 $\beta_c\omega_D \gg 1$ 의 근사를 사용하였다.

또한 Δ 와 T_c 는 식 (9.2.30), (9.2.32)으로부터

$$\frac{2\Delta(0)}{k_B T_c} = 3.52 \tag{9.2.33}$$

의 관계식을 갖는데 이는 상호작용의 크기를 나타내는 V 에 무관한 양으로, 이 양은 어떤 물질에서의 초전도 현상이 BCS 약결합 이론에 부합하는지 아닌지를 말해주는 하나의 척도로 사용된다. 예를 들어 최근에 발견된 고온 초전도체의 경우 이 값은 $5 \sim 8$ 정도로 측정되어 BCS 약결합 이론으로 기술하기에는 무리가 있음을 의미한다 하겠다.

식 (9.2.20)에서 보듯이 그린 함수 G 와 F 들은 $\pm E_{\mathbf{k}} \ (= \pm\sqrt{\epsilon_{\mathbf{k}}^2 + \Delta^2})$ 의 극점 (pole)을 갖고 있는데 이 $E_{\mathbf{k}}$ 는 초전도체에서의 준입자 (quasi-particle) 들뜸에너지 (excitation energy)에 해당하는 양이다. 여기서 준입자는 정상 전자 (normal electron)로 생각할 수 있고, 따라서 초전도 상태에서의 이 정상 전자의 최소 들뜸에너지는 $\epsilon_{\mathbf{k}} = 0$ 일 때의 $E_{\mathbf{k}} = \Delta$ 이다. 따라서 Δ 가 에너지 간격에 해당함을 알 수 있다. 그런데 BCS 이론에서는 전자들이 쌍을 이룬다는 사실을 상기하면 전자 하나만이 들뜨게 될 수는 없고 항상 한 개의 쿠퍼 전자쌍이 깨지면서 두 개의 전자들이 들떠야 한다. 따라서 쿠퍼 전자쌍을 깨려면 2Δ 보다 큰 에너지가 필요하다는 점에 유의하자.

초전도체에서 준입자의 상태밀도를 구하여 보자. 상태밀도는 그린 함수의 허수값으로 주어지므로

$$G_{\uparrow\uparrow}(\mathbf{k}, i\omega_n) = \frac{i\omega_n + \epsilon_{\mathbf{k}}}{(i\omega_n)^2 - E_{\mathbf{k}}^2} = \frac{u_{\mathbf{k}}^2}{i\omega_n - E_{\mathbf{k}}} + \frac{v_{\mathbf{k}}^2}{i\omega_n + E_{\mathbf{k}}}, \tag{9.2.34}$$

$$u_{\mathbf{k}}^2 = \frac{1}{2}(1 + \epsilon_{\mathbf{k}}/E_{\mathbf{k}}), \qquad v_{\mathbf{k}}^2 = \tfrac{1}{2}(1 - \epsilon_{\mathbf{k}}/E_{\mathbf{k}}) \tag{9.2.35}$$

와 해석연속 (analytic continuation) $i\omega_n \to \omega + i\delta$ 를 이용하면

$$\begin{aligned}
N_{\uparrow}(\omega) &= -\frac{1}{\pi}\sum_{\mathbf{k}} \Im G_{\uparrow\uparrow}(\mathbf{k}, \omega) \\
&= \sum_{\mathbf{k}}\{u_{\mathbf{k}}^2\delta(\omega - E_{\mathbf{k}}) + v_{\mathbf{k}}^2\delta(\omega + E_{\mathbf{k}})\} \\
&= N(\epsilon_F)\int_{-\infty}^{\infty} d\epsilon_{\mathbf{k}}\{u_{\mathbf{k}}^2\delta(\omega - E_{\mathbf{k}}) + v_{\mathbf{k}}^2\delta(\omega + E_{\mathbf{k}})\}
\end{aligned} \tag{9.2.36}$$

이 된다 ($N(\epsilon_F)$는 정상 상태에서의 페르미 준위 상태밀도를 나타냄). 다시 δ 함

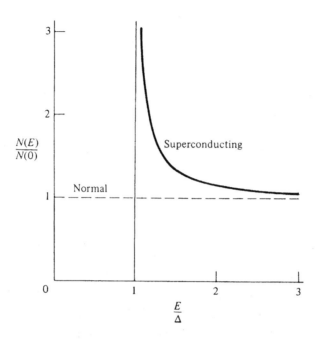

Figure 9.5: BCS 바닥상태의 상태밀도 (식 (9.2.37)) [Tinkham 1975].

수의 성질을 이용하여 위 식을 정리하면

$$N_\uparrow(\omega)/N(\epsilon_F) \quad = \quad \frac{\omega}{\sqrt{\omega^2 - \Delta^2}} \quad : \omega > \Delta \tag{9.2.37}$$
$$= \quad 0 \qquad\qquad : \omega < \Delta$$

을 얻는다. 이 식은 그림 9.5와 같이 에너지 간격의 존재를 명확하게 보여 준다.

한편 준입자의 운동량 분포 (momentum distribution) 함수도 그린 함수로부터 구할 수 있다. 즉 운동량 분포함수 $n_\mathbf{k}$는

$$n_\mathbf{k} \quad = \quad \langle c_\mathbf{k}^\dagger c_\mathbf{k} \rangle = \lim_{\tau \to 0^-} G_{\uparrow\uparrow}(\mathbf{k}, \tau) \tag{9.2.38}$$
$$= \quad \lim_{\tau \to 0^-} \frac{1}{\beta} \sum_n G_{\uparrow\uparrow}(\mathbf{k}, i\omega_n) e^{-i\omega_n \tau}$$
$$= \quad \frac{1}{\beta} \sum_n \left[\frac{u_\mathbf{k}^2}{i\omega_n - E_\mathbf{k}} + \frac{v_\mathbf{k}^2}{i\omega_n + E_\mathbf{k}} \right] e^{-i\omega_n 0^-}$$

와 같이 주어지므로, 경로 (contour) 적분을 사용하여 위 식의 합을 적분으로 바

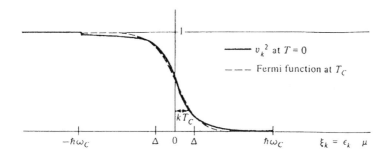

Figure 9.6: BCS 초전도체 바닥상태의 준입자 운동량 분포함수 $n_{\mathbf{k}}$ (식 (9.2.39)) [Tinkham 1975]. 초전도체에서의 운동량 분포함수는 페르미 액체에서와는 달리 $T = 0$ K 에서도 페르미 준위 $(\xi_k = 0)$에서 불연속성이 없음에 주목하자.

꾸고 적분 계산을 수행하면

$$
\begin{aligned}
n_{\mathbf{k}} &= -\frac{1}{2\pi i} \oint_C f(\omega) \left[\frac{u_{\mathbf{k}}^2}{\omega - E_{\mathbf{k}}} + \frac{v_{\mathbf{k}}^2}{\omega + E_{\mathbf{k}}} \right] d\omega \\
&= f(E_{\mathbf{k}}) u_{\mathbf{k}}^2 + f(-E_{\mathbf{k}}) v_{\mathbf{k}}^2 \\
&= f(E_{\mathbf{k}})(u_{\mathbf{k}}^2 - v_{\mathbf{k}}^2) + v_{\mathbf{k}}^2 = v_{\mathbf{k}}^2
\end{aligned}
\tag{9.2.39}
$$

이 된다. 여기서 마지막 과정은 $E_{\mathbf{k}} > 0$ 이므로 $f(E_{\mathbf{k}}) = 0$ 인 점을 이용하였다. $n_{\mathbf{k}}$ 의 모양은 그림 9.6과 같다. 즉 초전도체에서의 준입자 운동량 분포함수는 페르미 액체에서와는 달리 페르미 준위에서 불연속성이 없다는 사실에 주목하자. 따라서 페르미 면이 존재하지 않는데 이는 초전도체에서의 준입자는 정상 상태 페르미 액체의 준입자와는 다르다는 점을 의미한다.

9.3 강결합 이론 (Strong Coupling Theory)

앞에서 전자-포논 간의 상호작용이 진동수에 의존한다는 사실을 언급하였는데 앞 절에서 다룬 BCS 이론에서는 전자 간의 상호작용을 상수 파라미터 $-V$ 로 생각했 고 또한 에너지 간격 질서도를 나타내는 Δ 도 진동수에 대해 상수임을 가정하였다. 이러한 가정은 전자-포논 간의 상호작용이 작은 약결합 (weak coupling) 의 경우 에는 좋은 근사이나 전자-포논 간의 상호작용이 큰 강결합 (strong coupling) 의 경우에는 잘 성립하지 않는다. 이는 비교적 T_c 가 높은 Pb, Hg 등에서의 여러 초전도 성질이 BCS 이론의 결과와 잘 일치하지 않는다는 사실에서 알 수 있다 [White-Geballe 1979]. 이러한 경우에는 전자들 사이에 포논에 의한 상호작용과 가려진 (screened) 쿨롱 상호작용을 모두 포함하는 실제적인 상호작용을 사용하여 에너지 간격 방정식을 풀어야 한다는 것이 Eliashberg [1960]에 의해 제안되었다.

따라서 강결합 이론에서는 포논에 의한 상호작용이 진동수에 의존하는 지연성을 가지게 되고 그에 따라 에너지 간격 질서도도 진동수에 의존하는 복소 함수가 된다.

9.3.1   Nambu 방법론

이 절에서는 Nambu [1960] 방법론을 사용하여 전자 간 유효 상호작용에 의한 자체에너지를 구하여 강결합 이론에서의 자체충족적인 Eliashberg 에너지 간격 방정식을 유도하여 보도록 한다. 우선 쿨롱 상호작용과 포논에 의한 상호작용을 고려한 전자 간 유효 상호작용이 다음과 같이 주어짐을 상기하자.

$$V_{eff}(\mathbf{q},\omega) = \frac{4\pi e^2}{q^2 \varepsilon(\mathbf{q},\omega)} + \left| \frac{g(\mathbf{q})}{\varepsilon(\mathbf{q},\omega)} \right|^2 \frac{2\Omega_{\mathbf{q}}}{\omega^2 - \Omega_{\mathbf{q}}^2/\varepsilon(\mathbf{q},\omega)}. \tag{9.3.1}$$

위 식에서 쿨롱 항인 첫째 항은 유전상수 $\varepsilon(\mathbf{q},\omega)$ 를 통하여 진동수의 함수가 되나 우리의 관심 대상인 진동수는 $\omega < \omega_D$ 이므로 이러한 영역에서 $\varepsilon(\mathbf{q},\omega)$ 의 ω 의존성은 거의 무시할 수 있다. 따라서 쿨롱 항은 ω 에 대한 의존성이 없고 지연성도 없는 즉각적 (instantaneous)인 상호작용으로 생각할 수 있다.

다음과 같이 정의된 기둥 벡터 $\psi_{\mathbf{k}}$ 를 도입하면

$$\psi_{\mathbf{k}} = \begin{pmatrix} c_{\mathbf{k}\uparrow} \\ c_{-\mathbf{k}\downarrow}^{\dagger} \end{pmatrix}, \tag{9.3.2}$$

파울리 (Pauli) 행렬 τ_3 에 대하여

$$\begin{aligned} \psi_{\mathbf{k}'}^{\dagger} \tau_3 \psi_{\mathbf{k}} &= (c_{\mathbf{k}'\uparrow}^{\dagger}, c_{\mathbf{k}'\downarrow}) \begin{pmatrix} 1 & 0 \\ 0 & -1 \end{pmatrix} \begin{pmatrix} c_{\mathbf{k}\uparrow} \\ c_{-\mathbf{k}\downarrow}^{\dagger} \end{pmatrix} \\ &= c_{\mathbf{k}'\uparrow}^{\dagger} c_{\mathbf{k}\uparrow} + c_{-\mathbf{k}\downarrow}^{\dagger} c_{-\mathbf{k}'\downarrow} - \delta_{\mathbf{k}\mathbf{k}'} \end{aligned} \tag{9.3.3}$$

이 되므로 앞 9.1 절에서 주어진 Frölich 해밀터니안은 파울리 행렬을 사용하여 다음과 같이 쓸 수 있다.

$$\begin{aligned} H &= \sum_{\mathbf{k}} \epsilon_{\mathbf{k}} \psi_{\mathbf{k}}^{\dagger} \tau_3 \psi_{\mathbf{k}} + \sum_{\mathbf{q}\lambda} \hbar\Omega_{\lambda}(\mathbf{q})(a_{\mathbf{q}\lambda}^{\dagger} a_{\mathbf{q}\lambda} + \frac{1}{2}) \\ &+ \frac{1}{2} \sum_{\mathbf{k}\mathbf{k}'\mathbf{q}} v(\mathbf{q})(\psi_{\mathbf{k}}^{\dagger} \tau_3 \psi_{\mathbf{k}+\mathbf{q}})(\psi_{\mathbf{k}'+\mathbf{q}}^{\dagger} \tau_3 \psi_{\mathbf{k}'}) \\ &+ \sum_{\mathbf{k}\mathbf{q}\lambda} g_{\lambda}(\mathbf{q})(\psi_{\mathbf{k}+\mathbf{q}}^{\dagger} \tau_3 \psi_{\mathbf{k}})(a_{\mathbf{q}\lambda} + a_{-\mathbf{q}\lambda}^{\dagger}). \end{aligned} \tag{9.3.4}$$

이 표현은 전자 간 상호작용이나 전자- 포논 간의 상호작용이 있을 때 마다 τ_3 를

고려하여야 함을 의미한다. 또한 식 (9.2.20)의 행렬 그린 함수도

$$G = -\langle T(\psi_{\mathbf{k}}(\tau)\psi_{\mathbf{k}}^\dagger(0))\rangle \tag{9.3.5}$$
$$= -\left\langle T \begin{pmatrix} c_{\mathbf{k}\uparrow}(\tau)c_{\mathbf{k}\uparrow}^\dagger & c_{\mathbf{k}\uparrow}(\tau)c_{-\mathbf{k}\downarrow} \\ c_{-\mathbf{k}\downarrow}^\dagger(\tau)c_{\mathbf{k}\uparrow}^\dagger & c_{-\mathbf{k}\downarrow}^\dagger(\tau)c_{-\mathbf{k}\downarrow} \end{pmatrix} \right\rangle$$

과 같이 $\psi_{\mathbf{k}}$ 로 간단히 표현된다.

상호작용을 고려한 전자들의 그린 함수 G 는 다음의 Dyson 방정식으로부터 구하여 진다.

$$G = G_0 + G_0\, \Sigma\, G. \tag{9.3.6}$$

여기서 G_0 는 상호작용이 없을 때의 (non-interacting) 그린 함수를 나타낸다.

$$G_0 = \frac{1}{i\omega_n \tau_0 - \epsilon_{\mathbf{k}}\tau_3}. \tag{9.3.7}$$

Σ 는 자체에너지에 해당하며 그림 9.7과 같이 표현된다 (여기서 꼭지점 보정 (vertex correction)은 무시). 첫째 그림은 포논에 의한 자체에너지 Σ_{ph} 이며 둘째는 쿨롱 상호작용에 의한 자체에너지 Σ_c 인데, 이들은 다시 상호작용을 고려한 그린 함수 G 의 함수임에 유의하자. 즉 G 를 구하려면 Σ 를 알아야 하고 또한 Σ 는 G 의 함수로 주어지는 자체충족적 방정식에 해당한다.

여기서 주목할 점은 G_0 에는 비대각 성분이 없지만 자체에너지 Σ 에는 비대각 성분이 존재하며 따라서 상호작용을 고려한 그린 함수 G 에도 비대각 성분이 존재한다는 점이다. BCS 초전도 이론에서 그린 함수의 비대각 성분이 질서도에 비례함을 상기하자.

비대각 성분이 있는 (2×2) 행렬인 Σ 는 일반적으로 파울리 행렬을 사용하여

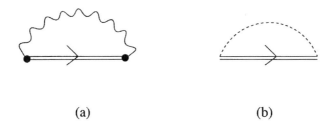

(a)   (b)

Figure 9.7: 쿨롱, 전자-포논 상호작용을 고려한 전자들의 자체에너지 Σ.

다음과 같이 표현할 수 있다.

$$\Sigma(\mathbf{k}, i\omega_n) = (1 - Z(\mathbf{k}, i\omega_n))i\omega_n\tau_0 + \chi(\mathbf{k}, i\omega_n)\tau_3 + \phi(\mathbf{k}, i\omega_n)\tau_1. \qquad (9.3.8)$$

따라서 G는

$$
\begin{aligned}
G^{-1}(\mathbf{k}, i\omega_n) &= G_0^{-1}(\mathbf{k}, i\omega_n) - \Sigma(\mathbf{k}, i\omega_n) \qquad (9.3.9)\\
&= Z(\mathbf{k}, i\omega_n)i\omega_n\tau_0 - (\epsilon_{\mathbf{k}} + \chi(\mathbf{k}, i\omega_n))\tau_3 - \phi(\mathbf{k}, i\omega_n)\tau_1
\end{aligned}
$$

와 같이 표현된다. 위 식에서 매개변수 Z, χ, ϕ 들은 자체충족적 방식으로 결정하여야 할 양들이다. 매개변수 χ 는 상호작용에 의한 에너지 변환 (energy shift)에 해당하는 양으로 화학 퍼텐셜 (chemical potential)의 변화에 관계되고 초전도 성질 자체에는 그리 중요하지 않으므로 앞으로 χ 는 무시하기로 한다.

9.3.2 Eliashberg 방정식

이렇게 (2×2) 행렬로 표현된 G_0, Σ, G 를 사용하여 그림 9.7로 주어지는 Σ 의 자체충족적 방정식에 적용하여 보자. 그림 9.7로 주어지는 Σ 를 식으로 표현하면

$$
\begin{aligned}
\Sigma_{ph}(\mathbf{k}, i\omega_n) &= -\frac{1}{\beta}\sum_{\mathbf{k}'i\omega_n'\lambda} \tau_3 g_\lambda(\mathbf{k} - \mathbf{k}')G(\mathbf{k}', i\omega_n')\tau_3 g_\lambda(\mathbf{k}' - \mathbf{k})\\
&\quad \times D_\lambda(\mathbf{k} - \mathbf{k}', i\omega_n - i\omega_n') \qquad (9.3.10)\\
\Sigma_c(\mathbf{k}, i\omega_n) &= -\frac{1}{\beta}\sum_{\mathbf{k}'i\omega_n'} \tau_3 G(\mathbf{k}', i\omega_n')\tau_3 V_c(\mathbf{k} - \mathbf{k}') \qquad (9.3.11)
\end{aligned}
$$

이 되고 여기서 G 와 D 는 다음과 같이 주어진다:

$$
\begin{aligned}
G(\mathbf{k}, i\omega_n) &= \frac{i\omega_n Z\tau_0 + \epsilon_{\mathbf{k}}\tau_3 + \phi\tau_1}{(i\omega_n Z)^2 - \epsilon_{\mathbf{k}}^2 - \phi^2}, \qquad (9.3.12)\\
D_\lambda(\mathbf{k}, i\omega_n) &= \frac{2\Omega_\lambda(\mathbf{k})}{(i\omega_n)^2 - \Omega_\lambda(\mathbf{k})^2}. \qquad (9.3.13)
\end{aligned}
$$

한편 식 (9.3.10), (9.3.11)의 Σ_{ph}, Σ_c 는 식 (9.3.8)의 Σ 와 같이 표현할 수 있다.

$$
\begin{aligned}
\Sigma_{ph}(\mathbf{k}, i\omega_n) &= (1 - Z_{ph})\, i\omega_n\tau_0 + \phi_{ph}\tau_1, \qquad (9.3.14)\\
\Sigma_c(\mathbf{k}, i\omega_n) &= (1 - Z_c)\, i\omega_n\tau_0 + \phi_c\tau_1. \qquad (9.3.15)
\end{aligned}
$$

이렇게 하여 우리는 식 (9.3.10), (9.3.11)의 항등식으로부터 파울리 행렬의 계수 6 개의 매개변수들, 즉 $Z, \phi, Z_{ph}, \phi_{ph}, Z_c, \phi_c$ 등에 대한 4 개의 관계식을 얻을 수 있다. 그런데 Z_c 의 관계식에서 보면 식 (9.3.11) 우변의 적분 내 함수가 에너지에 대한 홀함수가 되기 때문에 0 이 된다. 따라서 결과적으로 다음과 같은 3 개의 관

계식을 얻게 된다 [Schrieffer 1964, Vonsovsky 등 1982] (계산 과정에서 해석연속 $i\omega_n \to \omega + i\delta$ 를 행하였음):

$$(1 - Z_{ph}(\omega))\,\omega \;=\; \int_{-\infty}^{\infty} d\omega'\; K_{ph}(\omega', \omega)\, \Re\{\frac{\omega'}{\sqrt{\omega'^2 - \Delta(\omega')^2}}\}\mathrm{sgn}(\omega')$$

(9.3.16)

$$\phi_{ph}(\omega) \;=\; -\int_{-\infty}^{\infty} d\omega'\; K_{ph}(\omega', \omega)\, \Re\{\frac{\Delta(\omega')}{\sqrt{\omega'^2 - \Delta(\omega')^2}}\}\mathrm{sgn}(\omega')$$

(9.3.17)

$$\phi_c(\mathbf{p}) \;=\; U_c \int_{-\infty}^{\infty} d\omega'\; f(\omega')\, \Re\{\frac{\Delta(\omega')}{\sqrt{\omega'^2 - \Delta(\omega')^2}}\}\mathrm{sgn}(\omega').$$

(9.3.18)

여기서 $f(\omega)$ 는 페르미 분포함수이고 $\Delta(\omega)$ 는

$$\Delta(\omega) = \phi(\omega)/Z(\omega) \tag{9.3.19}$$

와 같이 정의하였다. 또한 전자-포논 간의 상호작용으로부터 유도된 연산자 (kernel) K_{ph} 는 다음과 주어진다.

$$K_{ph}(\omega', \omega) \;=\; \int_0^{\infty} d\Omega\; \alpha(\Omega)^2 F(\Omega)$$
$$\times \left[\frac{1 + n(\Omega) - f(\omega')}{\omega - \Omega - \omega' + i\delta} + \frac{f(\omega') + n(\Omega)}{\omega + \Omega - \omega' + i\delta} \right],$$
$$\alpha^2(\Omega)F(\Omega) \;=\; \frac{\int_{S_F} \frac{d^2p}{v_{\mathbf{p}}} \int_{S_F} \frac{d^2p'}{v_{\mathbf{p'}}} \sum_{\lambda} |g_{\lambda}(\mathbf{p}-\mathbf{p}')|^2 \delta(\Omega - \Omega_{\lambda}(\mathbf{p}-\mathbf{p}'))}{\int_{S_F} \frac{d^2p}{v_{\mathbf{p}}}}.$$

(9.3.20)

이렇게 주어지는 K_{ph} 는 (6.4.17)에서 보았던 전자-포논 상호작용에 의한 자체에너지와 유사한 형태를 갖고 있음에 주목하자.

또한 페르미 면 상에서 평균값을 취한 전자-전자 간 쿨롱 상호작용 U_c 는 다음과 같이 주어진다:

$$U_c = \frac{\int_{S_F} \frac{d^2p}{v_{\mathbf{p}}} \int_{S_F} \frac{d^2p'}{v_{\mathbf{p'}}}\, v(\mathbf{p} - \mathbf{p}')}{\int_{S_F} \frac{d^2p}{v_{\mathbf{p}}}}. \tag{9.3.21}$$

식 (9.3.16), (9.3.17)들을 구하는 과정에서 우리는 Z_{ph}, ϕ_{ph} 등의 매개 변수들이 운동량에 크게 의존하지 않는다는 즉 거의 등방적 (nearly isotropic)이라는 가정을

사용하여 다음과 같이 페르미 면 상에서 평균값을 취하여 운동량에 대한 의존성을 없앴다.

$$\bar{\Sigma}_{ph}(\omega) = \frac{\int_{S_F} \frac{d^2p}{v_\mathbf{p}} \Sigma_{ph}(\mathbf{p},\omega)}{\int_{S_F} \frac{d^2p}{v_\mathbf{p}}}. \tag{9.3.22}$$

반면에 식 (9.3.18)의 $\phi_c(\mathbf{p})$ 는 쿨롱 항에 진동수 의존성이 없기 때문에 운동량 의존성만 고려하였는데, 식 (9.3.21)에 의하여 운동량 의존성도 없어지게 된다.

$Z_c = 0$ 인 사실과 $\phi = \phi_{ph} + \phi_c$ 즉 $Z\Delta = \phi_{ph} + \phi_c$ 의 관계식, 그리고 식 (9.3.16–9.3.18)로부터 우리는 최종적으로 다음과 같은 Z 와 Δ 에 관한 비선형 연립 방정식인 Eliashberg 방정식을 얻는다:

$$[1 - Z(\omega)]\omega = \int_{-\infty}^{\infty} d\omega' \, K_{ph}(\omega',\omega) \, \Re\{\frac{\omega'}{\sqrt{\omega'^2 - \Delta(\omega')^2}}\}\text{sgn}(\omega'), \tag{9.3.23}$$

$$\begin{aligned}
Z(\omega)\Delta(\omega) = &-\int_{-\infty}^{\infty} d\omega' \, K_{ph}(\omega',\omega) \, \Re\{\frac{\Delta(\omega')}{\sqrt{\omega'^2 - \Delta(\omega')^2}}\}\text{sgn}(\omega') \\
&+ U_c \int_{-\infty}^{\infty} d\omega' \, f(\omega') \, \Re\{\frac{\Delta(\omega')}{\sqrt{\omega'^2 - \Delta(\omega')^2}}\}\text{sgn}(\omega').
\end{aligned} \tag{9.3.24}$$

식 (9.3.23) 중 $\Re(\frac{\omega}{\sqrt{\omega^2 - \Delta(\omega)^2}})$ 은 BCS 이론에서 보았던 초전도 바닥상태에서의 상태밀도 함수이다. 따라서 이 식은 정상 상태에서의 전자-포논 간 상호작용에 의한 전자의 자체에너지 (K_{ph} 에 해당)에 초전도 바닥상태에서의 상태밀도가 곱해진 형태를 띠고 있다. 식 (9.3.24)는 포논과 쿨롱 상호작용을 동시에 고려한 BCS 간격 방정식의 일반화된 형태로, 약결합 조건하에서는 BCS 이론으로 구한 T_c 를 유도할 수 있다.

강결합 이론으로 주어진 자체충족적 Eliashberg 방정식은 수치적으로 풀 수밖에 없는데 McMillan [1968]은 여러 물질에 대하여 수치적으로 얻은 T_c 를 근거로 다음과 같은 경험적 (empirical) 식을 제안하였다:

$$T_c = \frac{\Theta_D}{1.45} \exp\left(-\frac{1.04(1+\lambda)}{\lambda - \mu^\star(1 + 0.62\lambda)}\right). \tag{9.3.25}$$

이 식은 McMillan 공식으로 불리며 강결합 초전도체의 T_c 는 보통 이 공식으로부터 구하여진다. 식 (9.3.25) 중 $\mu^\star$ 는 페르미 표면 상에서의 전자 간 유효 쿨롱

상호작용을 나타내는 상수로 수도퍼텐셜 (pseudopotential) 매개변수라 칭하며

$$\mu^\star = \frac{U_c N(\epsilon_F)}{1 + U_c N(\epsilon_F) \ln\left(\frac{\omega_c}{\omega_D}\right)} \tag{9.3.26}$$

와 같이 U_c 와 관계된다 [Vonsovsky 등 1982]. ω_c 는 쿨롱 상호작용이 존재하는 에너지 범위를 나타낸다 (보통 $\omega_D \ll \omega_c \ll E_F$). 흔히 실제 계산에서는 $\mu^\star = 0.1 \sim 0.13$ 의 일정한 값 또는 다음의 경험적 공식을 사용한다:

$$\mu^\star = \frac{0.26 N(\epsilon_F)}{1 + N(\epsilon_F)}. \tag{9.3.27}$$

한편 Debye 진동수 Θ_D 는 실험값을 사용하고, 전자-포논 간 결합상수 λ 는 식 (6.4.37)에서 유도한 바와 같이 다음의 McMillan 표현으로부터 구한다:

$$\lambda = \frac{N(\epsilon_F)\langle I^2 \rangle}{M \langle \omega^2 \rangle}. \tag{9.3.28}$$

여기서 $\langle I^2 \rangle$는 전자-이온 간의 상호작용 행렬요소 (matrix element)로서 강체이온 (rigid ion) 모델을 이용한 에너지띠 계산 결과로부터 얻을 수 있으며 [Gaspari-Gyorffy 1972], $\langle \omega^2 \rangle$는 보통 $\langle \omega^2 \rangle = \frac{\Theta_D^2}{2}$의 관계식을 사용한다.

참고 문헌

- Bardeen J., L. N. Cooper and J. R. Schrieffer, Phys. Rev. **108**, 1175 (1957).

- Eliashberg G. M., Sov. Phys. JETP **11**, 696 (1960).

- Fetter A. L. and J. D. Walecka, *Quantum Theory of Many Particle Systems*, McGraw-Hill, San Francisco (1971).

- Fröhlich H., Phys. Rev. **79**, 845 (1950).

- Gaspari G. D. and B. L. Gyorffy, Phys. Rev. Lett. **28**, 801 (1972).

- Hebel L. C. and C. O. Slichter, Phys. Rev. **107**, 901 (1959).

- Madelung O., *Introduction to Solid State Physics*, Springer-Verlag (1978).

- McMillan W. L., Phys. Rev. **167**, 331 (1968).

- Nambu Y., Phys. Rev. **117**, 648 (1960).

- Schrieffer J. R., *Theory of Superconductivity*, Frontiers in physics series, Benjamin (1964).

- Schrieffer J. R., *The Pairing Theory - its physical basis and its consequences*, Springer Ser. Solid State Sci. Vol. **106**, p.3, Springer-Verlag, Berlin (1992).

- Tinkham M., *Introduction to Superconductivity*, McGraw-Hill (1975).

- Vonsovsky S. V., Y. A. Izyumov and E. Z. Kurmaey, *Superconductivity of Transition Metals*, Springer Ser. Solid State Sci. Vol. **27**, Springer-Verlag, Berlin (1982).

- White R. M. and T. H. Geballe, *Long Range Order in Solids*, Solid State Physics series, ed. by H. Ehrenreich, F. Seitz and D. Turnbull, Supp. Vol. **15**, Academic Press (1979).

Chapter 10

강상관 전자계 (Strongly-Correlated Electron Systems)

이 장에서 우리는 응집물질물리 분야에서 최근 관심의 대상이 되고 있는 몇 가지 연구 과제를 살펴보기로 하자. 그중 최근까지 해결되지 않은 문제들인 강상관 전자계에서의 혼합 원자가 (mixed-valence) 및 무거운 퍼미온 (heavy fermion) 현상, 고온 초전도 현상 (High Tc superconductivity), 그리고 초거대 자기저항 (colossal magnetoresistance: CMR) 현상, 콘도 절연체 (topological insulator), 위상 콘도 절연체 (topological Kondo insulator), 디락-봐일 콘도 물질계 (Dirac[1]-Weyl[2] Kondo systems) 등에 대하여 그 최근 연구 동향을 알아보도록 한다.

10.1 무거운 퍼미온 물질계 (Heavy Fermion Materials)

1975년 Andres 등 [Andres 1975]은 $CeAl_3$에 대한 비열과 파울리 스핀감수율의 측정으로부터 이들의 크기가 보통 금속들에 비하여 1000배 정도 크다는 것을 발견하였다. 이후 $CeAl_3$뿐만 아니라 Ce 이나 U 원소들을 포함한 여러 다른 화합물들에서도 이러한 특성들이 관측되었다 [Coleman 2007]. 1 장과 8 장에서 우리는 비열과 파울리 스핀감수율의 크기가 페르미 준위에서의 상태밀도에 비례한다는 것을 배웠고, 또 상태밀도는 전자의 유효질량에 비례한다는 것을 배웠다. 따라서

---

[1]P. A. M. Dirac (1902 – 1984), English theoretical physicist. 1933 Nobel Prize in Physics.
[2]H. K. H. Weyl (1885 – 1955), German theoretical physicist.

위 측정 결과는 $CeAl_3$ 등에서의 전자의 유효질량이 보통 금속 전자들의 유효질량에 비하여 1000배 정도 무겁다는 것을 의미하기 때문에 이들 물질들은 무거운 퍼미온 (HF) 물질계라 칭하여 진다. HF 물질계에서 보이는 특이 물성들을 다음과 같이 간략하게 열거해 본다.

(1) f 전자들을 가진 원자들로 이루어진 희토류, 또는 악티나이드계에서의 국소된 f 전자들은 보통 자기모멘트를 띠고 있다. 하지만 Ce 이나 U 원소들을 포함한 여러 화합물들에서 다음과 같은 특이한 성질이 관측된다.

- 이들의 f 에너지 준위가 E_F 에 가까이 위치하여 있고 전도전자와의 혼성 (hybridization) 상호작용 V_{fd} 에 의해 가상속박 (virtual bound) 상태를 이룬다.

- 혼성 상호작용은 전도전자와 f 전자 간에 반강자성 상호작용 J_{fd} 를 유도하고 [Schrieffer 1966, Coqblin 1969], 이 상호작용은 이들 원소가 불순물로 존재하는 경우 전도전자가 국소화된 f 전자의 자기모멘트를 보정 (compensate) 하는 Kondo 현상을 보인다.

- 특히 전도전자의 수 $N(d)$ 와 f 전자의 수 $N(f)$ 가 거의 같은 경우, 즉 $\frac{N(f)}{N(d)} \sim 1$ 인 경우를 밀집 Kondo 계 (dense Kondo system)라 하는데 이들 전자들의 상관 효과는 매우 크다.

(2) HF 물질은 결맞음 (coherence) 온도라 부르는 어떤 특정한 온도 $T^\star$ 이하에서는 자기모멘트를 잃게 된다.

- $T^\star$ 보다 높은 온도에서 HF 물질은 국소된 자기모멘트를 갖고 있는 Curie-Weiss 형태의 자화율을 보이며 스핀 당 큰 엔트로피 $(S \sim k \ln(N_f))$ $(N_f$: f-전자 자기모멘트의 스핀 겹침)를 갖는다.

- 바닥상태 $(T = 0)$ 에서 f 전자들은 결맞는 (coherent) 블로흐 에너지띠를 형성하여 엔트로피 S 는 0 이 되고 Luttinger 정리를 만족하는 페르미 면을 갖는다 [Luttinger 1960]. 즉 HF 물질에서 바닥상태 페르미 면의 부피는 전도전자와 f 전자의 합으로 주어지게 된다.

- $T = 0$ 에서의 결맞는 블로흐 상태는 온도의 증가에 따라 Kondo 온도 T_K ($>$ $T^\star$) 근방에서 비정렬된 국소 자기 모멘트를 갖는 상태 (disordered local moment state)로 바뀌게 된다.

- $T^\star$ 근방에서 스핀 당 비열 계수는 $\gamma \sim k \ln(2J + 1)/T^\star$ 의 값을 갖는다. 따라서 $T^\star = 1\ K$, $J = 1/2$ 인 화합물의 경우 $\gamma \sim 5.76 J/(mole \cdot K^2)$ 이 된다. 이 값은 보통 금속인 Cu의 경우의 $\gamma \sim 1 mJ/(mole \cdot K^2)$ 에 비하여 매우 큰 값이라 할 수 있다.

- 결맞는 블로흐 상태에서 이렇게 큰 γ 는 E_F 에 위치한 전자들의 유효질량이 매우 크다는 것을 의미하기 때문에 HF 물질계라 불린다.

- 저온에서 측정한 비열의 온도 의존성을 보면 γT 의 형태 외에 스핀요동 (spin-fluctuation) 자유도에 기인하는 $T^3 \ln(T)$ 의 형태도 존재한다. 이는 HF 물질에서 스핀요동의 효과가 매우 크다는 사실을 의미한다.

(3) $T^\star$, T_K 온도 척도 (temperature scale)

- 낮은 $T^\star (< 1 \text{ K})$ 를 가진 물질들은 국소 자기 모멘트를 갖는 특성을 보인다.

- 높은 $T^\star (\sim 1000 \text{ K})$ 를 가진 물질들은 비자성 물질이라 할 수 있다.

- $T^\star \sim 100$ K 인 경우 보통 혼합 원자가 물질에 해당한다.

- $T^\star < 10$ K 인 경우가 HF 물질에 해당하며 스핀요동 효과가 매우 크다.

(4) 결맞는 블로흐 상태는 저온에서 여러 가지 다른 전기적, 자기적 상전이에 불안정하다.

- 많은 HF 물질들이 자기적 상전이를 보인다. U_2Zn_{17} 의 예를 들면 중성자 산란 실험을 통하여 이맞는 (commensurate) 반강자성을 갖는다는 것이 확인되었고 $0.6 \ \mu_B$ 의 자기모멘트를 갖는다. 이때 $T^\star$ 와 T_N 이 거의 비슷하기 때문에 Kondo 상태로의 전이와 자성 상태로의 상전이가 서로 경쟁한다고 할 수 있다.

- 초전도 상전이를 보이는 HF 물질들은 $CeCu_2Si_2$ ($T_c = 0.5 \ K$), UPt_3 ($T_c = 0.5 \ K$), UBe_{13} ($T_c = 0.9 \ K$) 등을 들 수 있다. 이때 초전도 전이에 따른 비열의 큰 변화는 초전도 불안정성이 무거운 질량을 갖는 f 전자들에 기인한다는 것을 말해준다. 이들 초전도 상전이의 메커니즘이 포논에 의한 것인지 스핀요동에 의한 것인지 등은 아직 미해결의 문제로 남아 있다.

10.2 고온 초전도체 (High-T_c Superconductor)

1986년도에 Bednorz[3]와 Müller[4] [1986]에 의해 LaBaCuO 산화물 초전도체가 발견된 이래 수십여 종의 새로운 산화물 고온 초전도체가 발견되었다.
예를 들어

- $La_{2-x}M_xCuO_{4-y}$ (x $\sim$ 0.15, M : Ba, Ca, Sr, $T_c \sim$ 40 K)

- $RBa_2Cu_3O_{7-\delta}$ (R: Rare-earth except for Ce and Pr)

---

[3]J. G. Bednorz (1950 -), German experimental physicist. 1987 Nobel Prize in Physics.
[4]K. A. Müller (1927 -), Swiss experimental physicist. 1987 Nobel Prize in Physics.

- Y-Ba-Cu-O ($T_c \sim 90\ K$)

- Bi-Sr-Ca-Cu-O ($T_c \sim 110\ K$)

- Tl-Ba-Cu-O ($T_c \sim 125\ K$)

- Hg-Ba-Ca-Cu-O ($T_c \sim 130\ K$) 등.

위의 산화물 초전도체들은 양공 첨가를 한 p 형의 경우라 할 수 있는데 이와는 달리 $Nd_{2-x}Ce_xCuO_4$ ($T_c \sim 24\ K$) 는 전자 첨가를 한 n 형의 경우이다. 또한 $BaKBiO_3$ ($T_c \sim 30\ K$), RNi_2B_2C ($T_c \sim 20\ K$) 와 같이 Cu 를 포함하지 않은 초전도체들도 발견되었다.

하지만 아직도 산화물 등에서 보이는 고온 초전도 현상의 메커니즘에 대한 이해는 확립이 안 된 상태이다. 따라서 여러 이론적 모델이 제시되었고 이들이 실험 사실과 부합하는가 그렇지 않은가에 의해 점점 실제에 가까운 모델들로 좁혀져 가고 있는 상황이다.

10.2.1   실험적 사실

고온 초전도 물성에 대한 가장 중요한 질문은 초전도 현상이 어떠한 상호작용에 기인하는가, 또 초전도 상태는 어떠한 상태인가 하는 것 등이다. 실험으로부터 명확한 것은 다음과 같은 사실들이다.

- 초전도성은 전자쌍에 기인한다.

- 초전도 결맞음 길이 (coherence length) ξ 가 기존의 초전도체에 비하여 매우 짧다 (a-축 $\xi_{ab} \sim 20$ Å, c-축 $\xi_c \sim 5$ Å). 따라서 고비 자기장 (critical magnetic field) H_{c2} 가 매우 크다 ($H_{c2} \sim hc/(e\xi^2)$).

- 동위원소 효과 (isotope effect)가 기존의 초전도체에 비해 매우 작다.

- 초전도상의 질서 파라미터 (order parameter)가 페르미 면에서 0 이 되는 영역이 있는 것처럼 관측되었는데 이는 기존의 s 파가 아닌 d 파의 대칭성을 갖는 쿠퍼 전자쌍 상태의 가능성이 있음을 말한다 [Harlingen 1995].

- 교류 (ac) 전도도 $\sigma(\omega)$ 를 보면 드루드 (Drude) 스펙트럼과 에너지 간격 사이를 채운 중간 적외선 (mid-IR) 영역에 넓고 연속적인 스펙트럼이 관측된다. 또한 $\sigma(\omega) = \sigma(0)/(1 - i\omega\tau)$ 형태의 드루드 스펙트럼의 모양에서도 $1/\tau \sim \omega$ 이 되어 보통 금속에서 보이는 $1/\tau \sim \omega^2$ 과는 다른 물성을 보인다.

- 중성자 산란 실험을 통하여 관측된 $\Im\chi(q,\omega)$ 로부터 광범위 자기질서가 없어진 경우에도 엇맞는 (incommensurate) 스핀상관 효과가 존재함이 관측된다. 즉 자기들뜸이 존재함을 의미한다.

- $\sum_q \Im\chi(q, \omega = 0)$ 에 해당하는 국소 물성을 측정하는 NMR 실험에서는 기존의 BCS 초전도체에서 보이는 Hebel-Slichter 최대점이 고온 초전도체에서는 보이지 않으며, $T > Tc$ 에서 자기 결맞음 길이가 $\xi(T) \sim \frac{1}{T+\theta}$ 인 특성을 보여 준다.

- 원래 반강자성을 띠고 있던 반도체에 양공 치환을 늘리면 반강자성이 없어지며, 전도성이 있는 양공에 의해 브릴루앙 영역의 $(\pm\pi/2, \pm\pi/2)$ 점 부근에 조그마한 양공 페르미 면이 생기게 된다. 이 페르미 면 부피는 치환된 양공의 조성비 δ 에 해당하는 부피를 갖고 있다. 양공의 조성비를 더욱 늘리면 스핀 당 전자 개수 $n_\sigma = (1 - \delta)/2$ 의 부피에 해당하는 큰 페르미 면이 Γ 점 주위에 생겨난다. 조그마한 양공 페르미 면이 어떠한 과정으로 큰 전자 페르미 면으로 전이하는지에 대하여는 아직 완전한 이해가 되지 않고 있다.

- 가장 높은 T_c 를 주는 적정한 (optimal) 양공 치환량보다 치환량이 적은 (underdoped) 경우 T_c 위의 온도에서도 페르미 면 주위에 에너지 간격이 있는 것처럼 관측된다. 이를 수도간격 (pseudo gap)이라 부르며, 이 간격과 실제의 초전도 에너지 간격과의 관계에 대한 이해가 아직 확실치 않은 상황이다.

- 강상관 전자계로 분류되는 고온 초전도는 또 다른 강상관 전자계인 HF 물질들과 비교하여 다른 점이 있다. 크게 다른 점은 유효질량으로서, HF 물질의 경우 $m^\star/m > 100$인데 비해 고온 초전도체의 경우 $m^\star/m = 2 - 4$ 이다.

- 고온 초전도체가 강상관계임에도 불구하고 많은 실험 사실들이 초전도를 일으키는 전자와 포논 간의 결합이 작지 않다는 증거를 보인다. 즉 T_c 와 H_c 근방에서 포논의 진동수 변환이 매우 크며, 격자구조를 약간만 변화하여도 초전도성이 없어진다. 또한 적정 치환 (optimal doping)의 경우에는 동위원소 변위가 없으나, 여러 고온 초전도체 물질에서 동위원소 변위가 관측된다.

10.2.2 모델 이론

P.W. Anderson[5] [Anderson 1994]은 고온 초전도체에 대한 실험 사실을 바탕으로 고온 초전도에 대한 이론이 만족하여야 할 다음과 같은 여섯 가지의 학설 (dogmas)을 제시하였다.

- 고온 초전도체에서의 전하 운반은 Cu-O_2 면에 존재하는 O($2p$)-Cu(d_{x2-y2}) 혼성 궤도의 전자에 의하여 일어난다.

- 초전도 현상과 자성이 매우 밀접하게 관련되어 있다.

- 전자 간 쿨롱 척력이 매우 크다.

---

[5]P. W. Anderson (1923 – 2020), American theoretical physicist. 1977 Nobel Prize in Physics.

- 초전도 상태가 아닌 정상 상태는 페르미 액체와는 매우 다른 재규격화 상수 $Z_F = 0$ 인 Luttinger 액체 상태에 해당하는 것 같이 보이나 [Luttinger 1963], 전자 간 상호작용의 유무와 관계없이 채워진 총 전자 개수는 같다는 Luttinger 정리를 만족하는 페르미 면은 존재한다.

- 2차원 현상이다.

- Cu-O_2 면 간의 건너뛰기 (interlayer hopping)가 초전도 상전이에 매우 중요하다.

즉 고온 초전도체는 준 2차원 (quasi-2D) 강상관계이기 때문에 정상상태에서의 물성도 기존의 페르미 액체와는 매우 다른 특성을 갖는다. 예를 들어 저에너지를 갖는 들뜸들을 기존의 페르미 액체 특성으로 설명하기 곤란하다. 이러한 점 때문에 고온 초전도체는 흔히 강상관 상호작용을 갖는 모트 (Mott[6]) 절연체에 양공이 첨가된 모델로 연구되고 있다.

고온 초전도체의 전자구조를 기술하기 위하여 사용되는 모델 이론들을 살펴보자. 우선 8 장에서 공부한 단일 띠 허바드 (Hubbard) 모델을 들 수 있다.

$$\mathcal{H} = \sum_{ij}\sum_{\sigma} t_{ij}c_{i\sigma}^{\dagger}c_{j\sigma} + \frac{U}{2}\sum_{i\sigma} n_{i\sigma}n_{i-\sigma}. \tag{10.2.1}$$

여기서 건너뛰기 파라미터 t_{ij} 의 크기는 에너지띠의 폭을 결정하여 준다. 둘째 항은 전자 간 쿨롱 상호작용에 해당하는데 원자위치 i에 스핀 ↑,↓ 의 전자쌍이 존재할 때의 쿨롱 상호작용을 나타낸다 ($n_{i\sigma}$: 원자위치 i 에서 σ 스핀을 갖는 전자의 개수). 단일 띠로 이루어진 계를 생각하면 파울리의 배타원리에 의하여 한 원자위치에서 스핀 방향이 같은 전자쌍은 존재할 수 없고 스핀 방향이 다른 ↑,↓ 의 두 개의 전자가 들어갈 수 있다. 단일 띠를 고려하는 허바드 모델에서는 반강자성 스핀요동의 영향으로 전하 간에 인력이 생기게 되고, d 파 대칭성을 갖는 초전도 상이 예측되었다 [Scalapino 1995].

앞에서 설명한 바와 같이 고온 초전도체는 전하 간 쿨롱 상호작용이 매우 큰 모트-허바드 절연체와 금속상 사이의 상전이 근처에 존재하고 있다. 8 장에서 공부한 바와 같이 위의 허바드 모델은 쿨롱 상호작용이 매우 큰 $U/t \gg 1$ 인 경우 다음과 같은 t-J 모델로 변환되며, 이 모델은 고온 초전도 현상과 관련되어 많은 연구가 진행되고 있다.

$$\mathcal{H} = \sum_{ij}\sum_{\sigma} t_{ij}\tilde{c}_{i\sigma}^{\dagger}\tilde{c}_{j\sigma} + J\sum_{ij}(S_i S_j - \frac{1}{4}n_i n_j). \tag{10.2.2}$$

---

[6]N. F. Mott (1905 – 1996), English theoretical physicist. 1977 Nobel Prize in Physics.

여기서 $\tilde{c}_{i\sigma}^{\dagger} = c_{i\sigma}^{\dagger}(1 - n_{i-\sigma})$ 이고 S_i, S_j 는 i,j 원자에서의 스핀을 나타낸다. 실험 사실로부터 $t = 0.1 \sim 0.4$ eV, $J = 0.1$ eV 정도의 크기를 갖게 된다. 이 t-J 모델로 초전도 바닥상태의 가능성이 보고되었다. 즉 두 개의 양공이 J/t 의 비에 의해 결정되는 결합에너지 (binding energy)를 갖고 서로 끌어당기게 된다. t-J 모델에서는 d 파 대칭성을 갖는 초전도상이 선호되고 있다 [Dagotto 1993].

고온 초전도 현상의 또 다른 모델로 3 띠 허바드 모델인 Emery 모델 [1987]을 들 수 있다. 이 모델에서는 Cu $3d_{x^2-y^2}$ 궤도와 O $2p_{x(y)}$ 궤도를 생각하여 Cu-O 간의 건너뛰기 파라미터 t_{pd}, Cu $3d_{x^2-y^2}$ 궤도의 두 양공 간의 쿨롱 상호작용 U_d, 그리고 $3d$ 궤도와 $2p$ 궤도 간의 에너지 차이 $\Delta_{CT} = \epsilon_p - \epsilon_d$ 등의 물리적 파라미터들을 고려한다. 고온 초전도체에서 이들의 전형적인 값은 다음과 같이 주어진다: $\Delta_{CT} = 3$ eV ; $U_d = 9$ eV; $t_{pd} = 1.5$ eV; $n_d = 9.3$. 즉 Emery 모델에서는 고온 초전도체는 $U_d < \Delta_{CT}$ 인 모트-허바드 절연체가 아니라 $U_d > \Delta_{CT}$ 인 전하이동 (charge transfer) 에너지 간격을 갖는 절연체라 생각한다. 그러나 Emery 모델에서는 전도전하와 Cu 스핀 간의 강한 결합을 설명하기가 힘들다.

Anderson [1987]이 제안한 RVB (resonating valence bond) 모델에서는 Cu^{+2} 스핀들이 쌍을 이루어 총스핀의 값이 0 이 되고 전하 첨가를 하면 이러한 쌍들이 공명하여 퍼미온인 스피논 (spinon)과 보존인 홀론 (holon)이 들뜨게 된다. 따라서 RVB 모델에서는 전자의 전하 자유도와 스핀 자유도가 분리되어 각각이 따로 들뜨게 되어 Landau[7] 페르미 액체 이론이 성립하지 않게 된다. 이러한 스피논과 홀론 쌍이 Cu-O 평면 간을 결맞는 건너뛰기 (coherent hopping)를 함으로써 초전도를 띠게 된다.

Schrieffer[8] 등 [1988]은 스핀가방 (spin-bag) 모델을 사용하여 드루드 (Drude) 스펙트럼은 준입자 스펙트럼에 해당하고 중간 적외선 (mid-IR) 스펙트럼은 전하와 스핀 자유도와의 강한 상호작용에 기인한 단일입자 그린 함수의 엇맞는 (incoherent) 스펙트럼에 해당할 것이라고 제안하였다. 스핀가방 모델에서는 양공이 주위의 비정렬된 스핀들과 상호작용하여 $J(\ll t)$ 정도의 띠 폭을 갖는 준입자를 형성하고 이 준입자의 재규격화 상수 Z_F 는 1 보다 상당히 작으며, 그 에너지 $E(k)$ 는 J 에 의해 결정된다. 따라서 스핀가방은 국소적으로 들뜬 많은 수의 스핀파 (spin wave)들이라 할 수 있으며, 이들 스펙트럼은 큰 엇맞음 (incoherent part)을 갖고 있음을 의미한다.

Varma [1989] 등에 의하여 제안된 언저리 페르미 액체 (marginal Fermi liquid) 모델은 라만 (Raman) 실험 등의 결과를 기초로 하여 온도만을 에너지 척도로 갖는 저에너지 들뜸을 가정하여 고온 초전도체의 물성을 기술하려는 모델이다. 이 모델은 결과적으로 준입자의 수명에 해당하는 산란율이 $1/\tau \sim Max(w, T)$ 와

---

[7]L. D. Landau (1908 – 1968) Russian theoretical physicist. 1962 Nobel Prize in Physics.
[8]J. R. Schrieffer (1931 – 2019), American theoretical physicist. 1972 Nobel Prize in Physics.

같이 주어져 $1/\tau \sim Max(w^2, T^2)$ 와 같이 주어지는 기존의 페르미 액체와는 매우 다른 물성을 보이게 된다. 즉 페르미 에너지 근방에서는 준입자 상태가 정의되지 않는다. 이 모델은 고온 초전도체의 많은 물성을 비교적 잘 기술하지만 아직은 현상학적 (phenomenological)인 모델로 미시적인 해석을 필요로 한다.

실험 사실에서 보았듯이 초전도를 일으키는 전자와 포논 간의 결합이 작지 않다는 여러 증거가 보인다. 이에 근거하여 Alexandrov 등 [1995]은 강한 전자-포논 상호작용에 의한 두 폴라론 (bipolaron) 모델로써 고온 초전도 현상의 설명을 시도하였다. 즉 두 폴라론이 형성되면 $2e$ 전하를 갖는 보존 액체가 형성된다. 이 액체는 T_c 이하에서 초유체 He^4 와 같이 보즈-아인슈타인 상전이를 하여 초전도 현상을 보인다는 것이다. 하지만 아직도 두 폴라론의 증거가 실험적으로 검증되지는 않았다.

결론적으로 고온 초전도체는 준 2차원 강상관 전자계로 매우 복잡한 물성을 보인다. 따라서 전자 간 강한 상호작용에 의하여 들뜸 스펙트럼과 전도물성 등이 크게 영향을 받는다. 이러한 점에서 낮은 에너지 영역에서의 들뜸 상태를 이해하는 것은 실험과 이론 양쪽 분야 모두에서 선결 과제라 하겠다. 또한 강한 전자-포논 상호작용과 강한 전자 간 상호작용을 동시에 고려하는 것이 필요한 상황이라 하겠다.

10.3   초거대 자기저항 현상

페로브스카이트 (perovskite) 구조를 가진 망간 산화물 $R_{1-x}A_xMnO_3$ (RAMO) (R: 희토류 원소, A: Ca, Ba, Sr, Pb 등 II족 원소들) 에서 관측된 초거대 자기저항 (colossal magnetoresistance: CMR) 현상은 응용적인 면과 기초물성의 관점에서 많은 관심을 모으고 있다 [Jin 1994]. 이 물질은, 산소가 -2가의 이온이 되려는 경향이 매우 강하기 때문에 $R^{3+}_{1-x}A^{2+}_xMn^{3+}_{1-x}Mn^{4+}_xO^{2-}_3$ 으로 생각할 수 있다. 즉 RAMO 에서 R 과 A 의 양을 조절하여 Mn^{3+} 와 Mn^{4+} 의 비율을 임의로 바꾸어 줄 수 있다. 이 화합물은 1950년 Jonker와 Van Santen [1950]에 의해 최초로 연구되었다. 이 화합물은 x 가 0 이거나 1 인 경우 반강자성의 절연체인데 반해, $0.2 < x < 0.5$ 에서는 강자성과 함께 높은 전기전도도가 나타난다.

Zener[9] [1951]는 이 전도성이 Mn^{3+} 이온에 존재하는 전도전자가 Mn^{4+} 이온으로 전이함에 따라 생긴다는 가설을 세웠다. Mn^{3+} 이온은 4개의 d 전자가 존재하는데, 그 중 3개 전자는 국소 준위에 있어 전도에 관여하지 않고, 나머지 하나의 전자가 전도에 관여한다 (그림 8.3 참조). 그런데 훈트의 제1법칙에 의해 한 망간 이온 내의 d 전자들이 같은 스핀 방향을 가지기 때문에 두 망간 이온들의 스핀 방향이 같을 때에만 전자의 전이가 일어날 수 있다. 그래서 전자의 이동을 가능하게 하기 위해 망간의 d 전자들이 같은 방향을 향하려 하고, 이것이 바로

---

[9]C. M. Zener (1905 – 1993), American theoretical physicist.

강자성을 일으키는 메커니즘으로 알려져 있다. 이처럼 전도전자를 매개로 하는 강한 훈트 상호작용에 의한 이온들 간의 상호작용이 바로 8 장에서 공부하였던 이중교환 (double exchange) 상호작용이다.

RAMO 화합물의 가장 중요한 특징은 자기저항 (magnetoresistance: MR) 이다. 자기저항은 금속에 자기장을 걸어 주었을 때 전기전도도가 달라지는 정도이다. 자기저항은 자기장에 의한 저항 변화와 자기장이 없을 때의 저항의 비로 나타낸다. 즉,

$$\text{MR} = \frac{\Delta R(H)}{R(0)} = \frac{R(H) - R(0)}{R(0)} \tag{10.3.1}$$

로 정의된다. 최근에는 매우 큰 자기저항이 발견되면서 자기저항을 $[R(H) - R(0)]/R(H)$ 로 나타내기도 한다. 보통의 자성 금속들은 MR=+1% 정도의 자기저항을 가진다. 즉 자기장을 걸어주면 저항이 약간 커진다. 이것은 전자들이 로렌쯔 힘을 받아 진행 방향이 교란되어 불필요한 충돌이 발생하기 때문이다. 거대 자기저항 (giant magnetoresistance: GMR)은 일반적으로 자기저항의 절대값이 10% 이상인 경우를 가리킨다. RAMO 화합물의 경우에는 금속-절연체 전이와 함께 거대 자기저항보다 훨씬 더 큰 자기저항이 (MR ∼ −100%) 관측되기 때문에 특별히 초거대 자기저항 물질이라고 부른다.

현재 거대 자기저항을 나타내는 물질은 세 가지 종류가 알려져 있다. Fe/Cr 등의 다층 (multilayer) 구조 [Baibich 등 1988], Fe-Cr 등의 낟알 (granular) 구조, 스피넬 구조를 가진 $Fe_{1-x}Cu_xCr_2S_4$ ($x = 0.0, 0.5$) [Ramirez 등 1997, Park 등 1999] 등을 들 수 있다. 초거대 자기저항 물질로는 RAMO 화합물 외에도 이후에 발견된 $(LaSr)_3Mn_2O_7$ [Kimura 등 1996], $Tl_2Mn_2O_7$ [Shimakawa 등 1996, Subramanian 등 1996] 등이 있다. 앞의 거대 자기저항 경우는, 그 원인이 층 경계와 낟알 경계에서의 전자의 충돌 확률이 자성에 관련되어 있기 때문인 것으로 알려져 있지만, RAMO의 경우와 같이 초거대 자기저항의 경우에는 다른 원인에 의한 것으로 생각된다. RAMO 화합물이 거대 자기저항의 경우와 다른 특징은 자기저항이 매우 크고 방향성이 없다는 것과 포화 전기전도도를 얻기 위해서는 매우 큰 자기장이 필요하다는 것이다.

그림 10.1(a)는 $LaPbMnO_3$ (x=0.31) 에 대한 Searle과 Wang [1970]의 자기저항 측정 실험, 그림 10.1(b)는 $LaBaMnO_3$ (x=0.33) 에 대한 von Helmolt [1993] 등의 자기저항 측정 실험 결과를 보여 준다. 앞의 것은 약 −20%, 뒤의 것은 약 −60% 의 자기저항을 나타내고 있다. 자기저항이 최대가 되는 지점은 T_C 바로 근처이다. 전기전도도가 자성의 직접적인 영향을 받는다고 생각하면, T_C 부근은 외부 자기장이 자성에 가장 큰 영향을 줄 수 있는 곳이므로 이것이 잘 설명된다. 또 자기저항의 포화를 얻기 위해서는 6 T (tesla) 이상의 큰 자기장이 필요하다는 것을 볼 수 있다. 그림 10.1은 자성과 전기전도도가 매우 밀접한 관계가 있음을

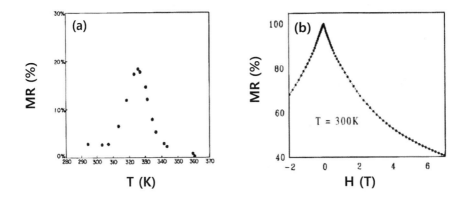

Figure 10.1: 자기저항 측정 실험. (a) H=10 kOe (1 T) 일 때의 $La_{0.69}Pb_{0.31}MnO_3$ [Searle and Wang 1970]. (b) T=300 K 일 때의 $La_{0.67}Ba_{0.33}MnO_3$ [von Helmolt 등 1993].

보여주는 실험 결과이다.

10.3.1   이론적 고찰: 이중교환 상호작용

자성을 일으키는 것은 망간의 d 전자들이다. Mn^{3+} 는 4개의 d 전자를, Mn^{4+} 는 3개의 d 전자들을 갖는다. 그리고 세 개의 d 전자들은 결정장 (crystal field)에 의해 갈라진 낮은 에너지 t_{2g} 궤도상태에 존재하고, 나머지 전자들은 높은 에너지 e_g 궤도상태에 존재한다 (그림 8.3 참조). 전도전자로 기능하는 것은 Mn^{3+} 의 e_g 전자들이고 나머지 전자들은 국소전자로 기능한다. 위의 가정들을 받아들인다면, 전자의 전이는 망간 원자들의 스핀의 방향이 같을 경우에만 일어날 수 있으므로, 전자의 전이를 통하여 전체 에너지를 낮추기 위해서 Mn 원자들은 같은 스핀 방향을 유지하려고 할 것이다. 이것이 강자성을 일으키는 근원이다. 그 상황은 그림 10.2(a)와 같다.

8 장에서 공부하였듯이 이중교환 작용은 다음의 콘도 격자 모델 (Kondo lattice model)로 표현할 수 있다:

$$H = -\sum_{\langle ij \rangle} t_{ij} c_i^+ c_j - J_H \sum_i \sigma_i \cdot \mathbf{S}_i. \tag{10.3.2}$$

위의 해밀터니안은 바니어 표현법으로 표현한 것으로, i 와 j 는 각 Mn 이온을 나타낸다. $\langle ij \rangle$ 는 이웃하는 이온들 간의 관계만을 고려하라는 뜻이다. 이중교환 상호작용은 $J_H \gg |t|$ 의 경우에 해당한다. 이중교환 작용에 관한 정량적인 분석은 Anderson과 Hasegawa [1955]에 의해 이루어졌다.

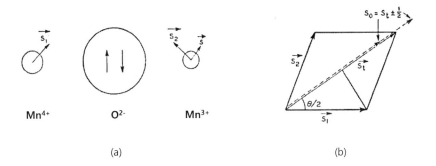

Figure 10.2: (a) Mn 산화물에서의 이중교환 상호작용의 모형적 그림. (b) 국소 및 전도전자의 스핀배열 및 총합 스핀 [Anderson and Hasegawa 1955].

그림 10.2에서 망간의 훈트 결합상수를 J_H 라고 하고 첫 번째 Mn 원자의 스핀, $\mathbf{S}_1$ 의 두 고유 방향을 α 와 β 라고 하면 이 두 상태의 에너지는 다음의 고유에너지를 가진다.

$$E(d_1\alpha) = -J_H S,$$
$$E(d_1\beta) = J_H(S+1). \tag{10.3.3}$$

위에서 S는 $\mathbf{S}_1$ 과 $\mathbf{S}_2$ 의 크기이다. 같은 방법을 두 번째 Mn 원자에 적용하여, $\mathbf{S}_2$ 의 두 고유 방향을 α' 과 β' 이라고 하면 다음과 같이 나타낼 수 있다.

$$E(d_2\alpha') = -J_H S,$$
$$E(d_2\beta') = J_H(S+1). \tag{10.3.4}$$

$\mathbf{S}_1$ 과 $\mathbf{S}_2$ 의 사이각을 θ 라고 하면, α, β 와 α', β' 사이에는 다음의 관계가 성립한다.

$$\alpha = \cos(\theta/2)\alpha' + \sin(\theta/2)\beta',$$
$$\beta = -\sin(\theta/2)\alpha' + \cos(\theta/2)\beta'. \tag{10.3.5}$$

그리고 전자의 전이확률의 최댓값 (두 스핀의 방향이 완전히 같은 경우)을 t 라고 하고 최솟값 (두 스핀의 방향이 완전히 반대인 경우)을 0 이라고 하면,

$$\langle d_1\alpha|H|d_2\alpha\rangle = t,$$
$$\langle d_1\alpha|H|d_2\beta\rangle = 0 \tag{10.3.6}$$

이다.

이것을 정리하면 다음의 해밀터니안으로 나타낼 수 있다:

$$
H = \begin{array}{c} \\ d_1\alpha \\ d_1\beta \\ d_2\alpha' \\ d_2\beta' \end{array} \begin{array}{cccc} d_1\alpha & d_1\beta & d_2\alpha' & d_2\beta' \\ \left[\begin{array}{cccc} -J_H S & 0 & t\cos(\theta/2) & t\sin(\theta/2) \\ 0 & J_H(S+1) & -t\sin(\theta/2) & t\cos(\theta/2) \\ t\cos(\theta/2) & -t\sin(\theta/2) & -J_H S & 0 \\ t\sin(\theta/2) & t\cos(\theta/2) & 0 & J_H(S+1) \end{array} \right]. \end{array}
$$

$$(10.3.7)$$

이것을 $|H - E| = 0$ 의 고유방정식에 넣어 풀면 가능한 에너지 준위를 구할 수 있다 :

$$
E = \frac{1}{2}J_H \pm \sqrt{ J_H^2 \left(S + \frac{1}{2} \right)^2 + t^2 \pm 2J_H t \left(S + \frac{1}{2} \right) \cos(\theta/2)}. \qquad (10.3.8)
$$

이중교환 상호작용의 경우 $J_H \gg t$ 이므로 근호 안의 값이 비교적 크기 때문에 $\frac{1}{2}J_H + \sqrt{\cdots}$ 근은 에너지 값 자체가 높아 무시할 수 있다. 그러면 고유에너지는 $E \approx -J_H S \pm t\cos(\theta/2)$ 로 근사할 수 있다.

결론적으로 전자의 전이확률은, 두 망간 스핀의 사이각을 θ 라고 하면 $\cos(\theta/2)$ 에 비례한다는 것이다. 따라서 다음의 관계가 유도된다.

$$
t_{ij} = t_{ij} \cos(\theta_{ij}/2). \qquad (10.3.9)
$$

여기서 $\cos(\theta_{ij}/2)$ 는 그림 10.2(b) 에 의해 $|\mathbf{S}_1 + \mathbf{S}_2|/2S \ (\equiv S_{tot}/2S)$ 로 주어진다. 그런데 $\cos(\theta_{ij}/2)$ 를 양자적으로 좀 더 엄밀하게 계산해보면 다음과 같이 나타내어진다 [Anderson-Hasegawa 1955]:

$$
\cos(\theta_{ij}/2) = \frac{S_0 + \frac{1}{2}}{2S + 1}. \qquad (10.3.10)
$$

위에서 S_0 는 두 국소 스핀 $\mathbf{S}_1$, $\mathbf{S}_2$ 와 전도전자 스핀 σ 의 총합 스핀으로 $S_0 = S_{tot} \pm \frac{1}{2}$ 이다.

식 (10.3.9)는 건너뛰기 파라미터가 스핀 자유도에 의존한다는 사실을 보여 준다. 즉 스핀이 강자성으로 정렬되면 $\theta = 0$ 이므로 건너뛰기 파라미터가 가장 커지고, 반강자성으로 정렬되면 건너뛰기 파라미터는 0 이 된다. 따라서 건너뛰기 파라미터는 스핀 자유도에 기인한 온도 의존성을 갖게 되어, 온도가 내려갈수록 점점 커지는 경향을 보인다. 또한 건너뛰기 파라미터의 증가로 전도성도 점점 높아지게 되는 것이다. 이 점이 바로 이중교환 상호작용의 가장 중요한 특성이라 할 수 있다. 건너뛰기 파라미터의 정량적인 온도 의존성은 Kubo-Ohata [1972]에 의해 계산되었다 [유운종 등 1997 참조].

10.3.2   전기전도도

이중교환 상호작용의 가장 중요한 특성은 전기전도도가 자성의 영향을 직접적으로 받는다는 것이다. 1970년 Searle과 Wang [1970]은 드루드 모델을 바탕으로 그 관계를 간단히 유도하였다. 드루드 모델에 의하면 전기전도도 σ 는 다음과 같이 나타낼 수 있다:

$$\sigma = \frac{ne^2\tau}{m^*}. \tag{10.3.11}$$

τ 는 전자의 충돌 사이의 평균시간이고 m^* 는 전자의 유효질량이다. 그런데 τ 는 충돌확률 P_s 에 반비례하므로 전도도는 $\sigma \sim n/P_s$ 로 나타낼 수 있다. 한 Mn 이온의 스핀이 위로 향할 확률을 P^+ 라 하고 아래로 향할 확률을 P^- 라고 하면 다음의 관계가 성립한다.

$$P^+ + P^- = 1 \tag{10.3.12}$$
$$P^+ - P^- = m. \tag{10.3.13}$$

m 은 평균자성으로 $\langle S_z \rangle / S$ 이다. 이 식을 풀면,

$$P^+ = \frac{1}{2}(1+m) \tag{10.3.14}$$
$$P^- = \frac{1}{2}(1-m). \tag{10.3.15}$$

그런데 스핀이 위로 향한 전도전자에게는 스핀이 아래인 이온이 불순물로 보이고, 스핀이 아래로 향한 전도전자에게는 스핀이 위인 이온이 불순물로 보일 것이다. 그러므로 $P_s^+ = P^-$ 이고, $P_s^- = P^+$ 이다. 그러므로 전도도는 다음과 같이 표현될 수 있다.

$$\sigma_{tot} = \sigma^+ + \sigma^- \sim \frac{N^+}{1-m} + \frac{N^-}{1+m}. \tag{10.3.16}$$

스핀이 위로 향한 전도전자의 개수는 스핀이 위로 향한 이온의 개수에 비례한다고 할 수 있으므로, $N^+ = (N/2)(1+m)$, $N^- = (N/2)(1-m)$ 이라고 할 수 있다. 그러므로,

$$\begin{aligned}
\sigma_{tot} &\sim \frac{1+m}{1-m} + \frac{1-m}{1+m} \\
&\sim \frac{1+m^2}{1-m^2}
\end{aligned} \tag{10.3.17}$$

이다.

위의 결과를 실험 결과와 함께 그린 것이 그림 10.3 이다. 이 결과는 전도도

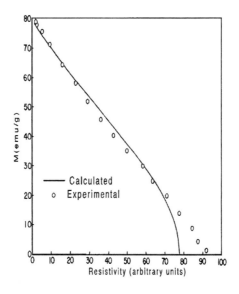

Figure 10.3: La$_{0.69}$Pb$_{0.31}$MnO$_3$에서 전도도와 자성과의 관계. [Searle and Wang 1970].

가 자성에 비례한다는 것은 잘 설명하고 있지만 자성이 낮은 영역에서는 잘 맞지 않는다. Furukawa [1994]는 $S = \infty$ (고전적인 스핀), $D = \infty$ (무한 차원)에서의 콘도 격자 모델을 풀어서 $\sigma \sim 1/(1 - Cm^2)$ 를 유도하였다. 여기서 C 는 x 의 함수이다. 이 결과는 실험 결과와 대체로 잘 일치한다.

   하지만 이중교환 작용만으로는 RAMO의 특성을 충분히 잘 설명하는 것이 힘들 것이라 믿어진다. 왜냐하면 이중교환 작용 내에서 고차의 스핀 상호작용을 고려한 결과 T_C 근처의 금속-절연체 전이나 자기장에 대한 저항의 정성적인 행동, 자기저항의 정량적인 면 등에서 실험 결과를 설명할 수 없음이 보여졌다 [Millis 등 1995]. 이와 관련하여 주목해야할 것은 최근에 자기전도성과 이온격자의 특성이 직접적으로 연관되어 있다는 많은 실험적인 보고가 있었고, 이는 RAMO 자체가 강한 전자-격자 상호작용을 갖고 있는 계임을 시사하고 있다 [Hwang 등 1995]. 특히 이 계에서 관측된 자성 전이온도에서의 매우 큰 동위원소 (isotope) 효과는 포논의 역할이 중요함을 직접적으로 보여주고 있다 [Zhao 1996]. 이를 바탕으로 Millis 등 [1996]은 얀-텔러 (Jahn-Teller) 효과를 고려하여 RAMO의 많은 특성들을 설명하려고 시도하였다 [Röder 등 1996, Lee-Min 1997] 그러나 아직도 RAMO 의 전도특성과 격자와의 연관성, 광학적 특성, 전하 배열 (charge ordering), 궤도 배열 (orbital ordering), 그리고 초거대 자기저항의 정량적 특성 등이 만족할 만큼 설명되지 않고 있다.

10.4   Kondo 절연체 (Kondo Insulator)

- 고온에서 국소 자기모멘트를 갖는 금속 중에서 온도를 낮춤에 따라 $T^{\star}$ 의 크기 정도의 매우 작은 에너지 간격을 갖는 반도체 특성을 보이는 것이 있다 (SmB_6, YbB_{12}, $CeNiSn^{10}$ 등). 즉 고온에서 보이는 금속성질이 온도를 낮춤에 따라 저항이 증가하며 발산하는 절연체 저항 특성을 보인다. 이를 Kondo 절연체 현상이라 하여 최근 많은 관심의 대상이 되고 있다. 이때 국소 자기모멘트는 상관 관계가 없어져 Curie-Weiss 전이온도 $T_c = 0$ K 가 된다.

- YbBiPt의 경우와 같이 전자의 개수가 희토류 원소의 국소 자기모멘트의 개수보다 훨씬 적은 경우, 즉 $\frac{N(d)}{N(f)} \ll 1$ 일 때 어떻게 국소 자기모멘트의 보상 (compensation)이 일어나는가 하는 문제도 Kondo 절연체 현상과 관련되어 많은 연구가 되고 있다. YbBiPt는 저온에서 $\gamma = 8J/(mole \cdot Yb \cdot K^2)$ 크기의 비열을 갖는다 [Fisk 1991].

- 자기장이나 압력을 가함으로써 에너지띠의 교차 (band crossing)가 일어나고 금속-비금속 상전이가 일어난다. 그 원인은 아직 완전한 이해가 되지 않은 상태이다.

10.4.1   위상 콘도 절연체 (Topological Kondo Insulator)

최근 Bi_2Se_3, Bi_2Te_3 등의 3차원 위상절연체 (topological insulator)의 발견과 함께 위상 물성의 중요성이 새로이 부각되고 있다 [Hasan 2010]. 위상절연체는 보통의 절연체와 달리 내부의 덩치 (bulk) 전자구조 상태는 절연성을 띠고 있지만 표면 전자구조 상태는 시간 역전 대칭성에 의하여 위상적으로 보호되는 금속성을 갖고 있는 물질이다 (그림 10.4 참조). 위상절연체가 되는 조건으로는 덩치 전자구조에서 페르미 준위 근방의 두 띠가 에너지적으로 위치가 반전된 띠 반전 (band inversion) 상황이 있어야 하고, 스핀-궤도 상호작용이 커서 두 덩치 에너지띠 간에 띠 간격 (band gap)이 존재하여야 한다. 이 덩치 띠 간격 사이에 띠 간격이 없는 디락 콘 (Dirac-cone) 형태의 표면 띠가 생성되어 표면 금속성을 띠는 것이 바로 위상절연체이다. 그러므로 불순물을 첨가한다든지 혹은 격자구조를 약간 변형시키는 압력을 가하는 등의 약한 외부 자극에도 위상절연체의 표면 도체 상태는 여전히 유지가 된다. 특히 디락 콘 형태의 표면 띠에서 보이는 스핀의 나선성 (spin helicity)은 향후 스핀트로닉스 응용 가능성을 높이고 있다.

이러한 위상절연체 물성 연구에서 자연스러운 다음 질문은 전자 간 쿨롱 상호작용이 큰 경우 어떠한 물성을 갖는가이다. 즉 Bi_2Se_3, Bi_2Te_3 등의 기존의

---

[10]CeNiSn의 경우 실험 사실이 시료의 질에 따른다는 보고가 있었음 [Inada 1996, Kang 1998, Nam 2019, Bareille 2019]

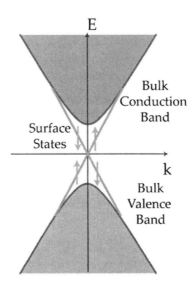

Figure 10.4: 위상절연체에서의 디락 콘 형태의 표면 띠 [Hasan and Kane 2010].

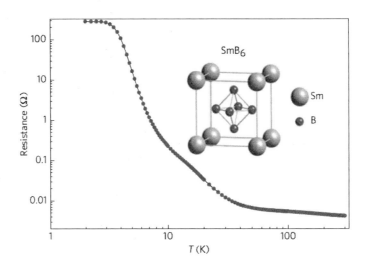

Figure 10.5: 콘도 절연체 SmB_6 의 온도에 따른 저항 특성 [Kim 등 2014].

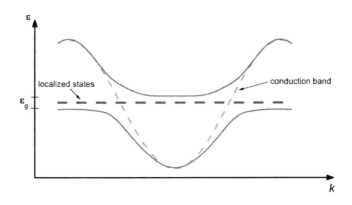

Figure 10.6: 희토류 f 띠 (localized states)와 d 띠 (conduction band) 간의 혼성 상호작용으로 인한 띠 간격 형성 그림.

위상절연체들은 전자 간 쿨롱 상호작용이 그리 크지 않은 s, p 전자들을 갖는 물 질들인데, 전자 간 쿨롱 상호작용이 큰 d 또는 f 전자를 갖는 전이금속과 희토류 원소를 포함하는 물질들에서의 위상절연체의 가능성과 그 물성에 대한 질문은 재 미있는 연구 주제라 할 수 있다. 사실 이들 물성에 대한 연구가 현재 한창 진행 중이며 이들 물질은 위상 모트 절연체 (topological Mott insulator), 위상 콘도 절연체 (topological Kondo insulator) 등으로 불리며 이러한 물성을 갖는 실제 물질계를 찾는 연구가 활발히 진행되고 있다.

금속-절연체 상전이와 원자가 상전이를 보이는 대표적 콘도 절연체 SmB_6 는 온도를 낮춤에 따라 콘도 절연체에서 위상절연체로의 상전이 가능성 때문에 큰 주 목을 받고 있다. 그림 10.5는 SmB_6 의 온도에 따른 저항 변화를 보여 준다. 주목할 점은 온도를 낮춤에 따라 저항이 커지는 전형적인 콘도 절연체 현상을 보이다가, $T = 5$ K 이하에서는 저항 곡선이 일정한 포화 저항 값을 가지며 평평해 진다는 사실이다. 이러한 SmB_6 에서의 기이한 현상은 지난 40여 년간 희토류 콘도 물성 분야의 미스터리로 남아 있는 문제이다. 만일 SmB_6 가 위상 콘도 절연체라면 이 러한 저항 거동은 덩치 물성은 절연체이나 표면은 금속성을 갖는 위상절연체의 표면 전자들의 전도성으로 설명할 수 있게 된다.

SmB_6 와 같은 희토류 콘도 절연체는 강한 쿨롱상관 효과를 갖는 f 전자를 가진 물질로, 저온에서 f 전자는 결맞은 f 띠를 형성하고, 이렇게 형성된 f 띠와 d 띠가 혼성화하여 그림 10.6와 같이 띠 간격 (band gap)이 만들어진다. 따라서 저 항 측정에서 금속-절연체 상전이가 보이게 되는데, 지금까지 보고된 희토류 콘도 절연체는 대표적인 SmB_6 외에 YbB_{12}, $Ce_3Bi_4Pt_3$, CeRhAs 등이 있다. 이렇게 만들어진 절연체의 에너지띠 모양을 보면 f 띠와 d 띠의 위치가 에너지적으로 반전된 상황을 갖게 되고, 이로 인하여 이들 물질이 표면 도체성을 갖는 위상 콘도

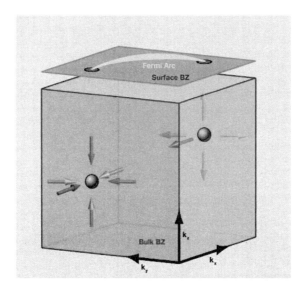

Figure 10.7: Weyl 반금속계의 홀극 및 반홀극, 표면 브릴루앙 영역에 형성되는 페르미 호 (Fermi-arc) [Balents 2011].

절연체의 가능성이 제기되어 최근에 활발한 이론 및 실험 연구가 진행되고 있다.

     SmB_6 에 대한 각도분해능 광분광법 (ARPES) 실험을 통하여 금속성을 갖는 표면 띠가 실제로 측정되어 위상 콘도 절연체의 가능성을 증명한 연구들이 여러 편 보고되었지만, 이론적으로 예측된 디락 콘 형태의 표면 띠에 대한 확실한 실험 증거는 아직 나타나지 않아 과연 SmB_6 가 위상절연체인지에 대한 논란이 아직 해결되지 않은 상황이다.

10.4.2   디락-봐일 콘도 물질계 (Dirac-Weyl Kondo Systems)

디락 물질계는 덩치 전자구조가 띠 간격을 갖는 위상절연체와는 달리 그래핀과 같이 덩치 에너지띠 자체가 디락 띠 모양을 가지면서 위상 물성을 보이는 덩치 반금속 (semi-metal) 물질계를 지칭한다. 만일 디락 반금속계에서 반전대칭성이나 시간반전대칭성이 더 깨지면 겹쳐진 디락 띠가 갈라지며 겹침이 없는 위상적으로 보호된 봐일 띠 모양의 에너지띠를 갖게 되는데, 이러한 물질계를 봐일 반금속계라 지칭한다 [Wan 2011]. 질량이 없는 봐일 퍼미온은 왼손잡이성 (left-handedness) 인지 아니면 오른손잡이성 (right-handedness)인지 구분할 수 있는 손대칭성 (카이랄성: chirality)을 가지고 있는데, 이러한 봐일 띠의 노드와 관련된 손대칭성은 위상 전하 (topological charge)로서 이해될 수 있으며, 앞에서 언급했던 운동량 공간에서의 베리 (Berry) 자기장의 홀극 (monopole) 및 반홀극 (anti-monopole) 으로 행동한다. 이러한 위상 물성으로 인해 표면 페르미 면은 페르미 호 (Fermi-arc) 형상을 보일 것으로 이론적으로 예측되었다 (그림 10.7). 이러한 이론적 예측은 실제로 반전대칭성이 없는 TaAs 물질에서 실험적으로 구현되었으며, 이후 많은 물질에서 봐일 물질계가 발견되었다. 3차원 봐일 물질계에서의 봐일 퍼미온은 질량이 없는 특성으로 인해 더 빠른 전자 회로를 만드는 데 사용할 수 있으며, 위상절연체와 같이 스핀트로닉스 소자로서 매우 유용하리라 기대되어 2차원 재료인 그래핀보다 더 실용적일 수 있는 가능성이 있다.

희토류 콘도 물질계에도 이러한 봐일 물질이 존재할 수 있는가 하는 것은 매우 재미있는 질문이라 하겠다. 만일 봐일 콘도 물질이 존재한다면 온도 변화에 따라 봐일 상전이가 일어나고, 봐일 노드 근처의 준입자는 무거운 f 전자로 이루어진 페르미 호를 갖게 될 것이다. 봐일 콘도 물질을 찾으려면 우선 반전대칭성이나 시간반전대칭성이 없는 콘도 반금속 물질계 중 위상적 물성을 갖는 물질계를 고려하여야 하는데, 지금까지 알려진 콘도 반금속 물질인 CeNiSn, CeRhSb, CeBiPt, YbBiPt 등이 좋은 후보라 할 수 있다.

참고 문헌

- 유운종, 이재동, 민병일, 한국자기학회지 **7**권, 55 (1997).

- 특집 고온 초전도체, 물리학과 첨단기술 **7**권 4호, 한국물리학회 (1998).

- Alexandrov A. S. and N. Mott, *Polarons and Bipolarons*, World Scientific, Singapore (1995).

- Anderson P. W. and H. Hasegawa, Phys. Rev. **100**, 675 (1955).

- Anderson P. W., Science **235**, 1196 (1987).

- Anderson P. W., *A Career in Theoretical Physics*, World Scientific, Singapore (1994).

- Andres K., J. Graebner and H. R. Ott, Phys. Rev. Lett. **35**, 1779 (1975).

- Baibich M. N., J. M. Broto, A. Fert, F. Nguyen Van Dau, F. Petroff, P. Etienne, G. Creuzet, A. Friederich and J. Chazelas, Phys. Rev. Lett. **61**, 2472 (1988).

- Balents L., Physics **4**, 36 (2011).

- Bareille C., T.-S. Nam, T. Takabatake, K. Kuroda, T. Yajima, M. Nakayama, S. Kunisada, S. Akebi, M. Sakano, S. Sakuragi, R. Noguchi, B. I. Min, S. Shin and T. Kondo, Phys. Rev. B **100**, 045133 (2019).

- Bednorz J. G. and K. A. Müller, Z. Phys. B**64**, 189 (1986).

- Coleman P., *Heavy Fermions: Electrons at the Edge of Magnetism* in Handbook of Magnetism and Advanced Magnetic Materials, edited by H. Kronmüller, S. Parkin and I. Zutic, John Wiley and Sons (2007) vol. **1**, pp. 95–148.

- Cooley J. C., M. C. Aronson, Z. Fisk and P. C. Canfield, Phys. Rev. Lett. **74**, 1629 (1995).

- Coqblin B. and J. R. Sehrieffer, Phys. Rev. **185**, 847 (1969).

- Dagotto E. and J. Riera, Phys. Rev. Lett. **70**, 682 (1993).

- Emery V. J., Phys. Rev. Lett. **58**, 2794 (1987).

- Fisk Z., P. C. Canfield, W. P. Beyermann, J. D. Thompson, M. F. Hundley, H. R. Ott, E. Felder, M. B. Maple, M. A. Lopez de la Torre, P. Visani and C. L. Seaman, Phys. Rev. Lett. **67**, 3310 (1991).

- Fisk Z. and J. R. Schrieffer, MRS Bulletin, Aug. (1993) p. 23.

- Fulde P. and P. Horsh, Europhys. News 24 (1993).

- Furukawa N., J. Phys. Soc. Jpn. **63**, 3214 (1994).

- Harlingen D. J. van, Rev. Mod. Phys. **67**, 515 (1995).

- Hasan M. Z. and C. L. Kane, Rev. Mod. Phys. **82**, 3045 (2010).

- Hwang H. Y., S.-W. Cheong, P. G. Radaelli, M. Marezio and B. Batlogg, Phys. Rev. Lett. **75**, 914 (1995).

- Inada Y., H. Azuma, R. Settai, D. Aoki, Y. Onuki, K. Kobayashi, T. Takabatake, G. Nakamoto, H. Fujii and K. Maezawa, J. Phys. Soc. Jpn. **65**, 1158 (1996).

- Jin S., T. H. Tiefel, M. McCormack, R. A. Fastnacht, R. Ramesh and L. H. Chen, Science **264**, 413 (1994).

- Jonker G. H. and J. H. Van Santen, Physica **16**, 337 (1950).

- Kang J. -S., C. G. Olson, Y. Inada, Y. Onuki, S. K. Kwon and B. I. Min, Phys. Rev. B**58**, 4426 (1998).

- Kim D. J., J. Xia and Z. Fisk, Nat. Mater. **13**, 466 (2014).

- Kimura T., A. Asamitsu, Y. Tomioka and Y. Tokura, Science **274**, 1698 (1996).

- Kobayashi K.-I., T. Kimura, H. Sawada, K. Terakura and Y. Tokura, Nature **395**, 677 (1998).

- Kubo K. and N. Ohata, J. Phys. Soc. Jpn. **33**, 21 (1972).

- Lee J. D. and B. I. Min, Phys. Rev. B **55**, 12454 (1997).

- Luttinger J. M., Phys. Rev. **119**, 1153 (1960).

- Luttinger J. M., J. Math. Phys. **4**, 1154 (1963).

- Millis A. J., P. B. Littlewood and B. I. Shraiman, Phys. Rev. Lett. **74**, 5144 (1995).

- Millis A. J., B. I. Shraiman and R. Müller, Phys. Rev. Lett. **77**, 175 (1996).

- Nam T.-S., C.-J. Kang, D.-C. Ryu, J. Kim, H. Kim, K. Kim and B. I. Min, Phys. Rev. B **99**, 125115 (2019).

- Park M. S., S. K. Kwon, S. J. Youn and B. I. Min, Phys. Rev. B**59**, 10018 (1999).

- Ramirez A. P., R. J. Cava and J. Krajewski, Nature **386**, 156 (1997).

- Röder H., Jun Zang and A. R. Bishop, Phys. Rev. Lett. **76**, 1356 (1996).

- Scalapino D. J., Phys. Rep. **250**, 329 (1995).

- Schrieffer J. R. and P. A. Wolff, Phys. Rev. **149**, 491 (1966).

- Schrieffer J. R., X. G. Wen and S.-C. Zhang, Phys. Rev. Lett. **60**, 944 (1988).

- Searle C. W. and S. T. Wang, Can. J. Phys. **48**, 2023 (1970).

- Shimakawa Y., Y. Kubo and T. Manako, Nature **379**, 53 (1996).

- Subramanian M. A., B. H. Toby, A. P. Ramirez, W. J. Marshall, A. W. Sleight and G. H. Kwei, Science **273**, 81 (1996).

- Varma C. M., P. B. Littlewood, S. Schmitt-Rink, E. Abrahams and A. E. Ruckenstein, Phys. Rev. Lett. **63**, 1996 (1989).

- von Helmolt R., J. Wecker, B. Holzapfel, L. Schultz and K. Samwer, Phys. Rev. Lett. **71**, 2331 (1993).

- Zener C., Phys. Rev. **81**, 440 (1951).

- Zhao G., K. Conder, H. Keller and K.A. Müller, Nature **381**, 676 (1996).

Chapter 11

부록

A.1 선형반응 이론 (Linear Response Theory): Kubo 공식

어떠한 계에 전기장, 자기장 등의 외부 섭동을 주면 그 계는 섭동에 대하여 반응을 보일 것이다. Kubo [1957]는 이러한 반응이 외부 섭동에 일차적으로 비례한다고 가정하여 계의 응답함수, 전도도 등의 반응함수 표현식을 유도하였다. 이렇게 얻어진 반응함수는 아래 보인 바와 같이 보고자 하는 계의 변수의 평형상태에서의 상관함수 꼴로 주어진다.

다음과 같이 주어지는 해밀터니안을 생각하자.

$$\mathcal{H}_{tot} = \mathcal{H}_0 + \mathcal{H}'(t) \tag{A.1.1}$$

$\mathcal{H}_0$는 계를 기술하는 해밀터니안이며 $\mathcal{H}'(t)$는 시간 의존성을 갖는 섭동 해밀터니안이다. 만일 외부 섭동이 자기장 $B_{ext}(t)$라면 $\mathcal{H}'(t) = -M \cdot B_{ext}(t)$와 같이 자기모멘트와 결합되는 양이다.

외부 섭동이 있는 상황에서 다음과 같은 밀도행렬 (density matrix)을 도입하자.

$$\rho = \rho_0 + \rho'(t) \tag{A.1.2}$$

$$\rho_0 = \frac{e^{-\beta(\mathcal{H}_0 - \mu N)}}{Z} \equiv \frac{e^{-\beta K_0}}{Z} \tag{A.1.3}$$

$$Z = tr(e^{-\beta K_0}) \tag{A.1.4}$$

ρ_0와 Z는 외부 섭동이 없는 평형 상태에서의 밀도행렬과 분배함수 (partition function) 이다. $\mathcal{H}' = 0$ 일 때 어떤 물리 변수 A의 기대치가 0 이라 생각하자. 즉,

$$\langle A \rangle_0 = \mathrm{tr}(\rho_0 A) = 0. \tag{A.1.5}$$

그러면 외부 섭동이 있는 상황에서는

$$\langle A(t) \rangle = \mathrm{tr}(\rho'(t) A) \tag{A.1.6}$$

로 주어진다.

밀도행렬에 대한 Neumann 방정식은

$$i\hbar \frac{\partial \rho}{\partial t} = [\mathcal{H}_{tot}, \rho] \tag{A.1.7}$$

로 주어지므로

$$
\begin{aligned}
i\hbar\frac{\partial}{\partial t}(\rho_0 + \rho') &= [\mathcal{H}_0 + \mathcal{H}', \rho_0 + \rho'] \\
&= [K_0 + \mathcal{H}', \rho_0 + \rho'].
\end{aligned} \tag{A.1.8}
$$

여기서 $K_0 = \mathcal{H}_0 - \mu N$이고 $[\rho_0 + \rho', N] = 0$ 의 입자수가 보존 (number conservation)되는 성질을 사용하였다.

한편

$$
i\hbar\frac{\partial \rho_0}{\partial t} = [K_0, \rho_0] = 0 \tag{A.1.9}
$$

이므로 위 식 (A.1.8)은

$$
i\hbar\frac{\partial}{\partial t}\rho' = [K_0, \rho'] + [\mathcal{H}', \rho_0] \tag{A.1.10}
$$

와 같이 된다. 여기서 $[\mathcal{H}', \rho'] \sim 0$으로 보는 일차 반응 근사를 사용하였다. 식 (A.1.10)을 상호작용 묘사 (interaction picture) 에서의 $\rho'_I(t)$를 사용하여 변환하면

$$
\rho'_I(t) = e^{\frac{i}{\hbar}K_0 t}\rho'(t)e^{-\frac{i}{\hbar}K_0 t} \tag{A.1.11}
$$

$$
\begin{aligned}
i\hbar\frac{\partial}{\partial t}\rho'_I(t) &= -[K_0, \rho'] + e^{\frac{i}{\hbar}K_0 t}i\hbar\frac{\partial \rho'(t)}{\partial t}e^{-\frac{i}{\hbar}K_0 t} \\
&= e^{\frac{i}{\hbar}K_0 t}[\mathcal{H}', \rho_0]e^{-\frac{i}{\hbar}K_0 t} \\
&\equiv X(t)
\end{aligned} \tag{A.1.12}
$$

가 된다. 따라서

$$
\rho_I(t) = \frac{1}{i\hbar}\int_{-\infty}^{t} X(t')dt' \tag{A.1.13}
$$

이고 원래의 밀도행렬,

$$
\begin{aligned}
\rho'(t) &= \frac{1}{i\hbar}e^{-\frac{i}{\hbar}K_0 t}\int_{-\infty}^{t} X(t')dt' e^{\frac{i}{\hbar}K_0 t} \\
&= \frac{1}{i\hbar}\int_{-\infty}^{t} e^{-\frac{i}{\hbar}K_0(t-t')}[\mathcal{H}', \rho_0]e^{\frac{i}{\hbar}K_0(t-t')}dt'
\end{aligned} \tag{A.1.14}
$$

로 주어진다. 이를 식 (A.1.6)에 대입하면

$$
\langle A(t)\rangle = \frac{1}{i\hbar}\int_{-\infty}^{t} \mathrm{tr}\{e^{-\frac{i}{\hbar}K_0(t-t')}[\mathcal{H}'(t'), \rho_0]e^{\frac{i}{\hbar}K_0(t-t')}A\}dt' \tag{A.1.15}
$$

이 된다.

또한 위 식은 *trace* 성질을 이용하면

$$\begin{aligned}\langle A(t)\rangle &= \frac{1}{i\hbar}\int_{-\infty}^{t}\mathrm{tr}\{[\mathcal{H}'(t'),\rho_0]A_I(t-t')\}dt'\\ &= \frac{1}{i\hbar}\int_{-\infty}^{t}\mathrm{tr}\{\rho_0[A_I(t-t'),\mathcal{H}'(t')]\}dt'\end{aligned}\tag{A.1.16}$$

와 같이 변환할 수 있다. 만일 $\mathcal{H}'(t') = -A(t')B_{ext}(t')$ 와 같이 주어지면

$$\begin{aligned}\langle A(t)\rangle &= \frac{-1}{i\hbar}\int_{-\infty}^{t}\mathrm{tr}\{\rho_0[A_I(t-t'),A(t')]\}B_{ext}(t')dt'\\ &\equiv \int_{-\infty}^{\infty}dt'\chi(t-t')B_{ext}(t')\end{aligned}\tag{A.1.17}$$

로 되어 반응함수인 응답함수, $\chi(t-t')$는

$$\begin{aligned}\chi(t-t') &= \frac{i}{\hbar}\theta(t-t')\mathrm{tr}\{\rho_0[A_I(t-t'),A(t')]\}\\ &\equiv \frac{i}{\hbar}\theta(t-t')\langle[A_I(t-t'),A(t')]\rangle_0\end{aligned}\tag{A.1.18}$$

의 표현식을 갖는다. 즉 반응 함수는 변수 상관함수에 대한 계의 평형상태에서의 기대치임을 알 수 있다.

A.2 요동소산 정리 (Fluctuation-Dissipation Theorem)

상관함수에 해당하는 요동 (fluctuation) $J_1(\omega)$ 와 지연 그린 함수 $G^R(\omega)$ 의 허수 값에 해당하는 소산 (dissipation)과는 다음과 같은 관계식을 갖는다:

$$J_1(\omega) = -\frac{2}{1-e^{-\beta\omega}}\Im G^R(\omega).\tag{A.2.1}$$

이 관계식을 유도하여 보자.

물리 변수 A, B 에 대한 다음과 같은 지연 그린 함수를 생각하자.

$$\begin{aligned}G^R(t) &= -i\theta(t)\langle[A(t),B]\rangle\\ &= -i\theta(t)\langle A(t)B - BA(t)\rangle\end{aligned}\tag{A.2.2}$$

여기서 A, B 의 요동은

$$
\begin{aligned}
J_1(t) &\equiv \langle A(t)B \rangle \\
&= \frac{1}{Z} tr\left[e^{-\beta H} A(t)B \right] \\
&= \frac{1}{Z} \sum_{nm} \langle n|Be^{-\beta H}|m\rangle \langle m|e^{iHt}Ae^{-iHt}|n\rangle \\
&= \frac{1}{Z} \sum_{nm} e^{-\beta\varepsilon_m} \langle n|B|m\rangle \langle m|A|n\rangle e^{i(\varepsilon_m - \varepsilon_n)t}
\end{aligned}
\tag{A.2.3}
$$

와 같이 표현되므로 이의 푸리에 변환은

$$
\begin{aligned}
J_1(\omega) &= \int J_1(t)e^{i\omega t}dt \\
&= \frac{2\pi}{Z} \sum_{nm} e^{-\beta\varepsilon_m} \langle n|B|m\rangle \langle m|A|n\rangle \delta(\omega + \varepsilon_m - \varepsilon_n)
\end{aligned}
\tag{A.2.4}
$$

과 같이 주어진다. 여기서 $|n\rangle, |m\rangle$ 은 H의 고유벡터이다. 마찬가지로

$$
\begin{aligned}
J_2(t) &\equiv \langle BA(t) \rangle \\
J_2(\omega) &= \frac{2\pi}{Z} \sum_{nm} e^{-\beta\varepsilon_n} \langle n|B|m\rangle \langle m|A|n\rangle \delta(\omega + \varepsilon_m - \varepsilon_n)
\end{aligned}
\tag{A.2.5}
$$

와 같이 주어진다. δ 함수로부터 $e^{-\beta\varepsilon_n} = e^{-\beta\varepsilon_m}e^{-\beta\omega}$ 이므로 위의 두 식은

$$
J_2(\omega) = e^{-\beta\omega} J_1(\omega)
\tag{A.2.6}
$$

의 관계가 있음을 알 수 있다.

위 두 식을 이용하면

$$
\begin{aligned}
G^R(t) &= -i\theta(t) \int_{-\infty}^{\infty} (J_1(\omega') - J_2(\omega'))e^{-i\omega' t}\frac{d\omega'}{2\pi} \\
&= -i\theta(t) \int \frac{d\omega'}{2\pi}(1 - e^{-\beta\omega'})J_1(\omega')e^{-i\omega' t}
\end{aligned}
\tag{A.2.7}
$$

이 되고 이 식의 푸리에 변환은

$$
\begin{aligned}
G^R(\omega) &= -i\int_{-\infty}^{\infty} \frac{d\omega'}{2\pi}(1 - e^{-\beta\omega'})J_1(\omega') \int_0^{\infty} dt e^{i(\omega + i\eta - \omega')t} \\
&= \int_{-\infty}^{\infty} \frac{d\omega'}{2\pi}(1 - e^{-\beta\omega'})\frac{J_1(\omega')}{\omega - \omega' + i\eta}
\end{aligned}
\tag{A.2.8}
$$

이 된다.

위 식의 허수값을 취하면

$$
\begin{aligned}
\Im G^R(\omega) &= -\pi \int_{-\infty}^{\infty} \frac{d\omega'}{2\pi}(1 - e^{-\beta\omega'})J_1(\omega')\delta(\omega - \omega') \\
&= -\frac{1}{2}(1 - e^{-\beta\omega})J_1(\omega)
\end{aligned}
\tag{A.2.9}
$$

이 되고 따라서 요동소산 정리, 식 (A.2.1)를 얻는다.

A.3 전자-구멍쌍 고리도형 (Electron-Hole-Pair Ring Diagram)

그림 A.1(a)로 주어지는 전자-구멍쌍 고리도형, $\Pi_0(q, i\omega_m)$ 를 유한온도 $(T \neq 0)$ 에서 계산하여 보자 (고리는 방울 (bubble)이라고도 부름). 이러한 도형은 포논의 자체에너지, 응답함수 등의 표현에서 많이 보았던 도형이다. 5 장에서 공부한 마츠바라 (Matsubara) 그린 함수를 사용하여

$$
\begin{aligned}
\Pi_0(q, i\omega_m) &= -2\sum_p \frac{1}{\beta}\sum_n \frac{1}{i\omega_n - \varepsilon_p}\frac{1}{i\omega_n + i\omega_m - \varepsilon_{p+q}} \tag{A.3.1} \\
&= \frac{2}{2\pi i}\sum_p \int_c d\omega \frac{f(\omega)}{\omega - \varepsilon_p}\frac{1}{\omega + i\omega_m - \varepsilon_{p+q}} \tag{A.3.2} \\
&= -2\sum_p \left(\frac{f(\varepsilon_p)}{\varepsilon_p + i\omega_m - \varepsilon_{p+q}} + \frac{f(\varepsilon_{p+q} - i\omega_m)}{\varepsilon_{p+q} - i\omega_m - \varepsilon_p}\right) \tag{A.3.3} \\
&= -2\sum_p \frac{f(\varepsilon_p) - f(\varepsilon_{p+q})}{i\omega_m - \varepsilon_{p+q} + \varepsilon_p} \tag{A.3.4}
\end{aligned}
$$

을 얻는다 [Mahan 1990]. 여기서 $f(\omega) = \frac{1}{e^{\beta\omega}+1}$ 인 페르미 분포함수이고 첫째 줄의 인수 2 는 스핀 자유도를 고려한 것이다. 첫째 줄에서 둘째 줄의 유도는 허수 진동수 $i\omega_n$ 에 대한 합을 경로적분 공식

$$
\frac{1}{\beta}\sum_n F(i\omega_n) = \mp \int_c \frac{d\omega}{2\pi i}\frac{F(\omega)}{e^{\beta\omega} \pm 1}
\tag{A.3.5}
$$

을 이용하여 바꾼 것이다. 식 (A.3.5)에서 위의 부호는 $\omega_n = \frac{2n+1}{\beta}\pi$ 일 때 즉 퍼미온인 경우이고, 아래 부호는 $\omega_n = \frac{2n}{\beta}\pi$ 일 때 즉 보존인 경우이다. 그리고 셋째, 넷째 줄은 유수 (residue) 정리를 사용하여 경로적분을 수행한 결과이다 (그림 A.2).

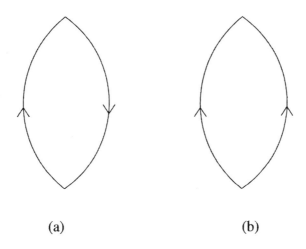

Figure A.1: (a) 전자-구멍쌍 고리도형. (b) 전자-전자쌍 고리도형.

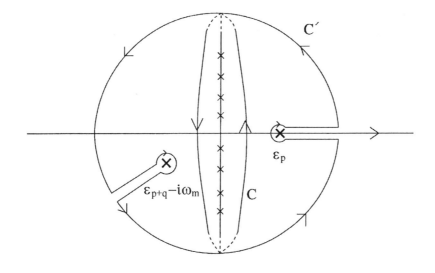

Figure A.2: 경로적분 (contour integral).

$\omega = 0$ 일 때 이 도형은

$$\Pi(q,0) \quad = \quad -2\sum_p \frac{f(\varepsilon_{p+q}) - f(\varepsilon_p)}{\varepsilon_{p+q} - \varepsilon_p} \tag{A.3.6}$$

이고 다시 $q \to 0$이면

$$\Pi(0,0) = -2\sum_p \frac{q\delta f}{q\delta\varepsilon} = 2\sum_p \delta(\varepsilon_F - \varepsilon_p) = N(\varepsilon_F) \tag{A.3.7}$$

의 값을 주게 된다 ($N(\varepsilon_F)$: 페르미 준위에서의 상태밀도). 이러한 결과는 압축률 (compressibility)이나 파울리 자기응답함수 등에서 보았던 결과와 일치한다.

A.4　전자-전자쌍 고리도형 (Electron-Electron-Pair Ring Diagram)

그림 A.1(b)로 주어지는 전자-전자쌍 고리도형 $\tilde{\Pi}_0(q, \omega_m)$ 를 유한온도 ($T \neq 0$) 에서 계산하여 보자. 이러한 도형은 초전도 현상의 쿠퍼쌍 형성을 기술할 때 나오 는 도형이다 [Doniach 1974].

전자-구멍쌍 고리도형에서와 같이 마츠바라 그린 함수를 사용하여

$$\begin{aligned}
\tilde{\Pi}_0 &= -2\sum_p \frac{1}{\beta} \sum_n \frac{1}{i\omega_n + i\omega_m - \varepsilon_{p+q}} \frac{1}{-i\omega_n - \varepsilon_p} \\
&= -2(-\frac{1}{2\pi i}) \sum_p \int_c d\omega \frac{f(\omega)}{\omega + i\omega_m - \varepsilon_{p+q}} \frac{1}{-\omega - \varepsilon_p} \\
&= -2\sum_p (\frac{f(-\varepsilon_p)}{i\omega_m - \varepsilon_p - \varepsilon_{p+q}} + \frac{f(-i\omega_m + \varepsilon_{p+q})}{i\omega_m - \varepsilon_{p+q} - \varepsilon_p}) \\
&= -2\sum_p \frac{f(\varepsilon_{p+q}) - f(-\varepsilon_p)}{i\omega_m - \varepsilon_p - \varepsilon_{p+q}}
\end{aligned} \tag{A.4.1}$$

와 같이 유도할 수 있다.

$\omega_m, q \to 0$ 에서 이 고리도형은

$$\lim_{\omega_m, q \to 0} \tilde{\Pi}_0(q, \omega_m) = -2\sum_p \frac{1 - 2f(\varepsilon_p)}{2\varepsilon_p}$$

$$= -\sum_p \frac{\tanh \frac{\beta \varepsilon_p}{2}}{\varepsilon_p} \tag{A.4.2}$$

가 된다. 이러한 형태는 다름 아닌 9장에서 초전도체의 전이온도나 에너지 간격을 구하는 공식에서 보았던 식이다.

A.5 베리 위상 (Berry Phase)

다음과 같이 시간에 의존하는 파라미터 $\mathbf{R}(t)$ 의 함수인 해밀터니안 $H(\mathbf{R}(t))$ 의 슈뢰딩거 방정식을 생각하자.

$$i\hbar \frac{\partial}{\partial t} |\psi_n(t)\rangle = H(\mathbf{R}(t)) \, |\psi_n(t)\rangle. \tag{A.5.1}$$

여기서 $\mathbf{R}(t)$ 가 시간에 따라 천천히 변하여 준정적 근사 (quasi-static, adiabatic approximation)를 사용할 수 있는 해밀터니안이라 하면 식 (A.5.1)의 해인 $|\psi_n(t)\rangle$ 는 어떤 특정한 시간 t 에서 $H(\mathbf{R}(t))$ 의 고유상태 $|n(\mathbf{R}(t))\rangle$ 로 표현할 수 있다. 즉

$$H(\mathbf{R}(t)) \, |n(\mathbf{R}(t))\rangle = \epsilon_n(\mathbf{R}(t)) \, |n(\mathbf{R}(t))\rangle \tag{A.5.2}$$

를 만족한다면 $|\psi_n(t)\rangle$ 는

$$|\psi_n(t)\rangle = e^{i\gamma_n(t)} \, \exp\left[-\frac{i}{\hbar} \int_0^t dt' \epsilon_n(\mathbf{R}(t')) \right] \, |n(\mathbf{R}(t))\rangle \tag{A.5.3}$$

와 같이 $|n(\mathbf{R}(t))\rangle$ 와 위상만 서로 다른 상태로 주어진다고 생각할 수 있다. 여기서 exp 항은 시간에 의존하지 않는 해밀터니안에서와 같이 동역학적 위상 항을 나타내고 $\gamma_n(t)$ 를 포함하는 항은 동역학적 위상이 아닌 다른 위상을 나타내는 항으로서 아래에서 기술하듯이 베리 위상 (Berry phase) 항에 해당하는 항이다. 식 (A.5.3)를 식 (A.5.1)에 대입하여 $\gamma_n(t)$ 를 구하면

$$\gamma_n(t) = i \int_0^t dt \, \langle n(\mathbf{R}(t')| \frac{\partial}{\partial t'} n(\mathbf{R}(t'))\rangle \tag{A.5.4}$$

와 같이 주어지고, $\mathbf{R}(t)$ 를 생각하여 t 적분을 $\mathbf{R}$ 적분으로 바꾸면

$$\gamma_n = i \int_C d\mathbf{R} \cdot \langle n(\mathbf{R})| \frac{\partial}{\partial \mathbf{R}} |n(\mathbf{R})\rangle \equiv \int_C d\mathbf{R} \cdot \mathbf{A}_n(\mathbf{R}) \tag{A.5.5}$$

이 된다. 여기서 $\mathbf{A}_n(\mathbf{R})$ 은 베리 퍼텐셜 (Berry potential) 또는 베리 연결 (Berry connection) 이라 부르며, 식 (A.5.5)와 같이 $\mathbf{A}_n(\mathbf{R})$ 의 경로적분 ($\mathbf{R}(t) = \mathbf{R}(0)$) 으로 주어지는 베리 위상 γ_n 을 기하학적 위상이라고도 칭한다 [Xiao 2010].

베리 퍼텐셜은 전자기학에서의 벡터 퍼텐셜과 같은 역할을 하며 자기장이 벡터 퍼텐셜의 curl ($\nabla \times$)로 주어지듯이 베리 퍼텐셜의 curl을 베리 자기장 (Berry magnetic field) 또는 베리 곡률 (Berry curvature) $\mathbf{\Omega}$ 라 부른다:

$$\mathbf{\Omega}_n(\mathbf{R}) = \nabla_{\mathbf{R}} \times \mathbf{A}_n(\mathbf{R}). \tag{A.5.6}$$

그러면 베리 위상 γ_n 은 베리 곡률 $\mathbf{\Omega}$ 의 면적분이 되어 전자기학에서의 자속에 해당하는 물리량이 된다.

$$\gamma_n = \int_S d\mathbf{S} \cdot \mathbf{\Omega}_n(\mathbf{R}). \tag{A.5.7}$$

베리 위상 γ_n 은 반전대칭과 시간반전대칭이 있는 물리계에서는 0 이 되나 반전대칭이나 시간반전대칭이 깨진 물리계에서는 0 이 아닌 값을 갖게 되어 실제 측정 가능한 물리 현상으로 구현되게 된다.

특히 전기장이나 자기장이 걸린 고체계에서는 파라미터 $\mathbf{R}(t)$ 를 시간에 의존하는 결정 운동량 (crystal momentum) $\mathbf{k}(t)$ 로 생각할 수 있어 베리 퍼텐셜이

$$\mathbf{A}_n(\mathbf{k}) = i\langle n(\mathbf{k})| \frac{\partial}{\partial \mathbf{k}} |n(\mathbf{k})\rangle = i \int_{cell} d\mathbf{r} \; u_n^*(\mathbf{k}, \mathbf{r}) \; \nabla_{\mathbf{k}} u_n(\mathbf{k}, \mathbf{r}) \tag{A.5.8}$$

와 같이 주어진다 ($\int_{cell}$ 은 고체 결정의 단위세포 (unit cell)에서의 적분을 나타냄). 여기서 $u_n(\mathbf{k}, \mathbf{r})$ 는 블로흐 (Bloch) 함수 $\psi_n(\mathbf{k}, \mathbf{r})$ 의 단위세포 주기함수로서

$$u_n(\mathbf{k}, \mathbf{r}) = \psi_n(\mathbf{k}, \mathbf{r}) \; e^{-i\mathbf{k} \cdot \mathbf{r}} \tag{A.5.9}$$

이고, $u_n(\mathbf{k}, \mathbf{r})$ 은 주기적 퍼텐셜을 갖는 고체계 해밀터니안 H 에서 유도되는 유효 해밀터니안 $\tilde{H}(\mathbf{k}) \equiv e^{-i\mathbf{k} \cdot \mathbf{x}} H e^{i\mathbf{k} \cdot \mathbf{x}}$ 의 고유해이다:

$$\tilde{H}(\mathbf{k}) \; u_n(\mathbf{k}, \mathbf{r}) = \epsilon_{n\mathbf{k}} \; u_n(\mathbf{k}, \mathbf{r}). \tag{A.5.10}$$

즉 유효 해밀터니안은 시간에 의존하는 결정 운동량 $\mathbf{k}(t)$ 를 파라미터로 갖는 시간에 의존하는 해밀터니안이다. 식 (A.5.8)로 주어지는 베리 퍼텐셜 $\mathbf{A}_n(\mathbf{k})$ 는

본문 1 장에서 다루었던 식 (1.4.17) 파속 (wave packet)의 속도 중에서 이상속도 (anomalous velocity)를 발생시키는 물리량이다.

전기장 $\mathbf{E}$ 가 걸려있는 고체계에서 본문 식 (1.4.16)와 (1.4.17)에서 언급한 파속의 중심 위치와 평균 속도를 간략히 유도해 보자. 블로흐 함수 $\psi_{n\mathbf{k}}(\mathbf{r})$ $(\equiv \langle \mathbf{r} | \psi_{n,\mathbf{k}} \rangle)$ 와 파속 $|\Psi(t)\rangle$ 는 다음과 같은 슈뢰딩거 방정식의 해이다 :

$$H \, |\psi_{n,\mathbf{k}}\rangle \;\; = \;\; \epsilon_n(\mathbf{k}) \, |\psi_{n,\mathbf{k}}\rangle, \tag{A.5.11}$$

$$i\hbar \frac{\partial}{\partial t} |\Psi(t)\rangle \;\; = \;\; (H + \frac{e}{\hbar} \mathbf{E} \cdot \mathbf{r}) \, |\Psi(t)\rangle. \tag{A.5.12}$$

1 장에서 우리는 파속을 블로흐 함수로 전개하였다.

$$|\Psi(t)\rangle = \sum_{n,\mathbf{k}} C_n(\mathbf{k}, t) \, |\psi_{n,\mathbf{k}}\rangle. \tag{A.5.13}$$

식 (A.5.13)을 식 (A.5.12)에 대입하고 $\langle \psi_{l,\mathbf{q}} |$ 를 내적하면

$$i\hbar \frac{\partial C_n(\mathbf{k}, t)}{\partial t} = \epsilon_n(\mathbf{k}) \, C_n(\mathbf{k}, t) + \frac{e}{\hbar} \, \mathbf{E} \cdot \sum_{l,\mathbf{q}} \langle \psi_{n,\mathbf{k}} | \, \mathbf{r} \, | \psi_{l,\mathbf{q}} \rangle \, C_l(\mathbf{q}, t) \tag{A.5.14}$$

를 얻는다. 위 식의 $\langle \psi_{n,\mathbf{k}} | \, \mathbf{r} \, | \psi_{l,\mathbf{q}} \rangle$ 항을 계산하면

$$\begin{aligned} \langle \psi_{n,\mathbf{k}} | \, \mathbf{r} \, | \psi_{l,\mathbf{q}} \rangle \;\; = \;\; & \int d\mathbf{r} \, \exp[i(\mathbf{q} - \mathbf{k}) \cdot \mathbf{r}] \, u_n^*(\mathbf{k}, \mathbf{r}) \, \mathbf{r} \, u_l(\mathbf{q}, \mathbf{r}) \\ = \;\; & -i \, \Big[\nabla_{\mathbf{q}} \int d\mathbf{r} \, \exp[i(\mathbf{q} - \mathbf{k}) \cdot \mathbf{r}] \, u_n^*(\mathbf{k}, \mathbf{r}) \, u_l(\mathbf{q}, \mathbf{r}) \\ & - \int d\mathbf{r} \, \exp[i(\mathbf{q} - \mathbf{k}) \cdot \mathbf{r}] \, u_n^*(\mathbf{k}, \mathbf{r}) \, \nabla_{\mathbf{q}} u_l(\mathbf{q}, \mathbf{r}) \Big] \end{aligned} \tag{A.5.15}$$

이 된다. $u_n(\mathbf{k}, \mathbf{r})$ 이 단위세포에 주기적 함수인 것을 고려하면

$$\langle \psi_{n,\mathbf{k}} | \, \mathbf{r} \, | \psi_{l,\mathbf{q}} \rangle \;\; = \;\; i \, \delta_{nl} \nabla_{\mathbf{k}} \delta(\mathbf{k} - \mathbf{q}) + \mathbf{A}_{nl}(\mathbf{k}) \, \delta(\mathbf{k} - \mathbf{q}), \tag{A.5.16}$$

$$\mathbf{A}_{nl}(\mathbf{k}) \;\; \equiv \;\; i \int_{cell} d\mathbf{r} \, u_n^*(\mathbf{k}, \mathbf{r}) \, \nabla_{\mathbf{k}} u_l(\mathbf{k}, \mathbf{r}) \tag{A.5.17}$$

를 얻는다.

식 (A.5.16)를 이용하면 식 (A.5.14)는

$$i\hbar \frac{\partial C_n(\mathbf{k}, t)}{\partial t} = \epsilon_n(\mathbf{k}) \, C_n(\mathbf{k}, t) + i \frac{e}{\hbar} \mathbf{E} \cdot \nabla_{\mathbf{k}} C_n(\mathbf{k}, t) + \frac{e}{\hbar} \mathbf{E} \cdot \sum_l \mathbf{A}_{nl}(\mathbf{k}) C_l(\mathbf{k}, t)$$

$$\tag{A.5.18}$$

로 주어진다. 여기서 에너지띠 간 터널링을 무시할 수 있는 준정적 근사를 사용하면 (즉 $\mathbf{A}_{nl} = 0$ for $n \neq l$), 띠 지수 n 은 고정 상수로 생각할 수 있으므로 위 식은

$$i\hbar \frac{\partial C_n(\mathbf{k}, t)}{\partial t} = \epsilon_n^{(1)}(\mathbf{k}) \, C_n(\mathbf{k}, t) + i\frac{e}{\hbar} \, \mathbf{E} \, \cdot \, \nabla_\mathbf{k} C_n(\mathbf{k}, t), \quad (A.5.19)$$

$$\epsilon_n^{(1)}(\mathbf{k}) \equiv \epsilon_n(\mathbf{k}) + \frac{e}{\hbar} \, \mathbf{E} \, \cdot \, \mathbf{A}_{nn} \quad (A.5.20)$$

와 같이 근사할 수 있다. 여기서 $\mathbf{A}_{nn}$ 은 바로 식 (A.5.8)에서 정의한 베리 퍼텐셜임을 알 수 있다.

본문 식 (1.4.16)의 파속 중심의 위치 $\mathbf{r}_c$ 는 식 (A.5.16)를 이용하여 구할 수 있다. 즉

$$
\begin{aligned}
\mathbf{r}_c &\equiv \langle \Psi(t)|\mathbf{r}|\Psi(t) \rangle \\
&= \sum_{\mathbf{k},\mathbf{q}} C^*(\mathbf{k}) \, \langle \psi_\mathbf{k}| \, \mathbf{r} \, |\psi_\mathbf{q} \rangle \, C(\mathbf{q}) \\
&= \sum_\mathbf{k} \left[iC^*(\mathbf{k}) \nabla_\mathbf{k} C(\mathbf{k}) + |C(\mathbf{k})|^2 \mathbf{A}(\mathbf{k}) \right] \\
&= \left[-\nabla_\mathbf{k}\varphi_\mathbf{k} + \mathbf{A}(\mathbf{k}) \right]|_{\mathbf{k}=\mathbf{k}_c}. \quad (A.5.21)
\end{aligned}
$$

위 식에서 $\varphi_\mathbf{k}$ 는 $C(\mathbf{k})$ 의 위상이고 $(C(\mathbf{k}) = |C(\mathbf{k})|e^{i\varphi_\mathbf{k}})$, 파속의 특성 상 $|C(\mathbf{k})|^2$ 는 중심 $\mathbf{k}_c$ 에서 봉우리를 보이는 가우스 (Gaussian) 함수와 같이 생각할 수 있으므로 $\sum_\mathbf{k} |C(\mathbf{k})|^2 (\cdots)$ 를 $(\cdots)$ 항의 $\mathbf{k}_c$ 에서의 값으로 대치하였다. 그리고 준정적 근사하에서 띠 지수 n 은 고정되어 있으므로 생략하였다.

같은 방법으로 본문 식(1.4.17)에서 주어진 파속의 평균 속도 $\mathbf{v}_c$ 를 유도해 보자. $\mathbf{v}_c \equiv \frac{d\mathbf{r}_c}{dt}$ 이므로

$$
\begin{aligned}
\mathbf{v}_c &= \frac{d}{dt} \langle \Psi(t)|\mathbf{r}|\Psi(t) \rangle \\
&= \sum_{\mathbf{k},\mathbf{q}} \left[\dot{C}^*(\mathbf{k})\langle \psi_\mathbf{k}| \, \mathbf{r} \, |\psi_\mathbf{q} \rangle C(\mathbf{q}) + C^*(\mathbf{k})\langle \psi_\mathbf{k}| \, \mathbf{r} \, |\psi_\mathbf{q} \rangle \dot{C}(\mathbf{q}) \right] \\
&= \sum_\mathbf{k} \left[\dot{C}^*(\mathbf{k})(i\nabla_\mathbf{k} + \mathbf{A}(\mathbf{k}))C(\mathbf{k}) + C^*(\mathbf{k})(i\nabla_\mathbf{k} + \mathbf{A}(\mathbf{k}))\dot{C}(\mathbf{k}) \right]
\end{aligned}
$$

$$(A.5.22)$$

이 된다 (셋째 줄 유도에 식 (A.5.16)를 이용하였음). 식 (A.5.19)를 이용하여 식

(A.5.22)을 정리하면

$$
\begin{aligned}
\mathbf{v}_c &= \sum_{\mathbf{k}} \left[|C(\mathbf{k})|^2 \left(\frac{1}{\hbar} \nabla_{\mathbf{k}} \epsilon(\mathbf{k}) + \frac{e}{\hbar} \nabla_{\mathbf{k}} (\mathbf{E} \cdot \mathbf{A}) - \frac{e}{\hbar} \mathbf{E} \cdot \nabla_{\mathbf{k}} \mathbf{A} \right) \right] \\
&= \left[\frac{1}{\hbar} \nabla_{\mathbf{k}} \epsilon(\mathbf{k}) + \frac{e}{\hbar} \mathbf{E} \times \nabla_{\mathbf{k}} \times \mathbf{A}(\mathbf{k}) \right] \big|_{\mathbf{k}_c} \\
&= \left[\frac{1}{\hbar} \nabla_{\mathbf{k}} \epsilon(\mathbf{k}) + \frac{e}{\hbar} \mathbf{E} \times \mathbf{\Omega}(\mathbf{k}) \right] \big|_{\mathbf{k}_c} \qquad\qquad (A.5.23)
\end{aligned}
$$

가 된다. 여기서 $\mathbf{\Omega}(\mathbf{k})$ 는 $\mathbf{\Omega}(\mathbf{k}) = \nabla_{\mathbf{k}} \times \mathbf{A}(\mathbf{k})$ 로 주어진 베리 곡률이다. 위 식의 첫째 항은 본문 식 (1.4.17)의 군속도에 해당하고, 둘째 항은 베리 곡률에 의한 이상속도에 해당함을 알 수 있다.

참고 문헌

- Doniach S. and E. H. Sondheimer, *Green's Functions for Solid State Physicists*, Benjamin-Cummings Publishing Company (1974).

- Kubo R., *Statistical-Mechanical Theory of Irreversible Processes. I.*, J. Phys. Soc. Jpn. **12**, 570 (1957).

- Mahan G. D., *Many Particle Physics*, Plenum (1990).

- Xiao D., M.-C. Chang and Q. Niu, *Berry phase effects on electronic properties*, Rev. Mod. Phys. **82**, 1959 (2010).

Alphabetical Index

양자 고체론

초판 1쇄 발행 | 2022년 7월 5일
초판 2쇄 발행 | 2024년 2월 5일

지은이 | 민 병 일 · 이 재 일
펴낸이 | 조 승 식
펴낸곳 | (주)도서출판 북스힐

등 록 | 1998년 7월 28일 제22-457호
주 소 | 서울시 강북구 한천로 153길 17
전 화 | (02) 994-0071
팩 스 | (02) 994-0073

홈페이지 | www.bookshill.com
이메일 | bookshill@bookshill.com

정가 20,000원

ISBN 979-11-5971-440-5